하와이 홀리데이

# 하와이 홀리데이

2016년 3월 1일 초판 1쇄 펴냄
2018년 11월 30일 개정판 1쇄 펴냄

| | |
|---|---|
| **지은이** | 이미랑 |
| **발행인** | 김산환 |
| **편집** | 성다영 · 유효주 |
| **마케팅** | 정용범 |
| **디자인** | 윤지영 · 기조숙 |
| **지도** | 글터 |
| **펴낸 곳** | 꿈의지도 |
| **인쇄** | 두성 P&L |
| **종이** | 월드페이퍼 |

| | |
|---|---|
| **주소** | 경기도 파주시 경의로 1100, 604호 |
| **전화** | 070-7535-9416 |
| **팩스** | 031-947-1530 |
| **홈페이지** | www.dreammap.co.kr |
| **출판등록** | 2009년 10월 12일 제82호 |

979-11-89469-15-3-14980
979-11-86581-33-9-14980(세트)

# HAWAII
# 하와이 홀리데이

글 · 사진 이미랑

꿈의지도

# CONTENTS

# CONTENTS

Route

# | CONTENTS |

# 프롤로그

에메랄드빛 바다와 고운 모래가 펼쳐지는 해변, 살랑살랑 귓가를 간지럽히는 부드러운 바람 그리고 내리쬐는 따뜻한 햇볕이 있는 곳. 빼어난 자연환경과 환상적인 날씨로 최고의 휴양지로 이름난 하와이! 저의 마음을 송두리째 빼앗은 이곳을 소개한다는 것이 얼마나 기대되고, 두근거리는 일이었는지 모릅니다.

일생에서의 가장 달콤한 시간으로 여겨지는 로맨틱한 신혼여행지, 행복한 추억을 남기고자 하는 가족 여행지, 자연에서 푹 쉬며 몸과 마음을 회복하기 위한 힐링 여행지 등 여행자들의 각기 다른 목적을 충분히 만족시킬 수 있을 만큼 하와이는 다양한 매력을 가진 곳입니다.

도시의 편리함과 대자연의 아름다움이 공존하는 하와이의 주도 오아후섬, 넋 놓고 바라보게 되는 할레아칼라 국립공원에서의 장엄한 일출이 있는 마우이섬, '정원의 섬'이라는 별명이 너무나도 잘 어울리는 빼어난 자연환경이 인상적인 카우아이섬, 살아있는 화산 지형을 오롯이 느낄 수 있는 빅 아일랜드 등 섬마다 각양각색의 다채로움이 있어서 하와이 여행은 정말 즐겁습니다. 우리 책과 함께 여행하는 여러분들은 어느 섬이 가장 좋으셨는지, 어떤 추억을 남기셨는지 궁금합니다.

하와이를 여행할 때에는 좀 더 느리게, 좀 더 여유롭게 일정을 계획하여 깊이 있게 하와이를 경험하시기를 추천합니다. 느리기 여행할 때 더 풍성한 느낌으로 이곳에서의 일상을 즐길 수 있기 때문입니다. 하와이안의 일상에서 접할 수 있는 '알로하 정신'도 느껴보실 수 있기를 바랍니다. 타인의 존재를 존중하고, 자연을 사랑하는 하와이 고유의 철학인 알로하 정신은 하와이를 더 빛나고 특별하게 만들어줍니다. 훌라 춤, 우쿨렐레 연주법을 배워보거나 서핑, 스노클링, 스쿠버다이빙 등의 해양 액티비티를 즐기고 트레일을 걷고 헬리콥터로 주변 경관을 감상하는 등 하와이의 문화와 자연을 만끽할 수 있는 다양한 활동을 해보는 것도 추천합니다. 하와이를 다각도로 풍요롭게 경험할 수 있는 방법입니다.

하와이 매력을 전달하기 위해 구석구석을 누비며 모은 정보들을 이 책에 고스란히 담아 보았습니다. 하와이 여행을 계획하시는 분들께 〈하와이 홀리데이〉가 친절한 길잡이가 되어 부디 도움이 되었으면 좋겠습니다.

당신의 인생에서 기억에 남을 행복한 여행이 되시기를 진심으로 바랍니다.

저자 이미랑

## Special Thanks to

든든한 지원자이자 삶의 동반자인 남편 솔로몬님, 항상 믿어주시고 응원해주시는 사랑하는 부모님과 남동생 동화 그 외 모든 가족들에게 감사를 전합니다. 더 정확하고 풍성한 정보 전달을 위해 자료 제공에 도와주신 하와이 관광청 한국 사무소와 취재에 기쁘게 응해주셨던 현지 호텔, 레스토랑, 카페 등의 관계자분들, 현지 취재를 도와주신 김지연 담당자님, 양선애 담당자님, 최진님 감사합니다. 덕분에 하와이의 생생하고 이색적인 정보들을 꼼꼼하게 취재할 수 있었습니다. 공동저자라 해도 무방할 만큼 함께 집필과 꼼꼼한 편집에 힘써주신 꿈의지도 정보영님과 마무리를 도와주신 조연수님께도 감사드립니다.

하와이의 매력을 고스란히 느낄 수 있도록 도와준 정례언니, 규철오빠와 여행길에 동행해준 시우, 성우. 지칠 때마다 응원을 해주었던 선영, 선윤, 수아, 영은, 유정, 지선이에게도 고마움을 전합니다.

누군가에게 도움이 되고자 하는 마음과 열정들이 모여 이렇게 한 권의 책이 탄생하게 되는 것을 이번 책 작업을 하며 또 한 번 절실하게 느꼈습니다. 함께 해주시고, 도와주신 모든 분들께 정말 감사합니다. 세계 어디를 가든지 항상 지켜주시는 하나님께 모든 영광을 돌립니다.

# 〈하와이 홀리데이〉 100배 활용법

하와이 여행 가이드로 〈하와이 홀리데이〉를 선택하셨군요. '굿 초이스'입니다.
하와이에서 뭘 보고, 뭘 먹고, 뭘 하고, 어디서 자야 할지 더 이상 고민하지 마세요.
친절하고 꼼꼼한 베테랑 〈하와이 홀리데이〉와 함께라면 당신의 하와이 여행이 완벽해집니다.

### 1) 하와이를 꿈꾸다
**❶ STEP 01 » PREVIEW** 를 먼저 펼쳐보세요. 하와이의 환상적인 풍광과 함께 당신이 꼭 봐야 할 것, 해야 할 것, 먹어야 할 것을 알려줍니다. 놓쳐서는 안 될 핵심 요소들을 사진으로 만나보세요.

### 2) 여행 스타일 정하기
**❷ STEP 02 » PLANNING** 을 보면서 나의 여행 스타일을 정해보세요. 하와이의 중심으로 쇼핑과 휴양을 동시에 만족시켜주는 오아후, 다양한 해양 액티비티와 드라이브를 즐길 수 있는 마우이, 경이로운 풍경 안에서 휴식을 취할 수 있는 카우아이, 활화산이 유명하며 개발되지 않은 자연을 느낄 수 있는 빅 아일랜드. 취향에 맞는 섬을 고르는 것에 따라 여행 일정과 스타일이 달라집니다.

### 3) 할 것, 먹을 것, 살 것 고르기
여행의 밑그림을 다 그렸다면 구체적으로 여행을 알차게 채워갈 단계입니다.
**❸ STEP 03 » ENJOYING** 에서 **❹ STEP 05 » SHOPPING** 까지 펜과 포스트잇을 들고 꼼꼼히 체크해두세요. 숨 막히게 아름다운 하와이 해변, 특별한 해양 투어, 로맨틱한 웨딩 촬영지, 놓칠 수 없는 하와이 커피, 품질 좋고 가격도 착한 쇼핑 아이템까지 찜해 놓으면 됩니다.

### 4) 여행지별 일정 짜기
여행의 콘셉트와 목적지를 정했다면 이제 여행지별로 묶어 동선을 짜봅니다.  하와이 섬마다 관광지, 레스토랑, 쇼핑 등을 모두 섭렵할 수 있도록 여행의 동선을 제시해줍니다. 추천하는 루트만 따라도 일정을 짜는 것이 수월해집니다.

**⑤**

### 5) 숙소 정하기
휴양지에서의 리조트는 여행의 절반을 좌우할 정도로 중요합니다. **⑥ ⑦** 하와이 » SLEEP 에서 편히 쉬고, 잘 수 있는 곳들을 알려줍니다. 럭셔리 리조트부터 비치 마니아를 위한 비치 사이드 리조트, 가족 여행을 위한 콘도형 숙소까지 여행 스타일에 맞는 숙박을 다양하게 제안합니다.

**⑥**

**⑦**

### 6) D-day 미션 클리어
여행 일정까지 완성했다면 책 마지막의 **⑧** 여행 준비 컨설팅을 보면서 혹시 빠뜨린 것은 없는지 챙겨보세요. 여행 50일 전부터 출발 당일까지 날짜별로 챙겨야 할 것들이 리스트 업 되어 있습니다.

**⑧**

### 7) 홀리데이와 최고의 여행 즐기기
이제 모든 여행 준비가 끝났으니 〈하와이 홀리데이〉가 필요 없어진 걸까요? 여행에서 돌아올 때까지 내려놓아서는 안 돼요. 여행 일정이 틀어지거나 계획하지 않은 모험을 즐기고 싶다면 언제라도 〈하와이 홀리데이〉를 펼쳐야 하니까요. 〈하와이 홀리데이〉는 당신의 여행을 끝까지 책임집니다.

Step 01

PREVIEW

하와이를 꿈꾸다

© Four Seasons Resort Maui

# | 오아후 Oahu |

**1**

오아후 관광의 시작점이자 가장 유명한 와이키키 비치(143p)

# 하와이 | MUST SEE

**2**

높은 파도로 서퍼들의 사랑을 온전히 받는 곳!
푸른 바다거북도 볼 수 있는 노스 쇼어(219p)

© Daniel Ramirez

**3**
카일루아와 카네오헤 지역의 그림 같은 전경을 즐길 수 있는
누우아누 팔리 전망대(203p)

일 년 내내 온화한 바람이 불고, 코발트빛 태평양에 둘러싸인 하와이. 4개의 큰 섬 오아후, 마우이, 카우아이, 빅 아일랜드가 각기 다른 매력을 품고 있어 몇 번을 다시 가도 새삼 반하게 되는 곳이다. 매일 무지개가 뜨고 맑은 햇빛이 반짝이는 비치부터 화산섬 특유의 초록빛 캐니언까지, 하와이의 자연은 찬란하게 아름답다.

**4**
에메랄드빛 바다와 보드라운 모래사장이 눈부시게 아름다운
카일루아 비치 파크&라니카이 비치(206p)

© HTA

**5**
알록달록 열대어와 산호, 바다거북을 볼 수 있는 최고의 스노클링 포인트,
하나우마 베이(162p)

© HTA

**6**
광활한 자연의 모습을 볼 수 있어 영화, 드라마 촬영지로도 사랑받는
쿠알로아 목장(208p)

© Prayitno

이올라니 궁전, 카메하메하 대왕 동상을 비롯해 관광 명소가 모여 있는
호놀룰루 다운타운(149p)

© HTA

**8**
와이키키 비치와 호놀룰루 시가 시원스럽게 내려다보이는
다이아몬드 헤드 스테이트 모뉴먼트 트레일(161p)

**9**
알록달록 예쁜 서퍼들의 마을,
할레이바 타운(218p)

## | 마우이 Maui |

### 1
구름 위로 솟아오르는 경이로운 일출을 볼 수 있는
할레아칼라 국립공원(315p)

### 2
시리도록 푸른 마우이의 청정 바다를 볼 수 있는
몰로키니섬(276p)

© HTA

### 3
최고의 스노클링 포인트 블랙 록이 있는
카아나팔리 비치(269p)

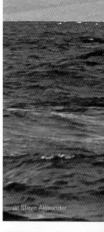

© Steve Alexander

6
열대 우림 속 하이킹이 가능한
이아오 밸리 주립공원(291p)

4
12~5월 산란기를 맞아
하와이 바다를 찾은 혹등고래 떼(275p)

7
때 묻지 않은 열대 우림 지역을 만끽할 수 있는
드라이브 코스 '하나로 가는 길(311p)

5
거대한 반얀트리가 너른 그늘과 운치를
안겨주는 반얀트리 파크(272p)

©HTA

## | 카우아이 |Kauai |

**1**
20km에 걸쳐 해안 절벽이 이어져 있는
나팔리 코스트(376p)

**2**
섬 최북단에 있는 빨간 지붕의
킬라우에아 등대(353p)

**3**
아름다운 농장, 기프트 숍, 박물관을
갖추고 있는 카우아이 커피 컴퍼니(375p)

**4**
'태평양의 그랜드 캐니언'으로 불리는 장엄한 풍경의
와이메아 캐니언(379p)

© HTA

**5**
황홀한 일몰 포인트! 스노클링, 수영, 부기 보드 등을 즐기기 좋은
포이푸 비치 파크(373p)

**6**
고즈넉한 분위기가 인상적인 초승달 모양의
하날레이 베이(349p)

© HTA

# | 빅 아일랜드 Big Island |

**1**
환상적인 일몰과 쏟아지는 별을 감상할 수 있는 마우나 케아산(444p)

**2**
붉은 섬광이 있는 용암과 분화구를 관찰할 수 있는
하와이 볼케이노 국립공원(460p)

© HTA

**3**
용암이 잘게 부서져 생긴 검은 모래가 인상적인
푸날루우 블랙 샌드 비치(459p)

© Julian Fong

**4**
세계 3대 커피로 꼽히는
코나 커피 농장(416p)

**5**
우아한 자태로 헤엄치는
거대 가오리 만타 레이(423p)

**6**
'왕들의 계곡'으로 불리는 코할라 산맥의 계곡과 바다 풍경을 조망하는
와이피오 밸리 전망대(443p)

**7**
고대 하와이안의 문화를 엿볼 수 있는
푸우호누아 오 호나우나우 국립 역사공원(422p)

**1** 아름다운 비치에서 선탠하고 수영하며
한없이 게으른 시간 보내기

PREVIEW 02

# 하와이
# MUST DO

하와이만큼 다양한 투어
프로그램을 가진 곳이 지구상에
또 있을까. 하늘에서 바다까지,
하와이의 품에 안겨 마음껏
즐겨보자.

© HTA

**3** 하와이 해변에서 서핑, 부기 보드 배우기

© HTA

**2** 렌터카로 자유롭게 해안 드라이브 즐기기

© Salomon

**4** 쏟아질 듯 총총히 떠 있는 별 보며 소원 빌기

**5** 하와이의 상징 무지개 감상하기

© Edmund Garman

**7** 하늘에서 하와이의 아름다움을 감상할 수 있는 헬기 투어

**8** 크루즈와 보트 투어 즐기기!

© HTA

**6** 물안경과 초간단 입수 장비만 있으면 오케이!
스노클링으로 바닷속 구경하기

© Royal Lahain Resort

**9** 하와이 전통 음악과 춤을 즐기는 루아우쇼 감상하기

PREVIEW **03**
# 하와이 | MUST EAT

원주민과 전 세계에서 온 이민자가 함께 만든 하와이의 음식 문화는 독특하다.
특히 일본 식문화의 영향을 받은 음식이 다양하다.
우리의 입맛에도 잘 맞는 메뉴가 많아서 하와이 여행이 더욱 즐거워진다.
양은 걱정하지 말 것! 어딜 가나 풍성하다.

말랑말랑한 식감과 달콤한
맛이 환상적인 하와이
스타일 도넛 말라사다
**레오나즈 베이커리(187p)**

하와이의 상징인 색색의
무지개를 닮은 셰이브 아이스
**마츠모토 그로서리
스토어(224p)**

이미 너무나도 유명한, 신선한
새우를 갖가지 양념으로
요리한 새우 트럭 요리
**지오바니 슈림프 트럭(226p)**

구운 스팸과 주먹밥의
환상적인 조화 달콤짭짤한
맛이 일품인 스팸 무수비
**무수비 카페 이야스메(167p)**

엄청난 양과 허끝에서 녹는
부드러운 팬케이크
**오리지널 팬케이크 하우스
(180p), 에그즈 앤 띵스(165p)**

얼린 아사이를 갈아 그래놀라와
바나나, 딸기 등의 다양한
과일을 얹은 아사이 볼
**아일랜드 빈티지 커피(176p)**

육즙이 가득한 패티와
싱싱한 채소가 꽉 찬 햄버거
쿠아 아이나(223p), 치즈버거
인 파라다이스(285p)

세계 3대 커피로 꼽히는
코나 커피
아일랜드 빈티지 커피,
코나 커피 농장(416p)

신선한 파인애플이 듬뿍,
사르르 녹는 시원함!
파인애플 아이스크림
돌 파인애플 플랜테이션(236p)

진한 육수, 풍성하게 올린
고명이 주는 무한 즐거움.
하와이 스타일 국수 사이민
하무라 사이민(384p)

아름다운 석양을 바라보며
하와이안 칵테일 즐기기
비치 바(171p),
마이 타이 바(173p)

분위기 좋은 스테이크 하우스
루스 크리스 스테이크
하우스(169p), 울프강스
스테이크 하우스(170p)

신선한 생참치와 고소하면서도
알싸한 양념의 만남,
하와이 전통 음식 포케
다 포케 쉑(424p)

밥 위에 햄버그스테이크, 달걀
프라이를 올린 후 그레이비
소스를 뿌려 먹는 로코 모코
카페 100(483p)

하와이에 왔다면 꼭 맛봐야 할
메이드 인 하와이 맥주
코나 브루잉 컴퍼니(427p),
마우이 브루잉 컴퍼니(282p)

Step 02

# PLANNING

하와이를 그리다

PLANNING **01**

# 하와이를 말하는 **8가지 키워드**

전 세계인의 마음을 설레게 하는 파라다이스 하와이! 때 묻지 않은 자연환경과
반짝이는 햇살 아래에서 마법 같은 시간을 즐길 수 있는 하와이의 삶은 느긋한 여유를
품고 있다. 좀 더 평화롭게, 여유롭게, 하와이를 즐겨보자. 하와이의 철학과 문화를
알 수 있는 주요 키워드를 소개한다.

## 1. 알로하 Aloha

'사랑해요', '안녕', '반가워요', '잘 가요', '잘 지
내요', '좋아요' 등 다양한 의미로 사용된다.
하와이에서 많이 듣는 인사말이자 하와이 정
신이기도 하다. 알로하는 두 단어의 합성어
로, 알로Alo는 '존재한다', 하Ha는 '생명'을 의
미한다. 알로하는 상대방의 존재를 인정하고,
환영과 교감, 배려, 포용 등의 철학을 두루 담
고 있다.

> **Tip** 알로하를 구성하는 철자의 의미
>
> **A**kahai 아카하이: 친절, 부드러움
> **L**okahi 로카히: 조화
> **O**lu Olu 울루 울루: 화합, 기쁨
> **H**a aha'a 하 아하아: 겸손, 겸허
> **A**honui 아호누이: 참을성, 인내

## 2. 샤카 Shaka

느슨하게 주먹을 쥔 상태에서 엄지와 새끼손가락을 편 다음 손등을 상대방에게 보이며 공중에서 손목을 가볍게 흔드는 제스처이다.

샤카 사인은 파도를 즐기는 서퍼들 사이에서 사용되는 인사말이다. 서핑 시 파도를 양보해준 사람에 대한 감사의 인사로 사용되기 시작했다. 운전 중 길을 양보받았을 때도 많이 사용한다. '고마워', '괜찮아', '안녕', '잘 지내' 등 다양한 긍정적인 의미로 사용된다.

## 3. 행 루즈 Hang Loose

하와이의 삶에는 서두르지 않고, 재촉하지도 않고, 만사를 순리에 따라 기다리고 처리하는 철학과 정신이 있다. 그리고 상대방에 대한 배려와 포용도 중요하다. 알로하Aloha와 샤카Shaka 손동작의 의미에서도 느껴지듯 말이다.

사람과 자연을 사랑하고 긍정적인 마인드로 건강하게 살아가는 하와이 사람들처럼 이곳에서는 좀 더 느긋하게, 천천히, 여유롭게 지내보자.

### 4. 무지개 Rainbow

하와이의 공식 별명은 무지개주Rainbow State이다. 무지개는 하와이주의 마스코트로도 사용된다. 운전면허증, 자동차 번호판, 버스 등 곳곳에서 무지개를 볼 수 있다. 무지개는 하와이어로는 아누에누에Anuenue라고 부른다.

비가 흩뿌리듯 내린 후 햇빛이 반짝 뜬 날씨라면 주위를 둘러보자. 쉽게 무지개를 볼 수 있다. 하와이 여행에서 무지개를 보면 다음 여행에 그 무지개를 타고 돌아온다는 이야기가 있다. 그 외에도 다양한 문화가 조화롭게 공존하는 지역이라는 뜻도 담겨 있다.

### 5. 우쿨렐레 Ukulele

포르투갈 악기인 '브라기냐'가 변형된 악기이다. 현재는 하와이를 대표하는 악기로 알려져 있다. 부드러운 선율의 연주가 특징이다. 우쿠Uku는 '벼룩', 렐레lele는 '뛰어오르다'라는 뜻이다. 경쾌한 선율이 마치 벼룩이 뛰어오르는 것과 같다 하여 붙여진 이름이다. 현이 4개로 조율이 쉽고 가벼우며, 배우기가 쉬워 인기가 많다.

우쿨렐레 전문 악기 판매처에서 간단한 수업을 제공하는 경우가 많다. 아름다운 선율에 맞추어 노래를 부르거나 고즈넉한 분위기에 취해보아도 좋을 것이다.

© HTA

## 6. 훌라 Hula

명실공히 하와이 대표 춤! 고대 하와이에서 남자들이 제사, 의식 치를 때 추던 종교적 춤으로 동작 하나하나에 의미가 있다. 전설에 따르면 타히티에서 '라카'라는 신이 하와이에 와서 원주민들에게 가르친 춤이라고 한다.

현재는 여성들도 추며 손과 팔, 허리를 부드럽게 움직이는 동작이 많다. 춤사위에서 하와이의 풍요로움과 느긋함을 느낄 수 있다. 하와이 내 문화 센터나 호텔에서 배울 수 있다.

## 7. 레이 Lei

꽃이나 조개, 나뭇잎 등을 엮어 만든 목걸이로 환영과 존경의 의미를 담아 손님 목에다 걸어준다. 지금은 꽃목걸이가 대부분이지만 예전에는 깃털, 고래 이빨로 만든 구슬 등 다양한 재료로 만들었다고 한다.

호텔 내에 레이 만들기 체험을 할 수 있는 곳이 많다. 하와이에 온 기분을 물씬 느낄 수 있는 레이를 직접 만들어보자.

## 8. 히비스커스&플루메리아 Hibiscus&Plumeria

하와이에서 가장 흔하게 볼 수 있는 꽃이다. 히비스커스는 하와이주를 상징하는 무궁화과의 꽃으로 꽃잎을 말려서 차로 마시기도 한다. 플루메리아는 '당신을 만난 것은 행운이야'라는 꽃말을 가진 은은한 향의 꽃이다.

이 두 가지 꽃은 머리 장식을 할 때, 환영을 뜻하는 꽃목걸이인 레이를 만들 때 자주 쓰인다. 훌라 춤 댄서들이 귀에 꽂는 꽃이 바로 이 꽃들이다. 향수, 화장품 등의 원료로도 많이 쓰인다. 붉은 꽃은 미혼, 흰색 꽃은 기혼을 상징한다. 미혼은 오른쪽에, 기혼자는 왼쪽에만 꽂는다.

PLANNING **02**

# 하와이 **주요 섬 살펴보기**

하와이가 1개의 섬이라고 생각하면 오산! 하와이는 100여 개의 크고 작은 섬으로
이뤄진 제도이다. 여행자가 방문할 수 있는 섬은 총 6개이고, 가장 볼거리가 많은 곳은
오아후, 마우이, 카우아이, 빅 아일랜드이다. 섬마다 매력과 즐길 거리가
다르기 때문에 먼저 자신이 어떤 여행을 원하는지 파악한 후 그에 따라 섬을 골라
여행 계획을 짜는 것이 좋다.

나팔리 코스트
**Napali Coast**

프린스빌
**Princeville**

카우아이
**Kauai**

카파아
**Kapaa**

와이메아 캐니언
**Waimea Canyon**

리후에 국제공항
**Lihue International Airport**

포이푸
**Poipu**

노스 쇼어
**North Shore**

할레이바
**Haleiwa**

오아후
**Oahu**

카일루아
**Kailua**

진주만
**Pearl Harbor**

호놀룰루 국제공항
**Honolulu International Airport**

와이키키 비치
**Waikiki Beach**

### 카우아이 Kauai

〈타잔〉, 〈쥐라기 공원〉 등 수많은 영화
의 배경이 된 곳! 빼어난 자연환경 덕분
에 '정원의 섬'으로 불린다. 섬 어디를 가
도 녹음이 가득 느껴진다. 아름다운 해
안선을 가진 나팔리 코스트, 지층이 인
상적인 와이메아 캐니언이 있다.
자동차로 갈 수 있는 곳은 한정적이기 때
문에 트레일을 걷거나 보트, 헬리콥터
등을 이용해 구석구석 돌아볼 수 있다.
자연의 아름다움에 푹 빠지고 싶다면 카
우아이가 가장 좋다.

### 오아후 Oahu

하와이의 주도로 정치, 경제, 문화의 중
심지다. 하와이 여행의 중심이자 출발점
으로 인구 95만 명이 살고 있다. 세계적
으로 유명한 와이키키 비치가 있다. 하
와이에서 가장 큰 공항인 호놀룰루 국제
공항이 있어 하와이 섬 중 여행객들이 가
장 많이 머무르는 곳이다.
쇼핑센터가 즐비하기 때문에 쇼핑할 생
각이라면 오아후는 마지막 경유지로 넣
는 것이 좋다. 쇼핑과 문화, 자연을 동시
에 즐기고자 한다면 적당히 번화한 오아
후가 적합하다.

## 몰로카이 | Moloka'I

상업화되지 않고, 자연 그대로의 모습을 유지하고 있는 조용한 섬이다. 섬을 가로 지르는 데 1시간이면 충분할 정도로 작다. 느긋한 휴양을 즐기기 좋다.
산악 지형이라 하이킹, 자전거 라이딩, 낚시, 돌고래 스노클링 등 다양한 야외 활동을 즐길 수 있는 곳이다. 보통 오아후에서 출발하는 1일 투어를 이용해 간다.

## 마우이 | Maui

코발트빛 바다와 웅장한 산, 드라이브를 즐기기에 좋은 도로가 많다. 최고급 리조트가 많아 신혼여행지로 인기 있다.
세계 최대 휴화산인 할레아칼라 정상에서 보는 일출은 정말 특별하다. 초승달 모양의 몰로키니섬도 이곳의 하이라이트! 드라이브를 마음껏 즐기고 청정 바다에서 스노클링하기를 원하는 여행자에게 좋은 섬이다.

## 빅 아일랜드 | Big Island

정식 명칭은 하와이 아일랜드Hawaii Island. 제주도의 8배 정도의 크기로 하와이에서 가장 큰 섬이다. 빅 아일랜드라는 별명으로 더 많이 알려져 있다. 섬 내의 지역마다 각기 다른 기후대를 보인다.
세계적으로 유명한 코나 커피의 생산지이자 세계적인 천문대도 위치하고 있다. 현재도 활발한 화산 활동이 진행되고 있는 다이내믹한 자연환경을 가진 곳이다. 모험심 가득한 여행을 즐기고자 한다면 적합하다.

몰로카이
Molokai

카훌루이 국제공항
Kahului International Airport

라하이나
Lahaina

라나이
Lania

키헤이
Kihei

마우이
Maui

하나
Hana

와일레아
Wailea

할레아칼라 국립공원
Haleakala National Park

카호올라웨
Kaho'olawe

## 라나이 | Lanai

한적한 분위기의 작은 섬이다. 세계 정상급 호텔인 포시즌 리조트 라나이Four Seasons Resort Lanai가 자리 잡고 있다.
세계적인 부호 빌 게이츠가 결혼한 장소로도 유명하다. 골프 코스를 즐기고, 프라이빗한 휴가를 즐기기 좋다.

© HTA

코할라 코스트
Kohala Coast

마우나 케아
Mauna Kea

힐로
Hilo

코나 국제공항
Kona International Airport

카일루아 코나
Kailua Kona

힐로 국제공항
Hilo International Airport

빅 아일랜드(하와이 아일랜드)
Big Island(Hawaii Island)

사우스 코나
South Kona

하와이 볼케이노 국립공원
Hawaii Volcano National Park

카우
Kau

PLANNING 03
# 하와이 여행 **계획하기**

섬마다 각양각색의 서로 다른 매력이 있는 하와이. 어떻게 여행 계획을 세우면 좋을까?
먼저 자신의 일정과 취향에 맞는 섬을 고른 후 〈하와이 홀리데이〉에서
제안하는 각 섬의 여행 일정을 참고하여 자신의 상황에 맞게 플랜을 짜자.

## 어떤 섬을 여행할지부터 고르자!

하와이 주요 여행지인 4개의 섬은 각각 매력이 다르다. 모든 섬을 다 보겠다는 욕심을 버리고 꼭 가고 싶은 곳, 꼭 하고 싶은 것을 정하면 이동 시간을 줄이고, 제대로 된 여행을 즐길 수 있을 것이다. 여행자의 취향에 따라서는 오아후는 경유지로만 이용하고, 이웃 섬만 방문하는 경우도 있다.

## 각 섬의 예상 일정은?

인천 국제공항과 직항으로 연결되는 오아후는 3박 4일 또는 4박 5일 일정이 알맞다. 이웃 섬으로 가려면 오아후에서 국내선으로 갈아타야 한다. 이웃 섬 중 가장 볼거리가 많은 섬은 마우이, 빅 아일랜드, 카우아이다. 카우아이는 2박 3일 또는 3박 4일 정도, 마우이는 3박 4일 또는 4박 5일이 적당하다. 빅 아일랜드의 경우 최소 4박 5일 또는 6박 7일은 할애해야 한다. 하이라이트 지역만 돌아보더라도 최소 4박 5일은 머물러야 체력적으로 무리하지 않고 여행할 수 있다.
총 여행 기간이 7일 정도라면 이웃 섬에서 2박 3일 또는 3박 4일을 보낸 후 오아후에서 4박 5일 또는 3박 4일 정도의 일정으로 계획하는 것이 좋다. 먼저 이웃 섬에 방문한 다음 한국과 직항이 연결되는 오아후를 돌아보는 일정을 추천한다. 혹여나 이웃 섬에 갔다가 한국으로 가는 비행 시간을 놓치는 불상사를 막기 위함이다.

## 어떤 식으로 일정을 짤까?

각 섬마다 어떤 것을 즐기면 좋을까? 섬마다 특징이 다른 만큼, 즐길만한 주요 스폿의 스타일도 다르다. 기본 일정을 참고하여 자신의 상황, 일정, 취향에 맞게 수정하자.

> **Tip** 섬에서 보낼 수 있는 시간이 3박 4일 미만이라면 빅 아일랜드는 과감히 포기하는 것이 낫다. 섬의 면적이 커서 이동 거리가 꽤 길기 때문이다. 또한 이웃 섬으로 당일치기로 다녀오는 것은 이동하기 위한 체력과 시간 낭비가 크다.

# 오아후 Oahu

하와이의 주도로 정치, 경제, 행정을 담당하고 있는 오아후에는 하와이 인구의 80% 정도가
거주하고 있다. 세계적으로 유명한 와이키키 비치가 있다.
다른 섬에 비하여 번화하며, 쇼핑과 휴양을 동시에 만족하게 해준다.

## 와이키키 지역을 만끽하는 **1 Day**

첫날은 여유롭게 움직이는 것이 좋다. 와이키키
비치 주변을 산책하거나 고운 모래 위에 돗자리
를 깔고 누워 선탠이나 수영을 즐겨보자. 바닥이
완만하고 파도가 세지 않아서 수영 초보자와 아이들
도 안전하게 물놀이를 즐길 수 있다.

서핑 강습을 받으며 파도타기를 즐겨보는 것도
좋다. 와이키키 비치는 초보자가 서핑하기에 적
당한 높이의 파도가 있는 지역이다. 저녁에는 전
통 음식과 춤, 노래, 음악을 감상하는 루아우 쇼
를 만끽해보자. 또는 아름답게 물든 석양을 감상
하면서 마이 타이 바, 비치 바 등에서 칵테일 한
잔하는 것도 괜찮다. 좀 더 낭만적인 일정을 원
한다면 하와이의 대표 크루즈 스타 오브 호놀룰
루에 탑승하여 저녁 식사와 일몰을 즐기는 것을
추천한다.

## 청정 해양 지역과 광활한 초원 즐기기 **2 Day**

다이아몬드 헤드 스테이트 모뉴먼트의 트레일로 정상까지 올라가 자. 왕복 2시간 정도 소요되며,
정상에 오르면 와이키키 지역이 한눈에 내려다보인다. 그 후 색색의 열대어, 바다거북, 산호초 등을
만날 수 있는 하나우마 베이로 가자. 입장료가 아깝지 않을 정도로 멋진 바닷속 풍경을 볼 수 있는
스노클링 포인트이다. 오후 일정은 동부 해안 도로를 따라 드라이브를 하며 거센 파도가 솟구쳐 올
라오는 블로 홀 전망대, 다채로운 바다색을 감상하는 마카푸우 전망대 등에서 풍경을 감상하자.

© Tara hunt

재미있는 투어와 액티비티를 원한다면
쿠알로아 목장을 추천한다. 여러 투어
를 진행하고 있다. 그중 사륜 오토바이
를 타고 광활한 초원을 달리며 즐기는
ATV 투어나 영화 촬영지를 돌아보는
무비 사이트 투어가 인기가 많다. 에메
랄드빛 바다의 빛깔이 인상적인 카일
루아 비치 파크나 라니카이 비치는 오
아후에서 가장 아름답기로 손꼽히는
곳. 카약을 타고 직접 노를 저어가며
바다 풍경을 즐기는 액티비티를 해보
는 것도 좋다.

### 북쪽 해안 지역 돌아보기 `3 Day`

북쪽 해안 지역을 달리며 높은 파도가 일렁이는 해안 풍광을 만끽하는 일정으로 계획해보자. 노스 쇼어 지역은 평소에는 조용하지만, 겨울철에는 높은 파도를 즐기려는 서퍼들로 북적인다. 스노클링이나 수영, 선탠 등을 즐기기 좋은 해변이 곳곳에 자리 잡고 있다. 그중 라니아케아 비치에서는 행운의 상징으로 불리는 바다거북을 볼 수 있다. 노스 쇼어 지역의 중심지 할레이바 타운에는 알록달록 파스텔톤으로 칠해진 목조 건물들이 있다. 화려한 와이키키와는 상반된 분위기가 정겹게 느껴진다.

할레이바 타운에서는 하와이 스타일 수제 햄버거로 불리는 쿠아 아이나 곱게 간 얼음 위에 색색의 시럽을 뿌려 만들어내는 셰이브 아이스를 먹어보자. 이 지역 명물 중 하나는 탱글탱글 신선한 새우를 갖가지 양념으로 요리한 새우 트럭. 새우 양식장이 발달한 카후쿠 지역이나 할레이바 타운에서 10달러대의 저렴한 가격으로 맛볼 수 있다. 하와이 문화의 근간이 되는 문화를 제대로 접할 수 있는 폴리네시안 문화 센터에는 온종일 시간을 보내도 좋을 만큼 다양한 체험 활동이 준비되어 있다. 북쪽 지역에 오가는 길에 위치한 돌 파인애플 플랜테이션에서 먹는 파인애플 아이스크림도 빼놓을 수 없는 간식거리이다.

### 최고의 쇼핑 스폿을 찾아라! `4 Day`

오아후섬은 쇼핑가가 발달한 지역으로 웬만한 브랜드는 모두 찾을 수 있다. 선호하는 브랜드가 있다면 그 브랜드가 입점해 있는 각 쇼핑센터를 미리 찾아보고 가자. 쇼핑센터 홈페이지에 입점 브랜드가 잘 안내되어 있다. 추천하는 곳은 미국 최대 크기의 야외 쇼핑몰 알라 모아나 센터, 알뜰 쇼핑이 가능한 와이켈레 프리미엄 아웃렛, 면세 쇼핑이 가능한 T 갤러리아 하와이 등이다. 와이키키 지역을 관통하는 큰 도로인 칼라카우아 애비뷰 양쪽에 들어선 브랜드 숍들을 이용해도 좋다.

# 마우이 Maui

하와이에서 두 번째로 큰 섬이다. 혹등고래 관찰 투어, 초승달 모양의 몰로키니섬으로 가서
스노클링 등 해양 액티비티를 즐기거나 할레아칼라 국립공원 정상에서 장엄한 일출을
감상할 수 있다. 하와이의 옛 수도였던 라하이나 지역에는 현재 레스토랑과 숍들이 즐비하다.
꼬불꼬불한 열대 우림 속 길을 따라 드라이브를 즐기는 하나로 가는 길은
마우이에서 놓칠 수 없는 즐길 거리로 꼽힌다.

## 하와이의 옛 수도, 라하이나 탐방 1 Day

첫날은 여유롭게 휴식을 취할 것을 권한
다. 숙소에 짐을 풀고 오후에는 라하이나
지역으로 가자. 라하이나 지역에는 각종
기념품 숍, 레스토랑, 카페 등 상업 시설
이 많다. 꼭 봐야할 것은 반얀트리 파크!
단 한그루의 나무가 가지를 뻗어 800여
평의 그늘을 만들고 있다. 주변에 옛 세
관과 재판소 건물이었던 올드 라하니아
코트하우스, 가장 오래된 목조 주택 볼드
윈 하우스 뮤지엄, 19세기 감옥으로 사
용하였던 할레 파아하오 등이 있어서 차
례대로 둘러볼 만하다.

12~5월 사이에 방문했다면, 산란기를 맞이하여 하와이를 방문한 혹등고래를 보는 고래 관찰 투
어Whale Watching Tour에 참가해도 좋다. 또는 블랙 록에서 해양 레포츠를 즐기거나 카아나팔리 비치
를 만끽해보자.

## 경이로운 해돋이를 감상하자 2 Day

마우이섬의 하이라이트로 불리는 할레아
칼라 국립공원의 정상에 올라 아름다운
일출을 감상하자. 보통 새벽 2~3시경에
는 숙소에서 출발해야 무리 없이 정상까
지 오를 수 있다. 일출 감상 후 차가워진
몸을 녹일 겸 국립공원 인근에 위치한 쿨
라 로지&레스토랑 또는 그랜드마스 커피
하우스에서 휴식을 취하자.
따뜻한 커피를 곁들인 아침 식사를 즐긴
후 라벤더 농장인 알리이 쿨라 라벤더, 다
채로운 열대 식물들이 있는 쿨라 보태니컬
가든, 시음도 가능한 마우이 와이너리 등
국립공원 주변의 스폿을 돌아보자.

## 마우이의 청정 바다를 탐색하는 **3 Day**

초승달 모양의 몰로키니섬에서 스노클링 투어로 하루를 시작해보자. 보통 아침 7시경에 출발한다. 배를 타고 해당 스폿까지 이동하여 수영과 스노클링을 하고 돌아오는 일정이다. 투어 종류에 따라 다르지만 보통 투어에 참여하면 간단한 아침 식사와 바비큐 스타일의 점심 식사를 제공한다. 오후에는 키헤이, 와일레아 지역의 유명 해변을 방문해보자. 넓은 황금색 모래사장으로 유명한 빅 비치, 파도가 잔잔해 안전하게 물놀이를 즐길 수 있는 와일레아 비치, 조용한 분위기에서 여유로운 시간을 보낼 수 있는 파아코 비치, 거북이가 자주 출몰하는 말루아카 비치 파크 등을 추천한다. 저녁에는 마우이 최고의 쇼핑센터인 숍스 엣 와일레아에서 식사와 쇼핑을 즐겨보자.

## 평화로운 하나 마을로 가자 **4Day**

이번에는 열대 우림 지역을 경험할 차례이다. 울창하게 우거진 열대 나무와 꽃, 수십 개의 폭포수를 만날 수 있는 '하나로 가는 길' 드라이브 코스를 달려보자. '하나로 가는 길' 초입인 파이아 지역까지 오전 8시 이전에 도착해야 충분히 즐기고 돌아올 수 있다. 수영이 가능한 트윈 폭포, 가볍게 걸어볼 만한 와이카모이 네이처 트레일, 시원스러운 전망의 케아나에 전망대, 맛있는 홈메이드 바나나 브레드를 판매하는 하프웨이 투 하나까지 차례로 돌아보며 드라이브를 해보자.

화산 활동으로 인해 만들어진 검은 기암절벽과 블랙 샌드 비치, 용암 동굴 등이 있는 와이아나파나파 스테이트 파크까지 가본 후 오후 3~4시에는 왔던 길을 되돌아서 나오자. 이 지역의 길은 몹시 구불구불하고 갑자기 차선이 합쳐지는 경우가 많아 운전에 각별히 주의해야 한다.

© Thomas

# 빅 아일랜드 Big Island

하와이에서 가장 큰 섬이다. 이 섬의 이름을 따서 '하와이'라는 이름이 붙여졌다. 정식 명칭은
하와이 아일랜드Hawaii Island인데, 하와이라는 공식 명칭과 혼동이 된다는 이유로 빅 아일랜드라는
별명으로 더 알려져 있다. 지금도 활발하게 활동 중인 킬라우에아 화산이 있는 하와이 볼케이노
국립공원, 해발 4,200m의 마우나 케아, 검은 모래로 뒤덮인 푸우날루 블랙 샌드 비치,
세계적인 커피 생산지 코나 커피 벨트 등이 주요 볼거리이다.

## 힐로 주민들의 생활을 경험하는 1 Day

힐로 국제공항에 도착한 첫날에는 여유 있게 시간을 보내자. 현지인들이 가장 많이 거주하고 있는
힐로 다운타운에서는 일주일 내내 파머스 마켓이 열린다. 이 지역 사람들은 무얼 먹고 사나 궁금
하다면 시장을 돌아보자. 힐로 다운타운 내 고풍스러운 목조건물에 로컬 숍들이 자리 잡고 있다.
간단하게 쇼핑을 해도 좋다. 일본식 정원으로 꾸며진 릴리우오칼라니 파크에서 산책을 하거나 마
카다미아너트 공장인 마우나 로아 공장에 방문해서 기념품을 구입하는 것도 추천한다.

## 울창한 열대 우림과 쏟아질 듯한 별 보기 2 Day

빅 아일랜드섬은 다양한 기후대가 존재하는 섬으로 유명하다. 오전에는 힐로 지역의 북쪽으로 가보
자. 이곳은 비가 많이 오기 때문에 울창하게 우거진 열대 우림의 매력을 만끽할 수 있다. 아카카 폭
포 주립공원, 와일루쿠 리버 레인보우 폭포 주립공원, 페에페에 폭포&보일링 팟 등 주요 스폿을 차
례로 돌아보자. 하와이 왕족들의 무덤이 있는 와이피오 계곡을 조망하는 전망대에서 전경을 감상한
후 영화 〈하와이안 레시피〉에 등장한 '호노카아' 마을에서 점심을 먹으면 된다.
카페 일 몬도는 맛있는 피자로 유명하다. 오후에는 마우나 케아 정상에 올라 석양을 감상한 후 방문
자 인포메이션에 들러서 '별 관측 프로그램'에 참여하자.

## 살아 숨 쉬는 화산으로 가자 `3 Day`

지금도 활발하게 활동 중인 킬라우에아 화산을 볼 수 있는 하와이 볼케이노 국립공원으로 출발하자. 킬라우에아 칼데라 주변으로 18km의 드라이브 코스 '크레이터 림 드라이브Crater Rim Drive'가 위치하고 있다. 차로 이동하면서 할레 마우마우 분화구가 보이는 재거 전망대, 모락모락 연기가 피어오르는 스팀 벤츠, 용암 동굴을 탐방하는 서스톤 라바 튜브 등 주요 스폿에 들러 풍광을 감상하면 된다. 분화구를 직접 걸어보고 싶다면 킬라우에아 이키 트레일을 추천한다.

오후에는 '체인 오브 크레이터 로드Chain of Craters Rd'를 달려보자. 해안 지역까지 편도 30km의 길이 이어진다. 도로 끝까지 가면 바위가 거센 파도에 깎여 코끼리 코를 닮은 용암바위 홀레이 시 아치와 검은 용암석이 길을 뒤덮은 모습을 볼 수 있다.

## 다양한 해변을 경험하는 `4 Day`

하와이에서 가장 유명한 흑사장 푸날루우 블랙 샌드 비치 파크에 가보자. 바다거북을 쉽게 볼 수 있다. 녹색 모래가 인상적인 파파콜레아 그린 샌드 비치는 특별한 컬러의 해변에서 수영을 즐기기 위해 현지인과 관광객이 많이 찾는 곳이다. 오후에는 19세기 초까지 하와이 원주민들의 정치적, 종교적 피난처였던 푸우호누아 오호나우나우 국립 역사공원을 방문해보자. 고대 하와이 원주민의 문화와 생활을 느낄 수 있도록 농기구, 가옥, 낚시 그물 등을 전시해두었다.

저녁에는 케아우호우 베이에서 진행되는 거대한 가오리를 보는 야경 투어 만타 레이 스노클링 투어에 참여해보자. 잊지 못할 특별한 추억이 될 것이다.

## 카일루아 코나 지역을 즐기자 `5 Day`

카일루나 코나 지역 산기슭에 위치한 코나 커피 벨트는 부드럽고 깊은 향으로 사랑받는 코나 커피 생산지이다. 오전에는 따뜻한 햇볕과 건조한 바람이 불고, 오후에는 비가 내린다. 대부분의 커피농장에서 커피밭, 로스팅 작업실 등을 둘러볼 수 있고, 무료 시음을 제공한다. 기념품, 선물용으로 원두 구매도 가능하다.

오후에는 라알로아 베이 비치 파크, 카할루우 비치 파크 등에서 선탠, 스노클링하며 여유 있게 보내자.

# 카우아이 | Kauai

하와이에서 가장 먼저 사람이 정착한 섬이다. 경이로운 풍경의 협곡 와이메아 캐니언, 신비로운 자태의 나팔리 코스트, 고즈넉하게 일몰을 감상할 수 있는 하날레이 베이 등이 자리하고 있다.

### 장엄한 지층을 감상하자 1 Day

카우아이에 도착한 날에는 태평양의 그랜드 캐니언으로 불리는 와이메아 캐니언에 가보자. 층층이 쌓인 지층의 모습에서 지구의 신비를 느낄 수 있다. 붉은 흙으로 된 지층과 울창한 나무의 조화를 제대로 감상하는 와이메아 캐니언 전망대, 가볍게 걸을 만한 트레일이 있는 푸우 히나히나 전망대, 칼랄라우 계곡이 내려다보이는 푸우 오 킬라 전망대 등을 차례로 돌아보자.

숙소로 돌아가는 길에 커피 농장 카우아이 커피 컴퍼니에 방문하여 평소 보기 어려운 커피 나무도 관찰해보고 사용되는 농기구, 도구 등을 구경해보자. 커피 시음도 할 수 있다. 숙소에서 짐을 푼 후 석양이 아름다운 포이푸 비치 파크에서 선탠과 스노클링, 서핑 등을 즐기며 여유로운 오후 시간을 보내는 것을 추천한다.

### 숨 막히게 아름다운 나팔리 코스트 2 Day

아침 7시경 출발하는 나팔리 코스트 보트 투어에 참여하자. 보트를 타고 아름다운 해안 나팔리 코스트의 자태를 감상한 후 물고기가 많은 지역에서 스노클링을 즐기는 투어가 진행된다. 투어는 오후 1시쯤 종료된다.

오후에는 숙소로 돌아가서 휴식을 취하거나 와일루아 폭포 전망대와 오파에카아 폭포 전망대에 가보자. 용맹성을 과시하는 옛 하와이안들이 이 폭포 위에서 뛰어내리기도 했다. 잔잔한 물살이 있는 리디게이트 비치 파크에서 스노클링이나 수영을 즐기며 한가로운 오후 시간을 보내도 좋다.

### 최고의 트레킹 코스를 걷는 3 Day

아침 일찍 일어나 나팔리 코스트 와일더니스 주립공원의 칼랄라우 트레일을 걸어보자. 세계적으로 손꼽히는 트레일로 나팔리 코스트의 아름다움을 제대로 감상할 수 있다. 하나카피아이 해변까지만 가면 왕복 4~5시간으로 다녀올 수 있다.

오후에는 물살이 잔잔하고 각종 해양 생물이 많기로 유명한 터널스 비치나 하날레이 베이에서 스노클링을 즐기는 것을 추천한다. 하날레이 마을이 내려다보이는 하날레이 밸리 전망대도 잠시 들러보자. 프린스빌 내에 위치한 퀸즈 베스는 현지인들이 즐겨 찾는 물놀이 공간이다. 용암으로 만들어진 물웅덩이 안에서 수영을 즐길 수 있다. 아름다운 풍경의 하이드어웨이 비치에서 선탠을 즐기며 휴식을 취하는 것도 좋다. 식사나 쇼핑을 원한다면 칭 영 빌리지로 가면 된다.

# 하와이 축제 캘린더

일 년 내내 수많은 축제가 열리는 하와이! 월별로 가장 인기 있는 축제를 모았다.
수시로 진행되는 하와이 축제 일정에 대한 자세한 내용을 알고 싶다면
하와이 관광청 홈페이지를 참고하자.
**Web** www.gohawaii.com/en/events

코나 맥주 축제

## 1월

### 차이니즈 뉴 이어 축제
**Chinese New Year Festival**(오아후)

음력 1월 1일을 기념하는 축제이다. 중국인 이민자를 중심으로 오아후의 차이나타운에서 열린다. 다양한 먹거리를 즐길 수 있으며, 중국 전통 사자춤도 볼 수 있다.

### 일본 벚꽃 축제
**Cherry Blossom Festival**(오아후)

1~3월까지 열리며 다양한 공연 등이 진행된다. 1953년부터 시작된 축제로, 마지막 날 '벚꽃 축제 퀸' 선발대회가 열린다.
**Web** www.cbfhawaii.com

## 2월

### 마우이 고래 축제
**Maui Whale Festival**(마우이)

11~5월 산란기를 맞이하여 하와이로 오는 혹등고래를 맞이하고, 고래 멸종 위기에 대한 경각심을 일깨우기 위한 축제이다. '고래를 위해 걷거나 달리자Run&Walk For The Whales'라는 타이틀의 마라톤 대회가 열린다. 현지 연주가들의 라이브 공연, 전통 수공예품 전시 등의 프로그램으로 구성되어 있다. 축제는 1~3월에 걸쳐 진행되며, 2월에 이벤트가 가장 많다.
**Web** www.mauiwhalefestival.org

## 3월

### 코나 맥주 축제
**Kona Brewers Festival**(빅 아일랜드)

빅 아일랜드의 카일루아 코나 지역에서 진행되는 맥주 축제. 시원한 맥주와 다양한 볼거리가 있어서 맥주 애호가에게 인기 만점이다. 훌라춤, 라이브 공연도 곳곳에서 진행된다. 여러 종류의 맥주와 신선한 로컬 먹거리가 제공된다. 인기 있는 축제인 만큼 티켓이 빨리 매진된다. 티켓은 홈페이지를 통해 미리 구입하자. 요금은 60달러.
**Web** www.konabrewersfestival.com

## 4월

### 메리 모나크 축제
**Merrie Monarch Festival**(빅 아일랜드)

퍼레이드, 공연, 훌라 관련 이벤트 등이 진행된다. 행사 마지막 날에는 미스 훌라를 선발한다.
**Web** www.merriemonarch.com

### 스팸 잼 축제 **Spam Jam Festival**(오아후)

4월 말~5월 초에 진행된다. 하와이 대표 음식인 주먹밥 무수비, 로코 모코 등에 들어가는 스팸 홍보를 목적으로 열리는 축제이다.
**Web** www.spamjamhawaii.com

차이니즈 뉴 이어 축제 © Susan Sermoneta

마우이 고래 축제

메리 모나크 축제 © Alan L

스팸 잼 축제 © Kyle Nishioka

## 5월

**레이 데이**
Lei Day Celebration(오아후)
매년 5월 1일 열린다. 사랑, 존중 등을 상징하는 꽃목걸이인 '레이'를 테마로 한 축제이다. 레이 퀸 선발대회, 훌라 공연, 수공예품 전시 등 다양한 볼거리가 있다. 카피올라니 공원에서 진행된다.
**Web** www.hawaii-vacation-fun.com/lei-day.html

## 6월

**킹 카메하메하 데이**
King Kamehameha Day(하와이 전역)
하와이를 통일한 카메하메하 1세를 기념하는 날이다. 섬 곳곳에서 퍼레이드가 펼쳐지며, 카메하메하 동상을 레이로 장식하기도 한다.
**Web** www.kamehamehafestival.org

## 7월

**우쿨렐레 축제**
Ukulele Festival(오아후)
수준 높은 우쿨렐레 연주를 들을 수 있는 기회다. 카피올라니 공원에서 열린다.

**Web** www.ukulelefestivalhawaii.org

**미국 독립기념일 축제**
Independence Day(하와이 전역)
7월 4일 전후로 열리며 불꽃놀이, 공연 등 다양한 이벤트가 하와이 곳곳에서 진행된다.

## 8월

**메이드 인 하와이 축제**
Made in Hawaii Festival(오아후)
하와이 물건을 전 세계에 알리고자 열리는 특산품 축제. 메이드 인 하와이 제품을 실컷 구경하고 구매할 수 있는 곳이다. 수공예품, 예술작품, 액세서리, 의류는 물론 코나 커피, 마카다미아너트 등 식품류도 구매 가능하다. 입장료는 5달러(6세 이하는 무료).
**Web** www.madeinhawaiifestival.com

## 9월

**알로하 축제**
Aloha Festival(오아후)
1946년부터 시작한 전통 있는 축제. 하와이 전통 문화를 알리기 위한 취지로 시작되었다. 하와이 전통 음악과 폴리네시안 춤이 있는 공연, 알라 모아나 비치 파크에서 카피올라니 공

레이 데이

킹 카메하메하 데이 © Daniel Ramirez

우쿨렐레 축제

알로하 축제 © Thomas Tunsch

알로하 축제 © US Embassy

원까지 이어지는 화려한 퍼레이드, 대규모 훌라 공연, 하와이 전통 음식을 맛보는 시식회 등이 진행된다. 약 3주에 걸쳐 주말마다 행사가 진행된다.

**Web** www.alohafestivals.com

## 10월

### 하와이 푸드 앤드 와인 페스티벌
**Hawaii Food and Wine Festival** (오아후)

스타 셰프들이 제공하는 고급 요리를 즐길 수 있는 축제이다. 각국에서 모인 셰프 100여 명의 요리 시연을 눈 앞에서 볼 수 있으며, 와인과 하와이 전통 음식을 체험해볼 수 있다.

21세 이상만 입장할 수 있으며, 홈페이지를 통해 입장권 구입이 가능하다. 티켓 가격은 이벤트마다 다르다.

**Web** www.hawaiifoodandwinefestival.com

## 11월

### 하와이 국제 영화제
**Hawaii International Film Festival** (오아후)

오세아니아 및 태평양 지역에서 가장 권위 있는 영화제이다. 전 세계 유명 배우를 하와이에서 만날 수 있는 기회이기도 하다. 독립 영화, 애니메이션, 다큐멘터리 등 다양한 장르의 영화를 수십 편 상영한다. 티켓은 홈페이지를 통해 구입할 수 있다. 일반 14달러, 학생, 노인 12달러, HIFF 멤버 10달러.

**Web** www.hiff.org

### 코나 커피 축제
**Kona Coffee Festival** (빅 아일랜드)

최고의 품질과 맛을 자랑하는 코나 커피를 주제로 카일루아 코나 지역에서 열린다. 코나 커피 여왕 선발대회와 커피 시음회도 진행된다.

여러 농장에서 재배한 코나 커피를 비교해가며 마실 수 있다.

**Web** www.konacoffeefest.com

## 12월

### 호놀룰루 시티 라이트
**Honolulu City Lights** (오아후)

12월 첫째 주 토요일 저녁에 진행되는 행사이다. 해가 지면 퍼레이드도 진행한다. 약 한 달 동안 화려하게 빛나는 조명이 호놀룰루 시청 및 시내 곳곳을 아름답게 장식한다.

하와이의 이색적인 크리스마스 장식을 볼 수 있으며 빛의 축제로도 불린다.

**Web** www.honolulucitylights.org

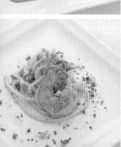

하와이 푸드 앤드 와인 페스티벌

호놀룰루 시티 라이트 © Daniel Ramirez

PLANNING **05**

# 렌터카로 즐기는 하와이

대중교통이 발달한 오아후를 제외한 마우이, 카우아이, 빅 아일랜드 여행을 계획 중이라면
렌터카 이용은 필수다. 자유롭게 달리며 구석구석 하와이의 자연을 만끽하는 방법!
하와이에서의 운전을 계획하고 있다면 꼭 알아두어야 할 내용을 소개한다.

## 렌터카 대여 시 준비물

여권, 국제 운전면허증, 국내 운전면허증, 운전자 명의로 된 신용카드가 필수다.

## 렌터카의 종류

하와이에서 가장 인기 있는 차량은 컨버터블Convertible, 일명 차 지붕이 열리는 오픈카이다. 요금
은 비싸지만 가장 기분 좋게 드라이브를 즐길 수 있어 많이 선호한다. 경제적으로 이용하고자 한
다면 경차인 이코노미Economy와 콤팩트Compact 차량이 적당하다. 모험심이 있어서 비포장도로도
달릴 예정이라면 사륜구동 차량 SUV를 권한다. 가족 단위 여행자들에게는 그랜저급의 풀Full이
나 승합차 종류인 밴Van이 적당하다.

> **Tip** 하와이에서 주소 읽기
> '364 South King St, Honolulu, HI 96813'
> 호놀룰루 지역에 위치한 사우스 킹 스트리트에 있는 364번지라는 뜻.
> 도로의 왼편에 홀수 번지가 있다면 오른편으로는 짝수 번지가 있다고
> 이해하면 된다. HI는 하와이 주를 나타내는 약자이고, 96813은
> 우편번호이다. 〈하와이 홀리데이〉는 주소 안내 시 이 두 가지
> 기입은 생략했다.

## 렌터카 빌리기

❶ 차를 빌리기 원하는 장소, 날짜, 기간, 예산을 정한다.

❷ 렌터카 사이트를 이용해서 예약한다. 현지에서 빌리는 비용이 더 비쌀 수 있으니 쿠폰, 카드사 혜택 등을 십분 활용해 한국에서 예약한다. 차량의 등급을 정한 후 보험을 정한다. 보험은 필수적으로 가입해야 하며 보험 범위는 대인, 대물, 상해, 도난 모두가 포함된 것을 선택하자. 20kg 이하의 어린이는 카시트 사용도 필수 항목이다. 항공사 마일리지를 지급하는 경우가 많으니 예약 시 확인하자.

❸ 예약 확인서를 출력한다.

❹ 예약 당일, 렌터카 회사 방문한다. 예약 확인 메일 프린트물을 가져가면 진행이 빠르다. 반납 시간을 재확인하고 반납 방법을 숙지하자.

> **Tip** 렌터카 회사에 따라 가격이 다르므로 여러 개의 사이트를 비교해서 고르도록 하자. 예약 시 신용카드가 필요하며, 예약이 끝나면 확인 메일이 온다. 확인 메일을 프린트해두도록 하자. 차량을 빌리는 운전자가 만 25세 이하라면 추가금이 발생하며 인터넷상에서는 예약할 수 없다. 상담원과의 전화 연결을 해야 하는 렌터카 회사도 많다.

### *추천 렌터카 회사

렌터카 회사마다 시즌에 따라 비용이 달라질 수 있다. 여러 업체 가격 비교는 필수! 하와이에서는 일주일 단위로 빌릴 때 높은 할인율이 적용되는 경우가 많다. 차량을 빌리고자 하는 날짜가 5일이라면 일주일 빌렸을 때의 가격과 5일 빌렸을 때의 가격을 비교해보자.

**알라모** www.alamo.co.kr
**에이비스** www.avis.co.kr
**허츠** www.hertz.co.kr
**익스피디아** www.expedia.com
**카약** www.kayak.com
**버짓** www.budget.com
**엔터프라이즈** www.enterprise.com
**달러** www.dollar.com

> **Tip 알라모 렌터카** Alamo Rental Car
> 한국인을 위한 특별 할인 가격을 제시하고 있다. 미국 현지에서 예약하는 것보다 한국 지사 홈페이지를 이용해 예약하면 더 저렴하다. 미국에서 주행 시 만일에 대비하여 필수적으로 가입해야 하는 보험이 포함되어 유용하다. 그 외에도 한국어가 지원되는 내비게이션 등 옵션을 추가할 수도 있다.
> 서울에 한국 사무소(**Tel** 02-739-3110)가 있다. 전화, 메일, 홈페이지를 통해 한국어 상담이 가능하며, 사고 발생 시 한국인 직원을 통해 도움을 받을 수 있다.

## 운전하기

미국의 도로주행법과 신호 체계는 한국과 대부분 같다. 아래와 같이 한국과 다른 몇 가지 규칙은 미리 숙지하자.

❶ 스톱 표지판을 주의하자. 바닥에 Stop이라는 글자가 쓰여 있거나 표지판이 보이면 무조건 3초 정지 후 출발한다.

❷ 유턴이나 좌회전이 금지되어 있다는 표지판이 없으면 좌회전 신호등이 없어도 비보호로 좌회전할 수 있다. 단, 좌회전 시 맞은편에서 오는 직진 차량을 절대 방해해서는 안 된다.

❸ 어떠한 상황에서도 보행자가 우선이다.

❹ 교차로에서는 먼저 도착한 순서로 출발한다. 동시에 도착했다면 오른편에 위치한 운전자가 우선이다.

❺ 제한속도를 준수하자. 신호등이 없는 프리웨이 제한속도는 65~70마일, 하이웨이는 보통 45~50마일 정도이다. 1마일=1.6km.
예를 들어서 표지판의 속도 제한이 55로 표기되어 있다면 시속 88km로 달린다.

❻ 단속 카메라는 없지만, 경찰이 갓길에 숨어서 과속 단속을 하는 경우가 많다. 제한속도에서 5마일 이상 초과하면 단속이 될 수 있음을 알아두자.

❼ 소방차, 구급차, 경찰차가 달려가면 속도를 낮추고, 그 차량이 지나갈 길을 만들어줘야 한다.

❽ 만 7세, 20kg 이하의 어린이가 있다면 카시트 이용은 필수다. 어린이는 조수석에 앉을 수 없고 반드시 뒷좌석에 앉아야 한다. 잠깐이라도 어린아이 혼자 차에 두는 것도 불법이다.

❾ 도난 사고에 유의하자. 귀중품은 가능하면 차에 두지 말고 소지하자. 만약 차 안에 물건을 두고 가야 한다면 트렁크나 의자 밑에 숨기는 것이 좋다. 차 유리를 깨고 훔쳐 가는 도둑도 있다.

❿ 음주운전은 금지사항. 개봉한 술을 차 안에 두는 것도 불법이다. 주류를 구입한 후에는 반드시 트렁크에 넣어두자.

⓫ 운전 중 안전벨트는 기본, 휴대폰 사용은 금지다.

⓬ 양보Yield 표지판은 이 표지판을 보는 운전자가 양보해야 한다는 뜻이다.

⓭ 스쿨버스에 달린 스톱 표지판이 작동 중인 경우 무조건 기다려야 한다.

⓮ 길거리 주차는 바닥에 하얀 실선이 그려진 곳 또는 도로변 인도에 아무것도 칠해지지 않은 곳에 할 수 있다. 도로변 인도에 빨간색이나 노란색으로 칠해져 있으면 주차해서는 안 된다. 주차 가능한 장소더라도 주차 안내판을 꼼꼼하게 읽자. 일정 시간으로 제한되는 경우가 많다. 주차 자리 앞 기계 안에 동전을 넣고 일정 시간 이용가능한 주차 공간도 있다.

---

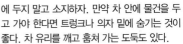

**Tip 경찰이 사이렌을 켜고 따라온다면?**

일단 안전해보이는 갓길에 주차한다. 차에서 내리지 말고 두 손을 핸들 위에 올린 채 가만히 기다린다. 경찰관이 다가와서 "Can you show me your drive license?(당신의 면허증을 보여줄 수 있나요?)"라고 물으면 경찰관이 보는 앞에서 면허증을 꺼내도록 한다.
경찰관이 레지스트레이션Registration을 찾는다면 '자동차 등록증'을 찾는 것이다. 국제 운전면허증과 국내 운전면허증, 자동차 등록증, 여권, 자동차 보험 카드는 찾기 쉬운 곳에 보관하자.

## 주유하기

미국 내 대부분의 주유소는 본인이 직접 기름을 넣는다. 신용카드 또는 체크카드로 지불할 예정이라면 기계에 카드를 넣어서 인식시킨 후 기름 종류를 선택하여 주유한다.

만약 현금으로 지불해야 한다면 주유소에 있는 편의점으로 가서 본인의 차가 주차되어 있는 주유 기계 번호를 말하고 원하는 금액을 지불한 후 다시 차로 돌아와 주유하면 된다. 주유소의 휘발유 가격은 모두 갤런 단위이다. 1gal=3.7853L.

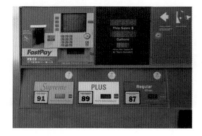

## 사고 대처 요령

안전 운전하는 것이 기본이지만 혹시 모를 사고에 대비해 몇 가지 요령을 알아두자.

❶ 사고가 났다면 최대한 현장을 보존한 후 즉시 911에 신고해 사고 현장 보고를 의뢰한다. 사고 경위서를 작성해야 하기 때문이다. 만약 교통에 방해가 되거나 위험한 곳이라면 증거물이 될 수 있도록 여러 방향에서 사진을 찍고, 증인을 확보하도록 한다. 그후 안전한 곳에 차량을 옮긴 후 엔진을 끄고 경찰을 기다리자.

만약 상대 운전자가 음주 등으로 신체적으로 온전하지 않다는 의심이 된다면 경찰관에게 음주 운전 테스트를 요구할 수 있다.

❷ 부상자 발생 시 즉시 911에 전화하여 구급차를 불러야 한다. 차가 불타는 등의 긴급 상황을 제외하고는 부상자의 몸을 움직이지 않는다.

❸ 경찰관이 도착한 후 보고서 작성이 끝나면 보고서 번호와 경찰서, 경찰관의 이름을 적어두는 것이 좋다. 객관적 사실만 이야기하고 과

실에 대해서는 확실하지 않을 경우 인정하지 않는다.

❹ 상대 차 운전자와 운전면허증, 보험증을 교환해서 신원과 보험 회사를 확인한다. 상대 차량의 모델, 연도, 차량등록번호를 적어둔다.

❺ 보험 회사에 사고 접수를 한다. 이때 상대 보험회사와 운전사 이름, 차량 번호 등을 알려주어야 하며, 필요에 따라 사진 등의 증거물도 제시한다.

❻ 큰 외상이 없더라도 '다치지 않았다'라는 확언은 하지 말자. 추후에 의료 행위가 필요할 때 문제가 될 수 있다. '아직은 잘 모르겠다'라고 말하는 것이 낫다.

❼ 보상 금액의 적정선을 판단하기 어려울 때는 직접 합의를 하지 않는다. 보험 회사에서 전문적으로 잘 처리를 해주니 믿고 맡기자.

❽ 아무 곳에나 사인하지 않는다. 상대방 보험 회사로부터 사인을 요청받았다면 정확한 내용 파악을 하기 위해 통역관을 불러 달라고 요청할 수 있다.

❾ 예의 바르고 공손하게 행동하되 '미안하다'는 말은 자제하는 것이 좋다. 나중에 불리하게 작용할 수 있다. 싸우는 것 역시 절대 금물.

PLANNING **06**
# 하와이 **여행 체크 리스트**

두근두근 설레는 여행! 하지만 무엇부터 어떻게 준비해야 할지 걱정이 앞선다면?
Don't Worry! 체크 리스트를 점검하며 차근차근 준비하면 하와이 여행이 훨씬 쉬워진다.

### 자유 여행? 패키지?

자유 여행이 여행의 맛을 느끼기에는 훨씬 좋다. 패키지의 장점은 친절한 가이드의 설명을 들으며 따라다니기만 하면 된다는 점. 그러나 다닐 때는 편하지만 다녀온 후에는 제대로 기억나지 않는 경우가 많다. 하와이는 영어와 하와이어가 공식 언어이다. 현지인 대부분 친절한 편이어서 걱정할 필요 없다.
숙소부터 일정까지 자신의 취향에 맞게 꼼꼼하게 계획한 자유 여행이 추억이 더 많이 남는다. 항공권과 숙소가 묶인 에어텔은 고려해볼 만하다.

### 하와이 여행, 언제가 좋을까?

하와이가 지상낙원인 첫 번째 이유는 일 년 내내 온화한 날씨 때문이다. 북태평양에 위치한 하와이는 언제 가도 아름다운 자연을 경험할 수 있는 아열대성 기후에 속한다. 5~10월은 건기, 11~4월은 우기로 나누어지지만, 우기에도 비가 많이 오는 편은 아니다.
습도가 낮아 크게 덥지 않고, 평균 25~29℃의 여름 날씨이다. 단, 밤과 낮의 일교차가 커 바닷바람에 몸을 보호할 긴 소매 옷을 반드시 준비하자.

### 화폐와 물가는 어느 정도일까?

어디서 묵고, 어떤 음식을 먹고, 무엇을 하느냐에 따라 예산은 천차만별. 화려한 시설을 자랑하는 고급 리조트형 호텔이 많지만 합리적인 가격대의 숙소도 많다. 유스호스텔, 민박, 에어비앤비 등을 이용하면 저렴하게 숙소를 이용할 수 있다. 식비도 크게 걱정할 필요 없다. 8~12달러에 간단한 끼니를 때울 수 있는 곳이 많다. 유명 레스토랑의 경우 1인당 20~50달러 정도는 예상해야 한다. 팁은 음식값의 15~20%를 지불한다. 숙박료를 제외하고 1인당 하루 70~100달러(식사, 교통, 입장료 등) 정도 예상하면 된다.
단, 투어나 강습 등을 받을 예정이라면 해당 비용을 추가해야 한다. 화폐는 기본적으로 달러를 사용한다. 1달러=약 1,137원(2018년 11월 기준)이다. 팁을 줄 때 사용할 1달러 지폐를 미리 준비하면 편리하다.

## 비자는 필요한가?

2008년 11월부터 미국 비자 면제 프로그램이 시행 중이므로 관광이 목적이라면 90일간 비자 없이 방문 가능하다. 단, 유효기간이 6개월 이상 남은 전자여권을 소지하고 있어야 하고, 전자 여행 허가제ESTA를 신청한 후 승인을 받아야 한다. 홈페이지에서 발급 가능.
**Web** esta.cbp.dhs.gov

## 한국에서 하와이로 가는 방법은?

인천 국제공항에서 출발하면 주도인 오아후의 호놀룰루 국제공항으로 가게 된다. 하와이안항공, 아시아나항공, 대한항공, 진에어에서 직항 노선을 운항 중이다. 비행 시간은 8시간, 돌아오는 편은 11시간 정도 소요된다.
이웃 섬인 마우이, 빅 아일랜드, 카우아이로 가고자 한다면 호놀룰루 국제공항에서 국내선(하와이안항공, 아일랜드에어, 모쿠렐레항공)으로 갈아타면 된다. 이웃 섬까지의 비행 시간은 30~40분 정도이며 수시로 운행한다.

## 항공권 똑 부러지게 예매하기

원하는 가격대와 시간대를 잘 맞추려면 최대한 빨리 알아보는 것이 좋다. 비수기에는 70~80만 원대의 직항 항공권도 많다. 7~8월과 12월 말~1월은 성수기로 110~150만 원까지 가격대가 높아진다.

### Tip '오아후+α'일 때는 하와이안항공

오아후뿐 아니라 마우이, 빅 아일랜드, 카우아이 등 이웃 섬까지 방문할 예정이라면 하와이안항공을 이용하는 것이 좋다. 하와이안항공으로 인천-호놀룰루 국제선 항공권 예약 시 10만 원의 추가 비용만 내면 국제선과 동일한 등급의 좌석으로 이웃 섬까지 왕복하는 국내선을 이용할 수 있다. 수하물은 이코노미석의 경우 23kg짜리 2개, 비즈니스석의 경우 32kg짜리 2개까지 무료로 부칠 수 있다.
오아후에서 다른 섬으로 이동하는 국내선 왕복 요금이 평균 15~35만 원 정도이고, 수하물 1개당 25달러가 추가되는 점을 감안할 때 상당히 매력적인 가격이다.

## 주요 항공사 운항 스케줄

| 인천 → 오아후 | | | |
|---|---|---|---|
| 항공사 | 출발 시간 | 도착 시간 | 비고 |
| 하와이안항공 | 22:00 | 12:00 | 월, 화, 목~일 운항 |
| 아시아나항공 | 20:20 | 10:05 | 매일 운항 |
| 대한항공 | 21:20 | 10:50 | 매일 운항 |
| 진에어 | 19:40 | 09:05 | 매일 운항 |

| 오아후 → 인천 | | | |
|---|---|---|---|
| 항공사 | 출발 시간 | 도착 시간 | 비고 |
| 하와이안항공 | 12:10 | 20:00(+1) | 수, 목, 금, 토, 일 운항 |
| 아시아나항공 | 12:10 | 17:10(+1) | 매일 운항 |
| 대한항공 | 11:20 | 17:15(+1) | 매일 운항 |
| 진에어 | 10:30 | 15:30(+1) | 매일 운항 |

*2018년 7월 기준, 모든 스케줄은 항공사의 사정으로 변경될 수 있습니다.

## 하와이에서 심 카드 이용하는 법은?

여행 중 구글맵, 검색, SNS 등 데이터를 마음껏 사용하려면 해외 데이터 로밍보다 심Sim 카드가 경제적이다. 하와이 내 휴대폰 매장에서 구입할 수 있지만 미리 한국에서 준비하는 것을 추천한다. 온라인 사이트를 통해 구입한 후 자택이나 인천 국제공항에서 수령하면 된다.
**심 카드 판매 사이트 Web** www.ma1.co.kr

### Tip 하와이 인터넷 사용

심 카드를 사지 않을 경우 무료 무선 인터넷을 최대한 활용하자. 대부분의 호텔은 무선 인터넷 사용이 가능하다. 오아후를 제외한 이웃 섬의 경우 지역의 특성상 인터넷, 데이터 사용이 불편할 수 있다는 점을 참고하자.

Step 03
ENJOYING

하와이를 즐기다

# 숨 막히게 아름다운 **하와이 해변 누리기**

하와이의 해변에 대해 흔히들 천국을 닮았다고 말한다. 바람은 부드럽게 귓가를
간지럽히고, 부서지는 파도와 포근한 모래알이 발가락을 간질인다. 반짝반짝 내리쬐는
태양은 지금 이 순간을 더욱 신비롭고 특별하게 해준다. 옷 안에 항상 수영복을 착용하고,
마음에 드는 해변이 나오면 곧바로 뛰어들자. 하와이의 베스트 해변은 어디일까?

# | 오아후 |

### 하나우마 베이 Hanauma Bay

마치 거대한 수족관에 들어온 듯 다양한 어종을 품고 있는 곳. 오아후 최고의 스노클링 포인트이다. 산호와 용암 사이를 돌아다니는 색색의 열대어부터 푸른 바다거북까지 놀라운 풍경이 눈앞에 펼쳐진다. 해양 생태 보호 구역으로 지정되어 있어 하와이 해변 중 유일하게 입장료를 내고 들어가야 하지만 그 돈이 절대 아깝지 않다. 놀라울 만큼 깨끗한 수질을 자랑한다 (162p).

### 라니카이 비치 Lanikai Beach

에메랄드빛 바다에 고운 화이트 모래사장이 맞닿은 로맨틱한 풍경 때문에 '천국을 닮은 해변'으로 유명하다. 모쿠 누이Moku Nui섬, 모쿠 이키Moku Iki섬의 그림 같은 풍경을 조망할 수 있다. 어떤 이들은 이곳을 '하와이의 몰디브'라고 부르기도 한다. 고운 모래 위에 비치타월 하나 깔고 한가롭게 책을 읽거나 선탠하며 여유로운 시간을 보내는 사람들을 볼 수 있다. 파도가 일정한 높이로 일어나는 곳이라 부기 보드, 서핑, 카약 등 각종 해양 레포츠를 즐기기에도 좋다. 맑은 날에 가면 환상적인 풍경을 제대로 볼 수 있다(207p).

### 와이키키 비치 Waikiki Beach

명실공히 오아후 대표 비치로 꼽히는 곳이다. 야자수가 하늘까지 닿아 있고 보드라운 모래알 위로 햇빛이 부서지는 곳에 비치타월을 깔고, 망중한을 즐기자. 푸르게 반짝이는 바다를 만끽할 수 있다. 파도가 적당해 서핑을 즐기기에도 적합하다. 해변을 따라 나 있는 칼라카우아 애비뉴Kalakaua Ave에는 분위기 좋은 바, 레스토랑, 쇼핑센터 등이 즐비하다. 아름다운 자연과 편의 시설을 동시에 즐길 수 있는 특별한 해변이다(143p).

# | 카우아이 |

### 포이푸 비치 파크 Poipu Beach Park

바윗돌로 쌓은 방파제 안쪽은 물살이 잔잔해서 스노클링을 즐기기 좋고, 밖으로는 파도가 높아서 서핑을 즐기기에 딱 좋은 곳이다. 융단처럼 깔려 있는 잔디밭 위에 비치타월 한 장 깔고 누우면 지상낙원이 따로 없다. 하루 종일 시간을 보내며 유유자적하는 휴양을 즐길 수 있는 해변이다. 붉게 타오르는 황홀한 석양은 이곳에서 꼭 감상해야 할 포인트이다(373p).

### 하날레이 베이 Hanalei Bay

초승달을 닮은 만을 형성하고 있다. 뾰족한 산에 둘러싸여 있고, 잔잔한 바다의 자태가 신비롭다. 한 폭의 그림 같은 풍경으로 카우아이의 랜드마크로 꼽힌다. 파도가 잔잔한 편이라 물놀이를 즐기기에도 좋다. 그냥 그렇게 바라만 봐도 좋은 곳. 아깝게 지나가는 시간을 부여잡고 여유롭게, 느리게 즐기고 싶은 해변이다(348p).

## | 마우이 |

**카아나팔리 비치** Kaanapali Beach

마우이 최고의 해변으로 꼽히는 곳. 서쪽 해안가에 위치해 있어 아름다운 석양을 감상할 수 있다. 5km에 달하는 모래 해변과 투명한 바닷물이 인상적이다. 주변으로 고급 리조트가 들어서 있다. 블랙 록Black Rock은 카아나팔리 비치에서 가장 유명한 스노클링 포인트이다.

## | 빅 아일랜드 |

**푸날루우 블랙 샌드 비치** Punalu'u Black Sand Beach Park

반짝반짝 빛나는 검은 모래를 볼 수 있는 곳. 바다로 흘러 들어간 용암의 파편들이 물과 바람에 깎이고 부서져서 까만 모래가 되었다. 자연이 만들어낸 이국적인 풍경이 인상적이다. 시시때때로 해변으로 올라오는 바다거북을 만나는 행운이 따른다. 까만 해변과 하얀 물거품의 조화가 아름답다(459p).

## **Tip** 하와이 해변에 대한 7가지 진실

### ❶ 하와이의 해변은 누구에게나 무료!

하와이는 호텔 앞 해변이라도 누구나 제약 없이 이용할 수 있다. 아름다운 자연은 누구에게도 속할 수 없다는 정신에 입각한 것!

### ❷ '비치'와 '비치 파크'의 차이는?

비치의 경우 해변만 있는 경우가 대부분이며, 비치 파크에는 화장실, 피크닉 테이블, 샤워 시설 등이 마련되어 있다. 물놀이 후 화장실, 샤워 시설 등을 이용하고 싶다면 비치 파크로 가자.

### ❸ 해변을 방문할 때 주차는?

대부분의 하와이 해변에는 무료 주차장이 마련되어 있다. 주차장이 안 보인다면 근처 호텔에 문의하자. 단, 아침 일찍 가지 않으면 자리가 없을 수 있다. 호텔 내 주차하려면 일정 금액과 팁을 내야 한다. 호텔 내 레스토랑을 이용하면 주차비를 면제해주거나 할인해주는 경우도 많으니 참고하자.

### ❹ 안전하게 해변 즐기기

일 년 내내 온화한 기후를 자랑하는 하와이라도 계절에 따라 파도는 달라진다. 여름에는 대부분 잔잔하고, 겨울에는 상당히 높다. 해변 이용이 위험한 날에는 '해파리 등장', '파도 주의', '바닥의 암초' 등 경고판이 세워진다. 안전을 위해 꼭 확인하는 것이 좋다. 수영에 자신이 없다면 안전 요원이 있는 해변에서 수영을 즐기자.

### ❺ 뭐 하면서 놀까?

가장 쉽고, 저렴하고, 재미있게 즐기는 해양 액티비티로 스노클링을 추천한다. 건강한 남녀노소 누구나 쉽게 즐길 수 있다. 물안경과 대롱처럼 생긴 스노클링 장비, 오리발 또는 이쿠아슈즈 정도만 있으면 오케이!

### ❻ 스노클링 장비는 어디에서 구매할까?

한국에서 미리 구입해도 되지만 하와이 내 월마트, ABC 마트 등에서 쉽게 구할 수 있다. 가격은 15~30달러 정도. 맨발로 스노클링에 나섰다간 바위나 산호에 발을 다칠 수 있으므로, 반드시 이쿠아슈즈 또는 오리발을 착용하자. 수영에 자신이 없는 사람은 구명조끼를 준비하면 좋다.

### ❼ 스노클링 즐길 때 유의할 점은?

스노클링은 아침 일찍 가는 것이 좋다. 오후가 되면 바람의 방향이 바뀌면서 바닷속도 뿌옇게 변하는 경우가 많다. 산호 위에 발을 디디지 않도록 유의하자. 물속에서 빵조각 등을 물고기에게 나눠주는 것은 금물이다.

( ENJOYING **02** )

# 떠나자! 달리자! 만끽하자! **추천 드라이브 코스**

자유롭게 내 맘대로 떠나보는 드라이브! 오픈카를 타고, 부드러운 바람을 느끼며
자연의 풍광을 감상하며 달려보는 것! 하와이를 방문한 사람이라면 누구나 한 번쯤은
해보고 싶은 일이다. 다채로운 자연의 매력을 느낄 수 있는 드라이브 코스를 소개한다.

# | 마우이 |

## 마우이의 인기 드라이브 코스 '하나로 가는 길'

마우이에서 가장 유명한 드라이브 코스이다. 파이아 지역에서 출발하여 '하나'의 오헤오 협곡까지 이어진다. 끝도 없이 이어진 커브 길을 따라 달리며 열대 우림 풍경을 즐겨보자. 현지인들은 이곳이 '천국'을 닮았다고 말한다.
용암 동굴, 기암괴석, 블랙 샌드 비치를 볼 수 있는 와이아나파나파 스테이크 파크는 꼭 들러보자. 단, 초보 운전자는 투어 버스를 이용하자.

### 추천 코스
호오키파 비치 파크(310p)→트윈 폭포(312p)→
카우마히나 스테이트 웨이사이드(312p)→케아나에
전망대(312p)→하프웨이 투 하나(312p)→
나히쿠 마켓플레이스(313p)→와이아나파나파 스테이크 파크(313p)→오헤오 협곡(314p)

### 가는 방법
**Access** 파이아에서 마우이 동쪽 끝 작은 마을인 하나까지 이어지는 하이웨이 36을 타고 간다. 돌아올 때는 왔던 길을 되돌아 나온다 **Add** Waianapanapa State Park, Hana

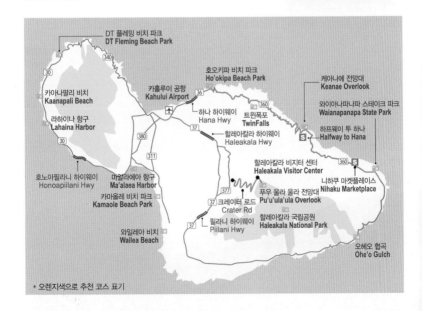

* 오렌지색으로 추천 코스 표기

## 구름 위를 달리는 느낌의 할레아칼라 국립공원

해발 3,055m의 세계 최대 휴화산인 할레아칼라 국립공원 Haleakala National Park 정상까지 차를 타고 올라갈 수 있다. 구름보다 더 높은 곳까지 드라이브 코스가 이어진다. 해변 지역은 일 년 내내 무더운 아열대성 기후이지만, 고도가 높아질수록 기온이 뚝뚝 떨어져 매우 춥다. 덕분에 서식하는 식물들도 달라진다.

고도에 따라 변화하는 이국적인 풍경을 감상하고, 마치 다른 행성에 온 듯한 느낌의 분화구도 관찰해보자.

© HTA

### 추천 코스
할레아칼라 국립공원(315p)→푸우 울라 울라 전망대 (316p)→할레아칼라 비지터 센터(317p)→칼라하쿠 전망대(317p)→레레이위 전망대(317p)→호스머 그로브 트레일(317p)

### 가는 방법
**Access** 카훌루이 지역을 지나 37번 도로인 할레아칼라 하이웨이Haleakala Hway를 타고 동남쪽으로 가다가 377번 도로로 갈아탄다. 남쪽으로 가다 보면 표지판이 나온다
**Add** Haleakala National Park, Kula

---

**Tip** 하와이 드라이브를 즐기기 위한 간단 노하우!

**❶ 주유는 미리미리!**
섬이다 보니 경관이 좋은 곳에는 주유소 찾기가 어렵거나 기름값이 비싸다.

**❷ 양보 운전, 방어 운전은 필수!**
만약 상대방이 양보를 해줬다면 샤카Shaka로 인사해보자. 주먹을 쥔 상태에서 엄지와 새끼손가락만 펴서 살랑살랑 손목을 좌우로 가볍게 돌리는 하와이 스타일의 인사이다. '감사합니다', '좋아요' 등의 뜻을 담고 있다.

**❸ 간식을 챙겨 가면 기분이 업!**
슈퍼마켓 등에서 과자, 음료, 도시락 등을 구입해가자. 멋진 풍경을 보며 커피 한 잔의 여유를 즐기거나 풍경이 좋은 곳에서 도시락을 먹는 것도 즐거운 추억이 될 수 있다.

# | 빅 아일랜드 |

## 세계 3대 커피로 꼽히는 코나 커피 생산지

깊고 풍부한 코나 커피 향기를 만끽할 수 있는 커피 생산
지이다. 한적한 분위기의 마말라호아 하이웨이Mamalahoa
Hwy를 따라 커피 농장이 줄지어 위치하고 있다.

커피 애호가라면 한 번쯤 들어보았을 비싼 몸값 자랑하
는 코나 커피를 무료로 즐길 수 있다. 마음에 드는 농가
를 방문해서 시음을 즐기면 된다. 대부분 무료 시음이 가
능하다. 대부분의 농장이 언덕에 있어 아름다운 코나 해
안이 내려다 보인다.

### 추천 코스
훌라 대디 코나 커피(417p)→UCC(417p)→도
토루 커피 마우카 메도우스(418p)→코나 조 커피
(418p)→그린웰 팜즈(419p)

### 가는 방법
**Access** 마우나 로아 산기슭에 위치한 180번 도로
마말라호아 하이웨이를 타면 커피 농장들을 방문할 수 있다
**Add** 75-5568 Mamalahoa Hwy, Holualoa

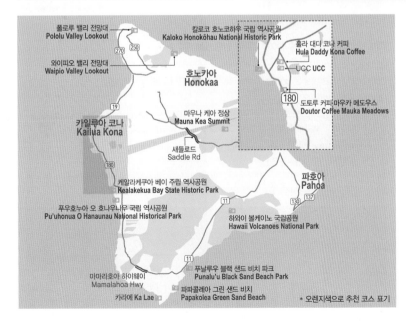

폴롤루 밸리 전망대
Pololu Valley Lookout

와이피오 밸리 전망대
Waipio Valley Lookout

칼로코 호노코하우 국립 역사공원
Kaloko Honokōhau National Historic Park

훌라 대디 코나 커피
Hula Daddy Kona Coffee

UCC UCC

호노카아
Honokaa

도토루 커피 마우카 메도우스
Doutor Coffee Mauka Meadows

마우나 케아 정상
Mauna Kea Summit

카일루아 코나
Kailua Kona

새들로드
Saddle Rd

파호아
Pahoa

케알라케쿠아 베이 주립 역사공원
Kealakekua Bay State Historic Park

푸우호누아 오 하나우나우 국립 역사공원
Pu'uhonua O Hanaunau National Historical Park

하와이 볼케이노 국립공원
Hawaii Volcanoes National Park

마마라호아 하이웨이
Mamalahoa Hwy

카라에 Ka Lae

푸날루우 블랙 샌드 비치 파크
Punalu'u Black Sand Beach Park

파파콜레아 그린 샌드 비치
Papakolea Green Sand Beach

\* 오렌지색으로 추천 코스 표기

## 활화산 용암 지역의 진귀한 풍경 즐기기

국립공원 내 도로인 체인 오브 크레이터스 로드Chain of Craters Rd를 달려보자. 1969년 마우나 울루Mauna Ulu 화산 폭발 때 용암이 도로 양쪽으로 흘러들어와 검은색의 대지가 되었다. 도로 끝까지 가면 용암이 흘러나와 길을 뒤덮은 모습을 볼 수 있다. 시원스럽게 펼쳐진 태평양을 끼고 있어서 아름다운 풍경을 감상하며 드라이브를 만끽하기에 좋은 길이다.

### 추천 코스

하와이 볼케이노 국립공원(460p)→체인 오브 크레이터스 로드 진입→케알라코모(465p)→홀레이 시 아치(465p)

### 가는 방법

**Access** 하와이 볼케이노 국립공원 입구에서 좌회전 후 직진해서 체인 오브 크레이터스 로드로 진입하면 길 끝까지 드라이브 길이 이어진다
**Add** Hawaii Volcanoes National Park, Hawaii National Park

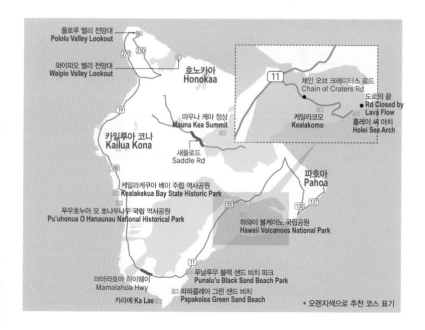

폴로루 밸리 전망대
Pololu Valley Lookout

[270] [250]

와이피오 밸리 전망대
Waipio Valley Lookout

호노카아
Honokaa

[11]

체인 오브 크레이터스 로드
Chain of Craters Rd

도로의 끝
Rd Closed by Lava Flow

[19]

마우나 케아 정상
Mauna Kea Summit

케알라코모
Kealakomo

홀레이 씨 아치
Holei Sea Arch

카일루아 코나
Kailua Kona

새들로드
Saddle Rd

[180]

케알라케쿠아 베이 주립 역사공원
Kealakekua Bay State Historic Park

파호아
Pahoa

푸우호누아 오 호나우나우 국립 역사공원
Pu'uhonua O Hanaunau National Historical Park

[11]

[130] [137]

하와이 볼케이노 국립공원
Hawaii Volcanoes National Park

[11]

마마라호아 하이웨이
Mamalahoa Hwy

푸날루우 블랙 샌드 비치 파크
Punalu'u Black Sand Beach Park

카라에 Ka Lae

파파콜레아 그린 샌드 비치
Papakolea Green Sand Beach

＊ 오렌지색으로 추천 코스 표기

# | 오아후 |

## 오아후의 동쪽 해변부터 북쪽 해변까지

에메랄드빛 바다가 보이는 동쪽 해안도로에서 거친 파도가 치는 북쪽 해안도로까지 달려보자. 곳곳에 관광 스폿이 위치하고 있어서 쉬다 가다를 반복하며 드라이브를 즐기기에 안성맞춤이다. 주차 고민도, 교통 체증도 전혀 없다. 북쪽 해안 지역에서 새우 트럭 요리 맛보자. 마무리는 할레이바 타운을 돌아보거나 선셋 비치 파크에서 황홀한 석양을 감상하는 것으로!

와이키키 출발 기준 내비게이션에 첫 번째 목적지 주소를 'Makapu'u Lookout, Waimanalo'으로 입력한다. 그 후 목적지 주소를 '56-505 Kamehameha Hwy, Kahuku' 입력하면 헤매지 않고 다닐 수 있다.

### 추천 코스
코리아 지도마을 전망대(163p) → 하나우마 베이(162p) → 할로나 블로 홀(209p) → 마카푸우 전망대(209p) → 라니카이 비치(207p) → 카일루아 비치 파크(206p) → 쿠알로아 리저널 파크 (204p) → 쿠알로아 목장(208p) → 노스 쇼어 지역의 명물 새우 트럭 (226p) → 선셋 비치 파크(221p) 또는 할레이바 타운(218p)

### 가는 방법
**Access** 와이키키 지역 기준, 72번 카라니아나올레 하이웨이 Kalanianaole Hwy에서 83번 도로 카메하메하 하이웨이Kameheneha Hwy를 타고 쭉 이어지는 해안도로
**Add** Makapu'u Lookout, Waimanalo, 56-505 Kamehameha Hwy, Kahuku

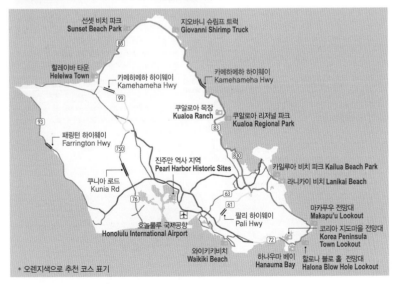

선셋 비치 파크 Sunset Beach Park
지오바니 슈림프 트럭 Giovanni Shirimp Truck
할레이바 타운 Heleiwa Town
카메하메하 하이웨이 Kamehameha Hwy
카메하메하 하이웨이 Kamehameha Hwy
쿠알로아 목장 Kualoa Ranch
쿠알로아 리저널 파크 Kualoa Regional Park
패링턴 하이웨이 Farrington Hwy
진주만 역사 지역 Pearl Harbor Historic Sites
카일루아 비치 파크 Kailua Beach Park
라니카이 비치 Lanikai Beach
쿠니아 로드 Kunia Rd
호놀룰루 국제공항 Honolulu International Airport
팔리 하이웨이 Pali Hwy
마카푸우 전망대 Makapu'u Lookout
코리아 지도마을 전망대 Korea Peninsula Town Lookout
와이키키비치 Waikiki Beach
하나우마 베이 Hanauma Bay
할로나 블로 홀 전망대 Halona Blow Hole Lookout

* 오렌지색으로 추천 코스 표기

© Royal Kona Resort

## ENJOYING 03

# 하와이의 로맨틱
# 웨딩 촬영지

전 세계 연인들의 로망,
허니문의 명소로 불리는 하와이.
천혜의 자연환경으로 유명한 하와이
곳곳을 배경으로 특별한 웨딩 사진을
남겨보자. 셀프 촬영도 좋고, 전문가가
촬영해주는 것도 좋다. 트로피컬
원피스를 입는 것은 어떨까?
창이 넓은 모자를 써도,
플루메리아Plumeria 꽃을 귀에 꽂아도
좋다. 여기는 하와이니까!

© Mauna Kea Beach Hotel

# | 오아후 |

### 알라 모아나 비치 파크
Ala Moana Beach Park
분주하고 사람 많은 와이키키 비치보다 여유로운 분위기 속에서 사진 촬영이 가능하다. 푸른 잔디가 깔려 있는 공원, 파란 바닷물과 뽀얀 모래사장이 인상적인 해변, 멀리 다이아몬드 헤드 산이 보이는 등 같은 장소이지만 여러 가지 풍경을 테마로 촬영을 할 수 있다(149p).

### 모아나루아 가든 Moanalua Garden
초코송이 과자를 닮은 넓게 뻗은 나뭇가지의 모습이 인상적인 곳. 100년이 넘는 수령을 자랑하는 몽키 팟Monkey Pot 나무들이 있는 정원이다. 울창한 아름드리 나무를 배경으로 촬영하면 초록빛 싱그러움이 물씬 느껴지는 예쁜 사진이 나온다(157p).

### 라니카이 비치 Lanikai Beach
눈부시게 빛나는 에메랄드빛 바다와 고운 모래의 조화가 정말 아름답다. 신부의 순백 드레스와 정말 잘 어울리는 풍경! 어떤 이들은 이곳을 '하와이의 몰디브'라고 부른다.
하와이어로 라니Lani는 '천국', 카이Kai는 '바다'를 뜻한다. 이름처럼 천국 같은 바다의 느낌을 만끽할 수 있다. 맑은 날에 가면 더욱 환상적인 풍경을 볼 수 있다(207p).

### 와이마날로 비치 파크
Waimanalo Beach Park
해변의 길이가 8.9km로 오아후에서 가장 길다. 고운 모래사장과 빛나는 푸른색의 바다를 만날 수 있다. 관광객들이 많이 찾지 않는 평화로운 분위기라 편안하게 촬영을 할 수 있다(210p).

## | 마우이 |

### 할레아칼라 국립공원
#### Haleakala National Park

'태양의 집'이라는 뜻을 가진 해발 3,055m의 세계 최대 휴화산에서 특별한 촬영을 해보자. 일출로 유명한 곳이지만, 아침에는 추우므로 촬영을 위해서는 일몰 시각 기준으로 1~2시간 정도 일찍 도착하는 것이 좋다. 마치 다른 행성에 온 듯한 느낌을 주는 크고 작은 분화구를 배경으로 또는 정상에서 환상적인 일몰과 함께 사진 촬영해보는 것을 추천한다(315p).

## | 빅 아일랜드 |

### 하와이 볼케이노 국립공원
#### Hawaii Volcanoes National Park

현재도 화산 활동을 하고 있는 킬라우에아 화산을 배경으로 촬영을 해보자. 크레이터 림 드라이브Chain of Craters Rd 쪽을 추천한다. 비교적 한적하고 넓어서 자유롭게 촬영이 가능하다. 검은 용암으로 뒤덮인 길과 바위, 산의 모습 등이 이국적인 정취를 물씬 풍긴다. 검은 용암이 화이트 드레스와 대비되어 신부를 더 돋보이게 한다(460p).

## | 카우아이 |

### 하날레이 베이 Hanalei Bay

빼어나게 아름다운 풍경으로 카우아이의 랜드마크로 꼽히는 장소. 울창한 열대 우림으로 뒤덮여 있는 와이알레알레Wai'ale'ale산이 병풍처럼 둘러져 있고, 앞으로는 잔잔한 바다가 흐른다. 한쪽에는 하날레이 부두Hanalei Pier가 위치하고 있다. 이 모든 것이 어우러진 풍경이 한 폭의 그림 같다. 특히 일몰 시각에는 시시각각 변화하는 빛 때문에 풍경이 아름답다(349p).

**Tip** 하와이에서의 로맨틱한 해변 결혼식을 하고 싶다면?

바다를 끼고 있는 고급 리조트형 호텔에는 야외 웨딩 공간이 마련되어 있는 경우가 많다. 호텔에 직접 문의해서 공간을 빌려도 되지만 웨딩플래너에게 추천받는 것이 가장 편리하고 가격대도 저렴하다. 웨딩 공간의 섭외부터 드레스, 메이크업, 헤어, 사진 촬영까지 돕는다.

하와이 주정부가 인정하는 혼인 증명서 발급을 원한다면 혼인 증명서 발급소Marriage License Office를 방문하면 된다. 만18세 이상임을 증명하는 신분증과 본국에서 미혼이었음을 증명하는 혼인관계 증명서를 소지하면 된다. 발급 비용은 65달러이다. 법적인 특별한 혜택은 없고, 하와이에서 결혼했음을 증명하는 용도로 간직할 수 있다.

추천 웨딩플래너 업체
• 웨딩 인 하와이 www.wedaloha.com
• 어포더블 웨딩 오브 하와이 www.wedhawaii.com
• 마우이 웨딩 프롬 더 하트 www.mauiwed.com

ENJOYING **04**

# 인기 만점 **어린이를 위한 여행지**

신혼여행지로 각광받는 하와이지만 요즘에는 가족 여행자들에게도 인기가 많다.
아이들과 함께 방문하기 좋은 교육적인 장소가 오아후에 많은 편이다.
자연 경관을 즐길 예정이라면 이웃 섬인 카우아이, 마우이, 빅 아일랜드를 가자.

## | 오아후 |

### 시 라이프 파크 하와이
Sea Life Park Hawaii

상어, 가오리, 열대어 등 다양한 해양 동물을 만
날 수 있는 하와이 최대 크기의 수족관으로, 가
족 여행자들에게 사랑받는 곳이다. 바다생물 관
찰, 연구 자료, 보존의 의미로 운영되고 있다.
교육적인 프로그램도 많이 진행한다.
돌핀 인카운터Dolphin Encounter 프로그램이 가장
유명하다. 돌고래와 악수를 하거나 입맞춤을 나
누는 등 교감을 나누고, 돌고래의 핀을 잡고 함
께 수영을 해보는 등 특별한 경험을 할 수 있다
(211p).

### 힐튼 하와이안 빌리지 비치&라군
Hilton Hawaiian Village Beach&Lagoon

인공으로 만든 방파제 덕분에 물살이 잔잔해서
안전하게 물놀이를 즐길 수 있다. 인공 해변이
만들어지는 과정에서 유입된 작은 물고기들이
살고 있다. 어린 아이들이 간단하게 스노클링을
즐기기에도 좋다(244p).

### 진주만 역사 지역 Pearl Harbor Historic Sites

제2차 세계대전으로 인해 많은 사상자가 발생한 가슴 아픈 역사가 있는 곳이다. 초등학생 이상의 어린이라면 역사 공부에 큰 도움이 된다. USS 보우핀 잠수함 뮤지엄&파크, USS 배틀십 미주리 메모리얼, 태평양 항공 박물관이 있다. 특히 태평양 항공 박물관은 민간 비행기, 미 해군 전투기, 비행 학교 훈련용 비행기 등이 전시되어 있다. 어린 아이들도 즐겁게 관람할 수 있다(233p).

### 이올라니 궁전 Iolani Palace

1882년 하와이 7대 왕인 칼라카우아Kalakaua가 세운 궁전이다. 하와이 마지막 왕이었던 릴리우오칼라니Liliuokalan 여왕이 퇴위 때까지 거주하던 곳이기도 하다. 온수 시설과 수세식 화장실 등 당시로서는 최첨단의 기술을 볼 수 있으며, 당시 하와이 왕조의 삶을 엿볼 수 있다. 전시 관람 후 아이와 하와이 역사에 대한 생각과 느낌에 대해 서로 이야기를 나눠보는 것도 좋겠다(151p).

### 다이아몬드 헤드 스테이트 모뉴먼트 Diamond Head State Monument

지름 1,200m의 분화구가 있는 해발 232m의 휴화산으로 약 10만 년간 활동하지 않았다. 트레일을 따라 정상에 오르면 한 폭의 그림처럼 아름답게 펼쳐지는 와이키키 비치와 호놀룰루 지역의 전경을 감상할 수 있다. 아이와 함께 걸어보며 이야기도 나누고 주변 풍경을 조망하는 것도 특별한 추억이 될 것이다. 소요 시간은 왕복 2시간 정도로 어린아이와 다녀오기에도 무리가 없다(161p).

© HTA

## | 마우이 |

### 할레아칼라 국립공원
Haleakala National Park

마치 달나라 분화구와 같은 전경을 감상하며
아이들과 함께 화산 활동에 대해 이야기를 나
눌 수 있다. 해발 3,055m의 세계 최대 휴화
산으로 장엄한 일출을 볼 수 있다.

하지만 어린아이들과 함께 이른 새벽부터 출
발한다는 것은 쉽지 않고, 기온도 일몰 때
가 덜 춥기 때문에 어린 자녀를 동반한 여행
자라면 일몰을 보러 가는 것이 나을 수 있다
(315p).

## | 카우아이 |

### 와이메아 캐니언 Waimea Canyon

화강암이 침식되어 만들어진 웅장한 캐니언
의 풍경이 파노라마로 펼쳐진다. 켜켜이 쌓
인 붉은색 지층에서 카우아이의 세월이 그
대로 느껴지는 캐니언을 감상할 수 있다. 암
반 속 철 성분으로 인한 붉은 흙과 푸르고
울창한 열대 숲의 조화가 아름답다.

나팔리 코스트의 심장부인 칼랄라우 계곡이
시원스럽게 내려다보이는 전망대도 있다.
아이들과 캐니언이 만들어진 과정과 풍광에
대한 느낌을 나눠볼 수 있다(379p).

## | 빅 아일랜드 |

### 하와이 볼케이노 국립공원
Hawaii Volcanoes National Park

활화산이 있는 산교육의 현장! 아이들이 직접
분화구의 연기를 눈으로 확인하고, 산과 바
위를 뒤덮은 용암과 검은 모래 등을 직접 발
로 밟아보는 경험을 할 수 있다.

이 지역에는 다른 곳에서는 볼 수 없는 특징
을 가진 동물, 곤충, 식물 등이 서식하고 있
다. 천적이 없는 탓에 원래 가지고 있던 방어
방법이 필요 없어지면서 각자의 방식으로 진
화한 것이다(460p).

© Kikuko Nakayama

## ENJOYING 05

# 하와이에서 즐기는
# 헬기에서 보트까지, 특별한 투어

귓가를 간지럽히는 바람과 눈부신 태양, 푸른 바다가 있는 하와이!
투어를 이용하면 좀 더 다채롭게 하와이를 만끽할 수 있다. 각 섬마다
특별한 투어가 따로 있으니 자신의 성향에 맞는 액티비티를 찾아보자.

## 마우이 다운힐 바이크 투어

**Maui Downhill Bike Tours**

마우이의 하이라이트인 할레아칼라 국립공원
을 특별하게 즐기는 투어이다. 새벽 3시 경
에 숙소에서 출발해 일출을 감상한다. 그 후
투어 업체에서 제공해주는 자전거를 타고 가
이드와 함께 산을 내려가는 투어이다.
아름다운 할레아칼라 국립공원의 자연을 만
끽할 수 있어서 인기가 많다(319p).

© MollySVH

## 몰로키니 스노클링 투어
### Molokini Snorkling Tour

마우이 방문자에게 가장 추천하는 투어. 해안 또는 부두에서 출발하는 배를 타고, 초승달 모양의 섬인 몰로키니섬까지 간 후 투명한 바닷속에서 스노클링을 즐기는 투어다. 시야가 좋은 오전 7시경에 출발하며, 간단한 식사 등이 배 위에서 제공되는 경우가 많다(276p).

© Matt McGee

## 헬리콥터 투어 Helicopter Tour

하와이의 아름다운 대자연의 모습을 헬리콥터를 타고 하늘 위에서 감상해보자. 모든 섬에서 헬기 투어를 만끽할 수 있다.

어느 섬에서 즐겨도 특별한 경험이 되겠지만, 태곳적 자연을 고스란히 간직하고 있는 카우아이와 현재도 활발한 화산 활동으로 용암의 모습도 감상할 수 있는 빅 아일랜드 섬에서 즐기는 것을 추천한다(383p).

## 만타 레이 투어 Manta Ray Tour

거대한 크기의 가오리를 만날 수 있는 야간 투어로 하와이에서 인기 있는 투어이다. 빅 아일랜드의 사우스 코나 지역에서 해볼 수 있다. 쉐라톤 코나 리조트&스파 엣 케아우호우 베이의 앞 바다에서 진행된다.

스노클링과 스쿠버 다이빙 중 선택할 수 있다. 스쿠버 다이빙 투어는 관련 자격증 소지자만 이용할 수 있다(423p).

## 고래 관찰 투어 Whale Watching Tour

12~5월 사이에 방문했다면 꼭 해봐야 하는 투어다. 산란기를 맞이하여 하와이 해안을 찾아온 혹등고래를 볼 수 있다. 특수 장비를 사용하여 고래의 위치를 파악한다.

카우아이의 나팔리 코스트 보트 투어, 마우이의 몰로키니 투어 등 다른 해양 투어를 즐기다가 혹등고래를 보는 경우도 많다(275p, 376p).

© HTA

### 노스 쇼어 샤크 어드벤처
North Shore Shark Adventures

특수하게 만들어진 철조 안에 들어가 상어들을 코앞에서 보는 투어다. 이색적인 경험을 하고 싶은 사람들에게 추천한다.
오아후의 노스 쇼어 지역에 위치하는 할레이바 항구에 투어 업체가 있다. 담당 가이드와 함께 배를 타고 상어가 있는 투어 지역까지 이동한다(221p).

### 아틀란티스 서브마린 투어
Atlantis Submarine Tour

수영을 못하거나 물을 무서워하는 어린 자녀와 함께 하와이를 방문했다면 고려해볼 만한 투어이다. 가족 여행자들에게 추천한다.
잠수함을 타고 수심 30m까지 내려간다. 잠수함의 동그란 창을 통해서 열대어, 산호초 등 신비한 바닷속 풍경을 감상할 수 있다(145p).

### 카약 투어 Kayak Tour

1인용 또는 2인용의 배를 타고 직접 노를 저으며 바다 또는 강을 즐기는 투어다. 투어에 참여하면 기본적인 노 젓는 방법부터 안전수칙 등에 대한 설명을 들을 수 있다.
오아후는 카일루아 비치 파크Kailua Beach Park 지역, 빅 아일랜드는 케알라케쿠아 베이 스테이트 히스토릭 파크Kealakekua Bay State Historic Park 지역, 카우아이는 와일루아Wailua 강 지역에서 즐기는 것을 추천한다(206p, 421p, 358p).

© Ron Cogswell

### 나팔리 코스트 보트 투어
Napali Coast Boat Tour

카우아이의 하이라이트 나팔리 코스트 지역을 멋지게 즐기는 방법이다. 오전 7시 쯤에 출발하는 배를 타고 나가서 깎아놓은 듯 펼쳐지는 나팔리 코스트 해안 절경을 감상하고, 스노클링을 한다.
투어 시간은 보통 4~5시간 소요되며, 아침, 점심 식사 및 음료 등이 포함된 경우가 많다. 카우아이의 사우스 지역의 포트 앨런 항구에서 출발하는 배가 많다(376p).

# 감동 두 배, 재미 두 배!
# 영화&드라마 속 하와이

천혜의 자연이 있는 하와이는 많은 감독들에게 영감을 주는 곳이다.
하와이를 배경으로 한 영화와 드라마가 많다.
하와이의 숨은 경치와 문화 등을 엿볼 수 있는 다양한 영화를 소개한다.

## 디센던트 (2011)

**감독** 알렉산더 페인 **출연** 조지 클루니, 주디 그리어
뜻하지 않는 사고로 아내를 잃은 한 남자의 이야기이다. 하와이에 사는 평범한 사람들의 일상생활을 느껴볼 수 있다. 하와이 곳곳의 매력적인 풍경을 담았다. 카우아이 북부 지역에 위치한 아름다운 하날레이 베이 배경이 특히 아름답다.

### 첫 키스만 50번째 (2004)

**감독** 피터 시걸 **출연** 애덤 샌들러, 드류 베리모어

1년 전 교통사고로 단기 기억상실증에 걸린 루시를 사랑하는 헨리의 이야기를 다룬 로맨틱 코미디. 단 하루만 유효한 루시의 기억! 하루지만 그녀의 완벽한 연인이 되고자 하는 헨리의 노력이 인상적이다. 오아후를 배경으로 쿠알로아 목장, 시 라이프 파크, 중국인 모자 섬 등이 등장한다.

### 쥬라기 월드 (2015)

**감독** 콜린 트레보로 **출연** 크리스 프렛, 브라이스 댈러스 하워드

유전자 조작으로 탄생한 공룡과의 갈등을 그린 영화이다. 들쭉날쭉한 산세가 인상적인 산, 울창한 열대 우림, 깊은 협곡, 반짝이는 모래가 있는 해변 등 하와이 곳곳을 배경으로 촬영되었다. 특히 오아후의 쿠알로아 목장에서 많이 촬영되었다. 이전에 개봉하였던 〈쥬라기 공원〉 시리즈도 하와이가 배경인 경우가 많다.

하와이언 레시피

### 하와이언 레시피 (2009)

**감독** 사나다 아츠시 **출연** 오카다 마사키, 아오이 유우

빅 아일랜드의 작은 마을, 호노카아를 배경으로 한 영화이다. 연인과 결별 후 호노카아를 찾은 레오가 그 지역에 거주하는 독특한 스타일의 마을 사람들과 친해지게 되면서 겪는 소소함이 담겨 있다. 스릴이나 반전은 없지만 잔잔하고 따뜻한 느낌의 하와이가 고스란히 느껴진다.

### 진주만 (2001)

**감독** 마이클 베이 **출연** 벤 애플렉

제2차 세계대전의 시작점이라는 가슴 아픈 역사를 가진 오아후의 진주만을 배경으로 한 영화. 테네시주 출신으로 미 공군 파일럿이 된 레이프 맥컬리와 대니 워커, 그리고 그들의 마음을 사로잡은 간호사 에벌린 스튜어트의 이야기와 역사적 배경을 다룬 영화이다. 진주만 지역을 방문할 예정이라면 한 번쯤 감상해보기를 추천한다.

### 하와이 파이브 오 (2010~15)

**감독** 조이 단테, 제리 레빈, 실비안 화이트 **출연** 알렉스 오로린, 스콧 칸, 대니얼 대 킴

지상낙원으로 불리는 하와이를 배경으로 범죄 조직에 맞서 싸우는 액션 드라마이다. 1968~1980년까지 방영되었던 드라마 〈하와이 파이브 오〉를 리메이크한 것이다. 스토리가 탄탄하고 코믹적인 요소들이 있어서 상당히 인기 많은 드라마이다.

### 사랑이 어떻게 변하니? (2008)

**감독** 니콜라스 스톨러 **출연** 제이슨 세걸, 크리스틴 벨

연인과 결별 후 하와이에 놀러 간 한 남자의 이야기를 그린 코믹한 영화이다. 내용이 뛰어난 것은 아니지만 배경으로 하와이의 주요 관광지를 잘 보여주므로 여행 전에 보면 좋다.

사랑이 어떻게 변하니?          진주만

저스트 고 위드 잇

소울 서퍼

### 로스트 시즌 6 (2010)

**감독** 조엘 데이비드 무어 **출연** 알렉스 오로린, 스콧 칸, 대니얼 대 킴

한국 배우 김윤진이 출연한 미국 TV 드라마 시리즈이다. 오아후의 쿠알로아 목장에서 촬영을 많이 했다. 내용은 정체불명의 어느 섬에 추락한 48명의 승객들의 이야기이다. 하와이 섬의 아름다운 지역이 잘 담겨 있어서 드라마 내용 감상하는 내내 풍경까지 덤으로 즐길 수 있다.

### 저스트 고 위드 잇 (2011)

**감독** 데니스 듀간 **출연** 아담 샌들러, 제니퍼 애니스톤

하와이의 아름다운 자연과 리조트들이 배경으로 등장하는 로맨틱 코미디. 바람둥이 성형외과 전문의가 하와이 여행 중 위장 부부를 연기하게 되고, 결국 진짜 사랑하게 된다는 이야기이다. 아기자기하게 펼쳐지는 에피소드가 유쾌하다. 영화 곳곳에서 소재로 사용되는 루아우 쇼, 결혼식 장면 등 아름다운 자연의 모습이 하와이의 매력을 담았다.

### 소울 서퍼 (2011)

**감독** 숀 맥나마라
**출연** 안나 소피아 롭, 헬렌 헌트

서핑 챔피언을 꿈꾸던 한 소녀가 상어의 공격으로 인하여 팔이 잘리는 사고를 당한다. 하지만 그녀는 좌절하지 않고 결국 서퍼로서의 성공을 이룬다는 내용이다. 실화를 배경으로 한 감동적인 영화다. 카우아이와 오아후 북부 지역의 아름다운 해변의 모습이 아름답게 펼쳐진다.

하와이 파이브 오

로스트 시즌 6

# Step 04

# EATING

## 하와이를 맛보다

## EATING 01
# 하와이에서 꼭 먹어봐야 할 **로컬 음식**

하와이 로컬 음식에는 고대 하와이안의 삶의 방식과 지혜, 다양성을 존중하는 현대 하와이의 문화와 철학 등이 고스란히 녹아 있다. 오랜 시간 은근한 불로 요리하는 슬로우 쿡 Slow Cook과 하와이 현지 농가에서 재배되는 신선한 농산물을 사용해 만드는, 동양과 서양의 문화가 혼재된 다양한 스타일의 퓨전 로컬 음식들이 주를 이룬다.

## 하와이안 푸드

하와이는 천혜의 놀라운 자연을 갖추었지만 불과 20년 전만 해도 맛없는 음식으로 혹평을 들었다. 1990년 전후로 등장한 세계적인 실력의 요리과들이 이 지역의 농축, 수산물을 이용하여 각국의 요리법을 접목한 다양한 퓨전 요리를 선보이기 시작했다. 바로 '퍼시픽 림 퀴진Pacific Rim Cuisine'으로 불리는 셰프 군단이다. 대표적인 요리사로 알란 윙Alan Wong, 로이Roy가 있다. 그들이 흘린 땀방울의 결과로 고급스럽고 맛있는 음식들이 만들어졌고, 현재는 미국 본토에서 들어온 체인 레스토랑부터 다양한 스타일의 요리를 선보이는 레스토랑이 즐비하다.

메뉴 구성의 경우 하와이를 찾은 관광객과 이민자들의 입맛에 맞추기 위해 전통 음식보다 다른 나라의 문화와 혼재된 다양한 스타일의 퓨전 요리가 주를 이룬다.

로미 로미 연어

사이민

포케

라우라우

로코모코

칼루아 피그

## 로컬 음식의 종류

### 칼루아 피그 Kalua Pig

땅속에 묻은 화덕에 돼지고기를 넣고 바나나 잎으로 덮어 6시간 이상 익힌 후 잘게 찢어 내놓는 요리. 부드럽게 살이 발라져 있어서 소스에 찍어 먹으면 된다. 칼루아는 '땅속 오븐에서 굽다'라는 뜻. 루아우 쇼의 정찬에서 메인 요리로 사용된다.

### 라우 라우 Lau Lau

돼지고기를 타로 잎에 싸서 4시간 이상 쪄낸 요리. 타로 잎이 고기의 지방을 흡수하기 때문에 기름기가 제거되어 상당히 담백하다. 맛이 수육과 비슷하다. 돼지고기와 함께 쪄낸 부드러운 타로 잎은 고기와 같이 먹으면 된다. 생선으로도 요리할 수 있다.

### 포이 Poi

토란과 작물인 타로를 으깬 후 걸쭉하게 끓인 음식이다. 신맛과 담백함이 살짝 느껴지는 다소 밍밍한 맛이다. 입안이 매울 때 먹거나 칼루아 피그, 라우 라우와 섞어서 먹어보자. 고대 하와이 사람들에게는 식탁에 항상 있었던 음식이다.

### 포케 Poke

깍둑썰기한 생선에 간장, 참기름, 소금 등을 버무린 요리이다. 매콤한 양념, 짭조름한 양념 등 다양한 형태로 많이 나온다. 홍합, 문어 등으로도 만들 수 있다. 가장 인기 있는 종류는 생참치로 만든 아히 포케Ahi Poke이다.
포케는 물고기를 길쭉하게 자르는 방식을 일컫는 말로, 하와이어로는 '자르다, 얇게 저며내다'라는 뜻이 있다.

### 사이민 Saimin

하와이식 면 요리. 새우, 닭 등으로 육수를 우린 후 고기, 삶은 달걀, 어묵, 채소 등을 고명으로 얹어서 나온다. 주로 국물 요리로 즐긴다. 각종 채소와 고기류를 볶아낸 볶음 요리로도 만들 수 있다.

### 로코 모코 Loco Moco

빅 아일랜드 힐로 지역에서 시작된 음식. 밥 위에 쇠고기로 만든 햄버거 패티, 스팸, 달걀 프라이 등을 올린 후 달짝지근하면서 부드러운 소스가 얹어서 나온다. 기름진 재료들을 사용하다 보니 상당히 열량이 높다.
저렴한 곳에서부터 고급 레스토랑까지 여러 곳에서 쉽게 만날 수 있는 대중적인 요리이다. 맛 또한 레스토랑의 급에 따라 다른 편이다.

### 로미 로미 연어 Lomi Lomi Salmon

연어를 소금에 절여 양파와 토마토, 파 등과 버무려 먹는 음식이다. 하와이 사람들은 샐러드처럼 먹는다. 생선 젓갈 향이 살짝 나기도 한다. 루아우 쇼 뷔페에서 쉽게 맛볼 수 있는 메뉴 중 하나이다.

### 하우피아 Haupia

코코넛 푸딩과 비슷한 식감의 디저트이다. 주요 재료는 설탕, 녹말가루, 바닐라, 코코넛 크림, 물이다. 티Ti 잎으로 싼 후 화덕에서 익혀서 만든다. 티 잎은 기다란 모양의 반질반질 윤기가 나는 식물 이파리로 하와이에서 여러 용도로 사용된다.
훌라춤을 출 때 댄서들이 입는 스커트로도 만들고, 요리할 때나 약용 등으로 이용된다.

포이 © Gregg Tavares

하우피아

## 하와이 커피에 빠지다

미국에서 유일하게 커피가 재배되는 하와이! 빅 아일랜드, 카우아이,
몰로카이, 마우이, 오하후 5개의 섬에서 커피가 재배된다.
비옥한 화산토, 적절한 강수량, 구름이 만들어주는 자연 그늘 등
커피 재배에 이상적인 조건을 갖추고 있다. 커피를 사랑하는
사람이라면 꼭 한 번 맛보자. 선물용으로도 제격이다.

### 어떤 커피가 유명한가?

하와이 커피 하면 빅 아일랜드의 코나Kona 커피를 빼놓을 수 없다. 세계 3대 커피로 꼽힐 만큼
뛰어난 맛과 향을 자랑한다. 한 번 맛보면 적당한 산도와 감칠맛, 은은함과 깊은 향을 잊기 어
렵다. 카우아이에서도 커피를 생산한다. 카우아이의 천혜의 자연을 담고 있는 풍미 좋은 커피
이다. 빅 아일랜드의 카푸Kapu 지역, 몰로카이, 오아후 등에서 커피가 재배되지만, 인지도 면
에서는 코나 커피에 비해 낮은 편이다.

### **Tip** 코나 커피에 대한 궁금증!

**❶ 라벨을 확인하세요!**

최고급 향과 맛을 원한다면 '퓨어 코나 커피', '100% 코나 커피'를 고르자. 워낙 몸값 비싼 코나 커
피이기 때문에 10% 이상 함유되면 '코나 커피'로 이름을 붙여서 판매한다. 품질 좋은 제품을 원한
다면 100% 코나 커피인지를 확인하는 것이 좋다. 코나 커피 등급에 대해서는 416p를 참고하자.

**❷ 코나 커피는 어떻게 마실까?**

코나 커피는 에스프레소 기계를 이용하기보다는 내려 마시는 형식인 핸드 드립 커피로 즐긴다. 원
두를 직접 갈아서 바로 내려 마시는 것이 가장 풍부하게 향을 즐길 수 있는 방법이다.

## 하와이산 커피 어떻게 즐길까?

**커피 농장 방문하기**

가장 추천하는 방법은 커피 농장을 방문하는 것! 빅 아일랜드, 카우아이, 오아후에 커피 농장들이 위치하고 있다. 가장 유명한 곳은 빅 아일랜드의 코나 지역이다. 대부분 무료 시음을 제공하고 있어 직접 맛을 본 후 원두를 구입할 수 있다. 흔히 볼 수 없는 커피나무도 볼 수 있다. 원두의 생산 과정도 살펴볼 수 있어서 커피에 대한 이해를 돕는다.

- **커피 농장은 어디에?** 오아후 그린 월드 커피 팜(237p), 빅 아일랜드 UCC(417p), 도토루 커피 마우카 메도우스(418p), 카우아이 카우아이 커피 컴퍼니(375p)

**유명 커피숍에서 커피 즐기기**

커피 농장을 방문하기가 여의치 않다면 다양한 원두를 보유하고 있는 커피숍에서 즐기면 된다. 특히 비싸기로 유명한 코나 커피도 합리적인 가격대로 즐길 수 있는 커피숍이 많다.

- **어디서 먹을까?** 오아후 아일랜드 빈티지(176p), 커피 갤러리(225p), 마우이 마우이 커피 로스터스(299p), 하와이 전역 호놀룰루 커피

## 어디서 구입할까?

가장 저렴하게 사는 방법은 월마트Walmart, K마트Kmart, ABC 스토어와 같은 대형마트와 편의점을 이용하는 것. 하지만 품질이 뛰어난 특별한 제품을 구입하고 싶다면 다양한 원두를 판매하는 전문 커피숍이나 커피 농장에서 직접 구입하는 것이 낫다.

**어떤 것을 살까?**

직접 마셔보고 마음에 드는 원두를 사는 것이 가장 좋다. 선물용으로 고른다면 국내에 인지도가 가장 높은 코나 커피를 추천한다. 국내로 수입되는 코나 커피의 값이 상당히 비싸기 때문에 하와이 여행에서 코나 커피는 강력 추천 쇼핑 아이템! 원두커피뿐만 아니라 편의성을 고려하여 물만 부어서 마실 수 있는 '인스턴트 코나 커피' 제품도 나와 있다. 오아후의 곳곳에 위치한 ABC 스토어에서 판매하고 있으니 참고하자. 가격대는 6~30달러 선이다.

## EATING 03

# 이건 꼭 맛봐야 해!
# 저렴하고, 맛도 좋은 간식거리

입이 심심할 때 맛있게 즐기자. 여행 중 에너지가 필요할 때 즐기면 딱이다.
하와이에서 소문난 간식은 뭐가 달라도 다르다. 많은 이들의 입맛을 사로잡은
매력만점 간식거리를 소개한다.

### 파인애플 Pineapple

하와이의 파인애플은 당도가 높기로 유명하다. 돌Dole사에서 나오는 파인애플이 가장 맛있다. 하와이 곳곳에 위치한 세이프웨이, 푸드랜드 등의 마트에서도 구입 가능하다.

- **어디서 먹을까?** 오아후 돌 파인애플 플랜테이션(236p)

### 하와이안 쿠키 Hawaiian Cookie

하와이의 천연 재료를 사용하여 만드는 쿠키로 입안에서 사르르 녹는 듯 부드럽고, 많이 달지 않아서 선물용으로 인기가 많다. 대표적인 하와이안 쿠키는 호놀룰루 쿠키 컴퍼니와 카우아이 쿠키 컴퍼니의 쿠키이다. 버터, 마카다미아너트, 망고, 초콜릿 등 다양한 맛을 첨가한 다양한 제품을 선보인다. 호놀룰루 쿠키 컴퍼니는 하와이 곳곳에 지점이 있고, 카우아이 쿠키 컴퍼니의 카우아이 쿠키는 월마트에서도 판매한다.

- **어디서 먹을까?** 하와이 전역 호놀룰루 쿠키 컴퍼니, 카우아이 카우아이 쿠키 팩토리 스토어(388p)

### 마카다미아너트 Macadamia Nut

미네랄, 단백질, 철분, 칼슘 등이 풍부한 견과류이다. 마카다미아너트의 원산지는 호주이지만 현재 최대 생산지는 하와이이다. 입이 심심할 때 즐기기에 좋다. 본래의 맛도 있고 고추냉이 맛, 커피 맛, 스팸 맛, 캐러멜 맛 등을 첨가한 다양한 맛으로도 제공된다. 하와이 내 월마트, ABC 스토어 등에서 쉽게 구입할 수 있다.

- **어디서 먹을까?** 빅 아일랜드 마우나 로아공장(478p), 하마쿠아 마카다미아너트(439p)

### 컵케이크 Cupcake

커피와 간단하게 즐기는 간식으로 제격! 상큼한 맛의 열대 과일이나 빅 아일랜드산 바닐라 등의 맛을 넣어 만든 컵케이크가 인상적이다.
- **어디서 먹을까?** 오아후 호쿨라니 베이크 숍(170p)

### 말라사다 Malasada

하와이 대표 도넛. 입안 가득 폭신하고 부드럽게 퍼지는 식감으로 따뜻할 때 맛보는 것이 가장 좋다. 오리지널뿐만 아니라 도넛 안에 바나나 크림, 사과잼, 초콜릿 등으로 채워진 것도 있다.
- **어디서 먹을까?** 오아후 레오나즈 베이커리(187p), 빅 아일랜드 텍스 드라이브 인(450p)

### 스팸 무수비 Spam Musubi

간을 한 주먹밥에 스팸을 얹은 후 가운데 부분은 김으로 싼 음식이다. 아보카도, 달걀, 베이컨 등을 추가로 넣어 먹기도 한다. 웬만한 편의점에서 볼 수 있는 대중적인 간식이다.
- **어디서 먹을까?** 오아후 무수비 카페 이야스메(167p)

### 바나나 브레드 Banana Bread

달콤한 바나나 향과 폭신하고 부드러운 식감이 매력적인 빵이다. 마우이의 유명 드라이브 코스인 '하나로 가는 길' 드라이브 코스에서 꼭 맛봐야 하는 간식으로 꼽힌다.
- **어디서 먹을까?** 마우이 하프웨이 투 하나(312p)

### 셰이브 아이스 Shave Ice

얼음을 곱게 갈아서 동그랗게 모양을 만들고, 그 위에 색깔마다 맛이 다른 시럽을 뿌린 빙과류이다. 시럽 맛이 강해서 불량식품을 먹는 느낌이 들 수 있지만 뜨거운 태양에 지친 날 시원하게 더위를 식혀주기에는 안성맞춤!
- **어디서 먹을까?** 오아후 마츠모토 그로서리 스토어(224p)

### 아사이 볼 Acai Bowl

얼린 아사이베리를 갈아서 그 위에 바나나, 딸기 등의 과일과 그래놀라를 뿌려 먹는 간식. 아침 식사 대용으로도 많이 먹는다.
- **어디서 먹을까?** 오아후 아일랜드 빈티지 커피(176p), 빅 아일랜드 바식 아사이(427p)

### 코코 퍼프 Coco Puff

부드러운 슈 안에 달콤한 크림으로 속을 채운 간식으로 바나나, 초콜릿, 녹차, 코코넛 등 다양한 크림의 맛을 입맛대로 선택할 수 있다. 입안에서 사르르 녹는 듯한 식감과 속을 채운 달콤함이 인상적이다.
- **어디서 먹을까?** 오아후 릴리하 베이커리(187p)

© RumFire

### EATING 04
# 하와이에는 **특별한 한 잔이 있다**

화려한 색감의 하와이안 칵테일Hawaiian Cocktail은 그 자태부터 특별하다. 알록달록한 빛깔이 마치 하와이의 풍경을 닮은 듯하다. 하와이에서 나는 재료로 만들어진 시원한 맥주까지! 취향에 따라 골라보자. 아래 맥주와 칵테일은 모든 바와 레스토랑에서 쉽게 주문이 가능하다.

### 파이어 록 Fire rock

코나 브루잉 컴퍼니Kona Brewing Company에서 만드는 흑맥주로 쌉쌀한 맛이 매력적이다. 끝맛에는 살짝 달콤한 초콜릿향이 난다.

### 롱보드 Longboard

코나 브루잉 컴퍼니에서 만드는 라거 스타일의 맥주. 라거 특유의 청량감과 깔끔한 맛이 특징이다. 비교적 가볍게 즐길 수 있다.

### 빅 웨이브 Big Wave

코나 브루잉 컴퍼니에서 나오는 맥주이다. 하와이 용암에서 나오는 천연수로 만든 것으로 유명하다. 달콤한 열대 과일 향이 난다. 서핑을 즐긴 후 가볍게 즐기는 용도라서 특유의 청량감 있다.

### 블루 하와이 Blue Hawaii

하와이의 푸른 하늘과 바다 빛을 닮은 칵테일이다. 1957년 하와이 힐튼 호텔에서 근무하던 바텐더가 처음 만든 것으로 알려져 있다. 화이트 럼에 블루 큐라소를 섞은 후 파인애플 주스, 레몬 주스를 넣어서 만든다. 술이 약하다면 바텐더에게 알코올 도수를 낮게 만들어달라고 주문하자.

> **Tip** 거의 비슷한 제조법으로 만든 블루 하와이안Blue Hawaiian도 주문할 수 있다. 블루 하와이안은 블루 하와이보다 단맛이 훨씬 풍부하다.

**Tip** 바텐더에게 팁은 얼마?

바에서 칵테일을 주문했다면 바텐더에게 한 잔 당 1~2달러 정도의 팁을 주는 것이 관례이다.

### 라바 플로우 Lava Flow

이름처럼 용암이 흘러나오는 듯한 느낌을 연상시키는 칵테일이다. 보드카를 베이스로 넣고 딸기 시럽, 바바나 코코넛 크림, 파인애플 주스를 첨가했다. 부드럽고 달콤한 향이 인상적이다. 알코올향이 많이 나지 않아서 여성들이 즐겨 찾는다.

### 마이 타이 Mai Tai

두 종류의 럼을 넣고 파인애플, 오렌지 등과 같은 열대 과일 즙을 혼합하여 만든 칵테일이다. 비율은 바마다 조금씩 다르며, 독한 편이다. 마이 타이는 '최고, 좋다'라는 뜻의 타이티어에서 유래된 이름이다.

### 치치 Chi Chi

향긋한 코코넛의 향과 달콤한 파인애플 주스가 어우러져 여성들의 사랑을 한몸에 받고 있는 피나콜라다Piñacolada를 하와이 스타일에 맞게 변형시켰다. 피나콜라다는 럼을 베이스로 사용하는데 반해 치치는 보드카를 베이스로 사용한다. 그 외의 재료는 동일. 알코올 향이 강하지 않아 여성이 선호한다.

### 비키니 블롱드 라거 Bikini Blonde Lager

마우이 브루잉 컴퍼니Maui Brewing Company의 라거 스타일의 맥주이다. 로컬 재료를 이용해서 맥주를 생산하기로 유명하다. 탄산이 적고 부드러우며, 고소한 맛을 가진 맥주이다.

Step 05

SHOPPING

하와이를 사다

01 알아두면 유용한 쇼핑 노하우
02 하와이를 추억하는 기념품
03 저렴하고, 푸짐하게 즐기는 마트 쇼핑
04 하와이에서 구매하면 좋은 브랜드 제품
05 내 피부를 부탁해! 코스메틱 추천 제품
06 하와이 추천 쇼핑몰&아웃렛 BEST 5

© Ala Moana Center

# 알아두면 유용한
# 쇼핑 노하우

여행에서 빼놓을 수 없는 즐거움은 바로 쇼핑!
이왕이면 좀 더 알뜰하고, 현명하게 즐겨보자.
낯선 곳인 만큼 정보가 힘이 된다. 한 번쯤
읽어보면 도움이 되는 하와이 쇼핑 정책과
노하우를 소개한다.

## 신용카드, 현금카드 체크하기

신용카드마다 해외 사용 시 혜택이 다르다. 하와이로 떠나기 전 본인의 신용카드의 해외 사용 한도, 수수료, 마일리지 적립 등의 혜택을 꼼꼼하게 체크하자.

## 하와이에서 구매하면 세금이 추가된다

가격표에 적혀 있는 가격에 4~4.75% 정도의 별도의 세금이 붙는다. 단, 오아후의 T 갤러리아 하와이T Galleria Hawaii와 같은 면세점의 경우 세금이 추가되지 않는다.

## 자유롭게 입어보고 구입하자

하와이는 속옷까지 입어보고 구매할 수 있다. 수백 벌의 옷을 입어본다 하더라도 전혀 문제 삼지 않는다. 같은 사이즈더라도 디자인, 브랜드에 따라 차이가 있으므로 직접 입어보고 구입하는 것을 추천한다.

숍에 따라서는 피팅룸에 가지고 갈 수 있는 옷의 개수를 제한하기도 한다. 입어본 후 구입 의사가 없으면 피팅룸 앞 테이블에 두거나 담당 직원에게 주면 된다. 바지의 경우 허리 사이즈가 같더라도 길이가 Short, Medium, Long으로 구분된다.

## 환불, 교환이 자유롭다

단순 변심이더라도 사용 흔적이 없다면 환불이 가능하다. 단, 구입 영수증이 있어야 한다. 영수증이 없을 경우 그 숍에서만 사용 가능한 '스토어 크레디트'로 돌려주는 경우가 많다.

보통 구입 날짜에서 한 달 이내에 환불 가능하며, 숍의 규정에 따라서 정해진 기한이 없이 늘 가능한 경우도 있다.

## 가격 매칭 서비스를 이용하자

같은 물건을 A숍에서 10달러에 팔고, B숍에서는 15달러에 팔 때 B숍에서 해당 물건을 10달러로 구매할 수 있는지 물어볼 수 있다. 또한 이미 구입한 제품이더라도 보통 10~14일 이내에 더 저렴하게 팔고 있는 제품을 발견했다면 이 또한 가격 매칭이 가능하다.

다른 숍에서 더 저렴하게 판매하고 있다면 가격표 등을 스마트폰으로 찍은 후 본인이 구매한 매장에 영수증과 물건을 가져가서 상황을 설명하면 된다.

## 법정 공휴일을 노리자

법정 공휴일이 있는 주간에 쇼핑하는 것이 좋다. 깜짝 추가 세일을 하는 경우가 많기 때문이다. 특히 11월 넷째 주 목요일인 추수감사절 다음 날 블랙 프라이데이와 연말은 미국의 대바겐세일 기간이다. 평소보다 연장 영업하는 기간이기도 하다.

### Tip 하와이의 법정 공휴일

| | |
|---|---|
| 1월 1일 | 새해<br>New Year's Day |
| 1월 셋째 주 월요일 | 마틴 루터 킹 생일<br>Birthday of Martin Luther King |
| 2월 셋째 주 월요일 | 대통령의 날<br>President Day |
| 3월 말과 4월 초 사이의 일요일<br>(매년 날짜가 달라짐) | 부활절<br>Easter Day |
| 7월 4일 | 미국 독립 기념일<br>Independence Day |
| 9월 첫째 주 월요일 | 노동절<br>Labor Day |
| 10월 둘째 주 월요일 | 콜럼버스의 날<br>Columbus Day |
| 11월 11일 | 재향 군인의 날<br>Veterans Day |
| 11월 넷째 주 목요일 | 추수감사절<br>Thanksgiving Day |
| 12월 25일 | 성탄절<br>Christmas Day |

## 주요 상점 운영 시간은?

월요일부터 금요일은 오전 10시부터 오후 8시까지, 토요일은 오전 10시부터 오후 5시까지, 일요일은 오전 11시부터 오후 6시까지 문을 여는 경우가 많다. 오아후의 와이키키Waikiki, 알라모아나Ala Moana, 마우이의 라하이나Lahaina, 빅 아일랜드의 카일루아 코나Kailua Kona 등 관광객이 몰리는 지역은 더 늦은 시간까지 영업하는 경우가 많다.

### 사이즈 조견표

브랜드별로 사이즈를 기입하는 방법이 조금씩 다르다. 아래 내용을 참고하자. 가능하면 직접 입어보고 구매하는 것을 추천한다.

<u>상의&원피스</u>

|    | 44 |    | 55 |    | 66 |    | 77 |    | 88 |    |
|----|----|----|----|----|----|----|----|----|----|----|
| 한국 | 80 | 85 | 90 |    | 95 |    | 100 |    | 105 |    |
|    | XS | S | M |    | L |    | XL |    | XXL |    |
|    | 0 | 2 | 4 | 6 | 8 | 10 | 12 | 14 | 16 | 18 |
| 미국 | 2P | 4P | 6P | 8P | 10P | 12P | 14P | 16P | 18P | 20P |
|    | XXS | XS | S |    | M |    | L |    | XL |    |

> **Tip** 2P, 4P 등으로 기재된 숫자 뒤에 P는 '프티 사이즈Petit Size'를 뜻한다. 같은 디자인이더라도 전체적으로 길이가 조금 더 짧거나 소매 통이 좁게 나오는 등 조금 더 작은 스타일로 나온 것이다. 전형적인 동양인 표준 사이즈라면 일반 사이즈보다는 프티 사이즈가 몸에 잘 맞을 수 있다. 미국의 세미 정장 브랜드인 앤 테일러Ann Tayler, 바나나 리퍼블릭Banana Republic 등에서 주로 볼 수 있는 사이즈이다.

<u>남성 상의</u>

| 한국 | 85 | 90 | 95 | 100 | 105 | 110 |
|----|----|----|----|----|----|----|
|    | 85~90 | 90~95 | 95~100 | 100~105 | 105~110 | 110~115 |
| 미국 | 14 | 15 | 15.5~16 | 16.5 | 17.5 | 18 |
|    | XS | S | M | L | XL | XXL |

### 여성 하의, 언더웨어

| 한국 | 22~23 | 24~25 | 25~26 | 27~28 | 29~30 | 30~31 | 32~33 |
|------|-------|-------|-------|-------|-------|-------|-------|
| 미국 | 0 | 1 | 3 | 5 | 7 | 9 | 11 |
|      | 25(XXS) | 26(XS) | 27(S) | 28(M) | 29(M) | 30(L) | 31(XL) |

### 남성 하의, 언더웨어

| 한국 | 28~30 | 32~34 | 36~38 | 40~42 | 44~46 |
|------|-------|-------|-------|-------|-------|
| 미국 | S | M | L | XL | XXL |
|      | 75 | 80 | 85 | 90 | 95 |

### 여성 브래지어

| 한국 | 65 | 70 | 75 | 80 | 85 | 90 | A | B | C | D | DD |
|------|----|----|----|----|----|----|----|----|----|----|----|
| 미국 | 30 | 32 | 34 | 36 | 38 | 40 | AA | A | B | C | D |

### 신발(여성 기준)

| 한국 | 225 | 230 | 235 | 240 | 245 | 250 | 255 | 260 | 265 | 270 | 275 |
|------|-----|-----|-----|-----|-----|-----|-----|-----|-----|-----|-----|
| 미국 | 5.5 | 6 | 6.5 | 7 | 7.5 | 8 | 8.5 | 9 | 9.5 | 10 | 10.5 |
| 유럽 | 35.5 | 36 | 36.5 | 37 | 37.5 | 38 | 38.5 | 39 | 39.5 | 40 | 40.5 |

### 신발(남성 기준)

| 한국 | 240 | 425 | 250 | 255 | 260 | 265 | 270 | 275 | 280 | 285 | 290 |
|------|-----|-----|-----|-----|-----|-----|-----|-----|-----|-----|-----|
| 미국 | 6 | 6.5 | 7 | 7.5 | 8 | 8.5 | 9 | 9.5 | 10 | 10.5 | 11 |
| 유럽 | 39 | 39.5 | 40 | 40.5 | 41 | 41.5 | 42 | 42.5 | 43 | 43.5 | 44 |

* 신발 사이즈의 경우 미국 사이즈, 유럽 사이즈까지 미리 알아두면 실패 없는 쇼핑이 될 수 있다.

## SHOPPING 02
# 하와이를 추억하는 **기념품**

하와이의 추억을 오래도록 되새겨주는 기념품. 하와이의 정취가 물씬 풍기는 인기 만점 선물! 어떤 것이 좋을까? 센스 있는 선물용, 기념품용으로 좋은 제품을 추천한다.

**알로하 셔츠** Aloha Shirt
트로피컬 무늬와 화려한
색채로 하와이안 패션의
대명사로 불리는 셔츠. 자연을
모티브로 디자인한 것이 많다.
하와이 섬 곳곳에 있는
기념품 매장에서 구매 가능.
10~30달러

**무무** Muumuu
꽃무늬가 화려한 하와이
스타일의 여성 원피스.
하와이어로 '자투리'라는 뜻의
민속복에서 유래한 옷이다.
하와이 섬 곳곳에 있는
기념품 매장에서 구매 가능.
10~30달러

**에코백** Eco Bag
장바구니로 가볍게 쓰기
좋은 에코백. 하와이의
정취가 담겨 있는 디자인을
선택하면 더욱 만족!
하와이 섬 곳곳에 있는
기념품 매장에서 구매 가능.
10~30달러

**냄비 받침대** Pot Holder
하와이산 코아 나무로 만든
냄비 받침대로 하와이 지도가
그려져 있다. 기념품
매장에서 구입 가능.
3달러

**카우아이 쿠키** Kauai Cookie
고소하고 부드러운 식감이
매력적인 카우아이 대표 쿠키.
월마트 등에서 구매 가능.
4달러

**말린 열대 과일**
Dried Tropical Fruit
바나나, 파인애플 등을 말린 스낵.
월마트, 돌 파인애플 플랜테이션
(236p) 등에서 구매 가능.
4~6달러

**마카다미아너트** Macadamia Nut
잘 볶은 마카다미아너트에 소
금, 고추냉이, 꿀 등 다양한 제
품들이 있다. 마우나 로아Mauna
Loa 제품이 구하기가 쉽다.
ABC 스토어,
월마트에서 구매 가능.
4~10달러

**하와이 꿀** Hawaii Honey
희귀한 종류의 꽃으로 추출되는
다양한 향과 맛, 색깔의 꿀이
있다. 기념품으로 인기 있다.
아일랜드 빈티지 커피(176p),
ABC 스토어,
월마트에서 구매 가능.
10~50달러

**마그네틱** Magnetic
하와이를 상징하는 다양한
모양으로 디자인되어 있는
제품을 눈여겨보자. 선물용,
기념품으로 가볍게 구입하기에
좋다. ABC 스토어,
월마트 등에서 구매 가능.
2~5달러

**코나 커피** Kona Coffee
세계 3대 커피로, 향이 풍부하
고 맛이 순하다. 코나
커피 비율에 따라 표기된다.
ABC 스토어, 월마트 등에서
구매 가능.
5~30달러

**호놀룰루 쿠키 컴퍼니**
Honolulu Cookie Company
하와이에서 나는 재료로 만드는
파인애플 모양의 수제 쿠키. 선
물용으로 좋다. 호놀룰루 쿠키
컴퍼니에서 구매 가능.
15~30달러

**우쿨렐레** Ukuleles
하와이 전통 악기. 연주용은 전
문 매장에서, 장식용은 대형마트
에서 구입하는 것이 좋다. ABC
스토어, 우쿨렐레 푸아푸아
(193p) 등에서 구매 가능.
25~250달러

**하와이산 마카다미아 초콜릿** Hawaii Makadamia Chocolate
하와이의 특산품인 마카다미아너트를 밀크 초콜릿 또는 다크 초콜
릿으로 겉면을 코팅한 제품이다. 마우나 로아Mauna Loa 또는 하와
이안 호스트Hawaiian Host 제품이 가장 인기 있다.
ABC 스토어, 월마트, 마우나 로아 공장&방문자 센터 등에서 구
매할 수 있다.
7~10달러

**더티 셔츠** Dirty Shirt
붉은 황톳빛으로 염색된 티셔츠.
허리케인으로 티셔츠에 흙탕물
자국이 남은 것에 영감을 얻어
만든 제품. 티셔츠에 암각화,
하와이를 대표하는 심벌 등이
그려져 있다. 하와이 섬 곳곳에
있는 기념품 매장, 오리지널 레드
더티 셔츠(287p) 등에서 구매 가능.
10~15달러

**스피루리나** Spirulina
단백질, 아미노산, 무기질,
비타민 등이 함유된 건강
보조식품. 황산화 효과와
면역력 증진 효과가 좋다.
해저 600m 깊이의 해양 심층수
로 재배한 하와이산이 유명하다.
GNC, 아일랜드 빈티지 오가닉
앤 내추럴 등에서 구매 가능.
11달러

**하와이안 퀼트** Hawaiian Quilt
플루메리아, 파파야,
히비스커스 등 식물들을 소재로
만든 수공예품이 많다. 예술적
감각이 있는 제품이 많아서
장식품으로 구매하기에 좋다.
쿠션 커버, 베개 커버, 가방
등의 제품도 많다. 하와이안
퀼트 컬렉션에서 구매 가능.
15~50달러

---

**Tip 상비약! 어디서 구매할까?**

여행을 하다 보면 감기 기운이 느껴지거나 갑작스러운 근육통으로 온 몸이 욱신거릴 때, 멀미약을
구입해야 할 때가 있다. 미리 약을 챙겨오지 않았다면 월그린스Walgreens, 롱스 드럭스Longs Drugs
를 찾아가도록 하자. 일반적인 감기약, 두통약, 소독제, 소화제, 파스 등은 의사의 처방전이 없이
구입할 수 있다. 또한 대형 약국에서는 약뿐만 아니라 화장품, 과자류, 음료 등의 간단한 생활용품
도 함께 판매한다.

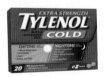

감기약 타이레놀

두통약 에드빌

알러지약 베나드릴

연고 네오스프린

멀미약 보닌

SHOPPING 03

# 저렴하고, 유용하게 즐기는 **마트 쇼핑**

하와이 현지인들이 가는 마트는 어떤 모습일까? 현지인들의 삶을 엿볼 수 있는 생필품을 구경하는 재미도 쏠쏠하다. 게다가 기념품이나 선물용으로 괜찮은 제품들도 꽤 있다. 저렴한 가격으로 쇼핑까지 즐길 수 있으니 얼마나 좋은가! 마트에서 쉽게 구할 수 있어 눈여겨볼 만한 제품을 소개한다.

## 무엇을 살까?

### 센트룸 종합 비타민
**Centrum Multivitamin**
신진대사, 면역력 강화, 근육 강화 등에 도움이 되는 건강 보조제. 365일 분량 월그린스, 세이프웨이, 롱스 드럭스 등에서 구입 가능. **18달러**

### 피시 오일 Fish Oil
물고기에서 채취한 오일로, 몸에 좋은 오메가 3가 풍부한 건강 보조제이다. 캡슐형으로 되어 있어서 복용하기에 부담이 없다. **10달러**

### 카맥스 Carmex
건조한 입술을 촉촉하게 해주는 효과 빠른 립밤. 작고 저렴해 지인들에게 나누어줄 여행 선물로도 좋다. 월그린스, 롱스 드럭스 등에서 구입 가능. **1달러**

### 아쿠아퍼 Aquaphor
아기 전용 상처 치유 크림이다. 한국에서는 침독 크림으로 유명하다. 건조하고 예민한 피부에 좋다. 월그린스, 월마트, 롱스 드럭스 등에서 구입 가능. **11달러**

### 데시틴 래피드 릴리프 크림
Destin Rapid Relief Cream
미국의 국민 기저귀 발진 크림. 피부 진정과 보호에 뛰어난 징크 옥사이드가 40% 함유되어 있어서 효과가 좋다.
월그린스, 월마트, 롱스 드럭스 등에서 구입 가능. 5달러

### 세타필 크림 Cetaphil Cream
미국 소아과 의사들이 추천하는 보습 크림. 샤워 후 물기가 마르기 전에 바르면 효과가 더 좋다. 월그린스, 월마트, 롱스 드럭스 등에서 구입 가능. 9달러

### 카렌둘라 크림 Calendula Cream
어른과 아이 모두 사용할 수 있다. 캘리포니아 베이비에서 나온 아토피에 좋은 제품이다. 월그린스, 월마트, 롱스 드럭스 등에서 구입 가능. 14달러

### 버츠비 레스 큐
Burt's Bees Res Q
허브가 함유된 상처 치유 연고로 유명하다. 벌레 물리거나 가벼운 긁힘 등에 효과가 좋다. 월그린스, 롱스 드럭스 등에서 구입 가능. 6달러

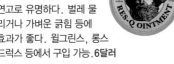

### 스팸 테리야키 Spam Teriyaki
하와이 대표 주먹밥인 스팸 무스비에 들어가는 스팸이다. 테리야키 맛이 가장 인기 제품이다. 월마트, K마트, 세이프웨이 등에서 구입 가능. 2.50달러

### 마우이 어니언 포테이토 칩
Maui Onion Potato Chips
마우이에서 생산되는 양파는 달콤하기로 유명하다. 그 맛을 가미한 감자칩이다. 월마트, K마트, 세이프웨이 등에서 구입 가능. 1.89달러

### 하와이 바닷소금
Hawaii Sea Salt
색깔마다 맛과 향이 조금씩 다르다. 요리를 좋아하는 사람에게 선물용으로 좋다. 월마트, K마트, 세이프웨이 등에서 구입 가능. 10달러

### 스노클링 장비
Snorkeling Gear
하와이 바다에서 스노클링을 즐길 예정이라면 구입하는 것이 낫다. 대여 가격이나 사는 가격이나 비슷한 편. 월마트, K마트에서 구입 가능. 10~15달러

### 아쿠아슈즈 Aqua Shoes
스노클링을 할 때 산호, 바위 등으로부터 발을 보호하기 위해 신는 신발이다. 월마트, K마트에서 구입 가능. 7~15달러

# 어디서 살까?

### ABC 스토어 ABC Store
하와이 곳곳에서 볼 수 있는 편의점이다. 가격대는 일반 마트에 비해 높은 편이지만, 위치가 좋고 지점이 많아서 이용하기에 편리하다. 스팸 무수비, 샐러드, 과자, 음료와 같은 먹거리부터 자외선 차단제, 스노클링 장비, 의류, 열쇠고리 등 다양한 제품을 구비하고 있다.

ABC스토어

### 세이프웨이 Safeway
식재료를 주로 판매하는 마트. 생필품 종류도 다양하게 구비되어 있다. 무료로 회원카드를 만들 수 있으며, 연회비는 없다. 회원카드가 있으면 할인되는 제품이 많다. 주소는 호텔 주소를 적자.

세이프웨이

### 푸드랜드 Foodland
하와이에서 흔하게 볼 수 있는 슈퍼마켓. 채소, 과일, 생선, 생필품 등 제품이 다양하다. 특히 와인 코너가 잘 되어 있는 편. 회원카드를 무료로 만들 수 있다. 회원카드가 있으면 할인되는 제품이 많다.

푸드랜드

### 홀 푸드 마켓 Whole Food Market
유기농 전문 식료품점. 화학 비료를 전혀 사용하지 않은 하와이 현지 농산물, 화학 처리되지 않은 화장품, 건강한 재료로 만든 과자와 빵, 방부제 없는 건강 보조 식품 등 다양한 제품을 판매한다. 가격대는 일반 마트보다 높은 편이다.

홀 푸드 마켓

### 롱스 드럭스 Longs Drugs
감기약부터 소화제, 건강 보조 식품 등을 구입할 수 있는 약국. 매장 한쪽에는 화장품, 냉동식품, 과자, 문구용품도 판매한다.

롱스 드럭스

### 월그린스 Walgreens
약국으로 두통약, 진통제, 소화제, 감기약 등이 필요할 때 들러보자. 화장품, 과자류, 음료수 등도 판매한다.

### K마트 Kmart
식품 매장은 작고, 신선도가 떨어지는 편이다. 하지만 그릇이나 침구, 물놀이 용품, 전자 제품, 의류 등을 저렴하게 구입할 수 있다.

K마트

### 월마트 Walmart
하와이에서 가장 흔한 대형마트. 인스턴트 식품, 의류, 가전 제품, 화장품, 의약품 등 다양한 제품을 구비하고 있다. 코나 커피, 마카다미아너트, 카우아이 쿠키와 같이 기념품도 저렴하다.

월마트

SHOPPING **04**
# 하와이에서 구매하면 좋은 브랜드

하와이에서는 어떤 브랜드 제품이 저렴할까? 미국의 대중적인 브랜드 제품들이
품질 대비 가격대가 좋은 편이며, 특히 유아용 옷이 인기 품목이다.
다양한 브랜드 제품은 선물용으로도 안성맞춤이다.

## 가방

디자이너 제품을 한국에 비해 반값 또는 그 이상까지 저렴하게 구입할 수 있다. 기본 단가가 높은
제품인 만큼 세일과 쿠폰을 적극 활용하자.

### 마이클 코어스 Michael Kors

1981년에 탄생한 브랜드로 유러피안의 감성과
미국의 실용성을 조화롭게 표현해 각광받고 있
다. '가장 완벽한 시크함은 편안함이다'라는 디
자이너의 마인드를 바탕으로 세련된 느낌을 지
향하고 있다. 견고한 소재로 되어 있어서 오랜
시간 사용하여도 잘 망가지지 않는다.
가방뿐만 아니라 시계, 신발, 액세서리도 판매
한다. 해밀턴Hamilton, 샐마Selma 등은 20~30
대 여성에게 인기 있는 시리즈이다.

### 레스포삭 LeSportsac

1974년 뉴욕에서 탄생한 브랜드. 낙하산에 이용
되는 나일론 천으로 가볍고, 방수가 뛰어난 가방
을 만들었다. 스포티하고 경쾌한 미국 스타일을
기반으로 패션 유행에 맞추어 다양한 컬러와 모양
을 접목한 제품을 매월 새롭게 선보인다.
실용성과 패션 요소가 조화롭다는 평가를 받으
며 모든 연령층이 캐주얼하게 착용이 가능하다.

### 토리 버치 Tory Burch

미국의 패션 디자이너가 자신의 이름을 내걸고
만든 브랜드이다. 2004년 브랜드 론칭을 하자
마자 세련된 스타일로 주목받았다. 미국 내 고
급 백화점에서 쉽게 찾아볼 수 있다. 비교적 다
른 브랜드에 비해 역사가 짧지만, 최고 디자이
너가 받을 수 있는 수상의 영예를 여러 차례 안
는 등 감각적인 디자인으로 사랑받고 있다.
가방뿐만 아니라 선글라스, 신발, 액세서리 등
도 인기 아이템.

### 코치 Coach

1941년 뉴욕에서 시작된 브랜드로 모던하고 실
용적인 디자인으로 사랑받고 있다. 합리적인 가
격과 다양한 디자인으로 20대부터 60대까지 여
러 연령층에게 두루 어울리는 브랜드이다.
다른 나라보다 특히 미국에서 저렴하다. 가방뿐
만 아니라 의류, 액세서리, 신발도 판매한다.

## 의류&속옷류

일상에서 편안하게 입을 수 있는 캐주얼 의류가 많다. 정장은 동양인 몸에 잘 맞지 않는다는 의견도 있으므로 반드시 입어보고 구매하자. 속옷도 입어보고 구매할 수 있다.

### 바나나 리퍼블릭 Banana Republic

1978년에 만들어진 브랜드. 세미 정장 스타일의 세련된 옷을 만든다. 가격 대비 고급스러운 분위기가 인기 비결! 군더더기 없는 간결한 디자인과 고급 소재로 제품을 만들어서 인기 있다. 20대 후반부터 40대 초반 직장 여성들에게 어울릴 만한 옷이 많다. 신발, 액세서리도 함께 판매한다.

### 나이키 NIKE

1964년에 설립된 스포츠용품 브랜드로 설명이 따로 필요 없을 정도로 전 세계인이 사랑하는 브랜드이다. 스포츠 브라, 스포츠 레깅스 등은 운동을 좋아하는 사람에게 필수 쇼핑 아이템. 가볍고 편안한 착용감으로 유명한 운동화 에어 맥스Air Max 시리즈도 눈여겨볼 만하다.
미국에서 탄생한 브랜드인 만큼 아웃렛, 세일 기간 등을 이용하면 저렴한 가격대로 구매할 수 있다.

### 갭 GAP

1969년부터 시작된 패션 브랜드. 모던하면서도 편안한 디자인과 튼튼한 소재로 실용성을 강조한 의류 제품을 많이 만든다. 최근에는 운동복과 속옷도 구매할 수 있다. 부드러우면서도 탄력성이 좋은 소재를 사용해 인기 있다. 세일 기간을 이용하면 놀랄 만큼 저렴하다. 세일 기간이라면 매장에 한 번쯤 들러보자.

### 제이 크루 J Crew

클래식하면서도 깔끔한 디자인과 고급스러운 소재, 컬러로 인기가 많은 브랜드. 한국 여성의 몸에 잘 맞는다는 의견이 많다. 가격대는 일반 중저가 브랜드에 비해 높은 편이므로 세일 기간을 잘 활용하는 것이 좋다.
패딩, 코트, 스웨터는 좋은 품질에 비해서 가격대가 괜찮은 편이다. 여성용, 유아용, 남성용까지 다양한 라인으로 구성되어 있다.

### 빅토리아 시크릿 Victoria's Secret

여성스러움을 강조한 섹시한 디자인과 사랑스러운 컬러로 인기 많은 속옷 브랜드. 피팅룸이 잘 되어 있어서 자신의 몸에 꼭 맞는 제품으로 입어보고 구입할 수 있다. 담당 직원에게 부탁하면 줄자로 사이즈를 재고, 알맞은 사이즈의 제품을 권해준다. 수영복, 보디 미스트, 보디 크림 등의 제품도 판매한다.

### 아베크롬비&피치 Abercrombie&Fitch

아메리칸 빈티지 스타일의 의류를 판매하는 브랜드. 주로 10대 후반에서 20대를 겨냥한 제품이 많다. 소재나 착용감이 좋은 편이다.
인종차별적인 발언을 하거나 선정성 등으로 논란을 일으키는 입소문 마케팅을 한다. 예전만큼은 아니지만 제품의 품질이 괜찮아서 여전히 구매욕을 불러일으키는 브랜드이다.

## 유아 의류

요즘에는 해외 직구를 통해 미국 브랜드 유아 의류를 구매하는 사람들이 늘고 있다. 그만큼 디자인이 예쁘고, 가격 대비 품질 좋은 제품이 많다는 것! 세일 기간까지 겹치면 정말 저렴하다. 매의 눈으로 내 아이, 내 조카를 위한 제품을 찾아보면 득템할 수 있다. 브랜드별로 사이즈는 조금씩 다른 편이다.

### 카터스 Carter's

편안하고 실용성을 강조한 제품이 많다. 소재와 디자인이 무난한 보디 슈트, 티셔츠, 레깅스 등의 데일리룩이 인기 있다. 일정 금액 이상 구매 시 할인 혜택이 있는 세일도 자주 있는 편. 신발, 선글라스 등의 액세서리도 판매한다.

### 제니&잭 Janie&Jack

미국 전통 클래식 스타일의 아동복 전문 브랜드. 세일 기간을 제외하고는 상당히 비싸다. 가격대가 높은 만큼 디테일한 부분까지 세심하게 신경 쓴 느낌이 든다. 유아부터 어린이까지 다양한 디자인을 만날 수 있다. 특별한 날 격식 입게 차려입을 사랑스러운 드레스와 턱시도 등이 필요하다면 둘러볼 만하다.

### 갭 키즈 GAP Kids

소재가 튼튼하고 컬러감 좋은 브랜드. 캐주얼하고 세련된 디자인, 실용성을 강조한 디자인이 많다. 패션 트렌드를 적용한 신제품 출시가 수시로 이뤄지고 있어서 유행에 민감한 엄마들에게 인기가 많다. 최근에는 오가닉 면으로 된 제품이 많다. 신생아나 피부가 예민한 어린이에게 추천한다.

### 랄프 로렌 칠드런&베이비 폴로 Ralph Lauren Children&Baby Polo

사랑스러우면서 단정한 느낌의 제품이 많다. 예민한 아이들의 피부를 위해 합성 소재를 전혀 사용하지 않고 면 100%로 만든다. 한국 사람들이 가장 선호하는 미국 유아용 브랜드로 꼽힌다.

---

**Tip** 아기들 옷 사이즈 어떻게 고를까?

|  | 0~3개월 | 3~6개월 | 6~9개월 | 9~12개월 | 12~18개월 | 18~24개월 | 24~36개월 | 36~48개월 |
|---|---|---|---|---|---|---|---|---|
| 한국 | 50호 | 70호 | 80호 | 85호 | 90호 | 100호 | 110호 | 120호 |
| 미국 | 0-3M | 6M | 9M | 12M | 18M | 24M | 2T, 2Y | 3T, 3Y |

*M은 Month의 약자. 2살 미만의 아기 옷의 표기법이다. 9M이라면 9개월 용이라는 뜻.
T는 Toddler, Y는 Year의 약자이다. 2T 또는 2Y로 표시되면 대게 만 2~3세 아이가 입으면 적당하다. 하지만 아이마다 몸집이 크거나 작을 수 있으므로 이를 고려해 구입하자.

## 신발

미국의 신발 브랜드는 가격 대비 품질 좋은 제품이 많다. 튼튼한 가죽 제품부터 가벼운 캔버스화까지 사이즈만 잘 맞으면 만족스럽게 오랜 사용이 가능하다. 신발의 경우 브랜드마다 조금씩 사이즈가 다르다. 가능하면 신어보고 구매하는 것을 추천한다.

### 나인 웨스트 Nine West
세련되고 예쁜 컬러, 유행에 뒤지지 않는 디자인, 2개 사면 1개는 반값 할인 등의 세일 전략을 자주 내놓는다. 합리적인 가격으로 소재도 좋고 편안한 편이다. 가죽 소재의 앵글 부츠부터 플랫 슈즈, 하이힐까지 다양하게 선보이고 있어서 선택의 폭이 넓다.

### 콜 한 Cole Hann
미국 브랜드 특유의 실용성을 강조한 모던한 디자인과 튼튼한 소재, 편안함 등으로 현지인들의 사랑을 받고 있는 신발 브랜드. 1928년에 시카고에서 설립된 이래 꾸준한 연구 개발을 통해 편안한 착화감을 자랑한다. 가격 대비 만족도가 상당히 높다.
직장에서 신을 정장 구두, 깔끔한 스타일의 로퍼, 캐주얼 차림에 어울리는 슬립온 등을 추천한다.

## 보석류

하와이에 허니문을 온 신혼부부들이 예물을 구입하는 경우가 많다. 한국보다 가격대가 저렴한 상품들이 다채로워 상당히 매력적이다. 잘만 구입하면 하와이 항공료를 뽑는다는 이야기가 있을 정도니 참고하자.

### 티파니 Tiffany&Co.
1837년 오픈한 이래 독창적이고 품격 있는 디자인으로 결혼 예물, 기념일 선물 등으로 인기 만점인 명품 주얼리 브랜드이다. 특히 티파니 다이아몬드의 품질은 업계 최고로 인정받는다.

미국 브랜드이므로 다른 나라보다 미국에서 구매하는 것이 가장 합리적이다. 반지, 목걸이뿐만 아니라 시계나 팔찌도 고급스러운 멋을 더한 제품들이 많다.

### 판도라 Pandora
1982년 덴마크에서 탄생한 주얼리 브랜드. 합리적인 가격대와 뛰어난 품질, 독창성 있는 디자인 등으로 사랑받고 있다.
미국에 제품을 생산하는 공장이 있어서 미국에서도 저렴하게 구입할 수 있다. 모든 주얼리는 고퀄리티를 위해서 수공으로 작업이 된다.

# 내 피부를 부탁해! 코스메틱 추천 제품

자외선이 강하기로 유명한 하와이에서는 피부 관리에 좀 더 신경 쓰는 것이 좋다. 스크럽, 보습제, 자외선 차단제 등 적절하게 활용하여 지친 피부에 생기를 불어 넣어주자. 하와이에서는 미국, 유럽 코스메틱 제품들을 한국에 비해 비교적 저렴하게 구입이 가능하다. 특히 세일 기간을 공략하면 더 저렴하다.

**Tip** 자외선 차단제와 태닝 오일, 애프터 선케어 선택하기

뜨거운 태양 아래 섹시하게 빛나는 건강한 구릿빛 피부? 아니면 투명하게 맑고 뽀얀 피부? 나의 피부 스타일링을 위한 유용한 제품을 알아보자. 각 제품은 ABC 스토어, 월마트, 롱스 드럭스, 세이 프웨이, 세포라 등에서 구매 가능하다.

### 자외선 차단제 Sunscreen

하와이에서는 SPF50 이상의 제품을 추천한다. 자외선 차단제는 햇빛에 노출되기 30분 이전에 바르자. 2시간이 지나면 효력이 떨어지니 틈틈이 바르는 게 포인트! 미국 식약청으로부터 승인받은 성분으로 자외선을 효과적으로 차단하는 성분이 있으면 좋다. 티타늄디옥사이드Titanium dioxide, 징크옥사이드Zinc oxide, 아보벤존Avobenzone, 에캄슐Ecamsule, 티노솔브Tinosorb 중 하나의 성분이라도 있으면 좋다.

#### 추천 제품
- 라로슈 포제 안텔리오스 La Roche-Posay Anthelios SPF50(28달러)
- 배니크림 선스크린 Vanicream Sunscreen SPF50(15달러)
- 씽크베이비 선스크린 Thinkbaby Sunscreen SPF50(20달러)

### 태닝 오일 Tanning Oil

피부 보호를 위하여 직사광선보다는 파라솔 그늘 아래에서 30분 이내로 하는 것을 권한다. 하와이의 자외선이 워낙 강해서 그늘에서 해도 얼룩없이 태닝이 잘 된다. 오후 3~5시가 좋다.

#### 추천 제품
- 하와이안 트로픽 다크 태닝 오일 Hawaiian Tropic Dark Tanning Oil(8달러)
- 바나나 보트 다크 태닝 오일 Banana Boat Dark Tanning Oil(7달러)

### 애프터 선케어 After Suncare

화상을 입거나 피부가 건조하고 탄력을 잃었을 때 바른다. 진정, 보습 효과가 뛰어나다.

#### 추천 제품
- 하와이안 트로픽 애프터 선 쿨링 젤 Hawaiian Tropic After Sun Cooling Gel(8달러)

### 바비 브라운 클렌징 오일

Bobbie Brown Cleansing Oil

모공 사이에 흡착되지 않는 오일 성분이 효과적으로 피부 불순물을 제거한다. 보습력이 좋고, 피부 진정 효과까지 있다. 자스민 향의 아로마가 기분 좋은 클렌징 오일. 48달러

### 랩 시리즈 데일리 모이스처 디펜스 로션

Lab Series Daily Moisture Defense Lotion

1987년 개발된 남성 화장품 브랜드. 유해 환경에서 피부를 보호해주는 로션으로 유명하다. 수분과 영양 공급을 하며, 자외선을 차단해준다. 52달러

### 프레시 로즈 페이스 마스크

Fresh Rose Face Mask

장미 추출물로 만든 마스크 팩. 건조한 피부에 촉촉함을 더해주는 기능으로 유명하다. 62달러

### 블리스 포어 퍼페팅 페이셜 폴리쉬

Bliss Pore Perfecting Facial Polish

각질과 넓은 모공에 효과가 좋은 스크럽. 할리우드 스타들도 즐겨 쓴다. 30달러

### 맥MAC 립스틱

얼굴에 생기를 더해주는 컬러의 립스틱이 다양하다. 발색, 지속력이 좋아서 인기 있다. 18.5달러

### 키엘 울트라 페이셜 크림

Kiehl's Ultar Facial Cream

피부 속까지 채워주는 수분감으로 인기 있는 수분 크림. 1851년 뉴욕의 약국에서 시작하여 100년이 넘는 전통을 가진 브랜드이다. 26.50달러

### 퍼스트 에이드 울트라 리페어 크림

First Aid Ultra Repair Cream

수분감이 100시간 지속된다. 자극이 적은 고보습 크림으로 건조한 피부에 적극 추천한다. 30달러

### 크림 드 라 메르 Cream de la mer

재생 효과와 높은 보습력을 자랑하는 크림. 가격대는 높지만, 그만큼 효과가 좋기로 알려져 있다. 175달러

### 아베다 비 컬리 Aveda be Curly

자연주의 헤어 케어 제품. 라임, 베르가못 등의 에센스로 만들어졌다. 웨이브 헤어에 선명한 컬을 만들어준다. 25달러

### 얼반 디케이 네이키드2

Urban Decay Naked2

메이크업 아티스트들도 인정하는 발색력 좋은 아이섀도 제품. 한 통에 12개의 컬러가 들어있다. 54달러

---

**Tip** 화장품 유통기한 체크하는 방법은?

www.checkcosmetic.net을 통해서 유통기한을 확인하자. 브랜드 명과 화장품 통에 써 있는 일련번호를 넣으면 해당 제품의 유통기한이 바로 나온다.

SHOPPING **06**

# 하와이 추천 **쇼핑몰&아웃렛 BEST 5**

하와이에서 쇼핑을 즐기기 가장 좋은 곳은 오아후다. 와이키키 지역을 중심으로
하와이 전체 섬 중 가장 많은 쇼핑센터가 밀집되어 있다. 다양한 브랜드들이 모여
있어서 더욱 편리한 쇼핑센터 위주로 소개한다. 쿠폰을 이용하거나
세일 기간을 이용하면 더욱 알뜰한 쇼핑이 가능하다.

### 알라 모아나 센터 Ala Moana Center

하와이 최대 규모의 쇼핑센터. 규모가 커서
쇼핑센터 지도를 보면서 가고 싶은 스토어
를 표시한 후 동선을 짜는 것이 좋다. 340
개의 매장을 갖추고 있다. 루이비통, 구찌,
샤넬, 프라다, 에르메스, 티파니, 불가리
와 같은 명품 매장뿐만 아니라 코치, 갭,
바나나 리퍼블릭, 아베크롬비&피치와 같은
다양한 미국 브랜드 매장과 하와이 로컬 브
랜드 매장이 입점되어 있다.

미국의 유명 대형 백화점인 니만 마커스
Nieman Marcus, 노드스트롬Nordstrom, 메이
시스Macy's, 블루밍데일스Bloomingdales, 하
와이 유일의 일본 백화점 시로키야Shirokaya
까지 입점되어 있다. 1층 중앙 무대 뒤
쪽에 위치한 고객 서비스 센터에 방문해
eVIP 클럽에 가입하면 다양한 할인 혜택
이 들어 있는 프리미어 패스포트Premier
Passport 쿠폰을 받을 수 있다(196p 참고).

### 로열 하와이안 센터 Royal Hawaiian Center

와이키키 비치 옆 칼라카우아 애버뉴Kalakaua
Ave에 위치하고 있는 4층 규모의 대형 쇼핑센터
이다. 시내 중심가에 자리 잡고 있어서 접근성
이 뛰어나다.

에르메스, 카르티에, 팬디, 페라가모, 레스포
삭, 토리버치, 애플 스토어 등 110여 개의 상
점이 위치하고 있다. 2층의 푸드 코트를 포함
하여 다양한 요리를 즐길 수 있는 레스토랑과
카페가 곳곳에 자리하고 있다(190p 참고).

## T 갤러리아 하와이 T Galleria Hawaii

오아후의 와이키키 지역에 위치한 도심 속 면세 쇼핑몰. 하와이에서 구매하는 모든 제품에는 4~4.75% 세금이 붙지만, 이곳에서는 세금이 부과되지 않아 여행자들이 많이 찾는 쇼핑몰이다. 세일 기간까지 겹치면 더 저렴해진다.

1층은 브랜드 의류, 식품 관련 매장이 위치하고 있다. 2층은 화장품, 향수 매장으로 이뤄져 있다. 에스티 로더, 록시땅, 키엘, 아베다, 샤넬, 조말론 등의 다양한 제품을 만날 수 있다. 3층은 프라다, 카르티에, 셀린느 등 명품 브랜드가 입점되어 있다. 1, 2층의 제품은 누구나 구매 가능하고, 구매 후 물건을 바로 가져갈 수 있다. 하지만 3층 명품 매장에서 구매한 제품은 하와이에서 국제선으로 출국하는 사람만 물품 구입이 가능하다는 점을 참고하자. 제품 픽업도 공항에서 해야 한다(191p 참고).

## 와이켈레 프리미엄 아웃렛 Waikele Premium Outlets

명품 브랜드보다는 중저가 또는 캐주얼한 브랜드가 많이 입점하여 있는 편이다. 코치, 폴로 랄프 로렌, 마이클 코어스, 바나나 리퍼블릭, 리바이스 등 50여 개의 브랜드 매장이 있다. 세일 기간과 할인 쿠폰북을 이용하면 아주 저렴한 가격으로 물건을 구입할 수 있다.

와이켈레 프리미엄 아웃렛 홈페이지에서 'VIP 클럽'에 가입하면 'VIP 쿠폰북 바우처'를 프린트 할 수 있다. 출력한 바우처를 아웃렛 인포메이션에 가져가면, '할인 쿠폰북'을 받을 수 있다. 와이키키 지역에서 차로 35분 정도 떨어져 있다. 시간 절약을 위하여 홈페이지를 통해 입점한 브랜드 매장을 미리 확인하는 것을 추천한다(239p 참고).

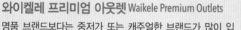

## 워드 빌리지 Ward Village

합리적인 가격대의 실용적 제품을 찾고 있다면 워드 빌리지로 가자. 워드 빌리지에 입점되어 있는 숍 중에서 이월 상품, 약간의 손상 등으로 분류된 제품을 모아서 저렴하게 판매하는 로스Ross, 티제이 맥스T.J. Maxx, 노드스트롬 랙 Nordstrom Rack은 알뜰 쇼핑족들에게 인기 있다.

한국에서 비싼 디자이너 브랜드의 옷, 신발, 가방 등을 저렴하게 구매할 수 있다. 단, 창고형 분위기이므로 열심히 뒤져보아야 한다. 관광객들보다는 현지인들이 즐겨 찾는 쇼핑센터이다(195p 참고).

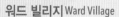

Step 06

SLEEPING

하와이에서 자다

### SLEEPING 01
# 어떤 숙소가 있을까?

허니무너를 위한 고급 리조트에서
비앤비까지 다양한 가격대와 여행자의
취향에 따른 숙소가 잘 갖춰져 있다.

### 콘도형 호텔 Condo Hotel

객실 내에 취사가 가능한 오븐, 가스레인지, 전자레인지, 냄비, 식기, 식기세척기 등을 갖춘 주방 시설이 있다. 세탁기와 건조기가 있는 경우가 많다. 숙박 일수가 길수록 할인 폭이 커진다.

매번 레스토랑에서 끼니를 해결하기 곤란한 어린 자녀를 동반한 가족 여행자들이나 1주일 이상 머무는 장기 여행자에게 추천하는 숙소 형태이다.

### 한인 민박

싱글룸, 더블룸, 가족룸, 도미토리 등으로 구성되어 있다. 방 또는 침대 1개를 빌리는 방식으로 이용한다. 한국인 방문객이 많아 언어가 통하고 정보 공유가 쉽다. 네이버 검색창에서 '하와이 한인민박'을 검색하면 쉽게 찾을 수 있다.

주로 오아후에 위치해 있다. 와이키키 지역에서 버스 또는 차로 10~20분 정도 떨어져 있는 경우가 많다. 마우이, 카우아이, 빅아일랜드에는 한인 민박이 별로 없다.

### 리조트 호텔 Resort Hotel

신혼여행으로 하와이를 방문하는 여행객들이 가장 일반적으로 지내는 숙소이다. 하와이의 호텔에는 시설과 서비스, 위치 등에 따라 보통 별이 등급으로 매겨져 있다. 고급형 리조트 호텔에는 수영장, 피트니스 센터, 스파 등의 시설이 잘 갖춰져 있어서 이용에 편리하다.
신혼부부들은 1박에 250~500달러대의 별 5개 등급의 호텔을 주로 이용하고, 일반 싱글 여행자들은 별 3~4개의 80~250달러대의 호텔을 많이 이용한다. 하와이의 많은 유명 호텔들은 리조트 피Resort Fee라는 명목으로 1박당 18~28달러를 추가한다. 이는 무조건 추가되는 금액이니 예약 시 미리 확인하자.

### 호스텔 Hostel

공동 침실에서 침대 하나를 빌리는 형태로 아주 저렴하게 이용할 수 있는 숙소이다. 각 국에서 하와이를 방문한 다양한 국적의 친구를 사귈 수 있다는 것이 장점이다. 보통 간단한 조식, 무선 인터넷 요금이 포함되어 있다. 1박 기준 11~30달러로 시즌과 방의 타입에 따라 가격대는 다르다.

> **Tip 중계 사이트**
> 검색창에 '도시명'을 입력하면 선택 가능한 다양한 집이 소개된다.
> **호스텔 타임즈** www.hosteltimes.com
> **호스텔** www.hostels.com

### 현지 주민의 집 빌리기

숙박비의 예산을 줄이고 경제적으로 여행을 즐기고자 한다면 고려할 수 있는 숙소이다. 현지인의 집을 빌리거나 민박, 유스호스텔 등의 숙소를 선택할 수 있다. 가격대는 방 스타일에 따라 다르지만, 호텔보다 저렴하다.

> **Tip 중계 사이트**
> 검색창에 '도시명'을 입력하면 선택 가능한 다양한 집이 소개된다.
> **윔두** www.wimdu.com
> **에어비앤비** www.airbnb.com
> **브로보** www.vrbo.com
> **홈어웨이** www.homeaway.com

## SLEEPING 02

# 호텔 예약은
# 어디서 할까?

호텔 예약 전문 사이트를 통하여
최저가를 알아보거나 해당 호텔
홈페이지에서 예약해도 된다.
여행사에서 항공과 호텔 상품을
묶어서 판매하는 에어텔을 이용할
수도 있다. 또는 호텔 가격 경매
사이트에서 비딩(경매 방식)을
통하여 저렴하게 예약할 수도
있다. 숙소 예약은 빨리할수록
저렴할 확률이 크다.

## 호텔 예약 전문 사이트 이용하기

호텔 홈페이지보다 더 저렴한 경우가 많다. 예약 전문 사이트마다 제시하는 가격대가 다를 수 있다. 숙박하길 원하는 호텔을 정했다면 각 예약 전문 사이트들의 가격대도 비교해보자.

**부킹 닷컴** www.booking.com
**익스피디아** www.expedia.com
**카약** www.kayak.com
**호텔스닷컴** www.hotels.com
**아고다** www.agoda.com

## 호텔 가격 경매 사이트 이용하기

본인이 머물고자 하는 호텔의 지역, 등급 등을 정한 후 지불하고 싶은 금액을 제시한다. 이용 가능한 숙소가 있을 때 랜덤으로 숙소가 결정되어 낙찰이 되는 방식이다. 원래 가격보다 30~50% 정도 저렴한 가격으로 숙소를 이용할 수 있다.

단, 비딩 시 특정 호텔을 지정할 수 없고, 지역과 등급만 정할 수 있다. 낙찰이 되는 동시에 어느 호텔로 낙찰되었는지의 정보가 뜨고 결제가 된다. 이렇게 낙찰받은 숙소는 취소가 불가능하니 신중하게 결정하는 것이 좋다. 호텔뿐만 아니라 항공기, 렌터카 등도 예약할 수 있다.

**프라이스라인** www.priceline.com
**핫 와이어** www.hotwire.com

### Tip 하와이 호텔 이용 시 미리 알아둘 점

❶ 21세 미만은 성인 보호자 동반 시에만 투숙할 수 있다.

❷ 리조트 피의 추가 여부를 체크하자. 호텔 내 편의 시설 사용 명목으로 무조건 하루당 15~28달러 정도 부과되는 호텔이 많다.

❸ 대부분의 호텔에 셀프 주차장이 있다. 발레파킹도 가능하다. 고급 리조트형 호텔의 경우 발레파킹에 대한 금액이 하루당 15~25달러 정도 추가 부과된다. 보통 셀프 주차장은 1대에 한하여 무료로 가능하다.

❹ 수영장, 피트니스 센터 등의 이용 가능 시간을 미리 체크하자.

❺ 체크인 시 숙박료와는 별개로 보증금 명목으로 금액이 부과될 수 있다. 보통 신용카드에서 일정 금액을 홀드하는 식이다. 문제가 없으면 체크아웃 시 돌려받게 된다.

❻ 호텔 숙박 시 팁은 1박 기준 2~5달러 정도로 침대 옆 테이블에 두면 된다.

❼ 섬이다 보니 건축 자재, 가구 등의 운반이 용이하지 않아서 가격 대비 시설이 낡은 곳이 많다. 하지만 청결이나 서비스 등은 대부분 좋은 편이다.

❽ 바다 전망이 보이는 객실일수록 가격대가 높아진다. 뷰에 따른 등급은 시티 뷰 또는 가든 뷰(도시 또는 정원 보임), 파샬 오션 뷰(바다 일부만 보임), 오션 뷰(바다가 보임), 오션 프런트(바다가 정면으로 보임) 순으로 높아진다.

❾ 방의 구조에 따라서 등급이 달라진다. 스탠더드, 슈페리어, 디럭스, 스위트(방과 거실이 분리된 구조) 순으로 높아진다.

❿ 침실과 거실이 분리된 형태의 객실인 경우 거실에는 소파 베드가 있는 경우가 많다. 소파 베드는 소파를 앞으로 잡아당기면 침대의 형태로 만들 수 있는 가구를 말한다.

SLEEPING **03**
# 어느 지역에 숙소를 정하면 좋을까?

여행에서 숙소의 위치는 아주 중요하다. 위치 좋은 곳을 선택하면 관광 시 이동 시간을 아낄 수 있다. 어떤 스타일의 여행을 원하느냐에 따라서도 숙소의 위치는 달라진다.

### 오아후 Oahu

관광객에게 가장 유명한 와이키키 지역에 고급 리조트형 호텔이 많이 있다. 호텔 리뷰를 꼼꼼하게 읽고 선택하자. 와이키키 지역에서 버스로 10분 정도 거리에 위치한 알라 모아나 지역에는 가격 대비 깔끔한 호텔이 위치하고 있다. 조용한 휴식을 원한다면 북쪽 해안 지역인 노스 쇼어, 할레이바의 호텔 또는 방갈로 형태의 숙소를 이용하거나 동쪽 해안 지역인 카일루아에서 현지인들의 집을 빌리는 것을 추천한다.

### 마우이 Maui

라하이나 지역에는 카아나팔리 비치를 끼고 고급 리조트형 호텔이 늘어서 있다. 일몰을 감상할 수 있는 지역으로 관광객들에게 인기 있다. 키헤이와 와일레아 지역에는 개수가 많지 않지만 고급스러운 호텔이 위치하고 있다. 섬 중심부에 위치하고 있어서 다른 지역을 돌아볼 때 교통이 편리하다. 키헤이 지역에는 비교적 저렴한 콘도형 숙소도 많다.

### 카우아이 Kauai

카우아이의 북쪽 지역을 돌아볼 때에는 프린스빌 지역에 숙소를 정하는 것이 좋다. 남쪽 지역을 돌아볼 예정이라면 포이푸 지역에 고급 숙소들이 자리 잡고 있다.

일정이 짧다면 공항 근처인 리후에, 카파아, 와일루아 지역에 위치한 숙소를 잡는 것이 동선상 좋다. 리후에와 카파아 지역에는 비교적 저렴한 숙소들이 많다.

### 빅 아일랜드 Big Island

카일루아 코나, 와이콜로아 지역에 고급 리조트형 호텔이 자리 잡고 있다. 섬의 동쪽 힐로 지역은 합리적인 가격대의 호텔이 많다.

하와이 볼케이노 국립공원 지역을 방문할 예정이라면 국립공원 내 위치한 숙소 또는 차로 10분 정도 떨어져 있는 볼케이노 빌리지 내의 민박 형태의 숙소를 이용하면 된다. 섬이 큰 만큼 이동거리를 계산한 후 동선에 따라 숙소를 선택하는 것이 좋다.

SLEEPING 04

## 각 섬의 특징에 따라 추천하는 **숙소 타입**

여행 스타일마다 숙소의 선택은 천차만별! 해당 섬의 특징까지 파악하면 좀 더 쉽게 숙소를 결정할 수 있다.

### 오아후 Oahu

가장 많고, 다양한 타입의 숙소가 있다. 본인의 여행 스타일에 따라서 선택하면 된다. 안락하고 럭셔리한 분위기 속에서 휴양을 만끽하는 여행을 원한다면 고급 호텔을, 알뜰하게 숙박비를 아끼고 식사, 쇼핑 등 다른 부분에 예산을 높이고자 한다면 저렴한 가격대의 호텔 또는 민박, B&B 등을 선택하면 된다. 직접 취사하는 것을 원한다면 주방 시설을 갖춘 콘도형 숙소를 추천한다.

### 마우이 Maui

고급 숙소와 가격 대비 저렴한 숙소가 모두 위치하고 있다. 자신의 여행 스타일에 맞춰서 선택하면 된다. 마우이의 음식값이 비싼 편이라 취사가 가능한 부엌이 있는 콘도형 숙소가 좋은 선택이 될 수 있다.

### 카우아이 Kauai

취사가 가능한 콘도형 숙소가 많다. 다르게 표현하면 그만큼 식사할 곳이 없다는 뜻이기도 하다. 카우아이에서는 일정의 반 정도는 직접 취사를 해서 음식을 해 먹는 것이 좋다. 슈퍼마켓이 곳곳에 있어서 식재료 구입이 쉽다. 콘도형 숙소는 퇴실 시 청소비(50~130달러)가 추가되기도 하니 예약 시 확인하자.

### 빅 아일랜드 Big Island

고급 숙소와 저렴한 가격대의 민박 등이 있다. 여행 스타일에 따라 숙소의 형태를 정하면 된다. 섬이 큰 만큼 관광 시 이동 시간이 만만치 않다. 섬 전체를 돌아보는 여행을 계획하고 있다면 합리적인 가격대의 숙소에 머물면서 레스토랑에서 식사를 해결하는 것이 체력과 시간, 돈을 아끼는 방법일 수 있다.

HAWAII

BY

# AREA

## 하와이 지역별 가이드

오아후
마우이
카우아이
빅 아일랜드

Oahu By Area

# 01

# 오아후

## Oahu

사우스 오아후(와키키키 부근)
이스트 오아후(카일루아 부근)
노스 오아후(할레이바 부근)
센트럴 오아후(진주만 부근)

하와이에서 세 번째로 큰 섬으로 하와이 인구의
80%가 거주하는 경제, 문화, 정치의 중심지다.
365일 부드러운 바람과 따스한 태양을 느낄 수
있다. 구석구석 도심을 누비는 버스를 타고 즐길
수 있고, 렌터카를 타고 여유로운 해안 드라이브를
만끽해도 좋다. 활기찬 분위기의 와이키키 비치,
서퍼들로 붐비는 노스 쇼어, 하와이의 옛 모습이
느껴지는 할레이바, 에메랄드 바닷물과 보드라운
백사장이 있는 카일루아 비치 파크, 가슴 아픈
역사적인 현장인 진주만 등 다채로운 역사, 문화의
현장과 근사한 자연, 그리고 도시의 편의성까지
경험할 수 있는 하와이 대표 섬이다.

© HTA

# Oahu
# GET AROUND

## 어떻게 갈까?

인천 국제공항에서 오아후에 위치하고 있는 호놀룰루 국제공항까지는 하와이안항공, 아시아나항공, 대한항공, 진에어 등이 직항으로 운항한다. 비행 시간은 8시간, 돌아오는 편은 11시간 정도 소요된다. 델타항공, 유나이티드항공, 일본항공 등은 일본을 경유해 간다.

마우이, 카우아이, 빅 아일랜드 등의 이웃 섬을 갈 예정이더라도 일단 호놀룰루 국제공항으로 가서 국내선으로 갈아타야 된다. 오아후에 방문한 대부분의 여행자들이 숙소로 선택하는 곳은 와이키키 또는 알라 모아나 지역이다. 이 지역의 숙소에 머물면서 다른 지역은 렌터카나 대중교통을 이용해서 다니는 경우가 많다. 한적한 휴가를 원하는 사람들은 북쪽 해안 지역인 노스 쇼어, 할레이바를 숙소로 선택하기도 한다.

### 호놀룰루 국제공항에서 와이키키 지역으로 가기

공항에서 와이키키 비치가 있는 지역까지 차로 25분 거리. 택시를 타고 가도 부담 없을 정도의 거리이다. 짐이 있거나 일행이 있다면 택시가 보편적인 이동 수단이다. 짐이 가볍고 시간 여유가 있다면 대중교통 수단인 더 버스를 이용하자. 가장 저렴하게 이동이 가능하다.

여행사에서 운영하는 셔틀버스, 공항 셔틀버스를 이용하면 호텔 앞까지 데려다준다. 렌터카를 이용할 예정이라면 공항에서 출발하는 각 렌터카 셔틀버스에 탑승하여 이동한 후 차량을 픽업하게 된다. 북쪽 해안 지역인 노스 쇼어, 할레이바 지역까지는 차로 60~75분 정도 소요된다.

### 1. 택시 Taxi

택시 간판을 따라가면 정류장이 나온다. 현지에서 운영하는 택시는 거리에 따라 요금이 측정되는 미터제로 운영된다. 요금은 공항에서 와이키키 시내 지역까지 35~40달러 정도 나온다. 팁은 전체 금액에서 15~20% 정도 내면 된다. 짐 1개당 1달러 정도 추가하는 것이 보통이다. 오전 7시부터 9시, 오후 3시 30분부터 5시까지는 교통 체증이 심한 시간이라는 점을 참고하자.

한인이 운영하는 택시도 이용할 수 있다. 정액 요금으로 운영되며, 팁을 포함한 가격으로 비교적 저렴하다. 콜택시 형태로 운영되므로 24시간 언제든지 택시를 부를 수 있다.

### * 한인 택시 회사

포니 택시 Pony Taxi **Data** Tel 808-944-8282 **Web** www.ponytaxi.com
코아 택시 Koa Taxi **Data** Tel 808-944-0000 **Web** www.hawaiikoataxi.com
로얄 택시 Royal Taxi **Data** Tel 808-946-8282 **Web** www.hawaiiroyaltaxi.com

**호놀룰루 국제공항 출발 기준 목적지까지 택시 예상 요금 및 소요 시간**

| 출발지 | 목적지 | 예상 소요 시간 | 예상 요금 |
|---|---|---|---|
| 호놀룰루 국제공항 | 와이키키Waikiki, 알라 모아나Ala Moana | 20~25분 | 40~45달러 |
| | 노스 쇼어North Shore | 60~75분 | 110~120달러 |
| | 카일루아Kailua | 30분 | 65~76달러 |
| | 호놀룰루 다운타운 Honolulu Downtown | 20분 | 25~35달러 |

## 2. 더 버스 The Bus

호놀룰루 시에서 운영하는 대중교통 시스템으로 가장 저렴한 이동 수단이다. 호놀룰루 국제공항을 기준으로 와이키키로 향하는 첫 버스는 평일 04:55, 주말 05:10, 마지막 버스는 평일 01:22, 주말 01:24에 있다. 와이키키 지역으로 가는 기준으로 19번 또는 20번을 탑승하면 된다. 정차하는 정류장이 많아서 와이키키 지역까지는 1시간 정도 소요된다. 거스름돈을 받을 수 없으므로 잔돈으로 딱 맞춰서 가는 것이 좋다. 승객 한 명당 허용되는 짐 크기는 55.8×35.5×22.8cm이다.

**Data** Cost 18세 이상 2.75달러, 6~17세 1.25달러, 5세 이하 무료, 1일 무제한 탑승 가능한 원데이 패스 18세 이상 5.5달러, 6~17세 2.5달러

## 3. 공항 셔틀버스 Airport Shuttle Bus

정해진 요금을 내고 탑승하므로 교통 체증이 있는 시간대에도 걱정이 없다. 가고자 하는 호텔을 말하면 해당 호텔 앞까지 데려다준다. 요금은 왕복으로 구입할 때 좀 더 저렴하다.

### * 스피디 셔틀 Speedi Shuttle

호놀룰루 국제공항의 공식 셔틀버스로 예약하지 않아도 현장에서 바로 탑승 가능하다.

**Data** Cost 와이키키 지역 기준 편도 15.48달러, 왕복 30.96달러(왕복 요금은 홈페이지에서 예약하면 10% 할인. 팁 미포함 가격) Tel 877-242-5777 Web www.speedishuttle.com

## * VIP 트랜스 VIP Trans

14달러 정도 추가하면 꽃목걸이를 목에 걸어주며 환영 인사를 해주는 레이 환영 서비스를 받을 수 있다. 팁은 가방 한 개당 1~2달러 정도 주면 된다.

**Data** Cost 와이키키 지역 기준 편도 12달러, 왕복 22달러(팁 미포함 가격) **Tel** 866-836-0317
Web www.viptrans.com

## * 로버츠 하와이 Roberts Hawaii

미리 예약하면 공항 입국장으로 픽업을 온다. 편도보다는 왕복으로 이용하는 것이 저렴하다.

**Data** Cost 1인당 편도 16달러, 왕복 30달러(팁 미포함 가격)
Web www.robertshawaii.com/transportation/airport-shuttle

## 4. 한인 여행사 셔틀버스 Korean Travel Agency Shuttle Bus

한인 여행사를 이용하는 서비스이다. 한국어로 예약 및 이용이 가능해서 편리하다. 인천 국제공항에서 출발하여 호놀룰루 국제공항으로 들어오는 항공사 도착 시간이 대부분 오전 시간이고, 대부분의 호텔 체크인 시간이 오후 3시인 것을 감안하여 자투리 시간을 활용할 수 있도록 간단한 시내 투어와 쇼핑 투어를 옵션으로 제공하기도 한다.

## * 가자 하와이

**Data** Cost 1인 편도 10~12달러, 왕복 20달러, 시내 투어와 쇼핑 투어 포함 시 35~55달러
Web www.gajahawaii.com

## * 조인하와이

**Data** Cost 시내 투어와 쇼핑 투어 포함한 상품만 제공 1인 50달러 **Web** www.joinhawaii.com

## 5. 렌터카 Rental Car

해당 렌터카 업체가 제공하는 셔틀버스를 타고 차량을 픽업하면 된다. 이정표가 잘 되어 있어서 어렵지 않다.

## * 주요 렌터카

알라모 Alamo

**Data** Tel 808-833-4585
Web www.alamo.com

허츠 Hertz

**Data** Tel 808-831-3500
Web www.hertz.com

에이비스 Avis

**Data** Tel 808-834-5536
Web www.avis.com

엔터프라이즈 Enterprise

**Data** Tel 808-836-2213
Web www.enterprise.com

네셔널 National

**Data** Tel 808-834-6350
Web www.nationalcar.com

## 어떻게 다닐까?

하와이에 속하는 모든 섬 중에서 대중교통이 가장 잘 되어 있는 지역이다. 오아후 전역을 연결하고 현지인도 즐겨 이용하는, 호놀룰루시에서 운영하는 대중교통 시스템인 더 버스로 요금은 다소 비싸지만 주요 관광지만 집중적으로 연결하는 '와이키키 트롤리'를 타고 오갈 수 있다.

세계적으로 잘 알려진 와이키키 지역은 오아후에서 가장 번화한 지역이다. 숍과 레스토랑, 호텔, 카페 등이 즐비하므로, 도보로 다니며 구경하기 좋다. 자유로운 여행을 원한다면 당연히 렌터카를 이용하는 것이 좋지만 와이키키는 주차료가 비싸다는 점을 참고하자. 오아후의 북부 해안 지역인 노스 쇼어, 에메랄드빛 바다색으로 유명한 동부 지역 카일루아, 동부 해안 도로, 진주만 등을 방문할 때에는 렌터카가 훨씬 편리하다. 더 버스를 타고 갈 수는 있지만, 배차 간격이 길어서 불편하다. 와이키키 곳곳에 렌터카 지점이 있어서 필요한 날짜를 선택해서 렌터카를 빌리면 된다.

### 1. 더 버스 The Bus

호놀룰루시에서 운영하는 대중교통 시스템이다. 섬의 북부, 중부, 동부 지역 등 웬만한 지역을 모두 갈 수 있다. 다만, 정류장에 정차하는 시간과 배차 간격 때문에 이동 시간은 긴 편이다. 데이터 로밍해 갈 경우 더 버스 홈페이지(www.thebus.org) 또는 구글 맵스(www.maps.google.co.kr)에서 출발지와 도착지 주소를 입력하면 자세한 노선과 실시간 배차 시간 검색이 가능하다. 구글 맵스를 이용하면 따로 주소를 넣지 않더라도 GPS를 이용하여 현재 위치를 파악한 후 도착지에 갈 수 있는 방법을 안내해주므로 편리하다. ABC 스토어, 알라 모아나 쇼핑센터 등에서도 버스 시간표를 구할 수 있다. 주중과 주말, 공휴일에는 대기 시간이 길어지거나 노선이 변경될 수도 있다.

### Tip 버스 이용 시 알아두자

목적지가 같더라도 버스 번호나 운행 방향에 따라 정차하는 정류장의 위치가 다른 경우가 많다. 이 책에서는 이용 가능한 대표적인 버스 번호와 정류장 위주로 소개했다. 정류장 표기는 '쿠히오 애비뉴Kuhio Ave+나마하나 스트리트Namahana St'식으로 했다. 쿠히오 애비뉴와 나마하나 스트리트가 만나는 지점에 해당 정류장이 있다는 것이다. 버스 탑승 시 운전 기사나 주변 현지인에게 목적지를 얘기하면 적절한 정류장을 알려주니 도움받는 것도 좋다.

❶ 지정된 정류장에서만 정차한다. 버스가 지나갈 때 손을 흔드는 등 탑승 의지를 보이는 간단한 의사 표시를 하자.

❷ 승차하면서 운전 기사에게 현금으로 버스 티켓을 구매할 수 있다. 거스름돈을 돌려주지 않으므로 요금에 맞춰 돈을 준비하자.

❸ 1일 동안 무제한 탑승할 수 있는 원데이 패스1Day Pass는 18세 이상 5.5달러, 6~17세 2.5달러로, 운전 기사에게 살 수 있다.

❹ 버스 하차 요청은 좌석 위쪽에 전선처럼 보이는 줄을 잡아당기면 된다. 벨 소리가 울리면서 운전석 위쪽에 '정지 요청Stop Requested' 표시가 된다.

❺ 내릴 때는 뒷문을 이용하면 된다. 뒷문을 손으로 직접 밀어야 열리는 버스도 많으니 참고하자.

❻ 유모차, 휠체어, 자전거도 버스에 승차가 가능하다. 자전거는 버스 앞쪽 창에 있는 거치대에 실으면 된다. 잘 모르겠다면 운전기사에게 도움을 요청하면 된다. 유모차는 미리 접어놓자.

❼ 탑승 시 허용되는 짐의 크기는 55.8×35.5×22.8cm 이하만 가능하다. 수화물 가방은 들고 탑승이 불가하다.

**Data** Cost 18세 이상 2.75달러, 6~17세 1.25달러, 5세 이하 무료, 1일 동안 무제한 탑승할 수 있는 원데이 패스 18세 이상 5.5달러, 6~17세 2.5달러 **Tel** 808-848-4444(분실물 문의 가능) **Web** www.thebus.org

## 2. 와이키키 트롤리 Waikiki Trolley

사설 버스 시스템이다. 와이키키와 호놀룰루 다운타운 주요 관광지에 정차하므로 이용이 편리하다. 핑크 라인, 그린 라인, 레드 라인, 블루 라인, 퍼플 라인 총 5개의 라인을 운영하고 있다. 홈페이지 '오아후 투어Oahu Tour'를 클릭하면 각 라인의 자세한 노선도를 볼 수 있다. 핑크 라인은 현금으로 2달러 내고 탑승 가능하다. 그린, 레드, 블루, 퍼플 라인은 패스권을 구매해야 한다. 요금은 다소 비싸며, 라인마다 패스권의 종류마다 가격이 다르다.

**Data** Tel 808-591-8411(분실물 문의 가능) **Web** www.waikikitrolley.com

### Tip 와이키키 트롤리 이용 시 알아두자

❶ 4일 패스, 7일 패스의 경우 정해진 기간 내에 사용자가 원하는 날짜를 지정해 사용할 수 있다. 연속된 날짜로 사용하지 않아도 된다.

❷ 트롤리 내에서 음료, 음식 섭취, 흡연 모두 금지이다. 음식물을 갖고 탑승하는 것은 가능하다.

❸ 유모차는 접어서 탑승해야 한다. 60.96× 45.72×30.48cm 이내의 수화물을 갖고 탈 수 있다.

❹ 트롤리를 주요 교통수단으로 사용할 예정이라면 트롤리 홈페이지를 방문하자. 각 노선별로 구체적인 지도와 쿠폰 등이 있어서 유용하다. 해당 내용을 PDF 형식으로 출력 또는 다운로드 할 수 있다.

**Tip** 티켓 구입 방법과 가격

와이키키 트롤리 홈페이지에서 원하는 패스를 신용카드로 구매하면 이메일로 바우처를 받을 수 있다. 사용 예정 날짜로부터 5일 이전 구매 시 일정 금액 할인된다. 바우처를 프린트한 후 로열 하와이안 센터 Royal Hawaiian Center, T 갤러리아 하와이IT Galleria Hawaii 등에 위치한 트롤리 티켓 오피스에서 패스로 바꾸면 된다. 호텔마다 다르지만 컨시어지, 액티비티 데스크 등에서 와이키키 트롤리 바우처 티켓 교환 서비스를 제공하는 경우가 있으니 참고하자.

| 종류 | 어른 요금 | 어린이 (3~11세) 요금 |
|---|---|---|
| 1회권 (핑크 라인만 이용 가능) | 2달러 (운전 기사에게 현금 지불) | 2달러 (운전 기사에게 현금 지불) |
| 1일 패스 | 45(41)달러 | 28(25)달러 |
| 4일 패스 | 65(59)달러 | 40(36)달러 |
| 4일 패스+ 와이키키 아쿠아리움, 호놀룰루 동물원 | 86(69)달러 | 51(43)달러 |
| 7일 패스 | 70(63)달러 | 45(41)달러 |
| 레드, 그린, 블루, 퍼플 1일 패스(구입한 색깔의 해당 라인만 사용 가능) | 25(23)달러 | 15(13)달러 |

\* 괄호 안의 금액은 홈페이지에서 5일 이전 사전 구매 시 할인된 요금. 2세 이하는 무료

## 3. 택시 Taxi

흔한 교통수단이지만 길에서 택시를 잡기는 쉽지 않다. 보통 호텔에서 택시를 불러달라고 요청하거나 쇼핑몰, 공항 등의 택시 정류장에서 승차할 수 있다. 더 캡The Cab, 시티 택시City Taxi가 대표적인 현지 택시 회사이다. 이용 시간과 거리에 비례하여 요금을 내는 미터제로 운행한다. 한인택시를 불러서 이용해도 된다(128p 참고).

## 4. 렌터카

관광객들이 많은 와이키키 지역은 주차비가 1일 기준 25~35달러 정도로 상당히 비싸다. 이 지역에서는 차량이 오히려 애물단지라는 평가를 많이 받는다. 렌터카는 대중교통으로 가기 불편한 북쪽 해안 지역인 노스 쇼어나 동쪽 해안 지역을 둘러볼 때 가장 유용하다. 필요한 날짜에만 차량을 하루나 이틀 정도 대여하는 경우가 많다. 와이키키 지역 곳곳에 지점이 있는 렌터카 업체인 알라모Alamo, 허츠Hertz 등을 이용하면 공항에서

서부터 차를 빌릴 필요가 없다. 고객들의 주차료 부담을 덜어주기 위해서 늦은 시간까지 문을 열거나 야간 무인 반납 시스템을 제공하는 지점도 있다. 지점 위치는 각 홈페이지를 참고하자.

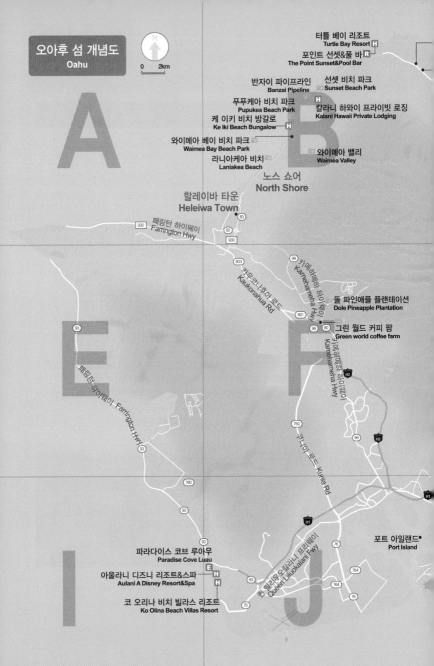

오아후 섬 개념도
Oahu

N

0   2km

터틀 베이 리조트
Turtle Bay Resort H

포인트 선셋&풀 바
The Point Sunset&Pool Bar R

선셋 비치 파크
Sunset Beach Park H

반자이 파이프라인
Banzai Pipeline

푸푸케아 비치 파크
Pupukea Beach Park

칼라니 하와이 프라이빗 로징
Kalani Hawaii Private Lodging H

케 이키 비치 방갈로
Ke Iki Beach Bungalow H

와이메아 밸리
Waimea Valley

와이메아 베이 비치 파크
Waimea Bay Beach Park H

라니아케아 비치
Laniakea Beach

노스 쇼어
North Shore

A

B

할레이바 타운
Heleiwa Town

83

930

패링턴 하이웨이
Farmington Hwy

82

930

803

카메하메하 하이웨이
Kamehameha Hwy

801

돌 파인애플 플랜테이션
Dole Pineapple Plantation

카우코나후아 로드
Kaukonahua Rd

99   80

그린 월드 커피 팜
Green world coffee farm

E

패링턴 와이레아 Farmington Hwy

93

H2

카메하메하 하이웨이 Kamehameha Hwy

F

750

99

H2

쿠니아 로드 Kunia Rd

780

H1

93

H1

파라다이스 코브 루아우
Paradise Cove Luau

76

포트 아일랜드
Port Island

아울라니 디즈니 리조트&스파
Aulani A Disney Resort&Spa E H H

764

I

코 오리나 비치 빌라스 리조트
Ko Olina Beach Villas Resort

93

퀸 릴리우오칼라니 프리웨이 Queen Liliuokalani Hwy

764

76

75

J

다이아몬드 헤드 스테이트 모뉴먼트
Diamond Head State Monument

푸미스 카후쿠 슈림프
Fumi's Kahuku Shirimp

로미스 Romy's

지오바니 슈림프 트럭
Giovanni Shirimp Truck

페이머스 카후쿠 슈림프 트럭
Famous Kahuku Shrimp Truck

라이에 포인트 스테이드 웨이사이드 파크
Laie Point State Wayside Park

폴리네시안 문화센터
Polynesian Culture Center

D

카메하메하 하이웨이 Kamehameha Hwy

쿠알로아 목장
Kualoa Ranch

트로피컬 팜스
Tropical Farms

쿠알로아 리저널 파크
Kualoa Regional Park

G

H

카메하메하 하이웨이 Kamehameha Hwy

카일루아 비치 파크
Kailua Beach Park

카메하메하 하이웨이 Kamehameha Hwy

카네오헤 베이 드라이브 Kaneohe Bay Dr

라니카이 비치
Lanikai Beach

보도인 사원
Byodo-In Temple

카네오헤 하이웨이 Kaneohe Hwy

버비즈 홈메이드 아이스크림&디저트
Bubbies Homemade Ice Cream&Desserts

존 버스 프리웨이
John Burns Fwy

호오말루히아 보태니컬 가든
Ho`omaluhia Botanical Garden

카일루아 로드 Kailua Rd

코리아 지도마을 전망대
Korea Peninsula Town Lookout

알로하 스타디움
Aloha Stadium

베르니스 파우아히
비숍 뮤지엄
The Bernice Pauahi
Bishop Museum

라이크라이크 하이웨이
Likelike Hwy

누우아누 팔리 전망대
Nu'uanu Pali Lookout

와이마날로 비치 파크
Waimanalo Beach Park

진주만 역사 지역
Pearl Harbor Historic Sites

시 라이프 파크 하와이
Sea Life Park Hawaii

호놀룰루
제국공항
Honolulu
International
Airport

모아나루아 가든
Moanalua Garden

릴리하
베이커리
Liliha Bakery

니코스 피어 38
Nico's Pier 38

팔리 하이웨이 Pali Hwy

마노아 폭포 트레일
Manoa Falls Trail

해롤드 L. 라이언 수목원
Harold L. Lyon Arboretum

퀸 엠마 여름 궁전
Queen Emma Summer Palace

푸우 우알라카아 주립공원
Puu Ualakaa State Park

카이위 쇼어라인
트레일
Kaiwi Shoreline Trail

마카푸우 전망대
Makapu'u Lookout

국립 태평양 기념 묘지
National Memorial Cemetery of the Pacific

호놀룰루 뮤지엄 오브 아트 스폴딩 하우스
Honolulu Museum of Art Spalding House

코코 헤드
디스트릭트 파크
Koko Head
District Park

마카푸우 포인트
라이트하우스
Makapu'u Point
Lighthouse

호놀룰루 뮤지엄 오브 아트
Honolulu Museum of Art

레인보우 드라이브 인
Rainbow Drive In

홀 푸드 마켓
Whole Food Market

워드 빌리지
Ward Village

카할라 몰 Kahala Mall

할로나 블로 홀 전망대
Halona Blow Hole Lookout

오리지널 팬케이크 하우스
The Original Pancake House

와이키키 비치
Waikiki Beach

카할라 호텔&리조트
Kahala Hotel&Resort

하나우마 베이
Hanauma Bay

KCC 파머스 마켓
KCC Farmer's Market

호쿠스 Hoku's

# 사우스 오아후

## SOUTH OAHU(와이키키 부근)

하와이 하면 딱 떠오르는 와이키키 비치가 위치한 지역이다. 호놀룰루에
속한 지역이지만 세부적으로 와이키키, 알라 모아나, 하와이 카이, 다운타운
등 현지인들이 부르는 지역적 명칭으로 세부적으로 나뉜다. 하나우마 베이,
이올라니 궁전 등 오아후에서 꼭 가봐야 하는 필수 관광 스폿이 모여 있고,
다양한 숙소와 쇼핑센터, 편의 시설이 있는 하와이 넘버 원 관광지! 오아후에
단 하루만 머무른다면 이 지역을 놓칠 수 없을 것이다. 황금빛 석양으로 물드는
바다를 보며 즐기는 한 잔의 칵테일이 있는 곳, 행복한 휴식이 기다리는 곳이다.

## South Oahu
# PREVIEW

오아후 관광 필수 지역으로 꼽히는 곳이다. 고운 모래의 와이키키 비치와 수많은 고층 건물의
조화가 그 자체만으로 특별하다. 특히 와이키키 지역은 먹고, 쇼핑하고, 즐길 거리가 다양해
일 년 내내 관광객들이 끊이지 않는다. 하와이 카이에는 뛰어난 수중 생태계를 자랑하는 하나우마
베이와 와이키키 지역이 한눈에 내려다보이는 다이아몬드 헤드 스테이트 모뉴먼트 등이
위치하고 있어 자연 풍광을 만끽하기에도 좋다. 오아후의 가장 핵심 지역을 경험해보자.

**SEE**

언제나 활기찬 와이키키 비치, 현지인들이 사랑하는 알라 모아나 비치 파크 등
아름다운 해변이 위치해 있다. 해양생태 보호로 지정된 수중 공원 하나우마 베이는 꼭
들러보아야 하는 곳! 호놀룰루 다운타운 지역에는 이올라니 궁전, 주청사와 다양한
뮤지엄이 자리 잡고 있어 볼거리가 많다. 마노아 폭포, 다이아몬드 헤드 스테이트
모뉴먼트 곳곳에 위치한 트레일을 걸으며 풍광을 만끽하는 것도 특별한 경험이 된다.

**ENJOY**

하와이에서의 서핑은 꼭 한 번 배워볼 만한 스포츠! 기다란 보드판 위에 서서
파도를 타는 스포츠이다. 와이키키 비치의 파도는 일정한 편이어서 초보자도
도전해볼 만하다. 하나우마 베이에서 즐기는 스노클링은 절대 놓칠 수 없다. 어린
자녀를 동반한 가족여행객들에게는 깊은 해저를 구경하는 아틀란티스 서브마린
투어도 인기 있다. 로맨틱한 석양을 감상하는 스타 오브 호놀룰루 크루즈를
즐겨도 좋다. 매주 금요일 저녁 7시 45분에는 불꽃놀이 쇼가 진행된다.

**EAT**

다양한 메뉴를 즐길 수 있는 레스토랑이 많아 골라 먹는 재미가 있는 지역이다.
하와이안 전통 음식부터 럭셔리하게 즐기는 파인 레스토랑까지 선택의 폭이
넓다. 다른 지역에 비해 늦은 시간까지 오픈하는 레스토랑도 많다. 해변을
바라보며 즐기는 비치 바도 많아서 칵테일 한잔을 즐기기에도 좋다.

**BUY**

와이키키 비치 주변에 위치한 칼라카우아 애비뉴Kalakaua Ave를 중심으로
많은 쇼핑센터와 숍이 위치하고 있다. 미국 최대 크기의 야외 쇼핑몰인
알라 모아나 센터를 가도 좋다.

**SLEEP**

고급 리조트형 호텔부터 저렴한 민박까지 숙소가 다양하다. 와이키키 지역에서
차로 10분 정도 떨어져 있는 알라 모아나 지역의 호텔은 같은 등급 기준 가격대가
저렴한 편이다. 두 곳 모두 대중교통이 잘 되어 있어 관광 시 편리하다.

South Oahu

# South Oahu
# ONE FINE DAY

오아후의 하이라이트로 꼽히는 지역! 볼거리가 다양해서 새벽부터 꽉 채운 하루 일정을 계획할 수 있다. 와이키키 비치의 파도를 온몸으로 느끼고, 하와이 왕조의 흥망성쇠를 엿볼 수 있는 이올라니 궁전도 방문해보자. 대중교통을 이용해 운전 스트레스 없이 쉽게 다닐 수 있어서 더욱 좋다. 마무리는 화려하게 빛나는 노을 감상으로! 하와이의 대표 칵테일인 라바 플로 한잔하며 달콤하고 향기롭게!

자동차 15분 →

와이키키 비치 도보 10분, 하나우마 베이 자동차 30분 →

**05:30**
다이아몬드 헤드 스테이트 모뉴먼트 트레일 걷기

**07:45**
와이키키 지역으로 돌아와 아침 식사 즐기기 (추천! 에그즈 앤 띵스, 비치하우스, 오키즈)

**09:00**
와이키키 비치에서 서핑 강습 받기. 또는 하나우마 베이에서 스노클링 즐기기

↓ 자동차 15~30분

← 도보 5분

← 도보 2분

**15:00**
주청사 건물 구경하기

**14:30**
킹 카메하메하 동상 구경하기

**13:00**
이올라니 궁전 방문하기

↓ 도보 5분

스타 오브 호놀룰루까지 자동차 7분, 와이키키까지 자동차 45분 →

**15:30**
하와이 주립 아트 뮤지엄에서 예술 작품 감상하기

**16:45**
스타 오브 호놀룰루 탑승해 선셋 즐기기

or

**18:00**
석양 감상하면서 비치 바에서 칵테일 한잔의 여유 즐기기

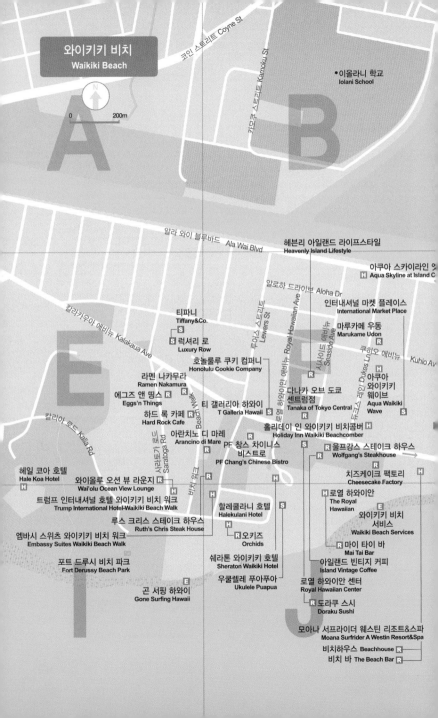

와이키키 비치
Waikiki Beach

N
0     200m

코인 스트리트 Coyne St

키모쿠 스트리트 Kamoku St

•이올라니 학교
Iolani School

A

B

알라 와이 블루바드 Ala Wai Blvd

헤븐리 아일랜드 라이프스타일
Heavenly Island Lifestyle

아쿠아 스카이라인 잇
Aqua Skyline at Island C

알로하 드라이브 Aloha Dr

로열 하와이안 애비뉴 Royal Hawaiian Ave

인터내셔널 마켓 플레이스
International Market Place

티파니
Tiffany&Co.

럭셔리 로
Luxury Row

호놀룰루 쿠키 컴퍼니
Honolulu Cookie Company

라멘 나카무라
Ramen Nakamura

에그즈 앤 띵스
Eggs'n Things

하드 록 카페
Hard Rock Cafe

루어스 스트리트
Lewers St

시사이드 애비뉴
Seaside Ave

쿠히오 애비뉴
Kuhio Av

마루카메 우동
Marukame Udon

아쿠아
와이키키
웨이브
Aqua Waikiki
Wave

다나카 오브 도쿄
센트럴점
Tanaka of Tokyo Central

티 갤러리아 하와이
T Galleria Hawaii

칼라카우아 애비뉴 Kalakaua Ave

아란치노 디 마레
Arancino di Mare

PF 창스 차이니스
비스트로
PF Chang's Chinese Bistro

홀리데이 인 와이키키 비치콤버
Holiday Inn Waikiki Beachcomber

울프강스 스테이크 하우스
Wolfgang's Steakhouse

칼리아 로드 Kalia Rd

헤일 코아 호텔
Hale Koa Hotel

와이올루 오션 뷰 라운지
Wai'olu Ocean View Lounge

트럼프 인터내셔널 호텔 와이키키 비치 워크
Trump International Hotel-Waikiki Beach Walk

루스 크리스 스테이크 하우스
Ruth's Chris Steak House

엠바시 스위츠 와이키키 비치 워크
Embassy Suites Waikiki Beach Walk

포트 드루시 비치 파크
Fort Derussy Beach Park

곤 서핑 하와이
Gone Surfing Hawaii

사라토가 로드
Saratoga Rd

할레쿨라니 호텔
Halekulani Hotel

오키즈
Orchids

쉐라톤 와이키키 호텔
Sheraton Waikiki Hotel

우쿨렐레 푸아푸아
Ukulele Puapua

치즈케이크 팩토리
Cheesecake Factory

로열 하와이안
The Royal
Hawaiian

와이키키 비치
서비스
Waikiki Beach Services

마이 타이 바
Mai Tai Bar

아일랜드 빈티지 커피
Island Vintage Coffee

로열 하와이안 센터
Royal Hawaiian Center

도라쿠 스시
Doraku Sushi

모아나 서프라이더 웨스틴 리조트&스파
Moana Surfrider A Westin Resort&Spa

비치하우스 Beachhouse

비치 바 The Beach Bar

레오나즈 베이커리 R
Leonard's Bakery

데이트 스트리트 Date St

오노 하와이안 푸드 R
Ono Hawaiian Foods

C

D

지피스 R
Zippy's

카파훌루 애비뉴 Kapahulu Ave

알라 와이 골프 코스 E
Ala Wai Golf Course

R

레인보우 드라이브 인
Rainbow Drive In

랜드 콜로니

알라 와이 블루바드 Ala Wai Blvd

카이울라니 애비뉴 Kaiulani Ave

나카 오브 도쿄 이스트점 R
naka of Tokyo East

G

H

아쿠아 밤부 와이키키
Aqua Bamboo Waikiki

알라모 렌터카 S
Alamo Renter Car

맥 24/7 바&레스토랑
MAC 24/7 Bar&Restaurant

무수비 카페 이야스메 R
Musubi Cafe Iyasume

H

S

킹스 빌리지 쇼핑 센터
The Kings Village Shopping Center

빅 오웨이브 서프 숍 E
Big Wave Dave Surf Shop

애스톤 와이키키 비치 타워
Aston Waikiki Beach Tower

키키 경찰서 H
ki Police Station

하얏트 리젠시 와이키키 비치 리조트&스파
Hyatt Regency Waikiki Beach Resort&Spa

H

아란치노 디 마레
Arancino di Mare

에그즈 앤 띵스 R
Eggs'n Things

치즈버거 인 파라다이스 R
Cheeseburger in Paradise

레몬 로드
Lemon Rd

R
H

퀸 카피올라니 호텔 H
Queen Kapiolani Hotel

푸알레일라니 아트리움 숍스 S
Pualeilani Atrium Shops

한스 헤더만 서프 스쿨
Hans Hedemann Surf School Waikik

듀크 카하나모쿠 동상
Duke Kahanamoku Statue

E

호쿨라니 베이크 숍 Hokulani Bake Shop

호놀룰루 동물원
Honolulu Zoo

와이키키 마법사 돌 The Wizard Stone of Waikiki

와이키키 비치 메리어트 리조트&스파
Waikiki Beach Merriott Resort&Spa

모서랏 애비뉴 Monsarrat Ave

L

와이키키 비치 Waikiki Beach

산세이 시푸드 레스토랑&스시 바
Sansei Seafood Restaurant&Sushi Bar

카피올라니 파크
Kapiolani Park

쉐라톤 프린세스 카이울라니
Sheraton Princess Kaiulani

칼라카우아 애비뉴 Kalakaua Ave

와이키키 수족관
Waikiki Aquarium

하우트리 라나이
Hau Tree Lanai

R

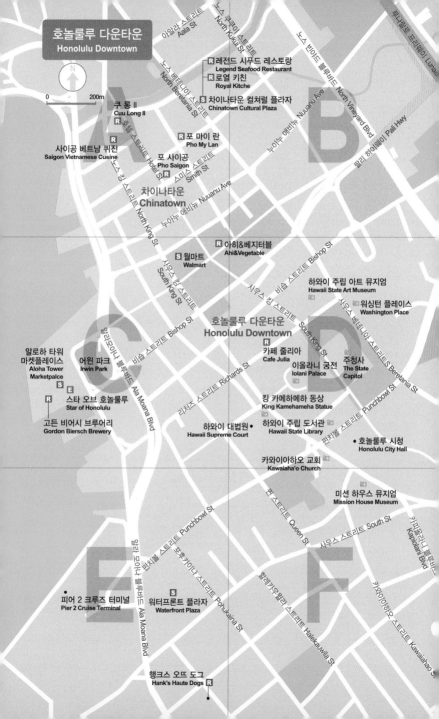

**SEE**

## | 와이키키 | Waikiki |

**두근두근! 오아후 대표 해변**
### 와이키키 비치 | Waikiki Beach

뽀얗고 부드러운 모래사장, 곳곳에 심어져 있는 야자수, 인공 방파제로 인해 적당히 넘실대는 파도 등이 인상적이다. 와이키키 비치는 와이키키 지역에 위치하고 있는 10개가 넘는 해변을 통칭하는 이름이다. 하나로 쭉 이어진 해변이지만 행정 구역별로 해변의 이름이 '쿠히오 비치Kuhio Beach', '퀸즈 서프 비치Queen's Surf Beach' 등 다 다르다. 365일 안전 요원이 상주하고 있어 안전하게 물놀이를 즐길 수 있다. 와이키키 비치를 끼고 유명 호텔들이 자리 잡고 있어서 수영복 차림으로 비치 타월 한 장 들고나와 해수욕을 즐길 수 있다.

해변을 따라 나 있는 칼라카우아 애비뉴Kalakaua Ave는 오아후에서 가장 분주하고 활기찬 거리이다. 각종 브랜드 숍, 레스토랑, 호텔, 편의점 등이 들어서 있어 쇼핑이나 식사 등을 쉽게 해결할 수 있다. 낮에는 푸른 바다를 만끽하는 수영과 햇살 아래 유유자적하며 일광욕을 즐기고, 오후에는 상점들을 돌아보며 쇼핑을 즐기고, 저녁에는 화려한 일몰과 반짝이는 달빛을 만끽하며 식사를 즐겨보자.

**Data** Map 141K
**Access** 와이키키 비치는 칼라카우아 애비뉴를 따라 위치. 더 버스 8, 19, 20, 23, 42번 이용 가능. 쿠히오 애비뉴Kuhio Ave+카이올라니 애비뉴Kaiulani Ave 하차, 와이키키 트롤리 블루, 그린, 핑크 라인 탑승 시 '듀크 카하나모쿠 동상' 하차 **Add** Kalakaua Ave&Kailani Ave, Honolulu

💬 |Theme|
## 좀 더 특별하게! 좀 더 색다르게!
## 와이키키 비치 즐기는 방법

*와이키키 비치에서 뒹굴뒹굴 일광욕을 즐기고, 시원한 바닷물에 몸을 던져 수영하는 것이*
*슬슬 지겨워진다면? 뭐 특별하고 재미난 것 없을까? 와이키키 비치의 즐길 거리를 소개한다.*

**짜릿짜릿한 느낌! 파도타기**
## 서핑 Surfing

서핑은 150~270cm 크기의 보드 위에 몸의 균형을 잡고 일어서서 밀려오는 파도를 타는 스포츠이다. 하와이는 '서핑의 메카'라고 불릴 정도로 다양한 서핑 스폿이 있다. 하와이 전 지역을 통틀어서 오아후의 와이키키 지역은 초보자가 서핑을 배우기에 가장 좋은 지역이다. 파도가 적당한 간격과 높이로 발생하기 때문이다. 와이키키 비치 쪽에 서핑 레슨 업체가 많고, 예약하지 않아도 레슨 참여가 가능하다. 다른 지역과 비교해 레슨비도 저렴하다.

대형 호텔 체인에서는 자체적으로 서핑 스쿨을 운영하는 경우도 많다. 2~6명이 함께 하는 단체 레슨의 경우 레슨비가 50~90달러 선이다. 장비는 레슨비에 포함되어 있다. 서핑 보드만 대여할 경우 3시간당 15~40달러로 업체마다 다르다.

**대표 서핑 스쿨**
업체마다 레슨 시간과 가격대가 다르다. 각 홈페이지에 자세하게 안내되어 있다.

**와이키키 비치 서비스**
Waikiki Beach Services
**Web** www.waikikibeach-services.com

**한스 헤더만 서프 스쿨**
Hans Hedemann Surf School Waikiki
**Web** www.hhsurf.com

**곤 서핑 하와이**
Gone Surfing Hawaii
**Web** www.gonesurfinghawaii.com

**빅 웨이브 데이브 서프 숍**
Big Wave Dave Surf Shop
**Web** www.bigwavedavesurf-co.com

## Tip 서핑이 부담스럽다면?

스탠드 업 패들과 부기 보딩을 추천한다. 스탠드 업 패들Stand Up Paddle은 두꺼운 보드 위에서 노를 저으면서 타는 스포츠이다. 서핑보다 비교적 간단하게 배울 수 있다. 서핑 레슨 업체 중에 스탠드 업 패들 레슨을 진행하는 곳도 많다. 부기 보딩Boogie Boarding은 킥판처럼

생긴 보드 위에 엎드려서 파도를 타는 스포츠이다. 서핑에 비해 초보자가 즐기기 쉬워서 따로 배우지 않아도 즐길 수 있다. 장비는 ABC 마트, 월마트 등에서 10~20달러 정도로 저렴하게 판매한다.

**Writer's Pick!**

와이키키 밤 하늘을 수놓는
## 힐튼 하와이안 빌리지 불꽃놀이 쇼
Hilton Hawaiian Village Fireworks Show

매주 금요일 힐튼 하와이안 빌리지의 수영장에서 불꽃놀이 쇼가
진행된다. 저녁 6~7시부터 전설적인 서퍼이자 올림픽 금메달 리
스트인 듀크 카하나모쿠를 기념하는 훌라춤 공연을 시작으로, 다
채로운 음악과 춤을 선보인다. 저녁 7시 45분~8시 사이에는 불
꽃놀이가 펼쳐진다. 펑펑 터지며 아름답게 와이키키 밤 하늘을 장
식하는 불꽃놀이 쇼가 특별하게 느껴진다. 와이키키 비치나 알라
모아나 센터의 마리포사, 와이올루 오션 뷰 라운지 등 멀리서도
보이지만 가까이에서 보면 확실히 더 화려하다.

© Daniel Ramirez

알리 타워Alii Towr에 있는 수영장 옆에 쇼 감상을 위한 좌석이 마련
되어 있다. 착석을 위해서는 1인당 20달러를 지불해야 하며, 마
이타이 펀치Mai Tai Punch 또는 무알코올 음료 한 잔이 포함되어 있
다. 호텔 투숙객이 아니더라도 이용이 가능하다.

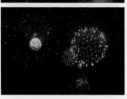

**Data** Map 139K
**Access** 더 버스 2, 8, 13, 19, 20 , 23 , 42 이용 가능. 카리아 로드Kalia Rd+파오아 플레이스
Paoa Pl 하차 후 도보 2분. 와이키키 트롤리 핑크 라인 탑승 시 '힐튼 하와이안 빌리지' 정류장 하차
**Add** 2005 Kalia Rd, Honolulu **Tel** 080-949-4321
**Open** 금 불꽃놀이 쇼 19:45 **Cost** 관람 무료, 수영장 옆 좌석은 20달러
**Web** www.hiltonhawaiianvillage.com/resort-experiences/entertainment-and-events

푸른빛 깊은 바닷속 대 탐험
## 아틀란티스 서브마린 투어 Atlantis Submarine Tour

바닷속 깊이 내려가 직접 그 속을 들여다보는 기분은 어떨까? 아
틀란티스 서브마린은 수심 30m까지 내려간 후 잠수함의 동그란
창을 통해 열대어, 산호초 등 바닷속 풍경을 구경하는 투어다. 운
이 좋으면 거북, 돌고래, 상어 등도 볼 수 있다.

수영을 못하는 어린아이를 동반한 여행자들에게 인기 있는 투어
이다. 투어 참여 가능 인원이 한정되어 있으므로 홈페이지를 통해
예약하는 것이 좋다. 총 1시간 30분 정도 소요되며, 투어 30분
전까지 선착장에 도착해야 한다. 힐튼 하와이안 빌리지 앞 선착
장에서 출발하는 셔틀 보트를 타고 10분 정도 가서 잠수함으로
갈아탄다.

© Roxanne Ready

**Data** Map 139K
**Access** 힐튼 하와이안 빌리지 앞 부두에서 출발. 더 버스 19, 20, 42번
이용 가능. 카리아 로드Kalia Rd+파오아 플레이스Paoa Pl 하차 후 도보
3분. 또는 쿠히오 애비뉴Kuhio Ave+나마하나 스트리트Namahana St 하차 후 도보 9분
**Add** 252 Paoa Place #297, Honolulu **Tel** 800-381-0237, 808-973-9811
**Open** 08:00~16:00 **Cost** 성인 105달러, 12세 이하 38달러, 성인+어린이 115달러
**Web** www.atlantisadventures.com

### Writer's Pick!

**찰칵! 와이키키 인기 촬영 스폿**

### 듀크 카하나모쿠 동상 Duke Kahanamoku Statue

듀크 카하나모쿠는 '인간 물고기'라는 별명이 있었을 정도로 뛰어난 기량을 자랑하던 하와이 출신 수영 선수다. 1920년 안트베르펜 올림픽에서 금메달을 획득하였다. 은퇴 후 하와이에 돌아와서 서핑을 전 세계에 알린 일등 공신으로 '현대 서핑의 아버지'라고 불리기도 한다. 와이키키 비치를 거닐 때 꽃목걸이인 레이를 걸고 있는 그의 동상 앞에서 사진 촬영을 하는 관광객을 자주 볼 수 있다. 동상 뒤편으로 아름다운 와이키키 비치가 있다.

**Data** Map 141K **Access** 하얏트 리젠시 와이키키 호텔 맞은편. 더 버스 2, 8, 42, 13, 19번 이용 가능. 쿠히오 애비뉴Kuhio Ave+카이올라니 애비뉴Kaiulani Ave 하차. 와이키키 트롤리 블루, 그린, 핑크 라인 탑승 시 '듀크 카하나모쿠 동상' 하차
**Add** 2424 Kalakaua Ave, Honolulu
**Web** www.gohawaii.com/islands/oahu/regions/honolulu/duke-kahanamoku-statue

**현지인에게 인기 만점 공원**

## 카피올라니 파크 Kapiolani Park

1876년에 만들어진 오아후에서 가장 큰 공원이자 가장 오래된 공원이다. 와이키키 지역의 동쪽 끝에 위치한다. 커다란 반얀트리(뽕나뭇과의 상록교목)가 곳곳에 있으며, 테니스장, 조깅 트레일 등이 잘 정비되어 있다. 또한 넓은 공터가 곳곳에 있어서 주민들의 피크닉, 축제의 장소로 자주 활용된다. 공원 내에 호놀룰루 동물원, 와이키키 아쿠아리움이 있어 함께 둘러보아도 좋겠다.

주차비가 비싼 편이라 현지 주민들은 호놀룰루 동물원의 주차장을 이용하거나 카피올라니 공원 주변 길가에 주차한다. 이 공원 끝에서 도로 하나만 건너면 와이키키 비치로 이어진다.

**Data** Map 141L
**Access** 호놀룰루 동물원 동쪽에 위치. 더 버스 2, 8, 13, 19, 20, 23, 42 이용 가능.
몬사랏 애비뉴Monsarrat Ave+카피올라니 파크Kapiolani Park 하차, 도보 5분. 와이키키 트롤리 그린 라인 탑승 시 '호놀룰루 동물원' 또는 '와이키키 수족관' 하차
**Add** 3840 Paki Ave, Honolulu
**Tel** 808-971-2510
**Web** www.to-hawaii.com/oahu/attractions/kapiolanipark.php

© Daniel Ramirez

**자연의 품에서 노니는 동물을 볼 수 있는**
## 호놀룰루 동물원 Honolulu Zoo

나무가 많은 호놀룰루 동물원은 자연 속에서 산책을 즐기는 듯한 느낌을 주는 곳이다.
시설 내의 울타리가 낮아 야생 동물을 비교적 가까이에서 보고 관찰할 수 있다. 날개 길
이만 무려 약 3m의 현존하는 새 중 가장 무겁다는 마라보 스토크Marabou Stock, 개미핥
기의 일종인 땅돼지Aardvark, 멸종 위기에 처한 하와이 거위 네네Nene, 커다란 귀가 특징
인 페넥 여우Fennec Fox, 기린, 얼룩말, 악어, 거북이, 홍학, 원숭이 등 다양한 동물을 볼 수 있다.
동물원 앞에 코인 주차장이 있다. 1시간에 1달러로 와이키키 지역에서 가장 저렴한 유료 주차장이다
(최대 4시간 이용 가능). 식사는 도시락을 준비해도 되고, 동물원 내 매점을 이용해도 된다.

**Data** Map 141L
**Access** 카피올라니 공원 내 위치. 더 버스 2, 8, 13, 19, 20, 23, 42번 이용 가능. 카파훌루 애비뉴Kapahulu
Ave+파키 애비뉴Paki Ave 하차, 도보 1분. 와이키키 트롤리 레드 라인 타고 '호놀룰루 동물원' 하차
**Add** 151 Kapahulu Ave, Honolulu **Tel** 808-971-7171 **Open** 09:00~16:30 **Close** 크리스마스
**Cost** 13세 이상 19달러, 3~12세 11달러 **Web** www.honoluluzoo.org

**초자연적인 힘이 깃들었다는**
## 와이키키 마법사 돌 The Wizard Stone of Waikiki

흥미로운 전설이 있는 4개의 바위이다. 겉으로는 별
거 없어 보이지만 하와이에서는 신비한 신의 영역인
마나가 깃들어 있다고 전해진다. 16세기 경 타이티
에서 온 치유자들이 와이키키에 머무르면서 주민들
을 치료했다고 한다. 몇 년 후, 그들은 고향으로 돌
아갈 준비를 하면서 주민들에게 4개의 바위 돌무더
기를 만들라고 제안했다. 그리고 자신들의 치유의
초능력을 이 돌에 봉인했다고 한다. 하와이 왕족들
도 초자연적인 기운을 받기 위해 들렀다고 전해진
다. 믿거나 말거나 잠시 들러 구경해봐도 좋겠다.

**Data** Map 141K
**Access** 듀크 카하나모쿠 동상과 와이키키 파출소 옆. 와이키키 트롤리 블루, 그린, 핑크 라인 탑승 시 '듀크
카하나모쿠 동상' 하차 **Add** 2405 Kalakaua Ave, Honolulu

### 해양 생물을 좀 더 가까이!
## 와이키키 수족관 Waikiki Aquarium

1904년에 오픈한 이곳은 미국에서 두 번째로 오래된 수족관이다. 규모는 작지만 하와이에서 자라는 해양 생물들을 가까이에서 볼 수 있다. 해파리, 열대어, 산호초, 상어, 몽크실 등 다양한 해양 동물을 만날 수 있다. 도보로 10분 거리에 호놀룰루 동물원도 있으니 일정을 계획할 때 엮어서 가도 좋겠다.

**Data** Map 141L **Access** 카피올라니 파크 내 위치. 더 버스 8번, 19 , 20, 42 번 이용 가능. 칼라카우아 애비뉴K alakaua Ave+와이키키 수족관Waikiki Aquarium 하차, 도보 1분. 와이키키 트롤리 레드 라인 타고 '와이키키 수족관' 하차 **Add** 2777 Kalakaua Ave, Honolulu **Tel** 808-923-9741 **Open** 09:00~17:00 (마지막 입장 16:30) **Cost** 13세 이상 12달러, 4~12세 5달러, 65세 이상 5달러, 3세 이하 무료 **Web** www.waikikiaquarium.org

### 안전한 물놀이를 즐기기 좋은
## 힐튼 하와이안 빌리지 비치&라군 Hilton Hawaiian Village Beach&Lagoon

힐튼 하와이안 빌리지 리조트 내에 위치하고 있는 해변과 인공 모래사장. 리조트 투숙객이 아닌 일반인도 이용이 가능하다. 라군Lagoon은 돌담으로 바닷물을 막은 후 일정한 깊이에 잔잔한 물살이 있는 거대한 인공 해변을 말한다. 깊이가 얕은 편이고, 파도가 거의 없어서 안전하게 물놀이를 즐길 수 있다.
서핑 보드 위에 서서 노를 저어가며 즐기는 스탠드 업 패들, 카약을 타기에도 제격. 라군이 만들어지는 과정에서 유입된 작은 물고기들이 살고 있다. 라군 한쪽에 대여소가 위치하고 있어서 스텐드업 패들 보드, 카약, 스노클링 장비, 비치 의자, 파라솔 등 유료 대여가 가능하다.

**Data** Map 139K **Access** 더 버스 8, 19, 42번 이용 가능. 카리아 로드Kalia Rd+파오아 플레이스Paoa Pl 하차, 도보 2분. 칼리아 로드Kalia Rd+마루히아 스트리트Maluhia St 하차, 도보 2분. 와이키키 트롤리 핑크 라인 탑승 시 '힐튼 하와이안 빌리지' 정류장 하차 **Add** 2005 Kalia Rd, Honolulu **Web** www.hiltonhawaiianvillage.com/resort-experiences/beach-and-lagoon

© Bill Ward

© Hilton Hawaiian Village

## | 알라 모아나 Ala Moana |

**Writer's Pick!**

현지인이 더 사랑하는 해변
### 알라 모아나 비치 파크 Ala Moana Beach Park

알라 모아나는 하와이어로 '바다로 가는 길'이라는 뜻이다. 암초가 있는 지역을 인공적으로 개간하여 방파제 안쪽은 비교적 물이 잔잔하게 고여 있다. 어린이들의 수영 장소로 안성맞춤이다. 백사장이 넓고, 와이키키 지역의 해변처럼 번잡하지 않다. 화장실, 샤워 시설, 피크닉 테이블 등이 잘 갖춰져 있다. 주차 공간도 넓다.

아름다운 주변 풍경을 배경으로 삼아서 웨딩 사진을 찍는 커플들의 모습을 볼 수 있다. 알라 모아나 쇼핑센터 바로 건너편에 있다. 가는 길이면 잠시 들러서 풍경을 감상해보자.

**Data** Map 139C
**Access** 알라 모아나 센터 건너편에 위치. 더 버스 9, 13, 19, 20, 42번 이용 가능. 알라 모아나 블루바드 Ala Moana Blvd+알라 모아나 센터 Ala Moana Center 하차, 도보 3분. 와이키키 트롤리 핑크, 레드 라인 탑승 시 '알라 모아나 센터' 하차, 도보 3분
**Add** Ala Moana Beach Park, Honolulu
**Web** www.to-hawaii.com/ oahu/beaches/ala-moana-beach-park.php

## | 호놀룰루 다운타운 Honolulu Down town |

**Writer's Pick!**

하와이안의 존경을 한 몸에 받는
### 킹 카메하메하 동상 King Kamehameha Statue

카메하메하 1세는 지금의 모습으로 하와이를 통일한 국왕이다. 카메하메하 탄생일인 6월 11일은 하와이의 공휴일이다. 매년 이 날에는 동상을 꽃목걸이인 레이Lei 화환으로 꾸미고, 하와이 전통 복장으로 퍼레이드가 진행되는 등 이벤트가 펼쳐진다.

왼손에는 평화를 상징하는 금색 투구와 가운을 걸친 채 창을 들고, 오른손은 앞으로 쭉 뻗고 있는 모습이 인상적이다. 국민들에게 자신이 이룩한 평화와 질서를 받아들이라는 표현이라고 한다. 사진 촬영하는 관광객들로 늘 북적인다.

**Data** Map 142D
**Access** 호놀룰루 시내 중심지에 위치, 이올라니 궁전에서 도보 3분. 와이키키 트롤리 레드 라인 탑승 시 '킹 카메하메하 동상/이올라니 궁전' 하차, 도보 3분 **Add** 417 South King St, Honolulu

로맨틱한 분위기의 선셋을 즐기는
## 스타 오브 호놀룰루 Star of Honolulu

오아후의 대표 디너 크루즈. 유람선은 1,500명을 수용 가능한 4층 구조로 각 층별마다 등급이 다르다. 1스타, 3스타, 5스타로 나눠져 있고, 5스타가 가장 등급이 높다. 등급에 따라 메뉴와 공연 구성이 다르다. 크루즈 탑승 시 입구에서 댄서들이 훌라춤을 추며 반겨준다. 크루즈는 2시간 45분 정도 진행된다.

자리를 안내받은 후 식사와 공연을 즐기면 된다. 식사 후 갑판에서 즐기는 선셋은 정말 특별하다. 알로하 타워 마켓 플레이스 앞 피어 8 선착장에서 출발한다. 와이키키 지역에서 선착장까지 40분 정도 걸리지만 교통체증을 감안하여 여유 있게 도착하는 것이 좋다.

**Data** Map 142C
**Access** 더 버스 2번 칼라카우아 애비뉴Kalakaua Ave+사우스 킹 스트리트S King St 하차, 도보 1분. 와이키키 트롤리 레드 라인 탑승 시 '알로하 타워 마켓 플레이스' 하차 **Add** 1540 South King St, Honolulu **Tel** 808-983-7827 **Open** 체크인 17:00, 출항 17:30 **Cost** 선셋 디너&쇼 성인 115달러, 어린이 69달러, 3스타 선셋 디너&쇼 성인 151달러, 어린이 91달러 **Web** www.starofhonolulu.com

공원 같은 분위기의
## 국립 태평양 기념 묘지

National Memorial Cemetery of the Pacific

**Data** Map 135K
**Access** 더 버스 15번 푸오와이나 드라이브Puowaina Dr+후쿠이 스트리트Hookui St 하차, 도보 5분
**Add** 2177 Puowaina Dr, Honolulu
**Tel** 808-532-3720
**Open** 9/30~3/1 08:00~17:30, 3/2~9/2 08:00~18:30
**Cost** 무료
**Web** www.cem.va.gov/cems/nchp/nmcp.asp

오아후의 두 번째 화산 활동 시기인 10만여 년 전 생성된 펀치볼 Punchbowl 분화구에 위치하고 있는 국립 태평양 기념 묘지는 1949년에 건설되었다. 제1·2차 세계대전, 한국 전쟁, 베트남 전쟁 등에서 전사한 군인들의 유해가 잠들어 있다. 펀치볼은 하와이 이름으로 푸오와이나Puowaina이며, 이는 '희생의 언덕'을 의미한다.

계단 위로 올라가면 태평양 전쟁 관련 기념 자료와 거대한 여인상이 있다. 전망대에서는 호놀룰루 시내의 전경이 내려다보인다. 군인에 대한 존경심이 강한 미국인들이 진주만Pearl Harbor과 함께 많이 찾는 곳이다.

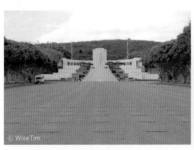

**Writer's Pick!**

하와이 왕조의 삶을 느껴보는
### 이올라니 궁전 Iolani Palace

1882년, 하와이 7대 왕인 칼라카우아Kalakaua에 의해 세워진 궁전이다. 미국에 있는 유일한 궁전으로 하와이의 마지막 왕이었던 릴리우오칼라니 여왕Liliuokalani이 퇴위 때까지 이곳에 거주하였다. '이오Io'는 다른 새들보다 높이 나는 새인 '매'를 뜻하고, '라니Lani'는 '하늘'과 '천국'을 뜻한다. 즉, 이올라니는 '하늘의 매'로 왕족을 뜻한다. 궁전 자체가 화려하고 고급스럽게 지어져서 하와이 왕조의 몰락 이유를 이 건물 건축 시 사용된 엄청난 자금 때문이라는 설이 있을 정도다. 당시로써는 최첨단의 기술이었던 온수 시설과 수세식 화장실도 완비되어 있는 점이 놀랍다. 한때는 방치되었다가 1978년 대대적인 보수 작업을 통해 일반인에게 공개되었다.

하와이 왕조 흥망성쇠의 역사를 볼 수 있는 다양한 전시물이 있다. 1층은 왕조의 공식적인 행사가 있었던 곳, 2층은 왕족의 사적 생활 영역으로 사용되었다. 궁전 전체를 돌아보는 입장권 종류는 두 가지로 나뉜다. 담당자의 안내를 받아 입장한 후 오디오 안내기기를 제공받아 자유롭게 돌아보는 오디오 셀프 투어, 가이드의 자세한 설명을 들을 수 있는 가이드 투어가 있다. 가이드 투어는 정해진 인원까지만 참여할 수 있으므로 원하는 시간대가 있다면 전화로 예약하는 것이 좋다. 가이드 투어는 주로 오전에만 진행된다는 점도 참고하자. 각 투어는 매 10~15분마다 시작된다. 매주 금요일 정오부터 1시간 동안 궁전 앞 정원에서 로열 하와이안 밴드의 무료 공연이 열린다. 하와이 퀼트 만들기, 훌라 체험하기 등 문화 체험 클래스도 수시로 열리니 홈페이지를 통해 일정을 확인하자.

**Data** **Map** 142D **Access** 와이키키에서 차로 15분 정도 소요. 더 버스 2, 8, 13번 이용 가능. 사우스 베테니아 스트리S Beretania St+펀치볼 스트리트Punchbowl St 하차, 도보 4분. 알라케아 스트리트Alakea St+사우스 킹 스트리트S King St 하차, 도보 4분. 와이키키 트롤리 레드 라인 탑승 시 '킹 카메하메하 동상/이올라니 궁전' 하차 **Add** 364 South King Street, Honolulu **Tel** 808-522-0822 **Open** 궁전 월~토 09:00~16:00, 가이드 투어 화~목 09:00~10:00, 금·토 09:00~11:15, 오디오 셀프 투어 월 09:00~16:00, 화~목 10:30~16:00, 금·토 12:00~16:00 **Cost** 가이드 투어 13세 이상 27달러, 5~12세 6달러, 4세 이하 무료, 오디오 셀프 투어 13세 이상 20달러, 5~12세 16달러, 4세 이하 무료, 베이스먼트 갤러리 전시관 13세 이상 5달러, 5~12세 3달러, 4세 이하 무료 **Web** www.iolanipalace.org

### 하와이 아티스트들의 작품이 있는
## 하와이 주립 아트 뮤지엄 Hawaii State Art Museum

초록색 잔디가 융단처럼 깔린 정원과 하얀 건물의 조화가 분위기 있다. 이곳에서는 지역 예술가들의 다양한 작품 활동을 감상할 수 있다. 2층부터 미술관이 있고, 1층 뒤뜰에는 조각 작품이 있다. 매달 첫 번째 금요일 저녁 6시에서 9시까지 정원에서 공연이 열린다. 이올라니 궁전과 가까워서 관광 중에 부담 없이 잠시 들러볼 만하다. 하와이 특유의 감성이 짙게 느껴지는 예술 작품을 감상하고 싶을 때 추천한다.

**Data** Map 142D
**Access** 이올라니 궁전에서 도보 3분 . 더 버스 2, 13번 타고 사우스 호텔 스트리트S Hotel St& 알라케아 스트리트Alakea St 정류장 하차, 도보 2분
**Add** 250 South Hotel St, Honolulu **Tel** 808-586-0900
**Open** 화~토 10:00~16:00
**Cost** 무료
**Web** www.sfca.hawaii.gov

### 하와이의 최초인 유서 깊은 교회
## 카와이아하오 교회 Kawaiaha'o Church

1836년 기독교로 개종했던 섭정 여왕 카아후마누Ka'ahumanu가 지은 하와이 최초의 교회이다. 건축 재료로는 산호초를 직접 손으로 쪼아내어 만든 연분홍색 산호 조각과 코올라우 산에서 채집한 지역 목재가 사용되었다. 하와이 왕족의 예배 장소로, 1942년에는 카메하메하 4세의 대관식과 엠마 여왕과의 결혼식이 열렸다.
교회 한쪽에는 루나릴로Lunalilo 왕의 무덤이 자리 잡고 있다. 그는 평생 미혼으로 살며 어려운 사람들을 돕고, 그들에게 유산을 남겼다. 현재까지도 많은 하와이 시민들의 존경받는 왕이다. 국민과 함께 묻어달라고 유언을 남겨 왕릉이 아닌 이곳에 안장되었다.

**Data** Map 142D
**Access** 이올라니 궁전에서 도보 4분. 더 버스 2, 13, 20번 이용 가능. 카피올라니 블루바드Kapiolani Blvd +사우스 스트리트South St 하차, 도보 5분. 또는 베테니아 스트리트 S Beretania St+펀치볼 스트리트 Punchbowl St 하차, 도보 5분
**Add** 957 Punchbowl St, Honolulu
**Tel** 808-522-1333
**Open** 일요일 예배 09:00, 외부는 매일 개방 **Cost** 무료
**Web** www.kawaiahao.org

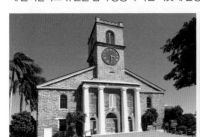

하와이를 상징하는 건축물
## 주청사 The State Capitol

주청사는 건물 자체가 하와이주를 상징하는 의미를 담고 있다. 건물을 지탱하고 있는 8개의 큰 기둥은 하와이 제도의 주요한 8개의 섬을 의미한다. 건물 주변을 둘러싸고 있는 물은 태평양, 기둥 옆에 놓인 작은 돌들은 하와이의 나머지 크고 작은 섬을 뜻한다. 건물 안쪽은 중앙 부분이 뻥 뚫려 있어서 바람이 통하고, 하늘이 보이는 특이한 구조이다.

건물 앞에는 하와이 주민들에게 은인으로 여겨지는 다미안Damien 신부의 동상이 있다. 과거 하와이에 수많은 외부인이 들어오면서 전염병이 돌았는데, 다이안 신부가 16년이나 전염병 환자 치료에 힘썼다. 건물 반대편에는 하와이의 마지막 여왕이었던 릴리오우칼라니 여왕의 동상이 있는데, 자신이 작사·작곡한 하와이의 대표 명곡인 알로하 오헤Aloha Oe 악보를 들고 서 있다. 사랑하는 사람과의 이별을 그린 노래로, 자신이 통치하던 나라가 망하자 그 슬픈 마음을 담아 지었다고 한다.

**Data** Map 142D **Access** 이올라니 궁전에서 도보 5~10분. 더 버스 2, 13번 이용 시 사우스 베테니아 스트리트S Beretania St+펀치볼 스트리트Punchbowl St 하차, 도보 1분. 와이키키 트롤리 레드 라인 탑승 시 '주청사' 하차 **Add** 415 South Beretania St, Honolulu **Tel** 808-586-8435 **Open** 월~금 07:45~16:30 **Cost** 무료 **Web** www.capitol.hawaii.gov

© Daniel Ramirez

하와이 도서관 탐방하기
## 하와이 주립 도서관 Hawaii State Library

하와이 곳곳에 위치하고 있는 주립 도서관 중 가장 규모가 크며 가장 많은 한국 도서를 비치하고 있다. 하와이 주민은 무료로 책 대여가 가능하나 하와이 현지 주소가 없는 관광객의 경우 여권을 지참하고 10달러를 지불하면 3개월간 사용 가능한 도서 카드를 만들 수 있다. 간단한 등록 절차만 거치면 인터넷 사용이 가능한 컴퓨터 이용도 무료로 가능하다.

**Data** Map 142D
**Access** 이올라니 궁전에서 도보 4분. 더 버스 2번, 13, 19번 이용 가능. 사우스 베테니아 스트리트 S Beretania St+펀치볼 스트리트 Punchbowl St 하차, 도보 4분. 와이키키 트롤리 레드 라인 탑승 시 '킹 카메하메하 동상/이올라니 궁전' 하차, 도보 4분
**Add** 478 South King St, Honolulu
**Tel** 808-586-3500
**Open** 월·수 10:00~17:00, 화·금·토 09:00~17:00, 목 09:00~20:00
**Cost** 무료
**Web** www.librarieshawaii.org

**하와이에서 가장 오래된 건물**
## 미션 하우스 뮤지엄 Mission House Museum

3개의 목조 건물을 돌아보는 박물관이다. 미 대륙에서 바다를 건너 하와이에 온 선교사들의 삶을 엿볼 수 있는 가구, 퀼트, 도구, 종이 등이 전시되어 있다. 당시 선교사들은 현지어로 성경을 번역하는 것이 가장 효과적으로 하나님의 메시지를 전하는 방법이라고 생각했고, 그 결과 하와이어의 문자화에 큰 공헌을 했다.

가이드 투어는 오전 11시부터 오후 3시까지 매시 정각에 진행된다. 성경을 인쇄하던 기계를 포함하여 근대 하와이의 역사와 문화에 대한 이해를 돕는 전시물이 있다. 노천카페에서 브런치나 커피도 즐길 수 있다. 박물관 1층에 위치한 기념품 숍에서는 아기자기한 소품, 액세서리 등을 판매한다.

**Data** Map 142F
**Access** 이올라니 궁전에서 도보 6분. 더 버스 2, 13, 42번 이용 가능. 카피올라니 블루바드Kapiolani Blvd+사우스 스트리트South St 하차, 도보 2분. 사우스 스트리트South St+카와이아호아 스트리트Kawaiahao St 하차, 도보 2분
**Add** 553 South King St, Honolulu
**Tel** 808-447-3910
**Open** 화~토 10:00~16:00(주요 공휴일 휴무) **Cost** 성인 10달러, 65세 이상 8달러, 6세 이상~대학생 6달러
**Web** www.missionhouses.org

**예술을 사랑한다면 꼭 가보자**
## 호놀룰루 뮤지엄 오브 아트 Honolulu Museum of Art

3만 8천여 점의 예술품을 소장하고 있는 하와이 최대 규모의 미술관. 한국, 중국, 일본 등 아시아 예술품은 물론 중세, 르네상스 시대 작품, 피카소, 고흐, 모네 등 이름만 들어도 알 수 있는 20세기 작가들의 작품과 현대 작품까지 다양하게 감상할 수 있다. 매주 화요일 오전 10시부터 12시까지는 한국어 가이드 투어도 진행된다. 투어에 대한 추가 요금은 없다.

미술관 내 카페 파빌리온Pavillion에서 점심 또는 티 타임을 즐기는 것도 추천한다. 이곳 뮤지엄 입장권이 있으면 당일에 한하여 호놀룰루 뮤지엄 오브 아트 스팰딩 하우스도 무료입장이 가능하다. 독립영화 상영, 칵테일 파티 등의 이벤트가 진행되니 홈페이지를 참고하자.

**Data** Map 135K
**Access** 더 버스 2번 탑승 후 사우스 버테니아 스트리트S Beretania St&워드 애비뉴Ward Ave 하차 후 도보 1분. 와이키키 트롤리 레드 라인 탑승 시 '호놀룰루 뮤지엄 오브 아트' 하차, 도보 1분 **Add** 900 South Beretania St, Honolulu
**Tel** 808-532-8700
**Open** 화~일 10:00~16:30
**Cost** 성인 10달러, 18세 이하 무료(매월 첫 번째 수요일은 무료)
**Web** www.honolulumuseum.org

현대 미술을 제대로 즐기는

## 호놀룰루 뮤지엄 오브 아트 스폴딩 하우스
### Honolulu Museum of Art Spalding House

현지인도 잘 모를 정도로 조용한 장소에 숨어 있는 아담한 규모의
현대 미술관. 1920년 일본 건축가인 이나가키Inagaki가 설계한 정
원은 고즈넉한 분위기로, 사색을 즐기기 좋다. 6개의 전시관에서 열
리는 전시는 시즌마다 바뀌지만 주로 현대 미술 작품이 많다.
전시 관람 후 뮤지엄 내 카페에 들러서 샌드위치, 쿠키, 케이크 등의
스낵을 즐기는 것도 추천한다. 갤러리와 정원 투어가 오후 1시에 진
행이 된다. 전시를 관람하지 않고, 카페와 정원만 이용할 예정이라
면 입장권을 사지 않아도 된다. 이곳 입장권이 있으면 당일에 한하여
호놀룰루 뮤지엄 오브 아트 무료입장이 가능하다. 무료로 이용 가능
한 주차장이 있다.

 Map 135K
**Access** 더 버스 2, 3, 13번을 타고
알라파이 트랜짓 센터Alapai Transit
Center 하차, 15번으로 환승
후 모트 스미스 드라이브Mott-
Smith Dr+마키키 헤이츠 드라이브
Makiki Heights Dr 하차, 도보 1분
**Add** 2411 Makiki Heights Dr,
Honolulu **Tel** 808-532-8700
**Open** 화~토 10:00~16:30,
일 12:00~16:00
**Cost** 성인 10달러, 17세 이하 무료
**Web** www.honolulumuseum.
org/11981-spalding_house

---

**Writer's Pick!**

환상적인 전망을 자랑

## 알로하 타워 마켓플레이스
### Aloha Tower Marketpalce

1926년에 지은 건물이다. 타워에 내장된 있는 커다란 벽시계는 건
축 당시 미국에서 가장 큰 시계였다. 아날로그 방식의 초침이 층수
를 알려주는 엘리베이터를 타고 맨 꼭대기 층 전망대까지 올라가자.
360°로 푸른 바다와 호놀룰루 시내가 내려다보인다.
이곳은 1994년까지 등대 역할을 하다가 현재는 상업지구로 이용되
고 있다. 바닷가 쪽으로는 레스토랑들이 있다. 디너쇼 유람선으로
유명한 스타 오브 호놀룰루Star of Honolulu도 바로 옆에서 출발한다.

 Map 142C
**Access** 와이키키에서 차로 10분 정도
소요. 더 버스 2번 칼라카우아 애비뉴
Kalakaua Ave+사우스 킹 스트리트
S King St 하차, 도보 1분. 와이키키
트롤리 레드 라인 탑승 시 '알로하 타워
마켓 플레이스' 하차
**Add** 1 Aloha Tower Dr, Honolulu
**Tel** 808-544-1453 **Open** 09:30~
17:00(레스토랑 10:00~02:00)
**Cost** 전망대 무료
**Web** www.alohatower.com

© Danny Luong

**이국적인 분위기의 하와이 속 아시아!**
## 차이나타운 China Town

하와이 속 동양의 정취를 느낄 수 있는 차이나타운. 명칭은 차이나타운이지만 중국뿐 아니라 베트남, 라오스, 필리핀, 일본, 한국 등에서 온 이민자들이 운영하는 숍, 레스토랑, 보석상, 갤러리 등이 있다. 위치는 호놀룰루 다운타운을 구경할 때 잠깐 둘러보기 좋다. 이 지역의 메인 길인 호텔 스트리트Hotel St를 중심으로 보면 좋다. 재래시장이 잘 발달한 지역으로 저렴하고 신선한 식자재를 구매할 수 있다. 마우나케아 마켓 플레이스Maunakea Market Place, 케카우리케 몰Kekaulike Mall, 오아후 마켓Oahu Market 등에서 과일과 간식류 등을 살 수 있다. 주말 오전에 방문하는 것이 가장 볼거리가 많다.

밤에는 우범지대로 변하기 때문에 혼자라면 밤거리는 방문을 피하도록 하자. 딤섬이 먹고 싶다면 레전드 시푸드 레스토랑Legend Seafood Restaurant, 로열 키친Royal Kitchen으로 가보자. 두 곳 모두 차이나타운 컬처럴 플라자Chinatown Cultural Plaza(**Add** 100 N Beretania St, Honolulu)에 있다.

**Data** Map 142A **Access** 이올라니 궁전에서 도보 10분. 더 버스 2, 13번 노스 호텔 스트리트N Hotel St+스미스 스트리트Smith St 하차, 도보 1분. 19, 42번 탑승 시 노스 베테니아 스트리트N Beretania St+스미스 스트리트Smith St 하차, 도보 3분. 와이키키 트롤리 레드 라인 탑승 시 '차이나타운' 하차 **Add** 43 North Hotel St, Honolulu

**우아한 빅토리아 왕조 분위기의**
## 퀸 엠마 여름 궁전 Queen Emma Summer Palace

1857년부터 1885년까지 카메하메하 4세의 왕비인 엠마와 그의 가족이 여름 별장으로 사용하던 저택이다. 내부에는 왕비가 사용하던 보석, 잡화, 도기, 골동품, 가구, 기념품 등이 전시되어 있다. 당시 왕정의 생활 양식을 볼 수 있는 박물관이다. 현재는 국가 사적지로 지정되어 일반에게 공개되고 있다. 아름다운 정원 산책도 놓치지 말자. 누우아누 팔리 전망대Nu'uanu Pali Lookout를 들르는 식으로 일정을 계획하면 좋다.

© Daughters of Hawai'i

**Data** Map 135K
**Access** 와이키키 지역에서 차로 25분 소요. 더 버스 55, 57A, 65번 타고 팔리 하이웨이Pali Hwy+퀸 엠마 서머 팰러스Queen Emma Summer Palace 하차, 도보 1분 **Add** 2913 Pali Hwy, Honolulu **Tel** 808-595-6291 **Open** 09:00~16:00(주요 공휴일 휴관) **Cost** 성인 10달러, 65세 이상 8달러, 17세 이하 1달러 **Web** www.daughtersofhawaii.org

© Ray Smith

아이들과 온 여행자에게 강추
## 베르니스 파우아히 비숍 뮤지엄
### The Bernice Pauahi Bishop Museum

하와이 최대 규모의 박물관으로 1899년 찰스 비숍이 하와이 최후의 왕녀이자 자신의 아내였던 버니스 파우아히 비숍Bernice Pauahi Bishop 공주를 추모하기 위해 지었다. 왕가의 기품이 배어 있는 물품과 하와이 특유의 공예품, 폴리네시안 문화를 엿볼 수 있는 문헌, 유물들이 전시되어 있다. 과학에 관심 많은 어린이들이 즐겁게 즐길 수 있는 사이언스 어드벤처 센터, 천문관 등의 전시관도 흥미롭다. 일정이 여유롭다면 한 번쯤 방문해볼 만하다.

**Data** Map 135K
**Access** 와이키키 지역에서 차로 25분 소요. 더 버스 2번 스쿨 스트리트 School St+카피라마 스트리트 Kapalama St 하차, 도보 2분
**Add** 1525 Bernice St, Honolulu
**Tel** 808-847-3511 **Open** 09:00~17:00 **Close** 추수감사절, 크리스마스
**Cost** 성인 24.95달러, 65세 이상 21.95달러, 4~12세 16.95달러, 3세 이하 무료
**Web** www.bishopmuseum.org

싱그러움이 물씬 느껴지는 곳
## 모아나루아 가든 Moanalua Garden

몽키 팟Monkey Pot 나무들이 있는 정원이다. 넓게 뻗은 가지 모습 때문에 나무들은 우산 혹은 초코송이 과자를 닮은 듯하다. 100년이 넘는 수령을 자랑하는 나무들이 줄지어 있다. 본래 나무가 크면, 그 아래의 풀들은 시들기 마련인데, 몽키 팟 나무는 잎에서 질소가 뿜어져 나와 풀들을 더 잘 자라게 하는 비료 역할을 한다.

일본의 대기업인 히타치가 후원하는 정원으로, 하타치사는 이 나무의 이미지를 독점적으로 사용하고 일정액을 후원한다. 일본 단체 관광객들에게는 필수 코스로 자리 잡았다. 1850년 킹하메하메하 5세의 별장이 있었던 지역이기도 하다. 하와이 현지인이 피크닉을 즐기러 오는 곳으로 유명하다. 대중교통으로 가기에는 불편한 편이다.

**Data** Map 135K
**Access** 와이키키 지역에서 차로 20분 소요. 더 버스 3번 키코와에나 스트리트 Kikowaena St+아후아 스트리트 Ahua St 하차, 도보 7분. 43번 카우아 스트리트Kaua St+알라 마하모에 스트리트Ala Mahamoe St 하차, 도보 11분 **Add** 2850 Moanalua Rd, Honolulu
**Tel** 808-834-8612
**Open** 07:30~일몰 30분 전
**Cost** 3달러, 12세 이하 무료
**Web** www.moanalua-ardens. com

© nekotank

## | 호놀룰루 Honolulu |

로맨틱한 분위기의 전망 좋은 곳

### 푸우 우알라카아 주립공원
Puu Ualakaa State Park

꼬불꼬불한 커브 길을 따라 올라가면 나오는 공원이다. 공원 입구를 지나 2분 정도 안쪽으로 들어가면 도로 끝에 주차장과 전망대가 나온다. 산림욕을 즐길 수 있는 트레일 코스도 잘 되어 있다. 전망대에서 내려다보는 다이아몬드 헤드, 알라 모아나 다운타운, 와이키키 지역의 풍경이 아름답다. 특히 일몰 때에는 더욱 환상적인 풍경을 감상할 수 있다. 이곳에서 일몰을 감상했다면 탄탈루스 언덕에서 반짝이는 야경을 볼 차례! 현지인들이 데이트 코스로도 즐겨 찾는다. 주말보다는 평일에 가는 것이 낫다.

대중교통으로는 접근이 어려워 렌터카 또는 투어 업체를 이용해야 한다. '탄탈루스 야경투어' 투어 상품을 제공하고 있는 한인 여행사(가자하와이 www.gajahawaii.com)를 이용하면 된다.

**Data** Map 135K
**Access** 마키키 스트리트 Makiki St를 따라 가다가 라운드 톱 드라이브를 따라 올라가면 된다. 와이키키 지역에서 차로 15~20분
**Add** 2760 Round Top Dr, Honolulu **Open** 4/1~9월 첫째 주 월요일 07:00~19:45, 9월 첫째 주 화요일~3/31 07:00~18:45 **Web** www.to-hawaii.com/oahu/attractions/puuualakaastatepark.phppuuualakaastatepark.php

© CN2

**Tip** 반짝반짝 야경이 빛나는 탄탈루스 Tantalus 언덕

'탄탈루스 언덕 야경'으로 소개되는 지역은 푸우 우알라카아 주립공원을 오를 때 이용되는 도로의 갓길 주차장에서 보는 야경을 말한다. 주립공원은 보통 저녁 6시 45분에서 7시 45분 사이에 문을 닫으므로 퇴장해야 한다. 하지만 커브 도로 곳곳에 차량을 세울 수 있어 환상적인 야경을 볼 수 있다. 라운드 톱 드라이브 Round Top Dr를 올라가다 보면 전망 좋은 갓길에 차량이 많이 주차되어 있다.

열대 우림의 신비로움
## 해롤드 L. 라이언 수목원 Harold L. Lyon Arboretum

하와이 주립대에서 관리하는 수목원이다. 열대 기후에서 자라는 거대한 나무와 이색적인 빛깔을 뽐내는 열대 화초, 대형 고사리 등의 식물을 볼 수 있다. 모든 방문자는 비지터 센터에 들러서 해당 설문지에 방문 정보를 기재해야 한다. 이곳에서 수목원 지도도 챙기자.
여러 개의 트레일 코스가 있으므로 지도를 참고하자. 어떤 코스를 선택해도 1~2시간 정도면 출발했던 장소로 돌아올 수 있다. 가이드 투어는 식물에 대한 설명을 들을 수 있다. 선착순으로 참여 가능하며, 전화로 예약해도 된다. 트레일의 종착지에는 아이후아라마Aihualama 폭포가 있다.

**Data** Map 135K
**Access** 와이키키 지역에서 차로 25분. 더 버스 5번 마노아 로드 Manoa Rd+쿠무오네 스트리트 Kumuone St 하차, 도보 20분
**Add** 3860 Manoa Rd, Honolulu **Tel** 808-988-0456
**Open** 월~금 08:00~16:00, 토 09:00~15:00(공휴일 휴무)
**Cost** 입장료 5달러, 가이드 투어 10달러, 주차 무료.
**Web** www.manoa.hawaii.edu/lyonarboretum

현지인들의 삶을 생동감 있게 느낄 수 있다
## KCC 파머스 마켓 KCC Farmer's Market

오아후 대학 중 하나인 카피올라니 커뮤니티 칼리지 주차장에서 열리는 재래시장이다. 파머스 마켓에서는 농사를 지은 사람들이 직접 농산물을 저렴하게 판매한다. 지역 특색을 느낄 수 있는 채소, 과일 등 갖가지 식재료부터 로컬 푸드, 간식류 등을 볼 수 있다.
와이키키 지역에서 가깝다. 간단히 먹을 수 있는 음식들을 판매하므로, 새벽에 다이아몬드 헤드 트레일을 트레킹하고 내려와 아침 식사를 해도 좋겠다.

**Data** Map 135K
**Access** 더 버스 2번 카피올라니 커뮤니티 칼리지Kapiolani Community College 하차, 도보 4분. 와이키키 트롤리 그린 라인 탑승 시 'KCC 파머스 마켓' 하차
**Add** 4303 Diamond Head Rd, Honolulu **Tel** 808-848-2074
**Open** 화 16:00~19:00, 토 07:30~11:00
**Web** www.hfbf.org/farmers-market

**Writer's Pick!**

열대 우림 정글을 즐기는
## 마노아 폭포 트레일 Manoa Falls Trail

체력과 시간을 많이 들이지 않고 하와이의 이국적인 풍경을 즐길 수 있는 트레일. 번화하기로 소문난 와이키키 지역과 가까우면서도 분위기가 완전히 달라서 '도심 속 열대 우림'으로 불린다. 일상에서 지친 심신에 활력을 불어넣기 위해 현지인도 즐겨 찾는다. 빼곡하게 들어선 울창한 나무와 이름 모를 들풀, 곳곳에 촘촘히 자라고 있는 이끼는 싱그러운 향기를 품고 있어 산림욕을 하기에 아주 좋다. 트레일은 왕복 2.6km 정도, 소요 시간은 1시간 30분 정도 예상하면 된다. 나지막한 동산 수준의 트레일이라 남녀노소 누구나 편하게 다녀올 수 있다. 습기가 많고 비가 자주 오는 지역이니 운동화를 꼭 신을 것. 트레일 중반부터 땅이 질퍽한 부분이 많아서 미끄러울 수 있다.

트레일의 종착지에서는 높이 45m인 마노아 폭포를 만나게 된다. 웅장하고 박력 있는 폭포는 아니지만 고요하게 떨어지는 폭포수의 자태가 매력 있다. 이 지역 기후의 특성상, 벌레가 많으므로 모기 퇴치제를 충분히 뿌리고 가자. 트레일 입구에 유료 주차장이 잘 갖춰져 있다.

**Data** Map 135K
**Access** 와이키키 지역에서 차로 25분 소요. 더 버스 5번 마노아 로드Manoa Rd+ 쿠무오네 스트리트Kumuone St 하차, 도보 26분 **Add** Manoa Rd, Honolulu
**Tel** 800-464-2924
**Open** 06:00~21:00
**Cost** 트레일 무료, 주차료 5달러
**Web** www.manoafalls.com

© Mike Weston

© Daniel Ramirez

**Writer's Pick!**

정상에 오르면 와이키키 지역이 한눈에!
## 다이아몬드 헤드 스테이트 모뉴먼트
### Diamond Head State Monument

© Eric Tessmer

지름 1,200m의 분화구가 있는 해발 232m의 휴화산으로, 약 10만 년간 활동이 없었다. 고대 하와이안에게는 신성한 장소로 여겨졌다. 다이아몬드 헤드 정상에 오르면 한 폭의 그림처럼 아름답게 펼쳐지는 와이키키와 호놀룰루 지역의 전경을 감상할 수 있다. 트레일의 난이도는 남녀노소 누구나 다녀올 수 있을 정도로 쉬운 편이다. 소요 시간은 왕복 2시간 정도 걸린다.

트레일 입구에서 비교적 평탄한 길을 따라 산 중턱까지 올라가면 74개의 계단이 나오고 터널이 나오는데, 그 끝에는 99개의 계단이 또 나온다. 계단을 따라 올라가면 이번에는 52개의 나선형 계단이 나타난다. 열심히 오르다 보면 마지막 관문인 작은 문이 나온다. 몸을 숙여 문을 통과해 밖으로 나가면 산 정상에 도착하게 된다. 가쁜 숨을 몰아쉬며 감상하는 파노라마 전경이 특별하다. 트레일 내에 그늘이 많지 않으므로 뜨거운 태양이 내리쬐는 한낮보다는 이른 아침에 하이킹을 즐기는 것을 추천한다.

다이아몬드 헤드는 19세기까지는 하와이어로 '참치의 눈썹'이라는 뜻의 레아히Leahi로 불렸으나, 하와이를 처음 발견한 쿡 선장과 선원들이 분화구 정상에서 햇빛에 반짝이는 감람석을 다이아몬드로 착각하여 다이아몬드 헤드라고 이름 붙이면서 현재와 같이 불리게 되었다. 트레일에서 볼 수 있는 계단, 터널, 벙커 등은 제2차 세계대전의 군사 요충지로 사용되었던 흔적이다. 가파른 계단을 오르기에 무릎이 불편하다면 비교적 완만한 계단을 올라가게 되는 우회로를 이용하면 된다. 산 중턱쯤에서 74개의 계단이 시작될 때 올라가지 말고 왼쪽으로 좀 더 들어가면 완만한 계단으로 된 우회로를 찾을 수 있다.

**Data** Map 135K
**Access** 와이키키 지역에서 트레일 주차장까지 차로 10~20분 정도 소요. 더 버스 2번 카피올라니 커뮤니티 칼리 Kapiolani Community College 하차, 도보 4분. 23번 탑승 시 다이아몬드 헤드 로드Diamond Head Rd+18번가 애비뉴 18th Ave 하차, 도보 1분. 와이키키 트롤리 그린 라인 탑승 시 '다이아몬드 헤드 크레이터' 하차
**Add** Diamond Head Rd, Honolulu
**Tel** 808-587-0300 **Open** 06:00~18:00(마지막 입장 16:30) **Cost** 성인 1달러, 차량 5달러(탑승 인원 전원 포함)
**Web** www.hawaiistateparks.org/parks/oahu/diamond-head-state-monument

# | 하와이 카이 | Hawaii Kai |

Writer's Pick!

하와이 최고의 스노클링 포인트
## 하나우마 베이
### Hanauma Bay

**Data** Map 135L
**Access** 와이키키 지역에서 차로 15분 정도 소요. 더 버스 22번 하나우마 베이 네이처 파크Hanauma Bay Nature Park 하차. 와이키키 트롤리 블루 라인 탑승 시 '하나우마 베이' 하차
**Add** 100 Hanauma Bay Rd, Honolulu **Tel** 808-396-4229
**Open** 10~3월 수~월 06:00~18:00, 4~9월 수~월 06:00~19:00 **Cost** 13세 이상 7.50달러, 12세 이하 무료, 주차료 1달러 **Web** www.hanaumabaystatepark.com

마치 거대한 수족관에 들어온 듯한 느낌의 스노클링 포인트이다. 다양한 산호초와 색색의 물고기, 거북이 등 다양한 해양 동물을 만날 수 있다. 1967년부터 해양 생태 보호 구역으로 지정되어 하와이의 유일한 유료 해변이다. 화산 폭발로 인하여 만들어진 해안은 말발굽 형상을 닮았다. 하와이 원주민어로 하나Hana는 '만Bay'이라는 뜻, 우마Uma는 '은신처'라는 뜻이다. 파도가 잔잔한 오전 시간이 스노클링을 즐기기에 제격이다. 오후가 될수록 파도도 생기고 물도 뿌옇게 변한다.

입장 시 시청각실에서 하나우마 베이에 대한 소개와 주의 사항 등을 안내하는 10분 정도의 산호초 보호 교육 비디오를 감상한다. 한국어 통역 기계도 있다. 주차장이 넓지 않으니 아침 일찍 가거나 대중교통을 이용해서 가는 것을 추천한다. 해안 바닥에는 산호초나 자갈이 많아 아쿠아슈즈, 오리발은 필수이다. 오리발, 스노클링 장비, 구명조끼 등을 빌릴 수 있는 스노클링 장비 대여 시 보증금 대신 신분증을 맡겨도 된다. 유료 물품 보관함도 있다. 매점이 없으니 음료와 간식을 준비해가는 것을 추천한다. 매주 화요일은 수질 관리를 위한 휴무일이다.

© HTA

한반도를 꼭 닮은 전경을 감상하는

## 코리아 지도 마을 전망대 Korea Peninsula Town Lookout

한반도 지형과 꼭 닮은 마을을 구경할 수 있는 전망대이다. 하나우마 베이를 갈 때 잠시 들러서 풍경을 감상해보자. 1970년대부터 개발된 땅으로 산의 모양, 지형에 맞게 집이 들어선 마을의 모습이 마치 한반도와 닮아 한국인들 사이에서 불리는 이름이다. 다른 나라 사람들은 치킨 너깃을 닮았다고도 한다. 고급 주택가로 유명하다. 마을의 정식 명칭은 매리너스 리지Mariners Ridge. 전망대 오른쪽으로는, 일본인들이 후지산을 닮았다고 말하는 코코 헤드Koko Head가 있다.

**Data** Map 135L
**Access** 와이키키 지역에서 하나우마 베이 도착 200m 전 왼편에 위치. 와이키키 지역에서 차로 15분 정도 소요. 와이키키 트롤리 블루 라인 탑승 시 '하와이 카이 전망대' 하차
**Add** 7538 Kalanianaole Hwy, Honolulu

가파른 언덕 철길 따라 오르는 트레일

## 코코 헤드 디스트릭트 파크 Koko Head District Park

코코 헤드는 높이 360m의 분화구에 있는 공원이다. 이곳에는 1,048개의 철길 계단을 따라 올라가는 약 1km 정도의 트레일이 있다. 정상에 오르면 하나우마 베이와 동부 해안 지역의 절경이 내려다보인다. 제2차 세계대전 당시 보급물품을 코코 헤드 정상까지 운반하기 위해 설치된 철길이다. 철도 레일 곳곳이 마모되어 있고, 흙이 있어서 미끄러울 수 있으니 걷기 편한 운동화를 신도록 한다.

제2차 세계대전 당시 사용했던 벙커도 있다. 트레일 왕복 소요 시간은 체력에 따라 다르지만 1시간 30분에서 2시간 정도 예상하면 된다. 그늘이 없는 오르막길로 충분한 식수와 선크림, 선글라스, 모자는 필수이다. 트레일 정상에는 화장실이 없으므로 공원 입구에 위치한 화장실을 미리 이용하자. 일출이나 일몰 때 가는 것이 가장 아름다운 풍경을 볼 수 있다.

© Joel

**Data** Map 135L
**Access** 와이키키 지역에서 차로 20분. 하나우마 베이에서 도보 20분 소요. 더 버스 22번 칼라니아나올레 하이웨이Kalanianaole Hwy+하나우마 베이 로드Hanauma Bay Rd 하차, 도보 7분
**Add** 423 Kaumakani St, Honolulu
**Tel** 808-395-3096
**Web** www.best-of-oahu.com/koko-crater-trail.html

# EAT

## | 와이키키 | Waikiki |

 Map 141K

**Writer's Pick!**

#### 팬케이크 러버를 위한
### 에그즈 앤 띵스 Eggs'n Things

1974년 오픈한 유명 브런치 레스토랑으로, 폭신폭신하면서도 부드러운 식감의 팬케이크를 즐길 수 있다. 와이키키 지역 중심지에 위치하고 있어서 늘 줄이 긴 편이다. 스트로베리 휘핑크림 팬케이크Strawberry Whipped Cream Pancakes는 달지 않으면서도 폭신한 식감이 일품이다. 휘핑크림은 팬케이크를 다 먹는 동안 녹지 않는다. 와플, 살사소스가 곁들여진 시금치&베이컨&치즈 오믈렛, 블루베리 팬케이크도 추천하는 메뉴. 오아후에 3개 지점이 있다. 홈페이지를 참고하여 접근성을 고려하여 방문하면 된다.

**Data** Map 141K
**Access** 모아나 서프라이더 호텔에서 도보 4분. 더 버스 2, 8, 13, 20, 42번 등을 타고 쿠히오 애비뉴Kuhio Ave+릴리우오칼라니 애비뉴Liliuokalani Ave 하차, 도보 3분. 와이키키 트롤리 핑크 라인 탑승 시 '모아나 서프라이더' 하차, 도보 4분 **Add** 2464 Kalakaua Ave, Honolulu **Tel** 808-538-3447 **Open** 06:00~14:00, 16:00~22:00 **Cost** 팬케이크 11달러~, 오믈렛 11달러~, 프렌치토스트 12달러~ **Web** www.eggsnthings.com

**Writer's Pick!**

#### 줄 서서 먹는 인기 맛집
### 라멘 나카무라 Ramen Nakamura

규모는 작지만, 하와이 주민들에게 인정받는 라멘 전문점이다. 탱탱한 면발과 진한 국물 맛을 보기 위해서 식사 시간에 줄을 서서 먹는 맛집이다. 추천 메뉴는 소꼬리 라멘Oxtail Ramen. 살짝 짜다는 의견도 있지만 고소하고 시원한 국물 맛이 일품이다. 미소 김치 라멘과 교자도 맛있다. 늦은 시간까지 영업하므로 식사 시간을 살짝 피하면 많이 기다리지 않고 착석할 수 있다. 현금 지불만 가능하다.

**Data** Map 140E
**Access** 더 버스 2, 8, 13, 19, 20, 23, 42번 이용 가능. 쿠히오 애비뉴Kuhio Ave+나마하나 스트리트Namahana St 하차, 도보 3분. 사라토가 로드Saratoga Rd+칼라카우아 애비뉴Kalakaua Ave 하차, 도보 2분 **Add** 2141 Kalakaua Ave, Honolulu **Tel** 808-922-7960 **Open** 11:00~23:30 **Cost** 소꼬리 라멘+교자+볶음밥 메뉴 20달러, 라멘 단품 11~14달러

© takaokun

신선한 스시와 롤을 합리적인 가격대로 즐기는
## 산세이 시푸드 레스토랑&스시 바
### Sansei Seafood Restaurant& Sushi Bar

하와이 스타일의 스시와 퓨전 일식 요리를 맛볼 수 있는 레스토랑. 기존 금액의 50% 할인된 가격으로 요리를 맛볼 수 있는 금요일, 토요일 밤에 가는 것을 추천한다. 단, 21세 이상만 출입이 가능하므로 반드시 여권 등의 신분증을 지참하자.

라이브 음악을 연주하고, 무료로 이용 가능한 가라오케가 열려 신나는 파티 분위기이다. 주류도 저렴한 가격대로 판매하고 있다. 계산서에 미리 팁이 포함되어 있다. 아히 사시미Ahi Sashimi, 크랩 라멘Crab Ramen, 슈림프 다이나마이트Shrimp Dynamite, 애플 타르트Apple Tart 등이 인기 메뉴이다. 스시와 롤은 취향에 맞춰서 주문하면 된다.

**Data** Map 141K
**Access** 와이키키 비치 끝 쪽에 위치. 메리어트 비치&리조트 3층. 더 버스 8, 13, 19, 20, 42번 이용 가능. 카파훌루 애비뉴 Kapahulu Ave+칼라카우아 애비뉴 Kalakaua Ave 하차, 도보 2분
**Add** 2552 Kalakaua Ave, Honolulu
**Tel** 808-931-6286 **Open** 일~목 17:30~22:00, 금·토 17:30~01:00
**Cost** 단품 요리 3~15달러
**Web** www.sanseihawaii.com

입안 가득 풍미가 퍼지는
## 치즈버거 인 파라다이스 Cheeseburger in Paradise

육즙이 흘러나오는 두툼한 패티와 한입 크게 베어 물기에도 힘들 정도로 푸짐하게 채워진 토마토, 양상추, 치즈 등의 속 재료가 만족스러운 햄버거 전문점이다. 와이키키 중심 지역에 위치하고 있어서 접근성이 상당히 뛰어나다.

주요 메뉴는 버거지만 로코 모코, 치킨 윙, 치킨 텐더 등 다른 메뉴도 판매한다. 사이드 메뉴로 감자튀김이 지겹다면 고구마튀김이나 어니언링을 선택해보자. 또 다른 별미를 느낄 수 있다.

© Frederik Hermann

**Data** Map 141K
**Access** 쿠히오 비치 건너편에 위치. 더 버스 2, 8, 13, 20, 42번 등을 타고 쿠히오 애비뉴Kuhio Ave+릴리우오칼라니 애비뉴 Liliuokalani Ave 하차, 도보 4분. 와이키키 트롤리 핑크 라인 탑승 시 '모아나 서프라이더' 하차, 도보 6분
**Add** 2500 Kalakaua Ave, Honolulu **Tel** 808-923-3731
**Open** 07:00~23:00 **Cost** 버거류 11~15달러, 어니언링 8달러
**Web** www.cheeseburgerinparadise.com

© Prayitno

### Writer's Pick!
**저렴한 가격으로 푸짐한 식사를**
## 마루카메 우동 Marukame Udon

직접 반죽하고 뽑은 생면으로 만든 따뜻한 우동을 내놓는다. 값도 저렴하고, 맛도 좋아 현지인과 관광객 모두에게 사랑받는 곳이다. 식사 시간에는 최소 30분은 줄을 서야 한다. 주문 방법은 음식이 나열된 길을 따라 이동하며 먼저 우동 종류와 크기를 골라 담당 직원으로부터 우동을 받는다. 무스비, 튀김 등 사이드 메뉴는 그다음 직원에게 말한다. 그 후 계산대에서 총액을 계산하고 빈 좌석을 찾아서 착석하면 된다.

튀김, 오니기리, 스팸 무스비, 유부초밥 등 우동과 함께 먹는 사이드 메뉴도 일품. 인기 메뉴는 진한 국물의 카케Kake 우동과 커리 우동이다. 수란을 곁들인 차가운 국물 우동인 온타마 부카케 콜드 우동Ontama Bukkake Cold Udon도 있다.

**Data** Map 140F
**Access** 와이키키 비치에서 도보 10분. 더 버스 8, 13, 20, 23번 타고 쿠히오 애비뉴Kuhio Ave+시사이드 애비뉴Seaside Ave 하차, 도보 1분
**Add** 2310 Kuhio Ave #124, Honolulu
**Tel** 808-931-6000
**Open** 07:00~09:00, 11:00~22:00
**Cost** 우동 4~6달러, 튀김 1~2달러
**Web** www.toridollusa.com

**철판 요리의 진수!**
## 다나카 오브 도쿄 Tanaka of Tokyo

화려한 불 쇼가 인상적인 정통 일본식 철판 요릿집이다. 특수 제작된 철판 테이블에 최대 8명의 손님이 둘러앉아 착석한다. 철판 위에서 갖가지 재료들을 올려놓고, 솟구치는 불 쇼와 함께 재료를 볶는 셰프들의 화려한 손놀림을 보는 재미도 쏠쏠하다. 스테이크와 랍스터를 함께 먹을 수 있는 세트 메뉴가 인기가 많다. 아이들 입맛에도 잘 맞아서 가족 단위 여행자들에게 추천할 만하다. 알라 모아나 쇼핑센터 4층에는 웨스트 지점, 와이키키 쇼핑 플라자에는 센트럴 지점이 있다.

**이스트East 지점**
**Data** Map 141G
**Access** 킹스 빌리지 3층. 더 버스 2, 8, 13, 19, 23, 42번 타고 쿠히오 애비뉴Kuhio Ave+카이우라니 애비뉴Kaiulani Ave 하차, 도보 1분
**Add** 150 Kaiulani Ave, Honolulu
**Tel** 808-922-4233
**Open** 17:30~21:30
**Cost** 기본 세트 메뉴 22달러~
**Web** www.tanakaoftokyo.com

**Writer's Pick!** 싸고 맛있는 특별한 주먹밥
### 무수비 카페 이야스메 Musubi Cafe Iyasume

무수비는 주먹밥에 원하는 재료를 얹은 후 김으로 두른 하와이 음식이다. 취향에 따라 달걀말이, 아보카도, 베이컨, 참치, 연어 등의 재료를 올린 무수비를 고르면 된다. 가장 인기 있는 메뉴는 스팸을 얹은 스팸 무수비이다. 가격도 저렴해서 점심 도시락 대용으로 간단하게 즐기기에 좋다. 그 외에도 일본식 삼각김밥, 쇠고기덮밥 등의 메뉴도 주문이 가능하다.

매장 한쪽에 앉아서 먹을 수 있는 작은 공간도 있다. 와이키키 지점 외에도 와이키키 쇼핑 플라자에도 분점(**Add** 334 Seaside Ave, Honolulu, **Open** 07:00~20:00)이 있다.

**Data** Map 141G
**Access** 퍼시픽 모나크 호텔 1층. 더 버스 8, 13, 19, 20, 42번 타고 쿠히오 애비뉴Kuhio Ave+카이우라니 애비뉴Kaiulani Ave 하차, 도보 1분 **Add** 2427 Kuhio Ave, Honolulu **Tel** 808-921-0168 **Open** 06:30~20:00 **Cost** 무수비 1개당 2~3달러 **Web** www.tonsuke.com/eomusubiya.html

인간과 푸드가 대결하는 신선한 경험!
### 맥 24/7 바&레스토랑 MAC 24/7 Bar&Restaurant

맥 대디 팬케이크 챌린지Mac Daddy Pancake Challenge로 유명한 집이다. 일명, 방석 팬케이크로 지름 36cm의 3단 형 팬케이크를 혼자서 90분 안에 다 먹으면 팬케이크 값이 무료이다. 이 집의 명예의 전당에 사진과 기록을 남길 수 있다. 블루베리, 호두, 초콜릿, 코코넛, 마카다미아너트 등 원하는 재료가 들어간 팬케이크를 주문하면 된다. 특별한 추억을 남기고 싶다면 도전해보자.

전형적인 미국 브런치를 즐기고 싶다면 팬케이크, 달걀프라이, 소시지, 감자튀김, 베이컨이 들어 있는 맥 어택Mac Attack을 추천한다. 스트로베리 와플과 팬 아시안 샐러드Pan Asian Salad도 맛있다. 발레 파킹 이용 시 3달러의 이용료가 추가된다.

**Data** Map 141G
**Access** 힐튼 와이키키 비치 호텔 내 위치. 더 버스 9, 13, 19, 20, 23번 등을 타고 쿠히오 애비뉴Kuhio Ave+릴리우오칼라니 애비뉴Liliuokalani Ave 하차, 도보 1분 **Add** 2500 Kuhio Ave, Honolulu **Tel** 808-921-5564 **Open** 24시간 연중무휴 **Cost** 맥 대디 팬케이크 챌린지 25달러, 에그 베네딕트 18달러, 와플 15달러 **Web** www.mac247waikiki.com

### 태평양 바다를 바라보며
## 하우 트리 라나이 Hau Tree Lanai

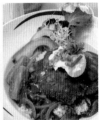

바로 앞에 해변과 바다가 보이는 커다란 나무 그늘 아래에서 로맨틱한 식사를 즐겨보자. 아침과 점심 식사 시간에는 20달러 이하의 메뉴도 많다. 가성비가 좋은 아침에는 줄이 긴 편이다. 저녁에는 주로 30~50달러로 비싼 편이다. 홈페이지를 통해 예약할 수 있다.

메뉴는 구운 잉글리시 머핀 안에 햄이나 베이컨, 연어 등을 넣고 수란을 얹은 클래식 에그 베네딕트Classic Eggs Benedict가 가장 유명하다.

**Data** Map 141L Access 뉴 오타니 카이마나 비치호텔 내 위치. 더 버스 2, 3, 13, 14, 20 등 이용 가능. 칼라카우아 애비Kalakaua Ave+엘크 클럽 Elks Club 하차, 도보 2분 Add 2863 Kalakaua Ave, Honolulu Tel 808-921-7066 Open 07:00~21:00 Cost 클래식 에그 베네딕트 20달러, 수퍼 카이마나 베네딕트 34달러 Web www.kaimana.com/dining/hau-tree-lanai

### 합리적인 가격으로 즐기는
## PF 창스 차이니스 비스트로
PF Chang's Chinese Bistro

퓨전 중식당으로 추천 메뉴는 아삭아삭 신선한 양상추와 조리된 치킨을 소스에 찍어 먹는 창스 치킨 레터스 랩Chang's Chicken Lettuce Wraps, 칠리 페퍼와 생강 등을 섞어 볶은 바삭한 맛의 새우 요리 솔트 앤 페퍼 프론스Salt&Papper Prawns 등이다.

살살 녹는 식감의 스테이크를 원한다면 아시아 스타일로 숙성한 뉴욕 스트립Asian Marinated New York Strip을 추천한다. 구운 생선을 달콤한 생강 간장과 시금치를 곁들여내는 요리인 우롱차에 재운 농어Oolong Marinated Sea Bass도 맛있다. 한국어 메뉴판도 있다.

**Data** Map 140F Access 로열 하와이안 쇼핑센터 1층. 더 버스 2, 8, 13, 19, 20, 23, 42번 이용 가능. 쿠히오 애비뉴Kuhio Ave+루어스 스트리트Lewers St 하차, 도보 4분. 또는 사라토가 로드Saratoga Rd+칼라카우아 애비뉴Kalakaua Ave 하차, 도보 3분 Add 2201 Kalakaua Ave, Honolulu Tel 808-628-6760 Open 일~목 11:00~23:00, 금·토 11:00~24:00 Cost 창스 치킨 레터스 랩 11달러, 솔트 앤 페퍼 프론스 21달러, 뉴욕 스트립 30달러 Web www.pfchangshawaii.com

**Writer's Pick!**

가장 맛있는 스테이크를 경험하는
## 루스 크리스 스테이크 하우스
Ruth's Chris Steak House

미국 전역에서 만날 수 있는 체인 스테이크 전문점으로 음식의 맛, 서비스, 분위기가 모두 좋다. 하와이의 신선한 채소와 해산물을 사용한 요리가 미식가의 입맛을 사로잡는다. 추천 전식 요리는 시금치, 양상추, 레드 어니언, 버섯, 베이컨, 달걀 등을 섞어 동그랗게 탑처럼 쌓아 올린 루스 찹 샐러드Ruth's Chop Salad, 해산물 스튜인 루이지애나 시푸드 검보Louisiana Seafood Gumbo, 소금을 깐 접시 위에 올려진 굴에 불꽃을 붙여서 나오는 오이스터 록펠러Oysters Rockefeller 등이다. 본식 메뉴는 단연 스테이크! 숙성한 최상급 고기를 섭씨 560℃의 오븐에서 구워 살살 녹는 듯한 식감과 풍부한 육즙, 특유의 향이 남다르다. 담백하고 부드러운 맛의 필레Fillet, 감칠맛과 쫄깃함이 일품인 립 아이Rib Eye, 쫄깃한 티본T-bone 스테이크 중 선택하면 된다. 사이드 메뉴로 매시드 포테이토Mashed Potatoes, 브로일드 토마토Broiled Tomatoes 등을 곁들이자. 스테이크가 다소 짜다는 의견이 있으니 주문 시 참고하자. 디저트는 커피, 초콜릿, 바닐라 아이스크림으로 만든 머드 파이Mud Pie가 맛있다.
한국어 메뉴판도 있다. 오후 4시 30분부터 6시 사이에 방문한다면 시즈링 프라임 타임 메뉴Sizzlin Prime Time Menu 주문이 가능하다. 본식 메뉴 한 접시 가격으로 전식, 사이드 메뉴, 디저트까지 즐길 수 있다. 홈페이지를 통해 예약하는 것을 추천한다.

**Data** Map 140J
**Access** 와이키키 비치 워크 2층. 더 버스 8, 19, 20, 23, 42번 등 이용 가능. 쿠히오 애비뉴Kuhio Ave+루어스 스트리트Lewers St 하차, 도보 5분. 또는 칼리아 로드Kalia Rd+사라토가 로드Saratoga Rd 하차, 도보 3분
**Add** 226 Lewers St, Honolulu
**Tel** 808-440-7910
**Open** 17:00~22:00
**Cost** 루스 찹 샐러드 17달러, 오이스터 록펠러 21달러, 스테이크 49~74달러, 시즈링 프라임 타임 메뉴 54.95달러~(16:30~18:00에 주문 가능)
**Web** www.ruthschrishawaii.com

### 분위기 좋고 맛도 좋은
## 울프강스 스테이크하우스 Wolfgang's Steakhouse

미국 전역에 있는 체인 스테이크 전문 레스토랑. 애피타이저로는 부드러운 게살을 뭉쳐서 구워내 소스와 채소를 곁들여 먹는 울프강스 크랩 케이크 Wolfgang's Crab Cake, 차갑고 두툼한 새우를 매콤한 소스에 콕 찍어서 먹는 점보 슈림프 칵테일 Jombo Shirimp Cocktail이 맛있다.

메인 요리로는 블랙 앵거스 품종만을 사용하여 28일 건조 숙성시킨 고기에 특제 소스가 곁들여 나오는 드라이 에이지드 Dry Aged 스테이크가 단연 인기. 사이드 메뉴로 매시드 포테이토나 시금치를 추가해도 좋다. 가격대가 높은 편이라 특별한 날에 가는 것을 추천한다. 오후 4시부터 6시 30분까지 진행되는 해피 아워를 이용하면 좀 더 저렴하게 즐길 수 있다. 전화로 예약하는 것이 좋다.

**Data** Map 140F
**Access** 로열 하와이안 센터 3층. 더 버스 2, 8, 13, 19, 20, 23, 42번 이용 가능. 사라토가 로드 Saratoga Rd+칼라카우아 애비뉴 Kalakaua Ave 하차, 도보 3분 **Add** 2301 Kalakaua Ave #301, Honolulu **Tel** 808-922-3600 **Open** 일~목 11:00~22:30, 금·토 11:00~23:30 **Cost** 울프강스 크랩 케이크 23달러, 점보 슈림프 칵테일 23달러, 스테이크 40~50달러 정도 **Web** www.wolfgangs-steakhouse.net/waikiki

### 달콤한 컵케이크의 유혹
## 호쿨라니 베이크 숍 Hokulani Bake Shop

호놀룰루 지역 주민들의 사랑을 듬뿍 받고 있는 컵케이크. 많은 사람들이 결혼식 케이크로 주문할 정도로 모양과 맛에서 인정받고 있다. 컵케이크를 좋아한다면 즐겨볼 만하다.

추천 제품은 크림치즈가 들어간 필드 레드 벨벳 Filled Red Velvet, 패션프루트로 알려진 상큼한 맛의 열대 과일이 들어간 릴리코이 Lilikoi, 카홀라 커피 바닐라 빈 Kahula Coffee Vanilla Bean 등이 있다. 적당히 달콤해서 커피 한 잔과 곁들이면 행복감이 절로 느껴진다.

**Data** Map 141K
**Access** 푸알레일라니 아트리움 숍스 Pualeilani Atrium Shop 1층. 더 버스 2, 8, 13, 19, 20, 23, 42번 등을 타고 쿠히오 애비뉴 Kuhio Ave+카이우라니 애비뉴 Kaiulani Ave 하차, 도보 4분 **Add** 2424 Kalakaua Ave, Honolulu **Tel** 808-923-2253 **Open** 09:00~23:00 **Cost** 컵케이크 1개당 3~4달러 정도 **Web** www.hokulanibakeshop.com

**Writer's Pick!**

### 아름드리 반얀트리가 있는
### 비치 바 The Beach Bar

와이키키 비치를 바로 앞에 두고 커다란 반얀트리 그늘에서 특별한 한 잔의 여유를 즐길 수 있는 곳이다. 라이브 음악에 맞추어 훌라춤을 추는 무희의 공연은 더욱 운치를 더한다. 바이지만 모아나 버거Moana Burger, 프레시 아일랜드 피시 타코 Fresh Island Fish Taco 등 간단한 식사류도 주문할 수 있다.

칵테일의 경우 달콤한 스타일의 라바 플로우Lava Flow, 알코올 향이 있는 마이 타이Mai Tai를 추천한다. 맥주는 빅 아일랜드의 코나 지역에서 만든 롱보드Longboard, 마우이에서 만든 비키니 블롱드Bikini Blonde가 인기가 있다.

**Data** Map 141K Access 모아나 서프라이더 호텔 1층. 더 버스 2, 8, 13, 19, 20, 23, 42번 등을 타고 쿠히오 애비뉴Kuhio Ave+카이우라니 애비뉴 Kaiulani Ave 하차, 도보 3분. 와이키키 트롤리 핑크 라인 탑승 시 '모아나 서프라이더' 하차 Add 2365 Kalakaua Ave, Honolulu Tel 808-921-4600 Open 10:30~22:30 Cost 칵테일 15달러, 맥주 8~10달러, 버거류 21달러, 타코류 21달러, 파인애플 주스 6달러 Web www.moana-surfrider.com/dining/beachbar

### 우아한 분위기를 만끽하자
### 비치하우스 Beachhouse

빅토리아풍의 인테리어가 고풍스럽고 우아한 모아나 서프라이더 호텔 1층에 위치한 레스토랑이다. 아침 식사 메뉴로는 칼루아 포크Kalaua Pork를 넣은 베네딕트Benedicts가 가장 맛있다. 그 외에도 팬케이크, 와플 등 다양한 메뉴를 주문할 수 있다. 좌석은 실내 테라스 중 선택할 수 있다. 매일 오전 11시 30분부터 오후 2시 30분까지는 런치 메뉴는 물론, 애프터눈 티Afertnoon Tea도 맛볼 수 있다. 샌드위치, 머핀 등과 향기로운 차가 같이 서빙된다. 가격 대비 맛과 서비스가 훌륭해서 여유로운 오후 시간을 보내고 싶을 때 추천한다. 저녁에는 실내 쪽에 위치하고 있는 비치하우스에서 3코스 메뉴와 연어 요리 등을 즐길 수 있다.

**Data** Map 141K Access 모아나 서프라이더 호텔 1층. 더 버스 2, 8, 13, 19, 20, 23, 42번 등을 타고 쿠히오 애비뉴Kuhio Ave+카이우라니 애비뉴 Kaiulani Ave 하차, 도보 3분. 와이키키 트롤리 핑크 라인 탑승 시 '모아나 서프라이더' 하차 Add 2365 Kalakaua Ave, Honolulu Tel 808-921-4600 Open 06:00~10:30, 11:30~14:30, 17:30~21:30 Cost 에그 베네딕트 26달러, 애프터눈 티 45달러, 저녁 3코스 메뉴 63~89달러 Web www.moana-surfrider.com/dining/veranda

**Tip** 비치하우스 외에도 카할레 호텔에 위치한 베란다The Veranda, 할레쿨라니 호텔에 위치한 애프터눈 티Afternoon Tea에서도 훌륭한 애프터눈 티를 즐길 수 있는 곳이다.

### 한 번쯤 먹어보고 싶은
## 치즈케이크 팩토리 Cheesecake Factory

미국 전역에 위치하고 있는 대중적인 레스토랑이다. 별도의 예약을 받지 않는 곳으로 식사 시간에는 긴 줄을 피하기 어렵다. 스테이크, 피자, 파스타 등 다양한 메인 메뉴가 준비되어 있다. 양상추에 국수, 당근, 오이, 닭고기 등을 싸서 먹는 타이 레터스 랩Thai Lettuce Wrap, 타이식 퓨전 요리인 뱅뱅 치킨 앤 슈림프Bang Bang Chicken&Shrimp 등은 인기 메뉴이다. 음식의 양이 많은 편이니 일행과 나눠먹을 것을 예상하고 주문하는 것이 좋다.

이 집에서 디저트로 꼭 먹어보아야 하는 치즈케이크는 종류가 다양하다. 프레시 스트로베리 치즈케이크Fresh Strawberry Cheesecake, 얼티밋 레드 벨벳 치즈케이크Ultimate Red Velvet Cheesecake, 고디바 치즈케이크, 오레오 치즈케이크 등이 인기 있다. 줄을 서기 싫다면 치즈케이크만 테이크아웃 해서 숙소에서 먹는 것도 방법이다.

**Data** Map 140J Access 모아나 서프라이더 호텔에서 도보 2분. 더 버스 2, 8, 13, 19, 20, 23, 42번 등을 타고 쿠히오 애비뉴Kuhio Ave+시사이드 애비뉴Seaside Ave 하차, 도보 3분. 와이키키 트롤리 핑크 라인 탑승 시 '모아나 서프라이더' 하차, 도보 2분 Add 2301 Kalakaua Ave, Honolulu Tel 808-924-5001 Open 월~목 11:00~23:00, 금·토 11:00~24:00, 일 10:00~23:00 Cost 치즈케이크 8~9달러, 립 아이 스테이크 29달러, 파스타 13~17달러 Web www.thecheesecakefactory.com

### 신선한 생선의 참맛을 느끼는
## 도라쿠 스시 Doraku Sushi

일본식의 기본을 지키면서 미국 스타일을 추가한 미국식 일본 프랜차이즈 레스토랑. 신선한 생선과 매일 새로 들여오는 식재료를 이용한다. 생참치를 겉만 살짝 구워 채소를 듬뿍 얹힌 도라쿠 투나 타타키|DorakuTuna Tataki, 간장과 참기름 등의 소스에 버무린 참치인 아히 포케Ahi Poke, 30여 가지의 롤 메뉴도 유명하다.

매일 오후 4시부터 6시까지 해피 아워로 운영된다. 이 시간대에 방문할 경우 할인된 가격에 음식과 음료 등을 제공받을 수 있다. 단, 바 좌석에서만 이용이 가능.

**Data** Map 140J Access 로열 하와이안 센터 빌딩 B의 3층. 더 버스 2, 8, 13, 19, 20, 23, 42번 이용 가능. 쿠히오 애비뉴Kuhio Ave+로어스 스트리트Lewers St 하차, 도보 3분. 또는 사라토가 로드 Saratoga Rd+칼라카우아 애비뉴Kalakaua Ave 하차, 도보 3분 Add 2233 Kalakaua Ave, Honolulu Tel 808-922-3323 Open 월~일 12:00~17:00, 일~목 17:00~22:00, 금·토 17:00~23:00 Cost 도라쿠 투나 타타키 12.50달러, 아히 포케 14달러, 롤 5~18달러 Web www.dorakusushi.com

**Writer's Pick!** 바다 공기 만끽하며 칵테일에 취하는
## 마이 타이 바 Mai Tai Bar

와이키키 비치와 연결된 오픈 바로 저녁 시간에는 아름다운 석양을 감상할 수 있다. 아름다운 풍경을 즐기며 친구 또는 연인과 분위기 있는 데이트를 즐겨보자. 빈 테이블에 자유롭게 착석하는 시스템이다. 이곳은 하와이 최초 마이 타이 칵테일을 선보며 마이 타이 바로 이름 붙여졌다. 그 결과 전 세계에 마이 타이 칵테일을 홍보하는 역할을 톡톡히 해냈다.

마이 타이 칵테일은 독한 편. 달콤한 스타일의 칵테일을 원한다면 딸기, 바바나 코코넛 크림, 파인애플을 넣어 부드럽고 달콤한 라바 플로우Lava Flow나 파인애플의 달콤함과 코코넛의 향긋한 조화가 기분 좋은 피나 콜라다Pina Colada를 추천한다. 칵테일과 어울리는 다양한 음식도 판매한다.

**Data** Map 140J
**Access** 로열 하와이안 호텔 1층. 더 버스 2, 8, 13, 19, 20, 23, 42번 등 이용 가능. 쿠히오 애비뉴Kuhio Ave+ 루어스 스트리트Lewers St 하차, 도보 6분. 또는 카리아 로드Kalia Rd+ 사라토가 로드Saratoga Rd 하차, 도보 7분 **Add** 2259 Kalakaua Ave, Honolulu **Tel** 808-931-4600 **Open** 10:00~24:00 **Cost** 칵테일 12달러~, 맥주 7달러~ **Web** www.royal-hawaiian. com/dining/maitaibar

### Tip 마이 타이 칵테일이란?

2가지 럼을 베이스로 하여 열대 과일즙을 혼합하여 만들어낸 칵테일이다. 트로피컬 칵테일의 여왕으로도 불린다. 타이티Tahiti에서 온 사람들이 이 칵테일을 맛 본 후 '마이 타이'라고 격찬했다고 한 것에 유래하여 붙여진 이름이다. 마이 타이는 타이티어로 '좋다!', '최고!'라는 뜻이다.

**유기농 재료로 만든 건강한 음식**
## 헤븐리 아일랜드 라이프스타일
**Heavenly Island Lifestyle**

유기농 채소로 만드는 건강한 음식을 합리적 가격대로 즐길 수 있다. 이곳 단골들은 주로 브런치를 먹는다.

인기 메뉴는 유기농 채소와 콩으로 만든 패티를 얹은 로코 모코Loco Moco, 삼겹살에 아보카도, 토마토 등을 넣어 만든 로컬 팜 에그 베네딕트Local Farm Eggs Benedict, 얼린 아사이를 갈아서 바나나, 딸기, 그래놀라 등을 곁들인 아사이 볼Acai Bowl 등이다. 신선한 과일을 갈아 만든 스무디나 아일랜드 진저 쿨러 Island Ginger Cooler와 같은 음료를 곁들이면 더 맛있다.

**Data** Map 140F
**Access** 더 버스 8, 13, 19, 42번 등을 타고 쿠히오 애비뉴Kuhio Ave+시사이트 애비뉴Seaside Ave 하차, 도보 1분
**Add** 342 Seaside Ave, Honolulu
**Tel** 808-923-1100
**Open** 07:00~15:00, 17:00~24:00
**Cost** 스무디 7.50달러, 로코 모코 17달러, 로컬 팜 에그 베네딕트 16달러
**Web** www.heavenly-waikiki.com

**로맨틱한 분위기의 라운지 레스토랑**
## 와이올루 오션 뷰 라운지 Wai'olu Ocean View Lounge

일식, 이탈리안 퓨전 레스토랑. 고층에 위치해 와이키키의 해변과 도로, 건물 등 주변 경관이 시원스럽게 내려다보인다. 해피 아워에는 맥주, 칵테일, 요리 등 메뉴를 좀 더 저렴하게 먹을 수 있다. 저녁이면 아름다운 일몰을 보며 즐길 수 있다는 장점이 있다. 특히 금요일마다 힐튼 하와이안 빌리지에서 진행하는 불꽃놀이를 구경하기 좋은 위치니 참고하자.

테라스 좌석에 착석하기 위해서는 꼭 예약해야 한다. 음식보다는 칵테일 한잔하며 반짝이는 야경과의 로맨틱한 분위기를 즐기는 것이 더 좋다.

**Data** Map 140I
**Access** 트럼프 인터내셔널호텔 라운지 층. 더 버스 2, 8, 19, 20, 23, 42번 등 이용 가능. 카리아 로드Kalia Rd+사라토가 로드 Saratoga Rd 하차, 도보 1분. 와이키키 트롤리 핑크 라인 탑승 시 '사라토가 로드 (트럼프 호텔)' 하차 **Add** 223 Saratoga Rd, Honolulu **Tel** 808-683-7777
**Open** 11:00~23:00(해피 아워 15:00~18:00)
**Cost** 칵테일 12.50달러, 와인 10달러~, 맥주 6달러~, 단품 메뉴 10~29달러
**Web** www.trumphotelcollection.com/waikiki

© Trump Hotel Collection

**Writer's Pick!**

하와이의 정취를 럭셔리하게 만끽하는
## 오키즈 Orchids

와이키키 지역의 럭셔리 호텔로 꼽히는 5성급 할레쿨라니 호텔Halekulani Hotel에 위치한 고급 레스토랑. 신선한 재료로 만들어진 창의적인 요리를 즐길 수 있다. 고급 레스토랑답게 수영복이나 슬리퍼를 착용한 상태에서는 입장할 수 없다. 와이키키 비치를 끼고 있는 테라스 좌석이 가장 인기 있다. 일요일 오전 9시 30분부터 오후 2시까지 예약 가능한 선데이 브런치는 최고의 브런치를 맛보고 싶은 이들에게 추천한다. 로컬 사람들에게도 사랑받는 곳이니 최소 몇 주 전에는 예약하는 것이 좋다.

셰프가 그날의 재료를 보고 구성한 후 제공하는 점심 3코스 메뉴도 있다. 살랑이는 바람과 야자수의 풍경을 만끽하며 향기로운 티와 샌드위치, 케이크, 머핀 등을 즐기는 애프터눈 티Afternoon Tea도 추천한다. 애프터눈 티는 오후 3시에서 4시 30분 사이에 주문이 가능하다.

**Data** Map 140J
**Access** 할레쿨라니 호텔 내에 위치. 더 버스 2, 8, 13, 19, 20, 23, 42번 이용 가능. 카리아 로드Kalia Rd+사라토가 로드 Saratoga Rd 하차, 도보 3분. 또는 쿠히오 애비뉴Kuhio Ave+로어스 스트리트Lewers St 하차, 도보 7분 **Add** 2199 Kalia Rd, Honolulu **Tel** 808-923-2311
**Open** 월~토 07:30~14:00, 월~일 18:00~22:00, 선데이 브런치 09:30~14:30, 애프터눈 티 15:00~16:30 (공휴일 제공 안함)
**Cost** 점심 3코스, 메뉴 39달러~, 클래식 애프터눈 티 36달러, 선데이 브런치 58달러
**Web** www.halekulani.com/dining/orchids-restaurant

하와이의 인기 간식을 즐기는
## 아일랜드 빈티지 커피 Island Vintage Coffee

부드럽고 풍부한 향이 일품인 100% 코나 커피를 음미할 수 있는 곳. 코나 커피는 빅 아일랜드 코나에서 재배한 커피 품종으로 신맛이 적당히 나며, 꽃 향과 과일 향이 은은하게 느껴지는 것이 특징이다. 적당히 큰 그릇 안에 갈은 아사이 베리 위에 딸기, 블루베리, 그 레놀라, 꿀 등을 넣어서 만든 아사이 볼Acai Bowl도 추천한다. 아사이 베리, 신선한 과일들의 상큼함, 그레놀라의 바삭하고 고소함이 어우러져 정말 맛있다. 그 외에도 스무디, 코나 피베리 커피 등 제철 현지 과일과 귀한 원두를 이용한 음료를 즐길 수 있다.
아침부터 오후 3시까지는 샌드위치, 런치 플레이트와 같은 브런치 메뉴도 판매한다. 매장 한쪽에 진열된 원두나 꿀 등은 기념품으로 괜찮다. 할레이바 타운과 알라 모아나 쇼핑센터에도 분점이 있다.

**Data** Map 140F
**Access** 로열 하와이안 센터 빌딩 C동 2층. 더 버스 2, 8, 13, 19, 20, 23, 42번 이용 가능. 쿠히오 애비뉴 Kuhio Ave+로어스 스트리트 Lewers St 하차, 도보 3분. 또는 사라토가 로드Saratoga Rd+칼라카우아 애비뉴Kalakaua Ave 하차, 도보 3분 **Add** 2301 Kalakaua Ave, Honolulu **Tel** 808-926-5662 **Open** 06:00~23:00 **Cost** 아사이 볼 10달러 정도, 커피 4~6달러 **Web** www.islandvintagecoffee.com

하와이에서 만나는 이탈리아의 정취
## 아란치노 디 마레 Arancino di Mare

이탈리안 퓨전 레스토랑. 신선한 로컬 재료를 사용하고, 이탈리아산 치즈와 올리브를 사용한다. 아침 식사 장소로도 사랑받고 있는데, 특히 크레이프 종류는 엄지를 척 들게 하는 인기 제품이다. 런치 메뉴도 가격 대비 만족도가 높다. 향긋한 와인 한 잔과 즐기기 좋은 칼라마리 스파게티Spaghetti con tobiko e calamari, 바다 향 가득한 리소토 디 마레Risotto di Mare 등을 추천하며 디저트로는 티라미수가 괜찮다. 와이키키 내비치 워크 지점(**Add** 255 Beachwalk Ave, Honolulu, **Tel** 808-923-5557)에도 있으니 참고하자.

### 와이키키 비치 지점

**Data** Map 141K
**Access** 와이키키 비치 메리어트 호텔 1층. 더 버스 2, 8, 19, 20, 23, 42번 이용 가능. 또는 카파훌루 애비뉴Kapahulu Ave+칼라카우아 애비뉴Kalakaua Ave 하차, 도보 2분 **Add** 2552 Kalakaua Ave, Honolulu **Tel** 808-931-6273 **Open** 07:00~14:30, 17:00~22:30 **Cost** 크레이프 13달러~, 피자 23달러, 리소토 27달러~ **Web** www.arancino.com

**Writer's Pick!**

발랄한 에너지가 기분 좋은
**하드 록 카페** Hard Rock Cafe

신나는 음악과 함께 맛있는 음식을 맛보고 싶은 이들에게 추천하는 곳. 1층은 하드 록 로고가 새겨진 티셔츠, 컵 등 각종 기념품을 판매한다. 천장에 달린 수많은 기타가 인상적인 계단을 따라 2층으로 올라가면 음식, 칵테일 등의 식사 공간이 나온다. 칵테일 정도만 즐길 예정이라면 블루 웨이브 바Blue Wave Bar를 이용하면 된다. 추천 메뉴는 어니언링, 플랫 브레드, 부르스케타, 치킨 텐더, 치킨 윙 등이 한 접시에 담겨 나오는 점보 콤보Jumbo Combo가 있다. 단, 치킨 윙은 레몬 소스를 베이스로 하는 버펄로 윙이므로 호불호가 갈린다. 우리 입맛에 더 잘 맞는 바비큐 윙BBQ Wing으로 바꿔달라고 하자. 하와이 스타일의 버거를 맛보고 싶다면 두툼한 수제 패티와 아보카도, 토마토, 달콤한 파인애플의 조화가 완벽한 다 카인 버거Da Kine Burger를 추천한다. 부드러운 생선 살에 토마토, 양배추 등 신선한 채소를 얹어 바삭한 타코에 싸서 나오는 아일랜드 스타일 타코Island Style Tacos도 깔끔하고 담백하다. 타코는 부드러운 토르티야Tortillas와 바삭한 완탄Wonton 중 하나를 고를 수 있다. 하루 두 번 해피 아워(15:00~19:00, 21:00~마감)로 운영된다. 칵테일 5달러, 와인 4달러, 생맥주 4달러, 웰 드링크 5달러로 저렴하게 즐기자. 추천 칵테일은 블루 하와이안Blue Hawaiian, 하와이안 펀치Hawaiian Punch, 무알코올 음료는 스트로베리 바질 레모네이드Strawberry Basil Lemonade가 있다. 평일 밤, 주말 낮과 밤에는 라이브 공연도 진행된다.

**Data** Map 140E

**Access** 트럼프 인터내셔널 호텔에서 도보 4분. 더 버스 2, 8, 19, 20, 23, 42번 등을 타고 사라토가 로드Saratoga Rd+칼라카우아 애비뉴Kalakaua Ave 하차, 도보 2분. 와이키키 트롤리 핑크 라인 탑승 시 '하드 록 카페' 하차

**Add** 280 Beach Walk, Honolulu

**Tel** 808-955-7383

**Open** 레스토랑 월~목 11:00~23:00, 금·토 11:00~24:00, 바 월~목 11:00~24:00, 금·토 11:00~01:00

**Cost** 점보 콤보 24달러, 아일랜드 스타일 타코 22달러, 다 카인 버거 16달러, 히코리 스모크 립 27달러

**Web** www.hardrock.com/cafes/honolulu

## 풍미 좋은 아이스크림 맛집
Writer's Pick!
# 래퍼츠 하와이 Lappert's Hawaii

1983년 하와이 카우아이에서 시작된 하와이 대표 아이스크림. 미국 전역에 체인점이 있는 소문난 가게이다. 특히 코나 커피, 마카다미아너트 등 하와이 특유의 재료로 만든 아이스크림이 유명하다. 어떤 맛을 먹어야 할지 고민된다면 맛보기를 요청하자. 그 밖에도 하와이 빅 아일랜드에서 재배되는 세계 3대 커피 코나 커피, 마카다미아너트와 코코넛, 초콜릿의 조화를 느낄 수 있는 카우아이 파이Kauai Pie가 인기 메뉴다. 대개 줄이 긴 경우가 많다.

**Data** Map 139F **Access** 힐튼 하와이안 빌리지 리조트 로비 건너편에 위치. 더 버스 8, 19, 20, 23, 42번 등을 타고 카리아 로드Kalia Rd+마루히나 스트리트Maluhia St 하차, 도보 2분. 와이키키 트롤리 핑크 라인 탑승 시 '힐튼 하와이안 빌리지' 하차 **Add** 2005 Kalia Rd, Honolulu **Tel** 808-943-0256 **Open** 06:00~23:00 **Cost** 1스쿱 5달러, 2스쿱 6~7달러, 와플콘 추가 1.10달러 **Web** www.lappertshawaii.com

## 점심 식사로 현지인에게 인기 만점
# 레인보우 드라이브 인 Rainbow Drive In

1961년 문을 연 곳으로, 현지인들이 일상적으로 먹는 플레이트 런치Plate Lunch를 경험해볼 수 있다. 햄버그스테이크에 그레비 소스와 달걀프라이를 넣는 로코 모코Loco Moco, 바비큐, 마히마히 생선, 치킨 등과 쌀밥 두 스쿱을 올린 믹스 플레이트Mix Plate, 칠리소스를 뿌린 소시지가 나오는 칠리 도그 플레이트 등이 인기 있다.

오바마 전 대통령이 당선 후 기자 인터뷰에서 '하와이로 돌아간다면 무엇을 가장 하고 싶은 일인가?'라는 물음에 '레인보우 드라이브 인의 플레이트 런치를 먹고 싶다'라고 말해서 오바마 전 대통령의 맛집으로도 알려진 곳이다.

**Data** Map 141D
**Access** 더 버스 2, 3, 8, 13, 18번 이용 가능. 카파훌루 애비뉴 Kapahulu Ave+리히 애비뉴Leahi Ave 하차, 도보 3분. 또는 카파훌루 애비뉴Kapahulu Ave+알라 와이 블루바드Ala Wai Blvd 하차, 도보 5분
**Add** 3308 Kanaina Ave, Honolulu
**Tel** 808-737-0177
**Open** 07:00~21:00
**Cost** 믹스 플레이트 10달러, 로코 모코 9달러
**Web** www.rainbowdrivein.com

© Eugene Kim

# | 알라 모아나 Ala moana |

**Writer's Pick!**

분위기에 만족하고 맛에 더 만족하는
## 마리포사 Mariposa

알라 모아나 비치 파크와 태평양 바다가 내려다보이는 모던한 분위기의 전망 좋은 레스토랑. 이탈리아와 그리스 음식을 기반으로 한 퓨전 음식을 제공한다. 제철 재료에 따라서 바뀌는 셰프 특선 요리를 즐겨보자. 구운 관자 요리인 시어드 다이버 스캘롭Seared Diver Sallops, 연어 필레Salmon Fillet 등이 인기 메뉴이고, 웜 릴리코이 푸딩 케이크Warm Lilikoi Pudding Cake 가 맛있다. 한껏 부풀어져 나오는 식전 빵은 담백하고 고소해서 입맛을 돋운다. 스트로베리 크림치즈를 발라서 먹어보자.

해질 무렵 환상적인 노을을 즐기며 식사하는 것도 좋다. 예약해야 테라스 쪽 테이블에 앉을 수 있다. 힐튼 하와이안 빌리지에서 진행하는 불꽃놀이도 멀리서 감상할 수 있다. 점심시간을 이용하면 메뉴 가격이 좀 더 저렴하다. 간단하게 즐기고 싶다면 샌드위치류를 추천한다.

**Data** Map 139C
**Access** 알라 모아나 센터 내 니만 마커스Neiman Marcus 백화점 3층. 더 버스 8, 19, 20, 23, 42번 등을 타고 알라 모아나 블루바드Ala Moana Blvd+알라 모아나 센터Ala Moana Center 하차, 도보 1분. 와이키키 트롤리 핑크·레드 라인 탑승 시 '알라 모아나 센터' 하차 **Add** 1450 Ala Moana Blvd, Honolulu **Tel** 808-951-3420 **Open** 11:00~21:00 **Cost** 주 요리 27달러~, 전식 요리 12달러~, 디저트류 8~12달러 **Web** www.neimanmarcushawaii. com/restaurant.aspx

## 맛있는 팬케이크를 양껏! 마음껏!
## 오리지널 팬케이크 하우스 The Original Pancake House

폭신한 식감이 돋보이는 다양한 맛의 팬케이크를 맛볼 수 있다. 양도 많고 맛도 좋아서 브런치 장소로 인기 만점인 곳이다. 인기 있는 메뉴는 오븐의 강한 불로 구워 만드는 독일식 팬케이크 더치 베이비Dutch Baby, 메이플 시럽을 곁들인 팬케이크가 겹겹이 말려 나오는 포티 나이너 플랩 잭스Forty Niner Flap Jacks, 딸기를 얹은 크레이프 스타일 요리인 딜리케이트 프렌치Delicate French 등이다. 치즈 오믈렛도 맛있다. 세계 3대 커피로 불리고 있는 코나 커피도 곁들여보자.

**Data** Map 139C
**Access** 알라 모아나 센터에서 도보 5분. 더 버스 3, 13번 카피올라니 블루바드Kapiolani Blvd+피코이 스트리트Piikoi St 하차, 도보 1분. 8번 피코이 스트리트Piikoi St+알라 모아나 블루바드Ala Moana Blvd 하차, 도보 5분 **Add** 1221 Kapiolani Blvd, Honolulu **Tel** 808-596-8213 **Open** 06:00~14:00 **Cost** 단품 요리 9~10달러, 커피 2.50달러 **Web** www.originalpancakehouse.com

## 꼭 한번 맛보고 싶은 특별한 버거
## 테디스 비거 버거 Teddy's Bigger Burgers

하와이에서 시작된 햄버거 체인 레스토랑. 육즙이 살아있는 두툼하고 부드러운 패티의 씹는 맛과 코끝을 스치는 고소한 향이 버거의 맛을 특별하게 만든다. 주문이 들어오는 즉시 만들어내는 100% 수제 버거로 양파, 파인애플, 아보카도, 피클 등 각자의 취향에 맞게 속 재료 선택할 수 있다.

추천 메뉴이자 가장 인기 있는 버거는 기본 재료인 양상추, 양파, 토마토, 패티, 치즈가 충실하게 들어간 오리지널 버거Original Burger. 생선을 두툼하게 튀긴 후 양상추, 토마토 등이 들어가는 골든 프라이드 폴락Golden Fried Pollack도 맛있다. 햄버거 사이즈에 따라 가격이 달라진다. 오아후 곳곳에 지점이 위치한다. 홈페이지를 통해 다른 지점 위치를 참고하자.

### 카피올라니 지점

**Data** Map 139D
**Access** 더 버스 2번 칼라카우아 애비뉴Kalakaua Ave+카피올라니 블루바드Kapiolani Blvd 하차, 도보 5분. 8, 19, 42번 알라 모아나 블루바드+앳킨스 드라이브Atkinson Dr 하차, 도보 7분
**Add** 1646 Kapiolani Blvd, Honolulu
**Tel** 808-951-0000
**Open** 10:00~23:00
**Cost** 오리지널 버거 빅 사이즈 7달러
**Web** www.teddysbb.com

**Writer's Pick!**

검증된 맛과 서비스로 만족도가 높은
# 로마노스 마카로니 그릴
Romano's Maccaroni Grill

아메리칸 스타일의 이탈리아 요리 전문점. 신선한 재료로 만들어진 넉넉한 양의 맛깔스러운 요리와 편안하면서도 깔끔한 분위기가 이 집의 인기 비결이다. 한치를 튀겨 레몬즙을 곁들인 칼라마리Calamari Fritti, 바삭하게 튀긴 가지와 레몬 후추 페퍼를 곁들인 주키니Zucchini Fritti, 상큼한 로메인과 크리미한 드레싱의 시저 샐러드Caesar Salad도 인기. 얇은 도에 신선한 재료를 올려 오븐에 구워낸 피자도 맛있다.

메인 요리 중 홍합, 새우, 가리비, 페투치니 면을 사용한 파스타 디 마레Pasta di Mare, 쇠고기와 리코타 치즈로 만든 스파게티 맘스 리코타 미트볼&스파게티Mom's Ricotta Meatballs&Spaghetti는 손님들이 선호하는 요리. 그밖에 등심에 감자, 구운 채소 등을 곁들이는 칼라브레제 스테이크Calabrese Steak, 토마토 소스의 치킨 파마잔Chicken Parmesan, 치킨 카넬로이, 라자냐 등 세 가지 요리가 제공되는 마마스 트리오Mama's Trio, 지중해 향신료를 곁들인 연어 요리 그릴 살몬Grilled Salmon도 맛있다.

디저트는 럼과 마스카라포네, 코코아로 만든 티라미수, 뉴욕 스타일을 추천한다. 평일 오전 11시에서 오후 4시까지 이용 가능한 런치 세트를 이용하면 더 저렴하다.

**Data** Map 139C
**Access** 알라 모아나 센터 4층. 더 버스 8, 19, 20, 23, 42번891 알라 모아나 블루바드Ala Moana Blvd+알라 모아나 센터Ala Moana Center 하차, 도보 1분. 3, 13번 카피올라니 블루바드Kapiolani Blvd+키아우모쿠 스트리트Keeaumoku St 하차, 도보 3분. 와이키키 트롤리 핑크, 레드 라인탑승 시 '알라 모아나 센터' 하차
**Add** 1450 Ala Moana Blvd #4240, Honolulu
**Tel** 808-356-8300
**Open** 11:00~22:00
**Cost** 런치 세트 11~13달러, 칼라마리 12달러, 파스타 디 마레 22달러
**Web** www.macaronigrill.com

#### 환상적인 선셋과 반짝이는 야경을 볼 수 있는
## 시그니처 프라임 스테이크&시푸드
The Signature Prime Steak&Seafood

알라 모아나 호텔 36층에 위치해 알라 모아나 비치 파크와 태평양 바다가 내려다보인다. 저녁에는 보석같이 수놓아져 있는 건물의 모습도 감상할 수 있다. 인기 메뉴는 연어구이인 시어드 킹 살몬Seared King Salmon, 육즙이 가득한 립 아이Rib Eye, 필레 미뇽Fillet Mignon, 본 인 와규 비프Bone in Wagyu Beef 등이 있다. 사이드로 바삭바삭한 식감의 갈릭 프렌치 프라이Garlic French Fries도 추천한다.

디저트로 릴리코이 크렘 브륄레Lillikoi Cream Brulee, 상큼한 맛의 소르베Sorbet도 사랑받는 메뉴. 해피 아워를 이용하면 정해진 10개 메뉴를 50% 할인된 가격으로 즐길 수 있다. 바 좌석에서 이용이 가능. 피아노 연주가 흘러 분위기가 좋다. 호텔 로비에는 레드 카펫이 깔려 있는 전용 엘리베이터가 있는데, 한 번에 36층까지 올라갈 수 있다.

**Data** **Map** 139D **Access** 알라 모아나 호텔 36층. 더 버스 8, 19, 20, 23, 42번 이용 가능. 알라 모아나 블루바드Ala Moana Blvd+앳킨슨 드라이브Atkinson Dr 하차, 도보 3분. 3, 13번 타고 카피올라니 블루바드 Kapiolani Blvd+키아우모쿠 스트리트Keeaumoku St 하차, 도보 3분. 와이키키 트롤리 핑크, 레드 라인 탑승 시 '알라 모아나 센터' 하차, 도보 3분 **Add** 410 Atkinson Dr, Honolulu **Tel** 808-949-3636 **Open** 16:30~22:00(해피 아워 16:30~18:30) **Cost** 필레 미뇽 56달러, 립 아이 57달러, 시어드 킹 살몬 42달러, 갈릭 프라이 10.5달러, 칵테일 9달러~ **Web** www.signatureprimesteak.com

### Writer's Pick!
**독창적인 메뉴를 선보이는 퓨전 베트남 레스토랑**
## 피기 스몰 Piggy Smalls

현지인 사이에서 이름난 맛집인 피그 앤드 더 레이디Pig and the Lady(**Add** 83 N King St, Honolulu)의 세컨 레스토랑. 로컬 재료를 사용해 유럽 스타일이 가미된 스타일리시한 퓨전 베트남 요리를 선보인다. 쌀국수, 버거, 샌드위치 등 메뉴가 다양하다. 계절에 따라 메뉴가 조금씩 바뀌며, 고수가 들어가는 메뉴가 많다.

추천 요리는 라오스 스타일의 닭날개 튀김인 LFC 윙LFC Wings, 그린 파파야와 토마토, 마늘, 다양한 너트 등을 넣은 건강식 샐러드인 버미즈 샐러드Burmses Salad, 각종 허브와 구운 땅콩, 피클 들이 들어간 콜드 누들Cold Noodle 등이 있다. 매주 다른 맛으로 제공되는 소프트 아이스크림도 인기 디저트다. 주차장은 건물 내 무료 주차장을 이용할 수 있다.

**Data** Map 139C **Access** 알라 모아나 센터에서 도보 10분. 더 버스 13, 19, 20, 32, 55, 56번 이용 가능. 알라 모아나 블루바드Ala Moana Blvd+퀸 스트리트Queen St 또는 알라 모아나 블루바드Ala Moana Blvd+알라 모아나 센터에서 도보 8분. 와이키키 트롤리 레드 라인 탑승 시 '워드 빌리지' 하차 **Add** 1200 Ala Moana Blvd, Honolulu **Tel** 808-777-3588 **Open** 월~금 11:00~21:30, 토 10:00~21:30, 일 10:00~15:00 (테이크 아웃 15:00~17:00) **Cost** LFC 윙 14달러, 버미즈 샐러드 12달러 **Web** www.wardvillage.com

### Writer's Pick!
**최고의 아시안 퓨전 요리를 즐기는**
## 알란 웡스 레스토랑 Alan Wong's Restaurant

하와이 최고의 셰프로 알려진 알란 웡이 자신의 이름을 걸고 운영하는 파인 다이닝 레스토랑이다. 신선한 현지 재료로 동서양의 조리법을 이용하여 만드는 참신하고 감각적인 요리가 환상적이라는 평가를 받는다. 유명 맛집으로 예약은 필수.

계절마다 메뉴가 조금씩 바뀐다. 아보카도와 환상의 궁합을 보여주는 참치 요리 아히 사시미&아보카도Ahi Sashimi&Avocado, 옥수수와 버섯을 곁들여 먹는 긴 꼬리 빨간 도미 요리 진저 클리스터 오나가 Ginger Crusted Onaga, 코코넛 아이스크림, 신선한 과일, 초콜릿의 달콤함이 있는 시그니처 디저트 더 코코넛The Coconut 등이 인기 메뉴이다. 고급 레스토랑답게 드레스 코드도 유의하면 좋다.

**Data** Map 139D
**Access** 더 버스 2, 13번 탑승 시 칼라카우아 애비뉴Kalakaua Ave+카피올라니 블루바드Kapiolani Blvd 하차, 도보 10분. 1번 사우스 킹 스트리트S King St+하우올리 스트리트Hauoli St 하차, 도보 1분 **Add** 1857 South King St, Honolulu **Tel** 808-949-2526 **Open** 17:00~22:00 **Cost** 단품 메뉴 25~40달러, 5코스 메뉴 95달러 **Web** www.alanwongs.com

# | 호놀룰루 다운타운 Honolulu Downtown |

**Writer's Pick!**

맛있는 요리와 맥주를 함께 즐겨보자
### 고든 비어시 브루어리
### Gordon Biersch Brewery

다양하고 맛있는 맥주와 요리를 즐길 수 있다. 직접 양조한 독일 스타일의 맥주를 맛볼 수 있다. 인기 메뉴는 칼라마리Fried Calamai와 감자에 올리브오일, 마늘, 파슬리를 얹어 튀긴 갈릭 프라이Garlic Frieds. 그 외에도 피자, 파스타, 버거 등 다양한 요리를 제공한다. 어떤 맥주를 맛볼지 고민된다면 50ml 잔에 여섯 가지 맛의 맥주가 나오는 맥주 샘플러를 주문해보자.

항구 쪽에 위치하고 있어 야외 좌석에서는 바다를 보며 분위기 있는 식사를 즐길 수 있다. 주류와 안주를 조금 더 저렴하게 즐기는 해피 아워는 월요일부터 수요일, 오후 4시부터 6시 30분까지이다.

**Data** Map 142C
**Access** 알로하 타워 마켓 플레이스 1층. 더 버스 2번 칼라카우아 애비뉴+ 사우스 킹 스트리트S King St 하차, 도보 1분. 와이키키 트롤리 레드 라인 탑승 시 '알로하 타워 마켓 플레이스' 하차
**Add** Ste 1123, 1 Aloha Tower Dr, Honolulu **Tel** 808-599-4877
**Open** 일~목 11:00~23:00, 금 11:00~00:30, 토 11:00~24:00
**Cost** 칼라마리 11달러, 피자류 11~16달러, 감자튀김 4.50~6.50달러, 맥주 샘플러 8달러, 맥주 250ml 4~5달러
**Web** www.gordonbiersch.com

저렴한 가격으로 신선한 참치 요리를
### 아히&베지터블 Ahi&Vegetable

신선한 참치로 만든 아히 포케를 맛볼 수 있는 곳. 주인이 직접 경매장에서 참치를 구매할 뿐만 아니라 자체 참치 처리 시설을 갖추고 있어, 저렴한 가격대를 형성하고 신선한 품질을 보장한다.

가장 맛있는 메뉴는 매콤하게 양념한 참치와 짭짤한 맛의 연어 알을 즐길 수 있는 스파이시 아히&이쿠라Spicy Ahi&Ikura, 포케 베지터블Poke Vegetable, 스파이시 아히 베지터블Spicy Ahi Vegetable 등이다. 각 메뉴에서 1달러를 추가하면 밥과 미소 된장국이 함께 제공된다.

**Data** Map 142C
**Access** 더 버스 2, 13번 사우스 호텔 스트리트S Hotel St+비숍 스트리트 Bishop St 하차, 도보 1분
**Add** 1126 Fort Street Mall, Honolulu **Tel** 808-599-3500 **Open** 월~금 09:00~18:00 **Cost** 스파이시 아히 베지터블 11달러, 포케 베지터블 10달러, 스파이시 아히&이쿠라 12달러
**Web** www.ahiandvegetable. com/restaurant.html

**저렴한 가격대의 든든한 한 끼**
## 쿠 롱 II Cuu Long II

깔끔하고 시원한 육수를 맛볼 수 있는 베트남 레스토랑으로, 쌀국수가 맛있기로
소문난 집이다. 단품 메뉴가 8달러 이하로 상당히 저렴하다. 메뉴판에는 쌀국수 메뉴
마다 미트볼, 소 힘줄, 치킨, 새우, 오징어, 홍두깨살Eye Round Steak 등 들어가는 속 재료가 자세하게
적혀 있다. 소의 다양한 부위가 속 재료로 들어가는 비프 콤비네이션Beef Combination 메뉴가 인기 있
다. 크기는 미디엄 볼, 라지 볼, 슈퍼 볼 순으로 양이 많아진다.
쌀국수 외에도 스프링 롤, 그린 파파야 샐러드와 같은 전식 요리와 볶음밥, 국물 없이 나오는 국수 형
태의 요리 등도 주문 가능하다. 차이나타운에 들러서 간단한 식사를 즐길 예정이라면 추천할 만하다.

**Data** Map 142A
**Access** 더 버스 2, 13, 19 ,20번 노스 호텔 스트리트N Hotel St+리버 스트리트River St 하차
**Add** 175 North Hotel St #2, Honolulu **Tel** 808-585-6199 **Open** 08:00~17:00
**Cost** 쌀국수 미디엄 볼 11.50달러, 그린 파파야 샐러드 9.50달러

**출출할 때 가볍게 먹기 좋은**
## 행크스 오뜨 도그 Hank's Haute Dogs

수제 핫도그 전문점. 바에 앉아서 먹을 수 있다. 인기 메
뉴는 소시지에 살짝 매콤한 머스터드 소스와 페퍼, 양파,
토마토, 피클 등이 들어간 시카고Chiacago, 달콤한 파인
애플을 넣은 하와이안Hawaiian, 프랑크 소시지, 베이컨,
양상추, 토마토, 마요네즈를 넣은 팻 보이Fat Boy가 있다.
요일별로 달라지는 메뉴를 즐겨도 좋다. 특히 수요일 메
뉴인 엘리게이터 도그Aliigator Dog는 쇠고기와 악어 고기
로 만든 핫도그로 로컬인들에게 인기 있는 메뉴이다. 포
장도 할 수 있다. 주차장은 가게 건물을 끼고 오른쪽으로
들어가면 된다.

**Data** Map 142E
**Access** 더 버스 19 , 20, 42, 57번 알라 모아나 블루바드
Ala Moana Blvd+코랄 스트리트Coral St 하차, 도보 1분
**Add** 324 Coral St, Honolulu **Tel** 808-532-4265
**Open** 월~목 10:00~16:00, 금 10:00~19:00,
일 11:00~16:00 **Cost** 시카고 7.25달러, 하와이안 6.5달러,
팻 보이 6.75달러 **Web** www.hankshautedogs.com

**Writer's Pick!**

갓 잡아 올린 신선한 생선 요리
## 니코스 피어 38 Nico's Pier 38

신선한 생선 요리를 합리적인 가격대로 즐길 수 있다. 점심 메뉴는 카운터에서 음식을 주문한 후 픽업하고, 저녁은 담당 서버가 테이블로 주문을 받으러 오는 시스템이다. 점심 메뉴가 저녁보다 좀 더 저렴하다. 오전 10시부터 오후 4시까지 런치 메뉴가 제공된다.
인기 메뉴는 입에서 살살 녹는 듯한 식감의 참치와 후리카케 맛의 조화가 일품인 후리카케 아히 시어드 투나Furikake Ahi Seared Tuna, 신선하고 부드럽고 두툼한 생선으로 만들어낸 피시앤칩스Fish and Chips, 3가지 양념으로 요리한 신선한 참치회를 맛보는 포케 샘플러Poke Sampler 등이다. 그날의 추천 요리를 즐겨도 좋겠다.

**Data** Map 135K
**Access** 더 버스 19, 20번 니미츠 하이웨이Nimitz Hwy+알라카와 스트리트Alakawa St 하차, 도보 2분. 42, 43번 딜링햄 블루바드illingham Blvd+코케아 스트리트Kokea St 하차, 도보 9분
**Add** 1129 N Nimitz Hwy, Honolulu
**Tel** 808-540-1377
**Open** 월~토 06:30~21:00, 일 10:00~21:00
**Cost** 후리카케 아히 시어드 투나 18달러, 피시앤칩스 16달러
**Web** www.nicospier38.com

© Eugene Kim

# | 호놀룰루Honolulu |

쫀득쫀득 찹쌀떡 안 달콤한 아이스크림
## 버비즈 홈메이드 아이스크림&디저트
### Bubbies Homemade Ice Cream&Desserts

수제 아이스크림이 들어있는 하와이판 찰떡 아이스! 하와이의 명물이 된 찹쌀떡 아이스크림을 판매한다. 망코, 초콜릿, 녹차, 팥, 블루베리, 민트 등 다양한 맛을 고르는 재미가 있다. 특히 녹차 맛이 인기가 많다. 쫀득한 식감과 입안에서 사르르 녹는 달콤한 아이스크림의 조화가 일품! 여러 개 구입 시 할인율이 높아진다. 찹쌀떡 아이스크림 외에 일반 아이스크림도 구매할 수 있다.
동부 해안 지역을 갈 때 잠시 들르기 좋다. 와이키키 지역 곳곳에 있는 편의점 로손Lawson에서도 찹쌀떡 아이스크림을 판매한다.

**Data** Map 135L
**Access** 코코 마리나Koko Marina 쇼핑센터 내. 더 버스 1번 카라니아나올레 하이웨이Kalanianaole Hwy+포트록 로드Portlock Rd 하차, 도보 4분 **Add** 7192 Kalanianaole Hwy, Honolulu
**Tel** 808-396-8722
**Open** 10:00~23:00
**Cost** 찹쌀떡 아이스크림 2~3달러
**Web** www.bubbiesicecream.com

© Eugene Kim

**Writer's Pick!** 고소한 향의 도넛
## 레오나즈 베이커리 Leonard's Bakery

1962년 오픈한 이래 주민들과 관광객들의 사랑을 한껏 받고 있는 베이커리. 하와이에서 가장 맛있는 말라사다Malasada를 판매하는 곳으로 소문이 났다. 19세기경 하와이 사탕수수 노동자로 하와이에 정착한 포르투갈 사람들이 가지고 들어온 포르투갈식 도넛을 '말라사다'라고 부른다. 모양은 투박하지만 특유의 폭신함과 부드러우면서도 쫀득한 식감이 상당히 맛있다. 주문 즉시 만들며, 따끈한 도넛 위에 설탕이 솔솔 뿌려진 오리지널 슈거 도넛이 가장 맛있다. 말라사다 퍼프Malasada Puff는 커스터드, 코코넛, 초콜릿 등의 속재료가 들어 있는 제품이다.
아침과 점심에는 줄이 길다. 와이켈레 프리미엄 아웃렛Waikele Premium Outlet에도 이 집의 도넛을 판매하는 푸드 트럭이 있다. 도넛뿐만 아니라 다양한 종류의 빵과 커피 등의 음료도 판매한다.

**본점 Data** Map 141D Access 더 버스 2번 카파홀루 애비뉴Kapahulu Ave&캠벨 애비뉴Campbell Ave 하차, 도보 7분. 13, 14, 24번 탑승 시 카파홀루 애비뉴Kapahulu Ave+오루 스트리트Olu St 하차, 도보 1분 Add 933 Kapahulu Ave, Honolulu Tel 808-737-5591 Open 월~목 05:30~22:00, 금·토 05:30~23:00 Cost 말라사다 1.25달러, 말라사다 퍼프 1.6달러 Web www.leonardshawaii.com

**Writer's Pick!** 역사 깊은 인기 베이커리
## 릴리하 베이커리 Liliha Bakery

1950년 오픈한 이래 한결같은 맛으로 로컬들의 사랑을 듬뿍 받고 있다. 가장 인기 있는 제품은 슈 안에 달콤한 크림이 들어있는 퍼프Puff. 오리지널, 초코, 녹차, 코코넛 등 다양한 맛이 있으니 입맛대로 선택하자. 말라사다, 핫도그, 케이크 등 다른 종류의 빵도 구입할 수 있다.
들어가서 번호표를 뽑고 차례를 기다린 후 주문하면 된다. 베이커리이지만 오믈렛, 로코 모코, 팬케이크 등을 주문할 수 있다. 특히 팬케이크는 맛이 좋기로 유명하다.

**Data** Map 135L Access 와이키키 비치 지역에서 차로 18분 소요. 더 버스 2번 스쿨 스트리트School St+릴리하 스트리트Liliha St 하차, 도보 5분. 13번 릴리하 스트리트Liliha St+쿠아키니 스트리트Kuakini St 하차, 도보 1분 Add 515 North Kuakini St, Honolulu Tel 808-531-1651 Open 화 06:00~24:00, 수~토 24시간 영업, 일 24:00~20:00 Close 월요일 Cost 퍼프 1.45달러~, 단품 요리 8~11달러 Web www.lilihabakeryhawaii.com

**Writer's Pick!**

고급스러운 분위기와 서비스로 무장한
## 호쿠스 Hoku's

호쿠스는 하와이, 아시아, 지중해, 유럽의 맛을 조합한 퓨전 메뉴를 선보인다. 창밖으로 오션 뷰를 즐길 수 있어서 창가 자리를 추천한다. 메뉴는 계절에 따라 달라지기 때문에 담당 서버와 상의해서 주문하는 것이 좋다. 생 참치를 안에 넣고 주먹밥을 만들어 겉을 바삭하게 굽는 호쿠스 아히 무수비Hoku's Ahi Musubi가 전식 요리로 가장 인기 있다. 후식으로 코나 커피도 즐겨보자.

파인 레스토랑답게 드레스 코드가 있다. 남성의 경우 긴 바지, 막힌 신발을 신어야 한다. 여성의 경우 원피스와 구두 착용을 권한다. 일요일 오전 10시부터 오후 2시까지는 선데이 브런치를 즐길 수 있다. 신선한 굴, 초밥 등의 일식부터 다양한 요리를 맛볼 수 있다. 미리 예약하는 것을 추천한다. 발레파킹만 가능하다. 식사 후 주차 도장을 받아 갈 것. 3시간 무료 주차가 가능하다.

**Data** Map 135L
**Access** 카할라 리조트 내 로비 층. 더 버스 14, 22번
카할라 애비Kahala Ave+푸에오 스트리트Pueo St 하차, 도보 8분
**Add** 5000 Kahala Ave, Honolulu **Tel** 808-739-8780
**Open** 수~토 17:30~22:00, 일 10:00~14:00, 17:30~22:00
**Cost** 저녁 코스 메뉴 70~130달러, 단품 메뉴 14~160달러,
선데이 브런치 1인당 75달러, 6~12세 37.53달러
**Web** www.kahalaresort.com/honolulu_restaurants/hokus

© Alan Light

# BUY

## | 와이키키|Waikiki |

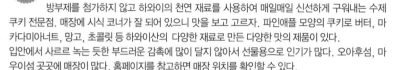

**Writer's Pick!** 고소한 맛과 향이 일품!
### 호놀룰루 쿠키 컴퍼니 Honolulu Cookie Company

방부제를 첨가하지 않고 하와이의 천연 재료를 사용하여 매일매일 신선하게 구워내는 수제 쿠키 전문점. 매장에 시식 코너가 잘 되어 있으니 맛을 보고 고르자. 파인애플 모양의 쿠키로 버터, 마카다미아너트, 망고, 초콜릿 등 하와이산의 다양한 재료로 만든 다양한 맛의 제품이 있다. 입안에서 사르르 녹는 듯한 부드러운 감촉에 많이 달지 않아서 선물용으로 인기가 많다. 오아후섬, 마우이섬 곳곳에 매장이 많다. 홈페이지를 참고하면 매장 위치를 확인할 수 있다.

**T 갤러리아 하와이 지점**

**Data** Map 140F
**Access** T 갤러리아 하와이 내 위치. 더 버스 2, 8, 13, 19, 20, 42번 이용 가능. 쿠히오 애비뉴Kuhio Ave+로어스 스트리트Lewers St 하차, 도보 2분. 와이키키 트롤리 핑크 라인 탑승 시 'T 갤러리아 하와이' 하차 **Add** 330 Royal Hawaiian Ave, Honolulu **Tel** 808-931-2700 **Open** 10:00~23:00 **Cost** 스몰 10달러 **Web** www. honolulucookie.com

### 두근두근! 특별한 선물
### 티파니 Tiffany&Co.

1837년부터 지속되어온 전통과 독창적이고 품격 있는 디자인으로 결혼 예물, 기념일 선물 등으로 인기 만점인 명품 주얼리 브랜드. 한국에 비해 가격대가 저렴한 편이다. 티파니의 다이아몬드 품질은 업계 최고로 시계, 팔찌, 목걸이 등 전문 디자이너의 감각으로 고급스러운 멋을 더한 제품들이 많다. 다이아몬드, 금 외에도 대중적인 가격대의 디자인 제품도 있어서 선택의 폭이 넓다.
와이키키 매장은 미국 전역에서도 큰 규모로 손꼽힌다. 오아후에서는 와이키키 지역 외에도 알라 모아나 센터에도 위치하고 있다.

©Tiffany&Co.

**와이키키 지점**

**Data** Map 140E **Access** 더 버스 8, 19, 20, 23, 42번 이용 가능. 사라토가 로드Saratoga Rd+칼라카우아 애비뉴Kalakaua Ave 하차. 도보 1분 **Add** 2100 Kalakaua Ave, Honolulu **Tel** 808-926-2600 **Open** 10:00~22:00 **Web** www.tiffany.com

### 편리한 위치를 자랑하는
## 로열 하와이안 센터 Royal Hawaiian Center

와이키키 중심 지역에 위치한 4층 규모의 쇼핑센터이다. 에르메스, 카르티에, 펜디, 페레가모, 토리버치, 애플 스토어, 록시땅 등 명품부터 중저가 브랜드까지 다양한 의류, 보석, 가방, 전자기기 등을 110여 개의 상점이 있다. 2층에 푸드 코트가 있으며, 곳곳에 휴식 공간과 레스토랑이 있다. 1층에 위치한 로열 그로브Royal Grove 무대에서는 매주 목요일 오전 11시에 45분 동안 하와이 전통 춤과 노래를 감상할 수 있는 폴리네시안 문화 센터 공연이 열린다. 그 외에도 무료 행사와 쇼가 다양하다. 홈페이지에서 이벤트 일정을 확인하자. 2, 3층에서는 2시간 무료로 와이파이 사용이 가능하다.

이곳은 600대 이상 주차 가능한, 와이키키에서 가장 큰 주차장이 있다. 쇼핑센터 내 상점에서 10달러 이상 구매할 경우 주차 인증 Parking Validation을 받을 수 있다. 주차 인증 티켓이 있으면 최소 1시간 무료이고, 3시간당 2달러이다. 4시간부터는 20분마다 2달러씩 부과가 된다.

**Data** Map 140F
**Access** 칼라카우아 애비뉴와 로열 하와이안 애비뉴에 위치. 더 버스 2, 8, 13, 19, 20, 23, 42번 등 이용 가능. 쿠히오 애비뉴Kuhio Ave+ 로어스 스트리트Lewers St 하차, 도보 3분. 사라토가 로드aratoga Rd+칼라카우아 애비뉴Kalakaua Ave 하차, 도보 3분
**Add** 2201 Kalakaua Ave, Honolulu
**Tel** 808-922-2299
**Open** 10:00~22:00
**Web** www.royalhawaiian-center.com/kr

**도심 속 면세점 쇼핑**
Writer's Pick!

## T 갤러리아 하와이 T Galleria Hawaii

하와이 도심에 위치한 면세 쇼핑몰. 이곳은 면세 지역이라 모든 하와이 제품에 붙는 4% 정도의 세금이 별도로 부과되지 않는다. 같은 가격의 물건이라도 다른 쇼핑몰 매장보다 최소 4%는 더 저렴하다는 의미. 1층은 브랜드 의류, 신발 매장, 고디바, 코나 커피, 하와이안 쿠키 등의 식품 관련 매장이 있다. 2층은 화장품, 향수 매장으로 이뤄져 있다. 에스티로더, 록시땅, 키엘, 아베다, 샤넬, 생 로랑, 조말론 등의 제품을 만날 수 있다. 3층은 프라다, 태그호이어, 까르티에, 셀린느 등 명품 브랜드가 입점되어 있다.

1, 2층의 제품은 누구나 구매할 수 있고, 물건도 바로 가져갈 수 있지만 3층에서 구매하는 제품은 하와이에서 국제선으로 출국하는 사람만 살 수 있고, 제품도 공항에서 받을 수 있다.

이곳에서 구매한 모든 제품은 전 세계 어디에서든 영수증 지참하면 DFS A/S 센터에서 교환, 수선 등의 서비스를 받을 수 있다. 한국에서는 DFS 코리아를 통하여 품질보증 서비스가 가능하다. 5,000달러 이상 구매 시 플래티넘 고객으로 등록된다. 4층에 있는 플래티넘 서비스 클럽 라운지 이용, 귀중품 보관, 퍼스널 쇼퍼 서비스 등을 제공받을 수 있다. 1층에는 와이키키 트롤리 정류장이 있다.

**Data** Map 140F
**Access** 더 버스 2, 8, 13, 19, 20, 42번 이용 가능. 쿠히오 애비뉴 Kuhio Ave+로어스 스트리트 Lewers St 하차, 도보 2분. 와이키키 트롤리 모든 라인 탑승 시 'T 갤러리아 하와이' 하차
**Add** 330 Royal Hawaiian Ave, Honolulu
**Tel** 808-931-2700
**Open** 10:00~23:00
**Web** www.dfs.com/en/tgalleria-hawaii

**Tip 피부를 위한 특별한 서비스, 뷰티 컨시어지 Beauty Concierge**
나의 피부 상태를 진단해주고, 내 피부에 꼭 맞는 스킨케어 제품을 추천해준다. 핸드, 풋 마사지 등 다양한 서비스가 무료로 제공된다. T 갤러리아에서 운영하므로 특정 화장품과 연관이 없다는 것이 장점! 전화(808-931-2595) 또는 이메일(beauty_hi@dfs.com)로 예약해야 이용이 가능하다. T 갤러리아 하와이 2층에 있다.

문화 행사도 즐기고 쇼핑도 즐기는
## 푸알레이라니 아트리움 숍스 Pualeilani Atrium Shops

어그 오스트레일리아, 스와치, 빌라봉, 레스포삭, 남성용 코치 등 40여 개의 브랜드 숍과 레스토랑 등이 입점되어 있는 쇼핑몰이다. 하얏트 리젠시 와이키키 리조트 앤 스파 Hyatt Regency Waikiki Resort&Spa 1층과 2층에 위치하고 있다. '푸알레이라니'는 하와이어로 '천상의 꽃으로 만든 화환'이라는 뜻으로 해안가에 무성하게 자란 꽃과 나무에서 영감을 받아 지은 이름이다.

목요일 오후 4시부터 8시까지 1층에서 파머스 마켓이 열리는데 신선한 채소와 과일을 판매한다. 쿠키, 마카다미아너트 등 간식류도 판매를 하기 때문에 잠시 들러 구경하기 좋다. 매주 금요일 오후 4시 30분부터 오후 6시까지 1층 그레이트 홀 Great Hall에서 진행되는 알로하 프라이데이 축제에서는 레이 만들기, 훌라 댄스 배우기 등을 체험하고, 하와이 전통 춤과 노래를 감상하는 폴리네시안 쇼를 관람할 수 있다. 홈페이지에서 쿠폰을 다운받을 수 있다.

**Data** Map 141K
**Access** 하얏트 리젠시 와이키키 리조트 앤 스파 1~2층. 더 버스 2, 8, 13, 19, 20, 42번 이용 가능. 쿠히오 애비뉴 Kuhio Ave+ 카이우라니 애비뉴 Kaiulani Ave 하차, 도보 3분
**Add** 2424 Kalakaua Ave, Honolulu
**Tel** 808-237-6341
**Open** 09:00~21:00(상점마다 다름)
**Web** www.pualeilanishops.com

**직접 체험이 가능한 무료 수업이 있는**
## 우쿨렐레 푸아푸아 Ukulele Puapua

하와이 대표 악기로 알려진 우쿨렐레Ukulele. 원래 포르투갈 악기였던 우쿨렐레는 하와이에 이주해온 노동자들에 의해 들어온 후, 하와이 상징 악기가 되었다. 우쿨렐레는 하와이어로 '뛰는 벼룩'이라는 뜻이다. 우쿨렐레 숍은 곳곳에서 쉽게 만날 수 있지만 이곳이 특별한 이유는 매일 누구나 무료로 참여 가능한 우쿨렐레 수업이 열리기 때문이다. 악기의 세부 명칭, 연주법, 역사 등을 배울 수 있다. 수업은 30분 정도 소요되며, 선착순으로 진행된다.

여유를 가지고 일찍 가면 좋다. 유명 하와이안 브랜드인 카마카Kamaka, 코알로하Koaloha, 카닐레Kanile은 물론 초보자에게도 맞는 다양한 제조사와 가격대의 우쿨렐레 구입이 가능하다. 한국보다 훨씬 저렴하다. 일반적으로 초보자의 경우 50달러에서 200달러 정도의 가장 작은 사이즈 소프라노 우쿨렐레를 구매하는 경우가 많다. 티셔츠, 교본, 액세서리, 로컬 아티스트의 그림이 새겨진 우쿨렐레 등 관련 제품 구매도 가능하다.

**Data** Map 140J
**Access** 쉐라톤 와이키키 호텔 1층. 더 버스 8, 13, 19, 20, 42번 등 이용 가능. 쿠히오 애비뉴Kuhio Ave+로어스 스트리트Lewers St 하차, 도보 4분. 또는 사라토가 로드 Saratoga Rd+칼라카우아 애비뉴 Kalakaua Ave 하차, 도보 5분
**Add** 2255 Kalakaua Ave #13, Honolulu
**Tel** 808-923-0550
**Open** 08:00~22:30(무료 레슨 월~목 10:00, 월~일 16:00)
**Cost** 수업 무료
**Web** www.hawaiianukulele-online.com

### 유럽의 성을 닮은 쇼핑몰
## 킹스 빌리지 Kings Village

성城을 테마로 한 귀여운 외관 덕분에 사진 촬영 포인트로도 유명하다. 웨지우드, 로열 코펜하겐 등 고급 도자기 용품을 판매하는 로열 셀렉션Royal Seletion, 하와이 스타일의 퀼트로 만들어진 가방과 파우치 등을 판매하는 리갈 데코Regal Décor, 남녀 가죽 신발 전문점 파이프라인 레더Pipeline Leather 등 로컬 숍 위주로 입점되어 있다. 레스토랑에서 식사할 예정이라면 홈페이지에서 할인 쿠폰 등이 있는지 체크해보자.

매일 오후 4시 15분에는 근위대 교대식 이벤트가 있고, 매주 목요일 오후 4시 30분에는 우쿨렐레 쇼, 훌라 댄스 공연, 불 쇼 등이 진행된다. 월, 수, 금, 토요일 오후 4시부터는 작은 규모지만 파머스 마켓도 열린다. 하와이에서 재배되는 신선한 과일, 채소, 간식거리 등을 볼 수 있는 재래시장이다. 구매를 원한다면 현금을 준비해야 한다. 동전을 넣고 즐기는 오락기기가 가득한 록 아일랜드 카페Rock Island Cafe는 특이한 소품으로 꾸며져서 분위기가 독특하다. 한 번쯤 들러보기를 추천한다.

**Data** Map 141G
**Access** 하얏트 리젠시 와이키키 호텔 뒤편에 위치. 더 버스 2, 8, 13, 19, 23, 42번 이용 가능. 쿠히오 애비뷰Kuhio Ave+카이우라니 애비뷰Kaiulani Ave 하차, 도보 1분 **Add** 131 Kaiulani Ave, Honolulu **Tel** 808-695-4325 **Open** 10:00~23:00
**Web** www.kings-village.com

### 최고급 브랜드를 한곳에!
## 럭셔리 로 Luxury Row

샤넬, 구찌, 입생 로랑, 티파니, 몽클레르, 보테가 등 명품 브랜드가 모여 있는 쇼핑가. 하와이에서만 볼 수 있는 한정판도 구경할 만하다. 칼라카우아 애비뷰 길을 따라 매장들이 위치하고 있다. 럭셔리 로에 위치한 상점에서 물건 구매 시 킹 카라카우아 플라자King Kalakaua Plaza 내 주차가 무료다. 주차 가능한 시간은 오전 9시 30분부터 오후 11시까지다.

**Data** Map 140E
**Access** 더 버스 2, 8, 13, 19, 20, 23, 42번 이용 가능. 사라토카 로드Saratoga Rd+카라카우아 애비뷰Kalakaua Ave 하차, 도보 1분. 쿠히오 애비뷰 Kuhio Ave+나마하나 스트리트 Namahana St 하차, 도보 2분 **Add** 2100 Kalakaua Ave, Honolulu **Tel** 808-922-2246 **Open** 10:00~22:00
**Web** www.luxuryrow.com

기념품 집합소
## 인터내셔널 마켓 플레이스
**International Market Place**

1956년부터 와이키키 지역의 중심에 자리 잡은, 대표적인
재래시장 장소였다. 2016년 8월 지금의 모습인 3층 건물
의 복합 쇼핑몰로 바뀌었고, 하와이안 쿠키, 코나 커피, 테
슬라, 롤렉스 등 다채로운 매장과 코나 그릴, 고마 타이 라
멘 등 여러 레스토랑들이 입점해 있다.
입점 상점 및 식당에서 10달러 이상 구매할 경우 1시간 무
료 주차할 수 있으며, 그 후에는 최대 3시간, 추가 요금 시
간당 2달러로 주차할 수 있다.

**Data** Map 140F
**Access** 더 버스 2, 8, 13, 19, 23, 42 등 이용 가능.
쿠히오 애비뉴Kuhio Ave+시사이드 애비뉴Seaside Ave 하차,
도보 4분 **Add** 2330 Kalakaua Ave, Honolulu
**Tel** 808-753-5714 **Open** 10:00~23:00
**Web** www.shopinternationalmarketplace.com

## | 알라 모아나 Ala Moana |

실속 있는 제품을 만날 수 있는
## 워드 빌리지 Ward Village

관광객보다는 현지인들이 즐겨 찾는 쇼핑몰. 합리적인 가격
대의 실용적인 제품을 판매하는 숍이 많다. 인테리어 소품
을 판매하는 배드 배스 앤 비욘드Bed Bath&Beyond, 스포츠
용품점 스포츠 오소리티Sport Authority, 노드스트롬 백화점
의 이월 상품, 약간의 손상 등으로 분류된 제품을 모아서
저렴하게 판매하는 노드스트롬 랙Nordstrom Rack, 다양한
브랜드의 디자이너 제품들을 모아서 판매하는 아웃렛 형태
의 매장 로스Ross, 티제이 맥스T.J. Maxx가 위치하고 있다.

**Data** Map 139C
**Access** 알라 모아나 센터에서 도보 10분.
더 버스 13, 19, 20, 32, 55, 56번 이용 가능.
알라 모아나 블루바드Ala Moana Blvd+퀸
스트리트Queen St 또는 알라 모아나 블루바드A
la Moana Blvd+알라 모아나 센터Ala Moana
Center에서 도보 8분. 와이키키 트롤리
레드 라인 탑승 시 '워드 빌리지' 하차
**Add** 1240 Ala Moana Blvd #200, Honolulu
**Tel** 808-369-9600 **Open** 10:00~21:00
**Web** www.wardvillage.com

**Writer's Pick!**

세계 최대 규모의 야외 쇼핑센터
## 알라 모아나 센터 Ala Moana Center

미국의 백화점인 니만 마커스Nieman Marcus, 노드스트롬 Nordstrom, 메이시스Macy's, 블루밍데일스Bloomingdale's와 하와이 유일의 일본 백화점 시로키야Shirokaya가 입점해 있다. 80여 개의 식당과 340개의 매장을 갖춘 하와이 최고의 엔터테인먼트 장소이다.

루이비통, 해리 윈스턴, 구찌, 샤넬, 프라다, 에르메스, 티파니, 불가리와 같은 명품 매장은 물론 코치, 바나나 리퍼블릭, 에버크롬비&피치와 같은 미국 브랜드 매장과 필립 리카드, 마틴&맥아더, 토리 리처드, 타운&컨트리 서프와 같은 하와이 로컬 브랜드 매장이 입점되어 있다. 규모가 상당히 커서 쇼핑센터 지도를 보고 가고 싶은 스토어를 표시한 후 움직이는 것이 좋다.

일본, 미국, 멕시코, 하와이안, 중국, 이탈리안, 퓨전 요리 등 입맛대로 고를 수 있는 레스토랑도 즐비하다. 로마노스 마카로니 그릴마리포사, 더 파인애플 룸 등이 인기 레스토랑이다. 마카이 마켓 푸드 코트에서 식사를 즐겨도 좋겠다. 1층 중앙 무대에서는 매일 오후 1시 훌라 댄스 공연이 펼쳐진다. 1층 중앙 무대 뒤쪽에 위치한 고객 서비스 센터에 방문해 eVIP 클럽에 가입하면 다양한 할인 혜택이 들어 있는 프리미어 패스포트Premier Passport 쿠폰을 받을 수 있다.

**Data** Map 139C
**Access** 더 버스 8, 19, 20, 23, 42번 알라 모아나 블루바드Ala Moana Blvd+알라 모아나 센터Ala Moana Center 하차, 도보 1분. 3, 13번 탑승 시 카피올라니 블루바드 Kapiolani Blvd+키아우모쿠 스트리트 Keeaumoku St 하차, 도보 3분. 와이키키 트롤리 핑크, 레드 라인 '알라모아나 센터' 하차
**Add** 1450 Ala Moana Blvd, Honolulu
**Tel** 808-955-9517
**Open** 월~토 09:30~21:00, 일 10:00~19:00
**Web** www.alamoanacenter.kr

## | 호놀룰루Honolulu |

유니크한 아이템이 가득한
### 카할라 몰Kahala Mall

부촌으로 알려진 카할라 지역에 형성되어 있는 쇼핑몰. 와이키키 대형 쇼핑몰에 비해 규모는 작지만 특이하고 재미있는 아이템을 판매하는 숍들과 레스토랑, 영화관, 메이시스 백화점 등이 들어서 있다. 유니크한 느낌의 패션 아이템을 구입할 수 있는 시나몬 걸Cinnamon Girl, 실용적인 주방 용품들을 만날 수 있는 컴플리트 키친The Compleat Kitchen, 하와이 유명 남성 브랜드인 레인 스푸너Reyn Spooner, 편하게 신을 수 있는 하와이 신발 아일랜드 솔Island Sole 등을 만날 수 있다.

쇼핑몰 전체에서 무료 와이파이를 사용할 수 있다. 쇼핑몰의 메인 홀인 센터 코트Center Court에서는 수시로 우쿨렐레 연주, 훌라 공연, 콘서트 등과 같은 작은 이벤트가 열린다.

**Data** Map 135K
**Access** 와이키키 트롤리 블루, 그린 라인 탑승 시 '카할라 몰' 하차
**Add** 4211 Waialae Ave, Honolulu
**Tel** 808-732-7736
**Open** 월~토 10:00~21:00, 일 10:00~18:00
**Web** www.kahalamallcenter.com

---

**Tip** 건강한 로컬 오가닉 제품, 홀 푸드 마켓 Whole Food Market

유기농 제품들을 구입할 수 있는 고급 슈퍼마켓으로 카할라 몰에 입점되어 있다. 현지 주민들도 애용하는 곳이다. 식품류부터 공산품까지 다양한 제품들 구비하고 있다. 로컬 오가닉 제품도 판매하고 있어서 눈길을 끈다. 또한 기념품과 선물용으로 손색 없는 제품들을 다채롭게 갖추고 있어 여행객들도 많이 방문한다. 단, 가격대는 일반 슈퍼마켓에 비해서 높은 편이다.

# 이스트 오아후

## EAST OAHU (카일루아 부근)

이 지역의 묘미는 동부 해안 도로를 달리며 다채롭고 푸른빛을 가진
시원스러운 바다와 웅장한 기세의 코올라우Koolau 산맥을 감상하는 것!
신비로운 분위기가 물씬 느껴지는 오아후 동부 지역의 매력에 푹 빠져보자.
에메랄드빛 바다가 영롱한 색을 뽐내고, 보드라운 하얀 모래가 발끝을
간질이는 카일루아 비치 파크에서 천국을 닮은 평화로운 풍경을 즐겨보자.
하루 종일 시간을 보내도 아쉽기만 하다.

© Daniel Ramirez

# East Oahu
# PREVIEW

아름다운 풍광을 자랑하는 스폿이 많아서 자연 경관 감상을 좋아하는 이들에게 추천한다.
와이키키 지역에서 차로 30분, 버스로 1시간 정도 소요된다. 특히 '천국의 바다'라는
뜻의 라니카이 비치와 카일루아 비치 파크의 옥빛 바다는 정말 아름답다. 이 지역을
효율적으로 즐기려면 대중교통보다는 렌터카가 정답! 동부 해안도로를 시원스럽게
달리며 코올라우 산맥과 바다를 끼고 이뤄진 다채로운 풍경을 감상하자.

**SEE**

거센 바람이 부는 누우아누 팔리 전망대에서는 카일루아 지역을 한눈에 조망할
수 있다. 에메랄드빛의 영롱한 바다색을 자랑하는 라니카이 비치와 카일루아 비치
파크는 현지인들도 사랑하는 바다이다. 렌터카로 동부 해안 도로를 여행한다면
'중국인의 모자'를 닮은 섬이 보이는 쿠알로아 리저널 파크, 뾰족한 산세가
인상적인 쿠알로아 목장, 다채로운 푸른 바다색을 감상하는 마카푸우 전망대,
물기둥이 솟아오르는 할로나 블로 홀 등을 차례로 방문한 후 와이키키
비치 지역으로 돌아올 수 있다. 어린 자녀를 동반한 가족 여행자들에게는
하와이 최대 규모의 해양 테마파크인 '시 라이프 파크'가 인기 있다.

**ENJOY**

카일루아 비치 파크와 라니카이 비치는 초보자가 카약을 즐기기에 아주 좋은
지역이다. 카일루아 비치 파크 주변으로 여러 업체가 위치하고 있다. 영화
〈쥐라기 공원〉 촬영지로도 유명한 쿠알로아 목장에서는 승마 투어, ATV 투어
등을 즐길 수 있다. 시원하게 펼쳐진 바다를 배경 삼아 트레일을 걷고 싶다면
카이위 쇼어 라인 트레일을 추천한다.

**EAT**

현지인들이 즐겨 찾는 저렴한 가격대의 브런치 맛집들이 많다. 동부 해안
도로나 카일루아 비치 파크 쪽에는 편의 시설이 부족한 편이다.
이 지역 해변 근처에는 식당이 많지 않으니, 해변을 갈 때에는 무수비,
플레이트 런치 등의 도시락과 음료를 준비해가는 것이 좋다. 카일루아 마을
중심에 홀 푸드 마켓, 세이프웨이와 같은 슈퍼마켓이 자리하고 있다.

**SLEEP**

기본적으로는 와이키키 지역 호텔에서 머물며 1일 코스로 다녀오는 경우가 많다.
와이키키의 분주함이 싫다면 이 지역에서의 숙소도 고려할 만하다.
대형 체인 호텔이 거의 없고 현지 주민들의 집을 빌리는 형태가 가장 일반적이다.

East Oahu
# GET AROUND

## 어떻게 갈까?

### 버스 Bus

카일루아 지역까지는 비교적 쉽게 이동할 수 있다. 와이키키 지역에서 출발한다면 더 버스 8, 19, 42번 등을 타고 알라 모아나 블루바드Ala Moana Blvd+알라 모아나 센터Ala Moana Center까지 이동 후 57번 버스로 환승해 40분 정도 가서 와나오 로드Wanaao Rd+아와케아 로드Awakea Rd에서 하차한다. 그 후 15분 정도 걸어가면 이 지역 스폿인 카일루아 비치 파크에 도착할 수 있다.

56번 버스 이용 시 오네아와 스트리트Oneawa St+쿠우레이 로드Kuulei Rd 하차 후 25분 정도 걸어가면 된다. 와이키키 지역에서 출발 시 최소 한 번 이상 환승을 해야 하므로 첫 번째 버스 탑승 시 환승 티켓을 요구하는 것을 잊지 말자. 동부 해안 도로 쪽에 위치한 스폿(쿠알로아 목장, 쿠알로아 리저널 파크, 마카푸우 전망대, 할로나 블로 홀 등)들은 더 버스 55번을 이용하면 방문이 가능하지만 배차 시간과 소요 시간이 길고, 걸어야 하는 거리가 상당해서 불편하다.

### 렌터카 Rental Car

와이키키 지역 출발 기준으로 카일루아 지역에 갈 경우 61번 팔리 하이웨이Pali Hwy를 타고 가면 된다. 동부 해안 도로에 위치한 쿠알로아 목장, 쿠알로아 리저널 파크, 마카푸우 전망대, 할로나 블로 홀 등의 스폿을 간다면 72번 도로인 카라니아나올레 하이웨이Kalanianaole Hwy를 이용하자.

## 어떻게 다닐까?

동부 해안 지역인 카일루아 지역은 화이트 비치와 에메랄드빛 바다가 인상적인 카일루아 비치 파크와 라니카이 비치가 있는 곳으로 유명하다. 관광객보다는 현지인이 많이 찾는 곳이다. 일정의 여유가 있다면 온종일 시간을 보내보는 것도 좋다. 와이키키 지역 출발 기준, 더 버스 56번 또는 57번을 이용하거나 렌터카로 가는 것을 추천한다. 쿠알로아 목장, 쿠알로아 리저널 파크, 마카푸우 전망대, 할로나 블로 홀 등 동부 해안 도로에 위치한 스폿은 렌터카로 다니는 것이 낫다. 대중교통인 더 버스 55번을 타고 갈 수는 있으나 소요 시간이 꽤 걸려서 불편하다. 누우아누 팔리 전망대는 와이키키 지역에서 카일루아 지역으로 이동할 때 들르면 좋지만 방문할 시간이 없으면 공항을 오갈 때 잠시들릴 수도 있다.

## East Oahu
# ONE FINE DAY

푸른 바다와 코올라우 산맥의 웅장함이 인상 깊다. 라니카이 비치는
놓치지 말자. 유유자적 카약, 선탠, 수영 등을 즐겨보자. 카일루아 지역의 브런치 맛집에서
크레이프나 팬케이크도 꼭 한 번 맛보자. 렌터카를 이용하는 것이 가장 효율적이다.

**09:00**
누우아누 팔리 전망대
에서 풍경 감상하기

자동차
10~20분 →

**10:00**
호오말루히아 보태니컬 가든
또는 뵤도인 사원 방문하기

자동차 25분 →

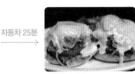

**12:00**
현지인들이 즐겨 찾는
브런치 레스토랑 가기

자동차 7분

**16:00**
쿠알로아 목장
방문하기

← 자동차 40분

**14:30**
오아후의 아름다운 해변
라니카이 비치 가보기

← 도보 18분 또는
자동차 4분

**13:30**
카일루아 비치 파크에서
수영 또는 카야킹 즐기기

자동차 1분

**16:30**
쿠알로아 리저널
파크에서 '차이나맨스
햇 아일랜드' 감상하기

자동차 45분 →

**17:30**
마카푸우 전망대에서
다채로운 푸른빛을 뽐내는
바다 바라보기

자동차 6분 →

**18:00**
할로나 블로 홀에서
거대 물기둥 감상 및
주변 풍경 조망하기

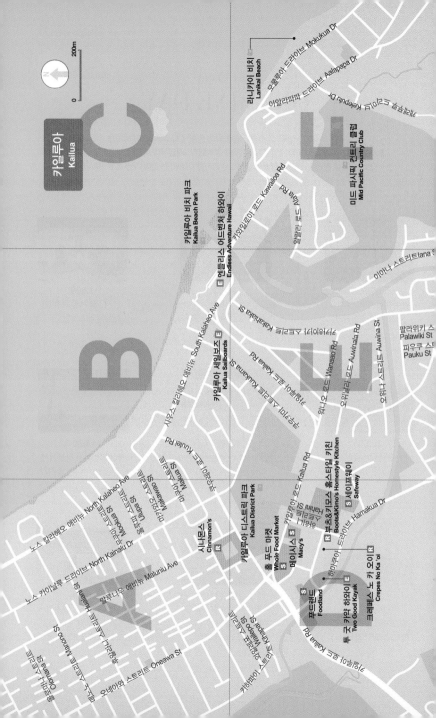

카일루아
Kailua

C

0 200m
N

E

라니카이 비치
Lanikai Beach

모쿠루아 드라이브 Mokukua Dr
아알라파파 드라이브 Aalapapa Dr
켈레푸우 드라이브 Kelepuu Dr

미드 퍼시픽 컨트리 클럽
Mid Pacific Country Club

B

카일루아 비치 파크
Kailua Beach Park

엔들리스 어드벤처 하와이
Endless Adventure Hawaii

카와일로아 로드 Kawailoa Rd
윌로나 로드 Aloha Rd
이아나 스트리트 Iana St

사우스 칼라헤오 애비뉴 South Kalaheo Ave

카일루아 세일보즈
Kailua Sailboards

카카헤아카 스트리트 Kakaheaka St

쿠케아나 로드 Kuukana Rd

쿠울레이 로드 Kuulei Rd

팔라위키 스트리트
Palawiki St
파우쿠 스트리트
Pauku St

와나오 로드 Wanaao Rd
오위날리 로드 Auwinala Rd
오위나 스트리트 Auwina St

노스 칼라헤오 애비뉴 North Kalaheo Ave

모쿠루아 스트리트 Mookua St
울루파 스트리트 Ulupa St
마카웨오 로드 Makawao St

시나몬스
Cinnamon's

카일루아 디스트릭 파크
Kailua District Park

홀 푸드 마켓
Whole Food Market

카일루아 로드 Kailua Rd

부츠&키모스 홈스테일 키친
Boots&Kimo's Homestyle Kitchen

세이프웨이
Safeway

노스 카이날루 드라이브 North Kainalu Dr
히알라니 스트리트 Hialani St
말루니우 애비뉴 Maluniu Ave

A

올로하나 스트리트 Olohana St
오네아와 스트리트 Oneawa St

메이시스
Macy's

푸드랜드
Foodland

투 굿 카약 하와이
Two Good Kayak

하마쿠아 드라이브 Hamakua Dr

크레페스 노 카 오이
Crepes No Ka 'oi

카일루아 로드 Kailua Rd

D

**SEE**

## | 카일루아&카네오헤 | Kailua&Keneohe |

**Writer's Pick!**

상상 이상의 거센 바람이 부는
### 누우아누 팔리 전망대 Nu'uanu Pali Lookout

'바람산'이라고도 불린다. 오아후에서 가장 센 바람을 경험할 수 있는 곳으로 휘어진 나무들이 눈에 띈다. 전망대에서는 멀리 카일루아와 카네오헤 지역이 그림처럼 펼쳐지는 전경을 감상할 수 있다. 강한 바람에도 불구하고 이곳을 찾는 중요한 이유이다. 팔리Pali는 하와이어로 '절벽'이라는 뜻으로, 가파른 절벽이 있어 붙여진 이름이다. 이 지역은 1795년 카메하메하 1세가 지휘하는 군대와 오아후 군대와의 누우아누Nuuanu 전쟁이 있었던 곳이기도 하다. 치열한 전쟁 속에서 수백 명의 오아후 군들은 절벽에 떨어져 죽었으며, 이 전쟁을 계기로 오아후는 카메하메하 1세의 통치 지역에 속하게 되었다.

주차장에 있는 기계를 통해 주차권을 발급받으면 된다. 동전 또는 신용카드로 결제가 가능하다. 대중교통으로는 가기 어렵다. 모자, 선글라스, 치마 등이 날아가지 않도록 주의하자. 거센 바람으로 서늘하게 느껴지므로 긴팔 옷을 입는 것을 추천한다.

**Data** Map 135K
**Access** 와이키키 지역에서에서 61번 팔리 드라이브 타고 약 20분 거리에 위치. 호놀룰루 국제공항에서 차로 20분
**Add** Nu'uanu Pali Dr, Honolulu
**Cost** 입장료 무료, 주차료 차량 1대당 3달러
**Web** www.gohawaii.com/islands/oahu/regions/windward-coast/nuuanu-pali-lookout

© Daniel Ramirez

### 하와이 속 일본 사원
## 보도인 사원 Byodo-In Temple

1968년 일본인들의 하와이 이주 100주년을 기념하여 지어진 사원이다. 울창한 숲에 둘러싸인 붉은색 목조의 사원이 고요하고 평화롭다. 일본의 유지Uji 지역에 있는 사원을 그대로 복제하였다. 방문객들은 사원 안에 있는 커다란 종을 울리며 장수와 행복을 기원한다.

사원 안에 모셔진 5m 높이의 불상 아미다 부다Amida Buddha는 황금으로 덮여 있다. 연못에는 거북, 잉어 등이 노니는 모습도 쉽게 볼 수 있다. 명상을 즐기기에 좋은 장소이다.

**Data** Map 135G
**Access** 누우아누 팔리 전망대에서 차로 23분
**Add** 47-200 Kahekili Hwy, Kaneohe **Tel** 808-239-9844
**Open** 09:00~17:00
**Cost** 성인 3달러, 65세 이상 2달러, 어린이 1달러(현금만 가능)
**Web** www.byodo-in.com

### 중국인 모자 섬을 볼 수 있는 해변
**Writer's Pick!**
## 쿠알로아 리저널 파크 Kualoa Regional Park

많은 관광객들이 이 공원을 찾는 이유는 이곳에서 보이는 차이나맨스 햇 아일랜드섬의 모습을 감상하기 위해서다. 섬의 실제명은 모콜리이섬Mokol'i Islan이지만 '중국인의 모자'처럼 생겼다는 이유로 붙여진 '차이나맨스 햇 아일랜드'라는 별명이 더 유명하다. 섬을 배경으로 마치 모자를 쓴 듯 포즈를 취하는 사람이 많다.

드넓은 잔디밭 위에는 야자수와 피크닉 테이블이 곳곳에 위치하고 있다. 바다 반대편으로 바람의 작용으로 공룡의 발톱 모양으로 구불구불 깎인 웅장한 느낌의 코올라우 산맥이 위치하고 있다. 이국적인 풍경의 자연을 만끽할 수 있다.

**Data** Map 135G
**Access** 쿠알로아 목장에서 차로 1분, 도보 시 8분. 와이키키 비치 지역에서 차로 60분 정도. 더 버스 55번 카메하메하 Kamehameha Hwy+쿠알로아 리저널 파크Kualoa Regional Park 하차, 도보 5분 **Add** 49-479 Kamehameha Hwy, Kaneohe **Tel** 808-237-8525
**Web** www.to-hawaii.com/oahu/beaches/kualoapark.php

© Daniel Ramirez

자연의 품속으로 들어가는 느낌
## 호오말루히아 보태니컬 가든 Ho`omaluhia Botanical Garden

웅장한 코올라우Koolau 산맥이 신비한 자태로 펼쳐져 있는 49만 평의 광활한 대지 위에 위치해 있다. 오아후에서 가장 큰 식물원이다. 잦은 홍수를 겪던 카네오헤 지역의 홍수 예방 관리를 위해 큰 호수를 만들면서 주변으로 조성된 식물원이다. '호오말루히아'는 하와이어로 '평화의 은신처, 평화의 장소'라는 뜻이다. 플루메리아Plumeria, 히비스커스Hibiscus, 파이어크래커Firecracker, 산케지아Sanchezia, 헬리코니아Heliconia 등 다양한 식물과 나무를 볼 수 있다. 해당 수목을 설명하는 안내판이 있어서 이해를 돕는다. 입구에 위치한 비지터 센터에서 지도를 받고 간단한 설명을 들을 수 있다.

토요일, 일요일은 오전 10시에는 무료로 낚시를 즐길 수 있으며, 비지터 센터에서 무료로 낚싯대를 대여할 수 있다. 전시관도 있어서 지역 아티스트들의 작품을 감상할 수 있다. 관광객보다는 로컬 사람들이 많이 찾는 곳이다. 자동차를 타고 파크 어세스 로드Park Accese Rd를 따라가면 식물원의 주변을 크게 한 바퀴 돌아볼 수 있다.

**Data** Map 135K
**Access** 와이키키 지역에서 차로 30분. 누우아누 팔리 전망대에서 차로 12분. 더 버스 55, 65번 카메하메하 하이웨이Kamehameha Hwy+푸아우라 플레이스Puahuula Pl 하차, 도보 16분. 56번 카메하메하 하이웨이Kamehameha Hwy+코아 카히코 스트리트Koa Kahiko St 하차, 도보 16분
**Add** 45-680 Luluku Rd, Kaneohe **Tel** 808-233-7323
**Open** 09:00~16:00, 무료 낚시 토·일 10:00~14:00 **Cost** 무료
**Web** www.aloha-hawaii.com/oahu/hoomaluhia-botanical-garden

**Writer's Pick!** 감탄을 연신 자아내는
## 카일루아 비치 파크 Kailua Beach Park

카일루아 타운에 위치한 해변. 모래도 보드랍고, 바다색이 옥빛이라서 현지인, 관광객 모두에게 인기 만점이다. 주말에는 주차 자리 잡기가 쉽지 않으니 가능하면 평일 방문을 추천한다. 고른 잔디 위의 피크닉 테이블에는 바비큐를 먹으며 피크닉을 즐기는 사람들로 가득하다. 바닷물이 깨끗하고 파도가 높은 편이다. 부기 보드, 서핑, 카약 등 각종 해양스포츠를 즐기기에도 좋다. 화장실, 샤워 시설, 식수대, 주차장 등의 시설이 잘 되어있다. 나무 그늘도 많아서 비치 타월을 깔고 한가롭게 시간을 보내기에도 좋다.

**Data** Map 202C
**Access** 와이키키 지역에서 차로 40분 정도 . 더 버스 57번 와나오 로드Wanaao Rd+아와케아 로드 Awakea Rd 하차, 도보 15분. 56번 오네아와 스트리트Oneawa St+쿠우레이 로드Kuulei Rd 하차, 도보 25분 **Add** 450 Kawailoa Rd, Kailua **Open** 24시간 **Web** www.kailuachamber.com/beaches

**Tip** 직접 노를 저어가며 풍경을 즐기는, 카야킹 Kayaking

카약은 강이나 바다에서 타는 1~2인용 배이다. 노 젓기 외에 특별한 기술이 필요한 것은 아니지만 상당한 체력을 필요로 한다. 이 지역의 특성상 바다에서 해안 쪽으로 바람이 불기 때문에 노를 젓다가 힘이 빠지면 자연스럽게 배가 해변으로 밀려 돌아와 초보자도 카약을 즐길 수 있다.

카일루아 비치 파크 주변에 서핑 보드, 카약 렌털 숍들이 위치하고 있다. 온라인으로 예약하면 현장보다 조금 더 저렴하다. 처음이라면 카약 가이드 투어에 참여하는 것이 좋다. 보통 2시간 가이드 투어는 1인당 99달러, 4시간 투어는 149달러 정도이다. 어느 정도 숙달이 되었다면 카약을 렌털해서 즐길 수 있다. 보통 시간당 20달러, 반나절 50달러, 온종일은 70달러 정도이다. 가격 비교를 통해서 업체를 선정하면 된다.

**카일루아 세일보즈** Kailua Sailboards www.kailuasailboards.com
**엔들리스 어드벤처 하와이** Endless Adventure Hawaii www.endlessadventureshawaii.com
**투 굿 카약 하와이** Two Good Kayak www.twogoodkayaks.com

**Writer's Pick!**

**천국의 바다**
## 라니카이 비치 Lanikai Beach

오아후에서 현지인들이 가장 아름답다고 추천하는 해변이다. 이 지역은 오바마 대통령의 별장이 있는 곳으로도 유명하다. 하와이어로 라니Lani는 '천국', 카이Kai는 '바다'를 뜻한다. 이름처럼 눈부시게 빛나는 에메랄드빛의 바다와 보드라운 모래의 조화가 정말 평화롭고 아름답다. 맑은 날에 가면 더욱 환상적인 풍경을 볼 수 있다. 모래 위에 비치 타월 하나 깔고 독서를 하거나 선탠을 하며 여유로운 시간을 보내보자. 주택가에 위치한 바닷가이다 보니 주택과 주택 사이에 난 좁은 골목을 통과해서 바다로 갈 수 있다. 바다로 가는 골목 앞에 1~10번까지 번호가 적혀 있으니 따라가면 된다. 단, 비치 파크가 아니다 보니 화장실, 샤워 시설 등의 편의 시설이 없다. 샤워 및 화장실은 차로 5분 정도 떨어져 있는 옆 해변인 카일루아 비치 파크를 이용해야 한다.

주말에는 사람이 많이 붐비는 편이니 가능하면 평일에 가는 것이 여유로운 휴식을 즐기기에 좋다. 그늘이 많지 않으니 차량이 있다면 파라솔을 가져가도 좋겠다. 산호, 물고기가 별로 없어 스노클링 하기에는 적합하지 않다. 튜브, 부기 보드를 즐기기 더 좋다. 해변에서 보이는 왼쪽 섬은 모쿠 누이Moku Nui섬, 오른편의 삼각형 모양의 섬은 모쿠 이키Moku Iki 섬이다.

**Data** Map 202F
**Access** 카일루아 비치에서 차로 4분, 도보 18분. 와이키키 지역에서 차로 40분 정도. 더 버스 57번 와나오 로드Wanaao Rd+아와케아 로드Awakea Rd 하차, 도보 30분. 57번 카일루아 로드Kailua Rd+하마쿠아 드라이브Hamakua Dr에서 70번으로 환승해 아라파파 드라이브Aalapapa Dr+카에레푸루 드라이브Kaelepulu Dr 하차, 도보 3분
**Add** Lanikai Beach, Kailua
**Web** www.kailuachamber.com/beaches

**Tip** 주택가이다 보니 주차 공간이 넉넉하지 않다. 모쿨루아 드라이브Mokulua Drive 길의 갓길에 주차 하는 것이 가장 좋다. 또는 카일루아 비치 파크 쪽에 주차한 후, 약 18분 걸어서 가는 방법도 있다.

© Banzai Hiroaki

**Writer's Pick!**

광활한 자연을 느낄 수 있는
### 쿠알로아 목장 Kualoa Ranch

쿠알로아 목장은 웅장하고 신비로운 느낌의 코올라우 Koolau 산맥이 병풍처럼 둘러쳐져 있다. 우거진 열대 우림으로 이뤄진 산맥과 계곡, 드넓은 하와이의 초원을 경험하기 좋은 곳이다. 과거에는 원주민 중 서열 높은 원주민만 방문이 가능했을 정도로 하와이에서도 신성하게 여기던 특별한 장소다. 아름답고 웅장한 풍경 덕분에 영화와 화보 촬영지로 자주 이용된다.

이 지역을 제대로 즐기려면 투어를 하는 것이 가장 좋다. 가장 인기 투어는 영화 〈쥬라기 월드〉, 〈고질라〉, 드라마 〈로스트〉 등의 촬영지를 사방이 오픈된 목장 버스를 타고 돌아보는 무비 사이트 투어이다. 투어 시간은 90분 정도 소요되며, 인기가 많아 현장 예약은 어려운 편이다. 투어 예약은 홈페이지를 통해 미리 하는 것을 추천한다. 녹음이 짙은 초원을 달리며 풍경을 만끽하는 ATV 투어, 승마 투어도 인기 있다. 쿠알로아 셔틀 버스(왕복 15달러) 이용을 원한다면, 전화(808-231-7321)로 픽업 원하는 위치를 알려주면 된다.

**Data** Map 135G
**Access** 와이키키 지역에서 차로 45분. 더 버스 55번 카메하메하 하이웨이Kamehameha Hwy+쿠알로아 랜치 Kualoa Ranch 하차
**Add** 49-560 Kamehameha Hwy, Kaneohe
**Tel** 808-237-7321
**Open** 08:30~17:30
**Cost** 무비 사이트 투어(1시간) 성인 36달러, 3~12세 26달러(6~8월은 성인 46달러, 3~12세 36달러), 승마 1시간 75달러(6~8월은 85달러), 쿠알로아 셔틀 버스 왕복 15달러
**Web** www.kualoa.com

© Eric Danley

© Jennifer Boyer

**Writer's Pick!**

시원스럽게 솟구치는 물기둥
## 할로나 블로 홀 전망대
Halona Blow Hole Lookout

블로 홀은 거센 파도가 바위 위로 몰아치면서 바위에 난 구멍 틈새로 바닷물이 물기둥처럼 솟구쳐 오르는 현상을 말한다. 고래가 등에 있는 숨구멍으로 물을 뿜는 현상과 닮아 붙여진 이름이다. 물기둥은 최고 10m 높이까지 솟구치지만 파도가 잔잔한 날에는 보지 못할 수도 있다. 기암괴석에 둘러싸여 있는 해안 자체의 모습이 특이하다.

바다를 바라보고 오른편에 할로나 비치Halona Beach는 풍경이 상당히 아름답고, 현지인들의 선탠 장소로도 애용된다. 전망대 한편에서는 거센 파도가 쳐서 파도 타기 좋기로 유명한 샌디 비치Sandy Beach도 내려다보인다. 매년 11월에서 5월 사이에는 산란기를 맞이하여 하와이를 찾은 혹등고래의 이동 모습을 볼 수 있다.

**Data** Map 135L
**Access** 와이키키 지역에서 차로 15분 정도. 더 버스 22번 카라니아나올레 하이웨이 Kalanianaole Hwy+ 샌드 비치Sandy Beach 하차, 도보 10분 **Add** 8699 State Hwy 72, Honolulu

**Writer's Pick!**

오아후 가장 동쪽 끝에 위치한 전망대
## 마카푸우 전망대 Makapu'u Lookout

동쪽 해안 끝에 위치하고 있는 전망대. 시원스럽게 펼쳐진 바다와 마카푸우 비치 파크Makapu'u Beach Park, 토끼섬, 거북이섬이 보이는 아름다운 전경을 감상할 수 있다. 볼록 튀어나온 모양의 토끼섬의 정식 명칭은 마나나섬Manana Island, 바로 아래 평평한 모양의 거북섬은 카오히카이푸섬Kaohikaipu Island이다. 두 섬 모두 야생 조류 보호 구역이라 일반인의 출입이 금지되어 있다.

전망대에서 산 쪽으로 올라가면 마카푸우 포인트 라이트하우스Makapu'u Point Lighthouse가 보이는 트레일을 걸어볼 수 있다. 현지인들이 올라가는 모습이 많이 보이기 때문에 길을 찾기가 어렵지는 않다.

**Data** Map 135L
**Access** 와이키키 비치 지역에서 차로 40분 정도
**Add** Kalanianaole Hwy, Waimanalo
**Web** www.to-hawaii.com/oahu/attractions/makapuulookout.php

#### 남녀노소 누구나 즐길 수 있는
## 카이위 쇼어라인 트레일 Kaiwi Shoreline Trail

하얀 등대 마카푸우 포인트 라이트하우스Makapu'u Point Lighthouse까지 이어지는 트레일. 마카푸우 포인트 라이트하우스 트레일이라는 이름으로도 알려져 있다. 비교적 평평한 평지가 이어지는 트레일이라 어린 아이를 동반한 여행자도 무리 없이 다녀올 수 있다. 단, 그늘이 많지 않기 때문에 선글라스, 모자, 선크림을 반드시 준비하도록 하자.

등대에 들어가볼 수는 없지만, 주변 풍경이 아름다워서 인기가 많다. 트레일 끝의 동쪽 해안에 위치한 덕에 멋진 일출을 볼 수 있는 포인트로도 유명하다. 해가 뜨기 전에는 트레일이 어둡기 때문에 일출을 보러 갈 계획이라면 손전등은 필수다. 트레일은 편도 50분 정도 소요. 11~5월에는 바닷길을 따라 흑동고래들이 지나가는 것도 볼 수 있다.

**Data** Map 135L
**Access** 와이키키 지역에서 차로 40분 정도
**Add** Kalanianaole Hwy, Honolulu
**Open** 4월 1일~9월 첫째 주 월요일 07:00~19:45, 9월 첫째 주 화요일~3월 31일 07:00~18:45 **Cost** 무료
**Web** www.dlnr.hawaii.gov/dsp/parks/oahu/kaiwi-state-scenic-shoreline

#### 평화롭고 조용한 해변
## 와이마날로 비치 파크 Waimanalo Beach Park

해변의 길이가 8.9km로 오아후에서 가장 길다. 고운 모래사장과 빛나는 에메랄드빛 바다를 만나보자. 비교적 관광객들에게 덜 알려져 있고, 조용하고 평화로워 웨딩 촬영지로도 추천할 만하다. 파도가 높지 않아서 서핑 초보자도 즐겁게 파도를 즐길 수 있다. 해변 옆으로 작은 숲이 조성되어 있다.

샤워 시설, 탈의실, 화장실 등 기본 시설이 잘 갖춰져 있다. 한쪽에는 바비큐 그릴이 설치되어 있어 현지인들이 바비큐 파티를 즐기는 장소로도 사용된다. 캠핑존 홈페이지에 가입 후, 허가증을 발급받으면, 캠핑도 할 수 있다. 캠핑 자리도 홈페이지 내에서 지정할 수 있다.

**Data** Map 135L
**Access** 와이키키 지역에서 차로 35분 정도. 더 버스 23번 카라니아나올레 하이웨이 Kalanianaole Hwy+아라 코아 스트리트Ala KOA St 하차, 도보 1분. 77, 77번 카라니아나올레 하이웨이Kalanianaole Hwy+나카니 스트리트Nakini St 하차, 도보 1분 **Add** 41-741 Kalanianaole Hwy, Waimanalo **Web** 비치 파크 www.to-hawaii.com/oahu/beaches/waimanalobeachpark.php, 캠핑존 camping.honolulu.gov/campsites/search?park_id=14

**특별한 액티비티를 즐기는**
## 시 라이프 파크 하와이 Sea Life Park Hawaii

어린이를 동반한 여행자에게 인기 있는 해양 테마파크이다. 바닷속을 재현한 수족관에서 상어, 가오리, 열대어 등 다양한 해양 동물을 만날 수 있다. 야외에 있는 오션 극장에서는 바다사자, 돌고래, 물개, 바다거북 쇼 등을 진행한다. 이곳에서 가장 유명한 프로그램은 돌고래 체험이다. 세 가지 프로그램 중 고를 수 있다. 그중 돌핀 인카운터 Dolphin Encounter는 남녀노소 누구나 참여 가능하며, 돌고래를 만져 볼 수 있다. 높이가 낮은 수영장에서 진행되기 때문에 수영을 못 해도 상관없다. 돌핀 스윔 어드벤처Dolphin Swim Adventure는 8세 이상부터 참여할 수 있다. 돌고래의 핀을 잡고 수영도 해보고, 수신호를 배운 후 돌고래와 친숙해지는 체험을 하게 된다. 돌핀 로열 스윔Dolphin Royal Swim은 8세 이상 참여 가능하며, 두 마리의 돌고래와 수영을 하는 프로그램이다. 돌고래와 악수, 키스하는 등의 교감도 나눈다.

더 버스, 트롤리, 렌터카 등으로 갈 수 있으며, 시 라이프 파크 하와이에서 운영하는 유료 셔틀버스(편도 16달러)를 이용할 수도 있다. 셔틀버스 이용을 원한다면 전화(808-259-2500)를 한 후, 원하는 호텔로 픽업을 요청하면 된다.

**Data** Map 135L
Access 와이키키 비치 지역에서 차로 40분 정도. 마카푸우 전망대에서 차로 2분. 더 버스 22, 23, 57번, 와이키키 트롤리 블루 라인 탑승 시 '시 라이프 파크' 하차
Add 41-202 Kalanianaole Hwy, Waimanalo
Tel 808-259-2500
Open 10:30~17:00
Cost 입장료 13세 이상 40달러, 3~12세 25달러, 주차 5달러, 돌핀 엔카운터 139.99달러(입장료 포함), 돌핀 스윔 어드벤처 199.99달러 (입장료 포함)
Web www.sealifepark-hawaii.com

© Justin De La Ornellas

© Tina Saey

# EAT

## | 카일루아&카네오헤 Kailua&Keneohe |

**Writer's Pick!**
하와이 최고의 크레이프
### 크레이프스 노 카 오이 Crepes No Ka 'oi

관광객, 현지인 모두에게 맛있다고 소문이 자자한 곳. 식사 시간을 살짝 피해 가야 많이 기다리지 않는다. 인기 메뉴는 베리 헤븐리Berry Heavenly. 블루베리, 딸기, 블랙베리, 휘핑크림 등이 올라간 디저트 크레이프로 취향에 따라 바닐라 아이스크림 한 스쿱을 추가할 수도 있다. 모차렐라 치즈, 토마토, 바질 등이 들어간 갓파더The Godfather도 인기다. 느끼한 맛을 좋아한다면 체더 치즈, 감자, 달걀 등이 들어간 얼티밋 브렉퍼스트 크레이프Ultimate Breakfast Crepe를 추천한다.

**Data** Map 202D
**Access** 와이키키 지역에서 차로 40분 정도. 더 버스 57번 카일루아 로드Kailua Rd+하하니 스트리트Hahani St 하차, 도보 4분
**Add** 143 Hekili St, Kaikua
**Tel** 808-263-4088
**Open** 월·수·목 07:00~20:00, 금·토 07:00~21:00, 일 07:00~14:00 **Cost** 베리 헤븐리 9.45달러, 갓파더 8.25달러, 얼티밋 브렉퍼스트 크레이프 10.55달러, 커피류 3~5달러
**Web** www.crepesnokaoi.com

**Writer's Pick!**
맛집 브런치 레스토랑

### 부츠&키모스 홈스타일 키친
### Boots&Kimo's Homestyle Kitchen

최고의 팬케이크를 맛볼 수 있는 곳. 인기 맛집답게 식사 시간대에는 긴 줄을 피하기가 어려우니 가능하면 일찍 가는 것이 좋다. 미식축구 관련 물건들로 꾸며진 내부가 인상적이다.
추천 메뉴는 키모스 페이머스 마카다미아너트 소스 팬케이크Kimo's Famous Macadamia Nut Sauce Pancakes로, 촉촉하고 부드러운 질감과 달콤한 마카다미아너트 소스의 궁합이 환상이다. 바나나 팬케이크 위드 마카다미아너트 소스Banana Pancake with Macadamia Nut Sauce도 맛있다. 에그 베네딕트, 슈림프 알프레도 오믈렛도 맛있다. 카일루아 비치 파크를 가기 전에 들러 브런치를 즐기기에 안성맞춤이다.

**Data** Map 202D
**Access** 와이키키 지역에서 차로 40분 정도. 더 버스 57번 카일루아 로드Kailua Rd+하하니 스트리트 Hahani St 하차, 도보 4분 **Add** 151 Hekili St, Kailua **Tel** 808-263-7929 **Open** 월~금 07:30~14:00, 토·일 07:00~14:30 **Cost** 키모스 페이머스 마카다미아너트 소스 팬케이크 9.99달러, 위드 마카다미아너트 소스 10.99달러, 에그 베네딕트 14달러, 슈림프 알프레도 오믈렛 15달러

### 30년 전통의 브런치 레스토랑
### 시나몬스 Cinnamon's

현지인들이 사랑하는 브런치 맛집으로 가격대가 저렴하고 메뉴가 다양하다. 식사 시간에는 긴 줄을 기다리게 되니 일찍 가거나 종료 시간에 임박해서 가는 것이 그나마 줄을 피하는 방법이다. 이 집의 시그너처 메뉴인 레드벨벳 팬케이크는 붉은색 반죽으로 만든 팬케이크 위에 화이트 초콜릿 소스를 뿌려 주는데, 입 안에 넣으면 사르르 녹는 부드러운 맛이 일품이다. 칼루아 포크 에그 베네딕트Kalua Pork Eggs Benedict, 마카다미아너트 롤Macadamia Nut Roll도 맛있다. 커피는 한 번 주문하면 무한으로 리필해준다. 와이키키 지역의 일리카이 호텔Ilikai Hotel에도 (**Add** 1777 Ala Moana Blvd, Honolulu)있다.

**Data** Map 202A **Access** 와이키키 지역에서 차로 40분 정도. 더 버스 56번 오네아와 스트리트Oneawa St+쿠레이 로드Kuulei Rd 하차, 도보 5분. 57번 카일루아 로드Kailua Rd+오네아와 스트리트Oneawa St 하차, 도보 6분 **Add** 315 Uluniu St, Kailua **Tel** 808-261-8724 **Open** 07:00~14:00 **Cost** 레드벨벳 팬케이크 스몰 8달러 마카다미아너트 롤 4.50달러, 에그 베네딕트 13.50달러 **Web** www.cinnamons808.com

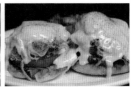

BUY

## | 카일루아&카네오헤 Kailua&Keneohe |

### 특산품 구입처
### 트로피컬 팜스 Tropical Farms

여러 종류의 마카다미아너트와 커피 등을 시식하고, 구입도 가능한 마카다미아너트 아웃렛Macadamia Nut Outlet이다. 하와이 특산품으로 알려진 마카다미아너트는 단단한 껍질 안에 담백하고, 고소한 열매가 들어있다. 하와이에서 만든 열대 과일 잼, 쿠키, 빵 등도 판매하고 있다. 입장료, 주차료 모두 무료이다. 동쪽 해안 지역을 돌아볼 때에 잠시 들러보아도 좋다.

**Data** Map 135G **Access** 와이키키 지역에서 차로 50분, 쿠알로아 목장에서 차로 3분. 더 버스 55번 카메하메하 하이웨이Kamehameha Hwy+존슨 로드Johnson Rd 하차, 도보 1분 **Add** 49-227 Kamehameha Hwy, Kaneohe **Tel** 808-237-1960 **Open** 09:30~17:00 **Web** www.macnutfarm.com

© Daniel Ramirez

# 노스 오아후

## NORTH OAHU (할레이바 부근)

노스 쇼어는 오아후의 가장 북쪽 지역으로 와이키키 반대편에 위치한다.
겨울철에는 집채만 한 크기의 파도를 즐기기 위해 내로라하는 전 세계 서퍼들이
모여든다. 이 지역 중심지로 불리는 할레이바는 살짝 낡은 듯한 느낌의
알록달록한 건물들이 즐비한 곳! 하와이의 옛 모습을 그대로 간직하고 있는
지역으로 언제 가도 따스한 정감이 느껴진다. 북쪽 해안 도로에서 만나는
새우 트럭에서 탱글한 식감의 새우를 즐기고, 한없이 푸른 바다를 보며
사색을 즐길 수 있는 곳, 느리고 여유 있게 시간을 보내기에 안성맞춤이다.

© Tina Saey

# North Oahu
# PREVIEW

당일치기 여행으로 그냥 지나치기에는 아쉬움이 많이 남는 지역이다. 컬러풀한 색감과 독특한 감성을 뿜어내는 할레이바 타운은 느리게 어슬렁거리며 여유를 만끽하고 싶은 곳이다. 노스 쇼어 지역에서는 전 세계 서퍼들의 마음을 두근거리게 하는 10m가 넘는 높이의 파도가 기다리고 있다. 렌터카로 북부 해안 도로를 따라 다니면 만날 수 있는 새우 트럭은 꼭 한번 맛봐야 하는 이 지역 명물! 하와이의 근간이 되는 폴리네시안 문화를 경험할 수 있는 폴리네시안 문화 센터도 놓치지 말자.

**SEE**

고풍스러우면서도 독특한 컬러를 가진 할레이바 타운 구석구석을 산책해보자. 현대적인 감각의 와이키키와는 완전히 다른 분위기가 매력적이다. 라니아케아 비치에서 해안으로 쉬러 나온 거북을 보는 것도 특별한 재미! 절벽 바위에서 몸을 던지며 다이빙을 즐기는 사람들을 볼 수 있는 와이메아 베이 비치 파크에서 휴식을 취하는 것도 좋다. 하와이 문화의 뿌리를 볼 수 있는 폴리네시안 문화 센터에서는 이색적이고 다채로운 문화 행사가 진행되기 때문에 하루 종일 시간을 투자해도 좋다. 선셋 비치 파크는 아름다운 일몰 포인트로 유명하다.

**ENJOY**

여름철이라면 푸푸케아 비치 파크에서 스노클링을 즐기는 것도 좋다. 서핑에 일가견이 있는 사람이라면 노스 쇼어 지역의 파도는 꼭 타보고 싶은 도전이 될 것이다. 단, 겨울철의 파도는 상당히 높고 거칠어서 초, 중급자들에게는 절대 권하지 않는다. 상어와 수영을 즐길 수 있는 이색적인 테마 투어인 노스 쇼어 샤크 어드벤처도 인기 있다.

**EAT**

탱글탱글 신선한 새우를 양념해 조리한 새우 트럭의 요리를 즐기거나 슬로 푸드를 지향하는 쿠아 아이나의 햄버거를 먹어보자. 이 지역 가장 유명한 셰이브 아이스는 마츠모토 그로서리 스토어에서 판매한다. 얼음을 곱게 간 후 그 위에 색색의 과일맛 식용 색소를 뿌려서 만드는 빙과류 간식이다. 폴리네시안 문화 센터에서는 하와이 전통 음식을 즐길 수 있는 뷔페도 있다. 일몰 시각에 터틀 베이 리조트 내에 위치한 '포인트 선셋&풀 바'에서 칵테일 한잔을 즐기는 것도 추천한다.

**SLEEP**

고급스러운 호텔인 터틀 베이 리조트부터 작은 규모의 숙박 시설이 즐비하다. 에어비앤비 등을 통하여 현지인들의 집을 빌리는 방법도 있다. 와이키키의 북적거림이 싫고, 오아후의 조용한 아름다움을 만끽하고 싶은 이들에게 추천한다. 겨울철에는 각종 서핑 대회들로 인하여 이 지역의 숙소도 상당히 붐빈다.

North Oahu
# GET AROUND

 어떻게 갈까?

북쪽 해안 도로를 달리면서 곳곳에 위치한 스폿을 자유롭게 다니려면 렌터카로 여행하는 것이 가장 편리하다. 와이키키 지역에서 출발 기준으로 대중교통으로도 할레이바 타운까지 갈 수 있다. 더 버스 52번을 이용하면 약 2시간 소요된다. 55번도 가능하지만 30~40분 더 소요되므로 추천하지 않는다. 와이키키 지역 출발 기준, 더 버스 8, 13, 19, 23번 등을 타고 알라 모아나 센터Ala Moana Center 하차후 코나 스트리트Kona St+코나 이키 스트리트Kona Iki St에서 52번 버스로 환승하면 된다. 버스는 무료로 1회 환승이 되니 환승 티켓을 운전자에게 요구하자. 폴리네시안 문화 센터까지는 더 버스 55번을 이용하면 되지만 배차 간격이 길고 2시간 넘게 걸린다.
렌터카나 유료 셔틀버스(한인 여행사, 폴리네시안 문화 센터 홈페이지 등에서 예약 가능)를 이용하는 효율적이다. 할레이바 타운에서 호놀룰루 국제공항까지는 차로 50분 정도 소요된다.

## 어떻게 다닐까?

일정이 빠듯하다면 북쪽 해안 도로를 달리면서 할레이바 타운을 먼저 방문하고, 라니아 케아 비치, 푸푸케아 비치 파크, 와이메아 베이 비치 파크 중에서 한 곳을 골라서 방문하는 식으로 계획하는 것이 좋다. 와이메아 밸리는 푸른 녹음을 만끽할 수 있어서 트레일을 걷기 위해 현지인들이 많이 찾는다. 폴리네시안 문화 센터는 하와이의 근간이 되는 문화를 보기에 좋은 곳이다. 여러 부족의 춤과 노래, 전통문화를 체험할 수 있는 다양한 행사가 진행되고 있어서 하루를 모두 투자할 만하다.

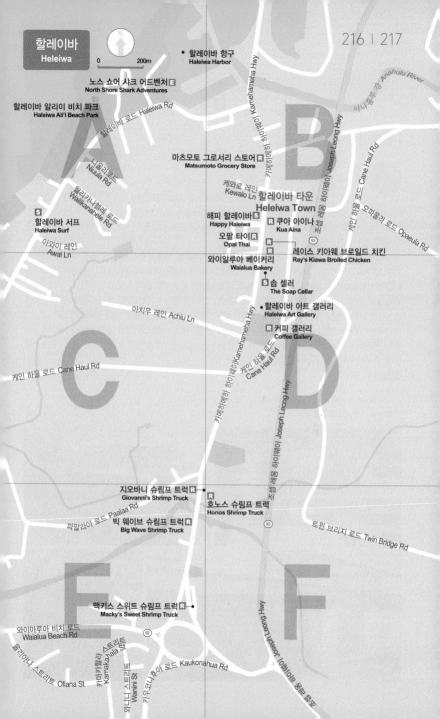

할레이바
Heleiwa

N

0    200m

할레이바 항구
Haleiwa Harbor

노스 쇼어 샤크 어드벤처 E
North Shore Shark Adventures

할레이바 알리이 비치 파크
Haleiwa Ali'I Beach Park

할레이바 로드 Haleiwa Rd

카메하메하 하이웨이 Kamehameha Hwy

아나훌루 강 Anahulu River

조셉 리옹 하이웨이 Joseph Leong Hwy

마츠모토 그로서리 스토어
Matsumoto Grocery Store

니울라 로드
Niuula Rd

케인 하울 로드 Cane Haul Rd

월리카나헬레 로드
Wailikanahele Rd

케와로 레인
Kewalo Ln

할레이바 타운
Heleiwa Town

S
할레이바 서프
Haleiwa Surf

해피 할레이바 S
Happy Haleiwa

R 쿠아 아이나
Kua Aina

오팔 타이 R
Opal Thai

케인 하울 로드 오파울라 로드 Opaeula Rd

아와이 레인
Awai Ln

R
R
레이스 키아웨 브로일드 치킨
Ray's Kiawa Broiled Chicken

와이알루아 베이커리
Waialua Bakery

S 솝 셀러
The Soap Cellar

아치우 레인 Achiu Ln

카메하메하 하이웨이 Kamehameha Hwy

할레이바 아트 갤러리
Haleiwa Art Gallery

R 커피 갤러리
Coffee Gallery

케인 하울 로드
Cane Haul Rd

케인 하울 로드 Cane Haul Rd

조셉 리옹 하이웨이 Joseph Leong Hwy

지오바니 슈림프 트럭 R
Giovanni's Shrimp Truck

R
호노스 슈림프 트럭
Honos Shrimp Truck

파알라아 로드 Paalaa Rd

빅 웨이브 슈림프 트럭 R
Big Wave Shrimp Truck

83

트윈 브리지 로드 Twin Bridge Rd

맥키스 스위트 슈림프 트럭 R
Macky's Sweet Shrimp Truck

와이아루아 비치 로드
Waialua Beach Rd

82

카마카할라 스트리트
Kamakahala St

조셉 리옹 하이웨이 Joseph Leong Hwy

올리아나 스트리트 Oliana St

와니니 스트리트 Wanini St

카우코나후아 로드 Kaukonahua Rd

## | 할레이바 Heleiwa |

**Writer's Pick!** 하와이의 옛 모습을 간직하고 있는
**할레이바 타운** Heleiwa Town

오아후섬 북쪽 해안 지역에서 가장 번화한 마을이다. 할레이바 타운은 마치 시간이 멈춘 듯 하와이의 옛 모습을 그대로 간직하고 있다. 알록달록하게 칠해진 건물들이 다소 촌스러워 보이지만, 독특한 분위기를 뿜어낸다. 할레이바는 100년 전 이곳에 자리 잡고 있던 빅토리아 양식으로 건축되었던 할레이바 호텔의 이름을 따서 붙여진 이름이다.

파도의 높이가 최고조가 되는 11월부터 1월까지는 이 마을이 가장 분주해지는 때이다. 노스 쇼어에 위치한 해변에서 세계적인 서핑 대회들이 열리고, 전 세계에서 방문한 세계 정상급의 서핑 선수들이 오는 기간이기 때문이다. 그들의 실력을 보기 위해 대회 날이면 많은 사람들이 이곳을 방문한다.

서퍼들이 사랑하는 마을답게 서핑 용품을 판매하는 숍이 즐비하며, 그 외에 아기자기한 느낌의 기념품 숍, 개성 강한 작품들을 감상할 수 있는 갤러리 등이 있으니, 산책을 즐기듯 구석구석 둘러보자.

북부 해안 지역의 명물 새우 요리를 판매하는 새우 트럭, 과일 시럽으로 맛을 낸 빙과류인 셰이브 아이스를 판매하는 마츠모토 그로서리 스토어, 육즙이 느껴지는 패티와 신선한 채소로 속이 꽉 찬 햄버거를 맛볼 수 있는 쿠아 아니아 Kua Aina 등도 위치하고 있다.

**Data** Map 134B
**Access** 와이키키 지역에서 차량으로 1시간. 더 버스 52, 55번 탑승 시 카메하메하 하이웨이 Kamehameha Hwy+케아로 레인 Kewalo Ln 하차 **Add** 66-145 Kamehameha Hwy, Haleiwa
**Web** www.haleiwatown.com

# | 노스 쇼어 North Shore |

**Writer's Pick!**

거북의 쉼터
## 라니아케아 비치 Laniakea Beach

모래와 돌로 이뤄진 해변이다. 라니아케아는 하와이어로 '측량할 수 없는 천국'을 뜻한다. 일광욕을 하러 모래사장으로 나온 푸른 바다거북이 자주 출몰하기 때문에 거북이 비치로도 유명하다. 푸른 바다거북은 멸종 위기 동물이기 때문에 하와이주 야생 동물 보호법에 의해 보호받고 있다. 해변에 나온 거북 주위에는 빨간 줄이 쳐져 있다. 거북과 일정 거리를 유지해야 하기 때문이다. 거북을 만지거나 먹이를 주어서도 안된다. 쉽게 볼 수 없는 야생 동물을 가까이에서 관찰할 수 있어서 더욱 특별한 해변이다.

**Data** Map 134B
**Access** 와이키키 지역에서 차로 75분. 더 버스 55번 카메하메하 하이웨이|Kamehameha Hwy+포하쿠 로아 웨이|Pohaku Loa Way 하차, 도보 3분 **Add** 61-676 Kamehameha Hwy, Haleiwa **Web** www.to-hawaii.com/oahu/beaches/laniakea-beach.php

**Tip** 하와이에서는 푸른 바다거북을 '호누Honu'라고 부른다. 거북의 겉모습이 아닌 몸속 지방이 푸른색이라 이와 같은 이름을 갖게 되었다. 평균 수명은 60~70년으로, 크기는 101cm, 무게는 최대 181kg까지 나가며 태어나 25~35년부터 번식을 시작한다. 이빨은 없지만 톱니 모양의 턱으로 물 수 있다. 하와이에서 호누는 행운의 상징으로 여겨진다.

바닷속으로 점프~
## 와이메아 베이 비치 파크 Waimea Bay Beach Park

높이 12m의 바위 위에서 뛰어내리는 다이빙을 즐기는 해변으로 유명하다. 관광객, 현지인들이 모두가 즐겨 찾는 곳이다. 황금색 모래사장이 넓게 펼쳐져 있다. 여름에는 비교적 잔잔한 편이지만 12월에서 2월 사이에는 높은 파도가 유지되어 파도를 타기 위한 서퍼들의 방문이 이어진다. 야외 샤워 시설, 화장실 등이 잘 갖춰져 있다. 선크림, 시원한 음료 등은 준비해 오는 것이 좋다.

**Data** Map 134B
**Access** 더 버스 55번 카메하메하 하이웨이|Kamehameha Hwy+와이메아 밸리 로드Waimea Valley Rd 하차, 도보 1분 **Add** 61-031 Kamehameha Hwy, Haleiwa **Tel** 808-233-7300 **Web** www.to-hawaii.com/oahu/beaches/waimea-bay-beach-park.php

© Jennifer Boyer

### Writer's Pick!
노스 쇼어의 대표 스노클링 포인트
## 푸푸케아 비치 파크 Pupukea Beach Park

스노클링 포인트로 유명한 샤크 코브Sharks Cove가 있는 해변이다. 바다에 돌출된 화산암이 상어의 이빨처럼 날카롭게 보여 붙여진 이름이다. 스노클링에 적합한 시기는 물이 잔잔한 5월부터 9월까지. 큰 파도를 막아주는 바위들이 있어 물이 잔잔하고, 산호초와 열대어가 많이 서식한다. 또 물의 깊이도 다양해 초보자부터 중급자이상까지 스노클링을 즐길 수 있다. 단, 바닥에 날카로운 산호초와 바위가 많으니 아쿠아슈즈나 오리발을 반드시 착용해야 한다. 물고기에게 먹이를 주는 것도 금물이다.

야외 샤워장, 공중화장실, 주차장이 잘 갖춰져 있으나 여름철이면 근처에 주차하기가 어렵다. 가능하면 평일에 방문할 것을 추천한다.

**Data** Map 134B
**Access** 와이키키 지역에서 차로 1시간 30분 정도. 더 버스 55번 카메하메하 하이웨이Kamehameha Hwy+푸푸케아 로드Pupukea Rd 하차, 도보 1분
**Add** 59-712 Kamehameha Hwy, Haleiwa
**Web** www.to-hawaii.com/oahu/beaches/pupukeabeachpark.php

© HTA

© Thomas Shahan

**푸른 녹음에 흠뻑 취해보는**
## 와이메아 밸리 Waimea Valley

노스 쇼어에 위치한 계곡으로 현지인들의 피크닉 장소로도 인기 있는 지역이다. 잘 포장된 와이메아 계곡 트레일을 걸으며 자연경관을 감상해보자. 화려한 열대 꽃들과 푸른 녹음을 자랑하는 나무가 많아서 머릿속까지 상쾌해지는 기분이 든다.

성인 걸음으로 30분 정도 걸으면 트레킹 코스 끝에 폭포가 있다. 폭포의 물이 철분이 많아서 멀리서 보면 흙탕물처럼 보이지만 깨끗한 수질을 자랑한다. 입구에서 구명조끼와 물놀이 도구를 무료로 대여해준다. 물은 상당히 차가운 편이다. 스낵을 판매하는 가게도 있다.

**Data** Map 134B
**Access** 더 버스 55번 카메하메하 하이웨이Kamehameha Hwy+와이메아 밸리 로드Waimea Valley Rd 하차, 도보 10분
**Add** 59-864 Kamehameha Hwy, Haleiwa **Tel** 808-638-7766
**Open** 09:00~17:00 **Cost** 13세 이상 17달러, 4~12세 9달러, 학생·60세 이상 13달러 **Web** www.waimeavalley.net

© boaski

**낭만적 선셋 포인트로 유명한**
## 선셋 비치 파크 Sunset Beach Park

멋진 일몰을 볼 수 있는 곳. 파도가 높고 서핑을 즐기는 사람들이 많다. 3km 정도 이어지는 모래 해변이 인상적이다. 여름에는 파도가 잔잔해 수영을 즐기기에 적합하고, 겨울에는 큰 파도가 일어 서핑에 더 적합하다. 세계적인 서핑 월드컵 중 하나인 밴스 트리플 크라운 오브 서핑Vans Triple Crown of Surfing도 이곳에서 열린다.

**Data** Map 134B
**Access** 더 버스 55번 카메하메하 하이웨이Kamehameha Hwy + 선셋 비치 파크Sunset Beach park 하차, 도보 1분 **Add** 59-104 Kamehameha Hwy, Haleiwa
**Web** www.to-hawaii.com/oahu/beaches/sunset-beach-park.php

© Tina Saey

**상어와 함께 수영을!?**
## 노스 쇼어 샤크 어드벤처
### North Shore Shark Adventures

상어와 수영을 즐기는 이색적인 투어이다. 철창 안에 사람이 들어가고, 그 주변으로 상어들이 득실거린다. 바로 눈앞에서 위풍당당하게 떼 지어 다니는 상어들의 자태를 감상할 수 있어 특별하다.
안전 교육을 받은 후 배를 타고 상어들이 있는 투어 지역으로 출발한다. 파도가 거셀 수 있으므로 가급적 파도가 잔잔한 아침 첫배에 탑승하는 것을 추천한다. 멀미가 심한 편이라면 멀미약을 먹는 것이 좋다. 상어와 수영을 즐기는 시간은 15분 정도며, 투어 지역까지 이동 시간은 편도 1시간 정도 소요된다.

**Data** Map 217A
**Access** 와이키키 지역에서 차량으로 75분
**Add** 66-105 Haleiwa Road, Haleiwa
**Tel** 808-228-5900
**Open** 06:00~18:00
**Cost** 13세 이상 96달러, 3~12세 60달러
**Web** www.sharktourshawaii.com

# | 라이에 Laie |

**Writer's Pick!**

하와이 문화를 다양하게 체험하는

## 폴리네시안 문화 센터 Polynesian Culture Center

하와이 문화에 영향을 준 폴리네시안 지역 문화를 체험하는 테마파크. 하와이Hawaii, 피지 Fiji, 타이티Tahiti, 사모아Samoa, 통가Tonga, 아오테아로아Aotearoa, 마르케사스Marquesas 등 남태평양 7개 부족의 풍습과 노래, 문화를 소개한다. 오후 2시 30분부터 시작되는 카누 쇼는 놓치지 말자. 각 부족의 대표들이 카누를 타고 추는 전통춤을 볼 수 있다. 폴리네시안 문화 센터 내에 흐르는 물줄기를 따라 사공이 끄는 카누도 탑승할 수 있다. 아이맥스 영화관에서 보는 4D 영상도 볼만하다.

하와이식 전통 만찬을 뷔페 스타일로 제공하는 루아우 뷔페는 귀한 손님을 대접하기에 좋은 레스토랑이다. 루아르 뷔페를 이용하고 싶다면 입장료를 구입할 때 뷔페가 추가되어 있는 패키지를 선택하면 된다. 폴리네시안 지역에 속하는 7개 부족의 춤과 노래를 만끽할 수 있는 〈하 쇼Ha Show〉는 인기 있는 공연으로 저녁 7시 30분부터 시작된다.

입장권은 루아우 디너 뷔페, 하 쇼의 추가 여부에 따라 여러 등급으로 나뉜다. 한국인 가이드 동반을 원한다면 슈퍼 엠바서더 패키지Super Ambassador Package를 구매하자. 저녁 식사로 프라임 립 뷔페Prime Rib Buffet, 또는 알리 루아우 디너 뷔페Ali'i Luau Dinner Buffet 중 선택할 수 있다. 하 쇼 관람도 포함되어 있다. 입장권은 해당 홈페이지 또는 한인 여행사 등을 통해 구매하면 된다. 밤 9시경에 끝나는 하 쇼까지 감상할 예정이라면 대중교통보다는 렌터카나 유료 셔틀버스를 이용하는 것이 좋다.

**Data** Map 135C
**Access** 와이키키 지역에서 차로 1시간 정도. 더 버스 55번 카메하메하 하이웨이+폴리네시안 문화 센터 하차
**Add** 55-370 Kamehameha Hwy, Laie **Tel** 800-367-7060 **Open** 입장료 월~토 12:00~17:00, 루아우 뷔페 월~토 17:00~21:00 **Cost** 입장+쇼+디너 12세 이상 89.95달러, 5~11세 71.96달러, 슈퍼 엠베서더 성인 239.95달러, 5~11세 191.96달러 **Web** www.polynesia.com

**시원스럽게 탁 트인 경치**

## 라이에 포인트 스테이트 웨이사이드 파크 Laie Point State Wayside Park

사방이 트인 전망이 시원스럽다. 거센 바람에 뚫린 바위의 기이한 모습이 탄성을 자아낸다. 이 지역에 내려오는 전설이 있다. 옛날 옛적에 모오Moʻo라는 거대한 도마뱀이 살았다. 사람들을 잡아먹고, 배들을 침몰시키자 카나라는 용감한 하와이 전사가 도마뱀을 죽였다. 카나라는 도마뱀을 죽인 후 조각조각 잘라서 바다에 뿌렸다고 전해진다. 일출과 일몰 시에는 더욱 환상적인 뷰를 자랑하는 지역이다.

© Robert Linsdell

**Data** Map 135C
**Access** 와이키키 지역에서 차로 70분. 폴리네시안 문화 센터에서 차로 5분 정도. 더 버스 55번 카메하메하 하이웨이Kamehameha Hwy+아네모쿠 스트리트Anemoku St 하차, 도보 10분
**Add** Naupaka St, Laie
**Web** www.to-hawaii.com/oahu/beaches/laiepointpark.php

EAT

## | 할레이바 Haleiwa |

**Writer's Pick!**

하와이 스타일 수제 버거를 경험하는

### 쿠아 아이나 Kua Aina

하와이에서 가장 맛있는 햄버거로 꼽히는 쿠아 아이나의 본점. 주문 즉시 조리가 시작된다. 미디엄으로 구워 육즙이 그대로 느껴지는 도톰한 패티가 인기 비결! 버거는 파인애플을 넣은 하와이안 버거, 아보카도 버거가 추천 메뉴며, 데리야키 샌드위치, 마히마히 피시 샌드위치도 인기 있는 메뉴이다. 사이드 메뉴로 나오는 감자튀김도 바삭바삭하다. 고기 사이즈에 따라 스몰, 라지로 나뉜다. 햄버거는 테이블에 비치된 소스를 취향에 따라 뿌려서 먹으면 된다. 호놀룰루 와이키키 비치의 위드 빌리지, 호놀룰루 워드 센터에 분점이 있다.

**Data** Map 217B
**Access** 와이키키 지역에서 차로 75분 정도 . 더 버스 52, 55번 카메하메하 하이웨이Kamehameha Hwy+케와로 레인Kewalo Ln 하차, 도보 1분
**Add** 66-160 Kamehameha Hwy, Haleiwa **Tel** 808-637-6067
**Open** 11:00~20:00
**Cost** 아보카도 버거 라지 9.50달러, 치즈 버거 라지 9.10달러

### 무지개 빛을 닮은 인기 셰이브 아이스
**Writer's Pick!**

## 마츠모토 그로서리 스토어 Matsumoto Grocery Store

셰이브 아이스는 얼음을 곱게 간 후 동그란 모양을 만들어서 색색의 과일 시럽을 뿌려서 만드는 빙수다. 서퍼들이 서핑이 끝난 후 휴식을 취하면서 먹었다고 하여 '서퍼들의 간식'으로도 불린다. 이곳은 하와이에서 가장 유명한 셰이브 아이스 가게이다. 원래 식품점이었는데 전통 빙수기로 얼음을 갈아 만든 최고의 셰이브 아이스 집으로 소문이 났다. 맛집답게 길게 늘어선 줄을 피하기 어렵다.
특별히 놀랄 만한 맛은 아니지만 무더운 날씨의 더위를 날려주는 시원한 간식거리임은 틀림없다. 뿌려지는 과일 시럽의 종류에 따라 메뉴가 달라지며, 색깔이 고운 레인보와 하와이안이 가장 잘 팔린다. 매장 한쪽에는 티셔츠나 액세서리 등을 판매한다.

**Data** Map 217B **Access** 더 버스 52, 55번 탑승 시 카메하메하 하이웨이Kamehameha Hwy+에머슨 로드 Emerson Rd 하차 **Add** 66-087 Kamehameha Hwy, Haleiwa **Tel** 808-637-4827 **Open** 09:00~18:00 **Cost** 셰이브 아이스크림 스몰 3달러, 라지 3.50달러 **Web** www.matsumotoshaveice.com

### 샌드위치와 스무디로 유명한
## 와이알루아 베이커리 Waialua Bakery

컬러풀한 외관이 인상적인 로컬 베이커리. 인근 농장에서 재배한 신선한 재료로 만든 샌드위치가 유명하다. 샌드위치 주문 시 빵을 본인의 취향에 맞춰 통밀빵, 화이트, 할라페뇨 번, 치즈 허브 번, 파르메산 치즈 갈릭 번 중 고를 수 있다. 빵도 직접 만든다.
신선한 과일을 갈아 만든 스무디도 인기 메뉴다. 종류가 스무 가지도 넘는다. 상큼한 맛의 베리 베리Berry Berry와 슈퍼 푸드인 아사이가 들어간 아사이 에너지Acai Energy 메뉴가 사랑받고 있다. 마시멜로와 견과류, 꿀 등을 섞어 만든 원더 바Wonder Bar, 바나나 브레드 푸딩, 쿠키 등도 맛있다. 채식주의자들을 위한 메뉴도 있다. 현금으로만 결제할 수 있다.

**Data** Map 217B
**Access** 더 버스 52, 55번 카메하메하 하이웨이Kamehameha Hwy+와이아루아 코트하우스Waialua Courthouse 하차, 도보 1분
**Add** 66-200 Kamehameha Hwy, Haleiwa
**Tel** 808-341-2838
**Open** 월~토 10:00~17:00
**Cost** 터키 샌드위치 7달러, 아사이 에너지 스무디 5달러, 쿠키 1달러
**Web** www.waialuabakery.com

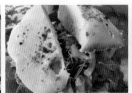

### 하와이 스타일의 통닭
## 레이스 키아웨 브로일드 치킨 Ray's Kiawa Broiled Chicken

짭짤한 양념이 쏙 밴 인기 숯불 치킨구이 맛집. 하와이에서 자라는 키아웨 나무로 만든 숯을 이용해서 특별 제작한 그릴에 치킨을 굽는다. 은은한 숯 향이 느껴지고, 기름기가 적어 담백하고 부드러운 육질을 자랑한다. 계산대에서 주문하면 번호표를 준다. 20분 정도 기다리면 치킨을 받을 수 있다. 테이블도 준비되어 있다. 2인 기준으로 간식용이라면 반 마리를, 식사 대용이라면 한 마리를 주문하자. 사이드 메뉴인 파인애플 코울슬로도 맛있다.

**Data** Map 217B
**Access** 말라마 마켓Makama Market 주차장에 있는 노점상. 더 버스 52, 55번 카메하메하 하이웨이Kamehameha Hwy+케와로 레인 Kewalo Ln 하차, 도보 1분
**Add** 66-160 Kamehameha Hwy, Haleiwa **Tel** 808-479-9891
**Open** 토·일 09:00~16:00(재료 소진 시 영업 종료) **Cost** 반 마리 6달러, 1마리 10.75달러, 파인애플 코울슬로 2달러, 밥 1스쿱 1달러

### 소문난 태국 레스토랑
## 오팔 타이 Opal Thai

입안에 착착 붙는 맛이 일품인 퓨전 태국 레스토랑. 인기 메뉴는 달콤하게 튀긴 두부와 바질향이 어우러지는 프라이드 두부&바질Fried Tofu&Basil, 크랩 쌀국수Crab with Rice Noodles, 슈림프 차우 펀Shrimp Chow Fun, 깊은 국물 맛의 톰 카 수프Tom Kha Soup, 갈릭 누들 위드 슈림프Garlic Noodles with Shrimp 등이 있다.

**Data** Map 217B **Access** 더 버스 52, 55번 카메하메하 하이웨이Kamehameha Hwy+와이아루아 코트하우스Waialua Courthouse 하차, 도보 1분 **Add** 66-197 Kamehameha Hwy, Haleiwa **Tel** 808-381-8091 **Open** 화~토 11:00~15:00, 17:00~22:00 **Cost** 메인 메뉴 10달러 정도 **Web** www.opalthai.com

### 향긋한 휴식을 취하기에 좋은
## 커피 갤러리 Coffee Gallery

직접 로스팅한 신선한 하와이산 커피를 마실 수 있는 곳으로 유명하다. 커피 맛을 아는 현지인들에게 인기 있는 곳이다. 다양한 원두를 취급하며, 매장 한쪽에는 원두도 판매하고 있어서 커피 애호가의 마음을 설레게 한다. 커피뿐만 아니라 스무디, 티 등도 갖추고 있으며 파이, 머핀, 쿠키 등의 디저트도 판매한다.

**Data** Map 217D **Access** 노스 쇼어 마켓플레이스 내 위치. 더 버스 52, 55번 카메하메하 하이웨이Kamehameha Hwy+아치우 레인Achiu Ln 하차, 도보 1분 **Add** 66-250 Kamehameha Hwy, Haleiwa **Tel** 808-637-5571 **Open** 06:30~20:00 **Cost** 아이스 에스프레소 2.40달러, 아이스 카페라테 3.10달러, 스무디 5달러~ **Web** www.roastmaster.com

💬 |Theme|
# 꼭 먹어보고 싶은 새우 트럭 요리!

노스 쇼어가 위치한 북부 해안 지역에 방문했다면 꼭 맛봐야 할 요리가 있다. 주방 시설이 딸린 트럭의 철판 위에서 주문 즉시 만들어지는 새우 요리! 탱글탱글하게 살이 오른 새우의 식감과 양념의 조화가 일품이다. 새우 트럭 업체마다 메뉴를 칭하는 이름이 조금씩 다르지만, 인기 메뉴는 비슷하다. 버터와 마늘로 양념을 한 메뉴와 매콤하게 양념을 한 핫&스파이시 메뉴가 유명하다.

## [카후쿠 지역 추천 새우 트럭]

새우 트럭의 원조
### 지오바니 슈림프 트럭
Giovanni Shrimp Truck

새우 트럭 중 방문객이 가장 많다. 보통 주문하고 30분 정도 기다려야 한다. 가장 유명한 메뉴는 고소한 마늘 향의 슈림프 스캠피Shrimp Scampi. 매콤하게 즐기고 싶다면 주문할 때 스파이시 소스를 요청하자. 핫&스파이시Hot&Spicy, 레몬 버터Lemon Butter 맛도 맛있다.

**Data** Map 135C
**Access** 와이키키 지역에서 차로 1시간 20분 정도. 더 버스 55번 카메하메하 하이웨이 Kamehameha Hwy+카후쿠 슈거 밀 Kahuku Sugar Mill 하차, 도보 1분
**Add** 56-505 Kamehameha Hwy, Kahuku
**Tel** 808-293-1839 **Open** 10:30~18:30
**Cost** 슈림프 플레이트 13달러
**Web** www.giovannisshrimptruck.com

현지인들이 더 열광하는
### 페이머스 카후쿠 슈림프 트럭
Famous Kahuku Shrimp Truck

현지인들에게 좋은 평을 받고 있는 새우 트럭. 탱글탱글한 새우를 버터 갈릭 소스로 양념한 갈릭 버터 슈림프Garlic Butter Shrimp, 핫&스파이시 슈림프Hot&Spicy Srimp, 달콤한 코코넛 향의 코코넛 슈림프Coconut Shrimp 등이 추천 메뉴이다. 새우와 스테이크, 구운 생선 등을 곁들이는 콤비네이션 메뉴도 있다.

**Data** Map 135C
**Access** 와이키키 지역에서 차로 1시간 20분 정도. 더 버스 55번 탑승 시 카메하메하 하이웨이 Kamehameha Hwy+카후쿠 슈거 밀Kahuku Sugar Mill 하차, 도보 1분
**Add** 56-580 Kamehameha Hwy, Kahuku
**Tel** 808-389-1173 **Open** 10:00~18:00
**Cost** 슈림프 플레이트 12달러, 콤비네이션 플레이트 14달러

입안에 감도는 양념과 새우 향의 조화
## 푸미스 카후쿠 슈림프
Fumi's Kahuku Shrimp

양념 맛이 강해서 자극적인 맛을 좋아하는 한국인의 입맛에 찰떡이다. 스파이시 갈릭 버터 슈림프Spicy Garlic Butter Shrimp, 갈릭 버터 슈림프Garlic Butter Shrimp, 칠리 슈림프Chili Shrimp 등이 추천 메뉴다. 손을 씻을 수 있는 세면대가 있다.

**Data** Map 134B
Access 와이키키 지역에서 차로 1시간 20분 정도. 더 버스 55번 카메하메하 하이웨이 Kamehameha Hwy+카후쿠 슈거 밀Kahuku Sugar Mill 하차, 도보 1분
Add 56-777 Kamehameha Hwy, Kahuku
Tel 808-232-8881 Open 10:00~18:00
Cost 슈림프 플레이트 13달러

탱글탱글 신선한 새우의 맛
## 로미스 Romy's

자신들이 직접 키운 양식 새우로 만든 요리를 판매한다. 갓 잡아 올린 신선한 새우로 요리를 한다는 점에서 현지인들에게 사랑받고 있다. 버터&갈릭Butter&Garlic, 스위트&스파이시Sweet&Spicy가 인기가 많다. 찐 새우나 찐 대하를 맛보는 것도 추천한다.

**Data** Map 134B Access 와이키키 지역에서 차로 1시간 20분 정도. 더 버스 55번 카메하메하 하이웨이Kamehameha Hwy+카후쿠 프라운 팜 Kahuku Prawn Farm 하차, 도보 1분
Add 56781 Kamehameha Hwy, Kahuku
Tel 808-232-2202
Open 10:00~18:00
Cost 슈림프 플레이트 12.75달러

## [할레이바 지역 추천 새우 트럭]

새우 트럭 요리가 지역 명물 요리로 알려지면서 할레이바 타운에도 여러 지점이 생겼다. 카메하메하 하이웨이Kamehameha Hwy에 새우 트럭이 옹기종기 위치하고 있다. 메뉴의 구성과 맛의 퀄리티는 카후쿠 지역의 새우 트럭과 비슷하다. 새우 트럭의 원조로 불리는 지오바니 슈림프 트럭의 분점도 이곳에 위치한다.

### 지오바니 슈림프 트럭
Giovanni's Shrimp Truck

**Data** Map 217E
Add 66-472 Kamehameha Hwy, Haleiwa
Open 10:30~17:00
Web www.giovannis shrimptruck.com

### 빅 웨이브 슈림프 트럭
Big Wave Shrimp Truck

**Data** Map 217E
Add 66-521 Kamehameha Hwy, Haleiwa
Open 09:00~19:00
Web www. bigwaveshrimp.com

### 맥키스 스위트 슈림프 트럭
Macky's Sweet Shrimp Truck

**Data** Map 217E
Add 66-632 Kamehameha Hwy, Haleiwa
Open 09:30~17:00
Web www.mackey shrimptruck.com

### 호노스 슈림프 트럭
Honos Shrimp Truck

**Data** Map 217F
Add 66-472 Kamehameha Hwy, Haleiwa
Open 09:00~18:00

> **Tip** 새우 트럭의 시작은 어디?
>
> 새우 트럭의 시작점인 카후쿠Kahuku 지역은 곳곳에 새우 양식장이 있다. 양식장에서 갓 잡아 올린 새우를 즉석에서 요리해 판매하면서 '새우 트럭 요리'의 인기몰이가 시작되었다. 현재는 오아후 북부 해안 지역을 방문한 관광객들에게는 필수 코스로 자리 잡았다. 많은 새우 트럭 업체에서 다채로운 레시피로 새우 요리를 선보이고 있다. 우열을 가리기 어려울 만큼 어딜 가도 맛이 좋다. 새우 트럭이 워낙 인기가 많다 보니 현재는 할레이바 지역에서도 새우 트럭을 볼 수 있다.

# | 노스 쇼어 North Shore |

### 화려한 빛깔의 낙조를 감상하는
### 포인트 선셋&풀 바 The Point Sunset&Pool Bar

노스 쇼어 최고의 칵테일 바로 소문이 자자한 곳이다. 특히 일몰 시각에는 낭만적인 일몰을 바라보면서 향긋한 칵테일을 즐길 수 있어 많은 사람들이 이곳을 찾는다. 보드카에 파인애플, 민트, 라임, 코코넛 워터 등을 넣어 만든 셰이큰 선셋Shaken Sunset, 럼에 오렌지, 파인애플 주스 등을 넣어 만든 마이 타이Mai Tai, 피나 콜라다와 가벼운 럼을 섞어 만드는 라바 플로Lava Flow 등이 추천 칵테일이다. 샌드위치, 파니니, 타코 등의 부담스럽지 않은 식사 메뉴도 제공한다.

골프장으로 유명한 터틀 베이 리조트 내에 있다. 무료 주차 공간이 넉넉해 이용이 편리하다. 리조트 앞 해변은 투숙객이 아니더라도 이용할 수 있다. 비치 의자, 파라솔도 일정 금액을 내면 빌릴 수 있다.

일요일 저녁 6시에는 하와이안 음식과 불 쇼, 훌라 댄스 등을 만끽할 수 있는 폴리네시안 쇼가 진행된다. 쇼는 무료로 관람할 수 있으며, 맛있는 하와이안 요리를 먹음직스럽게 접시에 담아 제공하는 루아우 플레이트Luau Plate를 주문할 수 있다.

**Data** Map 134B **Access** 와이키키 지역에서 차량으로 1시간 30분 정도. 더 버스 55번 터틀 베이 리조트 Turtle Bay Resort 하차 **Add** 57-091 Kamehameha Hwy, Kahuku **Tel** 808-293-6000 **Open** 칵테일 바 10:00~22:00(식사 메뉴는 11:00~19:00) **Cost** 마이 타이 13달러, 라바 플로우 13달러, 쉐이큰 선셋 13달러, 피시 샌드위치 17달러, 루아우 플레이트 20달러 **Web** www.turtlebayresort.com

# BUY

## | 할레이바 Haleiwa |

**Writer's Pick!** 귀여운 에너지가 팡팡 느껴지는
### 해피 할레이바 Happy Haleiwa

빨간 머리 앤을 닮은 귀여운 캐릭터로 인기가 많은 기념품 숍이다. 소녀 감성 물씬 느껴지는 깜찍한 캐릭터를 모티브로 한 티셔츠, 에코백, 열쇠고리, 봉제 인형, 휴대폰 케이스 등 센스 넘치는 제품들이 눈길을 끈다. 초콜릿, 팬케이크 가루 등 귀여운 포장의 먹거리도 판매한다. 아기자기한 제품을 좋아한다면 들러볼 만하다.
오아후 내에 와이키키 지역(**Add** 355-B Royal Hawaiian Ave, Honolulu)과 쇼핑센터인 워드 센터Ward Center(**Add** 1050 Ala Moana Blvd, Honolulu) 내에도 지점이 있다.

**Data** Map 217B
**Access** 와이키키 지역에서 차로 75분 정도. 더 버스 52, 55번 카메하메하 하이웨이Kamehameha Hwy+와이아루아 코트하우스 Waialua Courthouse 하차, 도보 1분
**Add** 66-145 Kamehameha Hwy, Haleiwa
**Tel** 808-637-9713
**Open** 10:00~18:00
**Cost** 에코백 35달러, 초콜릿 틴 6달러
**Web** www.happyhaleiwa.net

향긋한 수제 비누를 구입하는
### 숍 셀러 The Soap Cellar

입구에 들어서면 향긋함이 물씬 느껴진다. 다양한 로컬 아로마 향을 넣어 만든 비누와 캔들을 구입할 수 있다. 좋은 성분으로 만들어진 제품으로 피부 세정과 보습에 탁월하다. 비누 향에 따라 효능도 다르므로 특별히 원하는 것이 있다면 직원에게 문의하자.
모양과 색도 예쁘고 수십 가지 종류가 있어서 고르는 재미가 있다. 선물용, 기념품으로도 고려할 만하다. 하와이안 소금으로 만들어진 목욕용 소금, 립밤, 액세서리 등도 구입이 가능하다.

**Data** Map 217D
**Access** 와이키키 지역에서 차로 75분 정도. 더 버스 52, 55번 카메하메하 하이웨이Kamehameha Hwy+와이아루아 코트하우스 Waialua Courthouse 하차, 도보 1분
**Add** 66-218 Kamehameha Hwy, Haleiwa **Tel** 808-637-9088
**Open** 월~토 11:00~17:00, 일 12:00~16:00
**Cost** 비누 라지 6.25달러, 목욕용 소금 8~12달러
**Web** www.thesoapcellar.com

# 센트럴 오아후
## CENTRAL OAHU(진주만 부근)

오아후 중심 지역과 서쪽 부근을 아우르는 지역이다. 지역 분위기가
조용해서 휴양을 목적으로 방문하는 관광객들이 선호한다.
주변에는 제2차 세계대전의 아픔이 고스란히 느껴지는 진주만과 광대한
대지 위에 펼쳐져 있는 파인애플 농장과 커피 농장 등이 위치하고 있다.
역사에 관심이 많은 사람이라면 꼭 한 번 들러보기를 추천하는 지역이다.

© The Cryoborg

Central Oahu
# PREVIEW

*이 지역은 여행자의 관심사에 따라 호불호가 갈리는 지역이다. 모든 스폿을 돌아볼*
*예정이라면 하루 종일을 계획하면 된다. 다 돌아볼 계획이 아니라면 본인의 취향에 맞는*
*스폿을 정한 다음 오아후의 다른 지역을 돌아볼 때에 엮어서 보는 것을 추천한다.*

**SEE**

가슴 아픈 역사 현장인 진주만은 일본군의 기습적인 침략으로 1,000여 명이 넘는
사상자가 발생했던 곳이다. 당시 사용되었던 잠수함, 전쟁 무기, 해군 제복 등을
볼 수 있다. 꼼꼼하게 다 둘러보려면 하루를 투자해야 한다. 파인애플의 생장 과정을
둘러볼 수 있는 돌 파인애플 플랜테이션도 추천한다. 커피를 좋아하는 사람이라면
그린 월드 커피 팜도 잠시 들러보자.

**ENJOY**

하와이 전통 춤과 음악이 있는 공연을 보면서 하와이 음식을 즐기는 '파라다이스
코브 루아우 쇼'는 꼭 한번 관람해보자. 브랜드 제품을 좀 더 저렴하게 구입할
수 있는 와이켈레 프리미엄 아웃렛에서 알뜰 쇼핑을 만끽해도 좋다.

**EAT**

다양한 종류의 메뉴를 즐길 수 있는 지역은 아니지만, 곳곳에 레스토랑이 자리 잡고
있다. 와이켈레 프리미엄 아웃렛에는 푸드 코트가 있어서 쇼핑을 즐기다가 간단한
식사를 할 수 있다. 파라다이스 코브 루아우 쇼를 보며, 하와이안 전통 음식을 즐기는
것도 놓치지 말자. 돌 파인애플 플랜테이션에 들렀다면 신선한 파인애플로 직접 만든
파인애플 아이스크림을 맛보자.

**SLEEP**

호젓한 휴식에 적합한 고급 호텔이 있는 지역이다. 중심가에서 떨어진 편이라서 여행의
목적이 관광이라면 와이키키, 알라 모아나 지역의 호텔에 머물면서 당일 코스로
돌아보는 것을 추천한다.

### 어떻게 갈까?

대중교통으로도 방문할 수 있지만 소요 시간이 상당하므로 렌터카로 방문하는 것을 추천한
다. 진주만은 비교적 버스로 쉽게 다녀올 수 있다. 와이키키 비치 지역에서 출발 기준으로 시간은 1시간
30분 정도 걸린다. 돌 파인애플 플랜테이션은 대중교통으로 갈 수 있지만 외곽에 위치해 있어 렌터카가
훨씬 편리하다. 와이켈레 프리미엄 아웃렛은 투어 버스, 렌터카를 이용하는 것이 좋다. 파라다이스 코브
루아우 쇼를 볼 때에는 와이키키 호텔 지역을 연결하는 셔틀버스를 이용하면 편리하다.

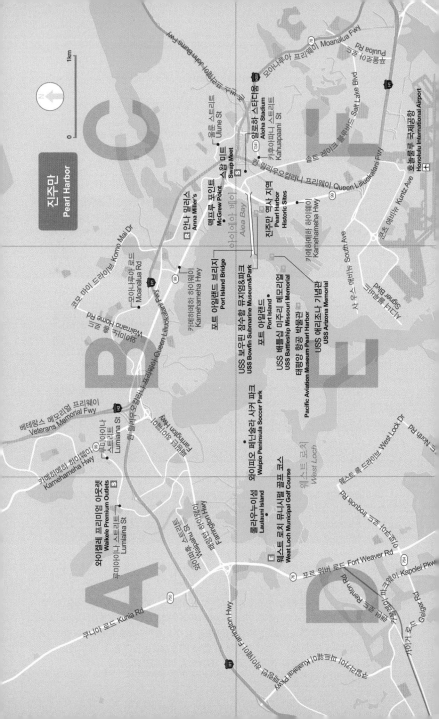

진주만
Pearl Harbor

모아나루아 프리웨이 Moanalua Fwy
푸울로아 로드 Puuloa Rd
호놀룰루 국제공항 Honolulu International Airport

존 번스 프리웨이 John Burns Fwy

울룬 스트리트 Ulune St
스왑 미트 Swap Meet
알로하 스타디움 Aloha Stadium
카후아파아니 스트리트 Kahuapaani St
솔트 레이크 블러바드 Salt Lake Blvd
쿠인 릴리우오칼라니 프리웨이 Queen Liliuokalani Fwy

안나 밀러스 Anna Miller's
매크루 포인트 McGrew Point
진주만 역사 지역 Pearl Harbor Historic Sites
아이에아 베이 Alea Bay

코모 마이 드라이브 Komo Mai Dr
모아나루아 로드 Moanalua Rd
카메하메하 하이웨이 Kamehameha Hwy
사우스 애버뉴 South Ave
와이마누 홈 로드 Waimalu Home Rd
카메하메하 하이웨이 Kamehameha Hwy

쿠인 릴리우오칼라니 프리웨이 Queen Liliuokalani Fwy

시그너 블러바드 Signer Blvd
쿤츠 애버뉴 Kuntz Ave

포트 아일랜드 브리지 Port Island Bridge
USS 보우핀 잠수함 뮤지엄&파크 USS Bowfin Submarine Museum&Park
포트 아일랜드 Port Island
USS 배틀십 미주리 메모리얼 USS Battleship Missouri Memorial
태평양 항공 박물관 Pacific Aviation Museum Pearl Harbor
USS 애리조나 기념관 USS Arizona Memorial

베테랑스 메모리얼 프리웨이 Veterans Memorial Fwy
루미아이나 스트리트 Lumiana St
파링턴 하이웨이 Farrington Hwy
카메하메하 하이웨이 Kamehameha Hwy
와이피오 페닌술라 사커 파크 Waipio Peninsula Soccer Park

웨스트 로치 West Loch
웨스트 록 드라이브 West Lock Dr
노스 로드 North Rd
웨스트 록 드라이브 West Lock Dr

와이켈레 프리미엄 아웃렛 Waikele Premium Outlets
루미아이나 스트리트 Lumiana St
라울라누이섬 Laulauni Island
와이카후 스트리트 Waikahu St
파링턴 하이웨이 Farrington Hwy
웨스트 로치 뮤니시펄 골프 코스 Weat Loch Municipal Golf Course
렘본 로드 Rambon Rd
포트 위버 로드 Fort Weaver Rd
카폴레이 파크웨이 Kapolei Pkwy
가이거 로드 Geiger Rd

쿠니아 로드 Kunia Rd
파링턴 하이웨이 Farrington Hwy
쿠알라카이 파크웨이 Kualakai Pkwy
카포레이 파크웨이 Kapolei Pkwy
포트 위버 로드 Fort Weaver Rd

## SEE

## | 진주만 Pearl Harbor |

**Writer's Pick!**

가슴 아픈 역사의 현장
### 진주만 역사 지역 Pearl Harbor Historic Sites

이곳은 1941년 12월 7일 일본군의 기습적 공격이 있었던 미국 태평양 함대 기지가 위치해 있던 곳이다. 당시의 상황을 생생하게 느낄 수 있는 전시관이 자리 잡고 있다. 숨진 장병들의 넋을 기리기 위한 방문객의 발걸음이 끊이지 않는다.

이곳에는 USS 보우핀 잠수함 뮤지엄&파크, USS 배틀십 미주리 메모리얼, 태평양 항공 박물관, USS 애리조나 기념관이 있다. 이 중에서 USS 애리조나 기념관은 무료입장이며, 가장 인기 있는 곳이다. 다른 세 곳은 유료다. 표는 개별 구입해도 되고, 모든 기념관을 다 관람할 수 있는 패스포트 투 퍼 하버Passport to Pearl Harbor를 구입하여 다녀도 된다.

테러 방지를 위해 배낭, 크로스백, 쇼핑백, 카메라 가방, 망원 렌즈가 부착된 대형 가방은 가지고 들어갈 수 없다. 입구 옆 짐 보관소에 맡긴 후 입장할 수 있으며, 보관료는 5달러다. 현금으로 지불 가능하다. 주차는 무료이다. USS 애리조나 기념관은 선착순으로 입장하므로 오전 일찍 가는 것을 추천한다. 입장 후 23분짜리 영상을 관람한 뒤에 무료 셔틀 페리에 탑승해 USS 애리조나 기념관까지 이동하기 때문에 늦게 가면 제대로 관람하기 어렵다. 진주만 Pearl Harbor이라는 이름은 이 지역이 카메하메하 왕조 시대부터 진주를 채취하였던 것에 유래하여 붙여진 것이다.

**Data** Map 232F
**Access** 와이키키 지역에서 30분 정도. 더 버스 20, 42번 애리조나 메모리얼Arizona Memorial 하차
**Add** 1 Arizona Memorial Rd, Honolulu
**Tel** 808-454-1434
**Open** 07:00~16:00
**Close** 추수감사절, 12/25, 1/1
**Cost** 패스포트 투 퍼 하버 성인 72달러, 4~12세 35달러
**Web** www.pearlharborhistoric-sites.org

## |Theme|
## 역사의 숨결을 느껴보는 진주만 역사 지역의 볼거리

*제2차 세계대전의 시작과 끝, 그 역사의 현장에 있었던 잠수함, 전함, 항공기 등이 전시되어 있다. 곳곳에 위치한 전시관에서 당시의 상황을 엿볼 수 있는 사진, 영상, 의복, 생활용품 등을 관람하자. 역사에 관심이 많은 이들이라면 하루를 전부 투자해도 좋을 만큼 볼거리가 풍성하다.*

**Writer's Pick!**

#### 해군의 하얀 제복을 닮은
### USS 애리조나 기념관 USS Arizona Memorial

1941년 12월 7일 일본군의 기습 공격으로 인하여 침몰한 애리조나 전함 바로 위에 세워졌다. 기념관에서 바닷속 전함이 내려다보인다. 당시 1,177명의 선원들이 전함과 함께 바다에 수장되었다. 기념관 입구 반대편 벽에는 선원들의 이름이 빼곡히 적혀 있다. 이 지역은 선착순으로 무료 투어를 할 수 있다. 홈페이지에서 원하는 시간의 티켓을 구매할 수 있다. 단, 1.50달러의 수수료가 추가된다.

투어 시작 시각에 맞추어 입장하면 먼저 23분짜리 영상을 본 후 기념관에서 개별적 관람을 한 후 돌아오는 일정이다. 매표소에서 표를 받을 때 유료 오디오 가이드(7.50달러)를 대여할 수 있다. 투어는 1시간 15분 정도 소요된다.

**Data** Map 232E **Access** 매표소를 마주보고 왼편에 극장이 위치
**Open** 08:00~15:00 **Web** www.recreation.gov


#### 생생한 역사를 느낄 수 있는
### USS 보우핀 잠수함 뮤지엄&파크
USS Bowfin Submarine Museum&Park

제2차 세계대전에서 실제로 사용되었던 잠수함을 볼 수 있다. 보우핀Bowfin은 미국 동부 지역에 서식하는 민물고기 이름으로 이 잠수함의 마스코트이다. 1942년 8월 25일에 출항해서 1971년까지 제2차 세계대전과 한국전 등에 참여했다.

© Daniel Ramirez

1979년부터 일반인에게 공개되어 당시 역사와 상황을 교육하는 장소로 이용되고 있다. 잠수함의 갑판과 내부를 돌아본 후 관련 전시물이 있는 뮤지엄을 돌아보자. 당시 선원들의 모습과 상황을 짐작할 있는 침대, 휴게실, 식당 등을 볼 수 있다.

**Data** Map 232F
**Access** 매표소를 바라보고 우측에 대형 미사일이 보인다. 그 방향으로 가면 USS 보우핀 잠수함이 보인다. **Tel** 808-423-1341
**Open** 07:00~17:00 **Cost** 잠수함 · 뮤지엄 13세 이상 15달러, 4~12세 7달러, 3세 이하 입장 불가/뮤지엄 13세 이상 6달러, 4~12세 3달러 **Web** www.bowfin.org

© John Booty

**역사의 산 증인인**
## USS 배틀십 미주리 메모리얼
### USS Battleship Missouri Memorial

1944년 1월 29일 출항했던 USS 미주리 전함이 있다. 1945년 9월 2일 제2차 세계대전을 일으켰던 일본이 이 전함에서 항복 문서에 서명하며 제2차 세계대전이 종식되었다. 1992년 페르시안 걸프전을 마지막으로 은퇴한 미주리 전함은 현재 일반인에게 당시 삶을 알리는 용도로 사용되고 있다. 전함의 내부에는 당시 미 해군의 생활 흔적이 잘 보존되어 있다.

매표소에서 티켓을 구입한 후 무료 셔틀을 타고 포드 아일랜드로 이동하여 입장할 수 있다. 홈페이지에서 표를 구매할 수 있다. 마이티 모 패스Mighty Mo Pass 구입 시 입장과 오디오 기기 대여가 포함되어 있다. 하트 오브 더 미주리 투어Heart of the Missouri Tour는 75분간 가이드 투어가 추가된다. 가이드 투어를 통해 전함의 엔진을 볼 수 있는 기계실, 연료를 때우는 보일러실, 방향을 조정하고 속도 등을 제어하는 제어실 등 일반 입장으로는 볼 수 없는 곳들을 둘러볼 수 있다.

© Daniel Ramirez

**Data** Map 232E Access 무료 셔틀버스 타고 포드 아일랜드로 8분간 이동 Tel 877-644-4896 Open 9~5월 08:00~16:00, 6~8월 08:00~17:00 Close 추수감사절, 12/25, 1/1 Cost 마이티 모 패스 13세 이상 29달러, 4~12세 13달러, 하트 오브 더 미주리 투어 13세 이상 54달러, 10~12세 25달러 Web www.ussmissouri.org

**다양한 비행기를 볼 수 있는**
## 태평양 항공 박물관
### Pacific Aviation Museum Pearl Harbor

진주만 폭격 당시 폭격을 당한 참혹한 형태의 비행기부터 민간 비행기, 미 해군의 전투기, 비행 학교 훈련용 비행기, 태평양 전쟁에 참여했던 전투기 등이 전시되어 있다. 매표소에서 입장료 구매 후 무료 셔틀버스를 타고 포드 아일랜드로 이동한다.
항공 박물관 내에는 라니아케아 카페Laniakea Cafe가 있어서 간단한 식사나 휴식을 취할 수 있다. 입장 시 무료로 대여 가능한 셀프 오디오 기기를 들으면서 자유롭게 관람해도 되고, 10달러를 추가로 내는 '조종사 투어The Aviators Tour'도 상당히 흥미롭다.

© Daniel Ramirez

**Data** Map 232E
Access 무료 셔틀버스 타고 포드 아일랜드로 10분간 이동
Tel 877-644-4896
Open 08:00~17:00
Cost 13세 이상 30달러, 4~12세 10달러, 3세 이하 무료(홈페이지 구입 시 할인 혜택 있음)
Web www.pacificaviationmuseum.org

## | 와히아와 Wahiawa |

**Writer's Pick!**

달콤한 파인애플의 매력에 빠져보자
### 돌 파인애플 플랜테이션 Dole Pineapple Plantation

돌Dole사에서 운영하는 파인애플 농장으로, 당도가 높은 하와이산 파인애플을 맛볼 수 있다. 파인애플은 왕관처럼 생긴 잎사귀 크라운Crown 부분을 땅에 심은 후 18~21개월이 지나야 첫 수확을 할 수 있다. 첫 수확 후 15개월 후에 두 번째 수확이 가능하며, 총 세 번의 수확 후에는 휴지기를 가져 땅을 쉬게 해준다. 이렇게 정성과 시간을 들여야 좋은 품질의 열매를 얻을 수 있다.

이 농장을 돌아보는 투어에는 세 가지가 있다. 파인애플 익스프레스 트레인 라이드Pineapple Express Train Ride는 미니 열차를 타고 경쾌한 음악과 가이드의 설명을 들으며 파인애플, 마카다미아너트 나무, 코아 나무 등이 있는 광활한 농장을 둘러 본다. 30분마다 출발하며, 총 20분 정도 소요된다. 파인애플 가든 미로Pineapple Garden Maz는 기네스북에 오른 세계 최대 규모의 미로를 돌아보며 8개의 지정된 장소를 찾아 그림을 그리는 미션을 수행하는 투어이다. 8개의 미니 가든을 돌아보며 오아후에서 자라는 다양한 식물, 꽃, 나무를 직접 만져보며 둘러보는 플랜테이션 가든 투어Plantation Garden Tour도 있다.

공항이나 호텔 등에서 무료로 나눠주는 무가지와 지도 등에 투어 할인 쿠폰이 대부분 들어 있다. 이곳에 들르는 사람들의 대다수가 맛보는 파인애플 아이스크림은 달콤하고 부드러워서 남녀노소 누구나 좋아하며, 100% 파인애플 주스도 시원하고 달콤해 인기 있다. 매시간 파인애플을 자르는 시연도 구경할 수 있어 더욱 더 즐겁다.

**Data** Map 134F
Access 와이키키 지역에서 차로 50분 정도. 더 버스 52번 카메하메하 하이웨이Kamehameha Hwy+ 돌 파인애플 플랜테이션Dole Pineapple Plantation 하차 Add 64-1550 Kamehameha Hwy, Wahiawa Tel 808-621-8408 Open 09:30~17:30 Cost 파인애플 익스프레스 트레인 투어 성인 11달러, 4~12세 9달러, 3세 이하 무료, 파인애플 가든 미로 성인 8달러, 4~12세 6달러, 3세 이하 무료, 플랜테이션 가든 투어 성인 7달러, 4~12세 6.25달러, 3세 이하 무료 Web www.dole-plantation.com

#### 향긋한 커피 향을 느끼는
### 그린 월드 커피 팜 Green World Coffee Farm

2,000그루의 커피나무가 있는 커피 농장을 산책하며 커피 열매의 생김새도 관찰하고 재배 과정을 셀프 투어로 둘러볼 수 있다. 매장 쪽에서는 향기로운 커피 및 다양한 기념품도 판매한다. 이곳에서 취급하고 있는 원두는 오아후에서 재배한 제품뿐만 아니라 몰로카이섬, 카우아이, 마우이에서 재배된 원두도 있다.

월, 수, 금요일마다 로스팅한 신선한 커피를 만날 수 있다. 다섯 가지 커피 샘플이 가게 내에 비치되어 있어서 무료 시음도 가능하다. 커피 애호가라면 들러보기를 추천한다.

**Data** Map 134F
**Access** 와이키키 지역에서 차로 45분 정도. 더 버스 52번 카메하메하 하이웨이Kamehameha Hwy+위트모어 애비뉴Whitmore Ave 하차 **Add** 71-101 Kamehameha Hwy, Wahiawa **Tel** 808-622-2326 **Open** 07:00~18:30 **Cost** 레귤러 커피 2.50달러, 원두 453g 15달러 정도 **Web** www.greenworldcoffeefarm.com

## | 카포레이 Kapolei |

#### 하와이 스타일의 낭만적인 연회
### 파라다이스 코브 루아우 Paradise Cove Luau

'루아우'란 하와이어로 '만찬'이라는 뜻으로 하와이 전통 음식과 춤, 노래, 음악을 즐기는 전통 연회를 말한다. 야자수와 바다가 보이는 야외에서 진행되는 아늑한 분위기의 루아우를 즐길 수 있다. 낭만적인 분위기를 찾는 연인들에게 추천하고 싶다.

세 가지 패키지별로 가격대와 좌석의 위치, 음식 서빙 방식 등이 다르다. 본격적인 쇼가 시작되기 전까지 헤나 그리기, 전통 타투 그리기, 레이 만들기, 카약 등 다양한 체험 활동이 진행된다. 알코올 음료를 마시기 위해서는 만 21세 이상임을 증명하는 신분증이 필수. 와이키키 지역과 떨어져 있지만, 셔틀버스를 운행한다. 홈페이지에서 패키지 예약 시 추가(왕복 14달러)하면 원하는 호텔로 픽업을 온다.

© Jennifer Boyer

© Jack Miller

**Data** Map 134J **Access** 와이키키 지역에서 차로 50분 정도. 더 버스 40번 패링턴 하이웨이Farrington Hwy+카헤 포인트 비치 Kahe Point Beach 하차, 도보 19분 **Add** 92-1089 Ali'inui Dr, Kapolei **Tel** 808-842-5911 **Open** 17:00~21:00 **Cost** 하와이안 루아르 패키지 성인 97달러, 13~20세 85달러, 4~12세 75달러, 3세 이하 무료/오키드 루아우 패키지 성인 130달러, 13~20세 116달러, 4~12세 99달러, 3세 이하 무료/디럭스 루아우 패키지 성인 177달러, 13~20세 155달러, 4~12세 139달러, 3세 이하 무료 **Web** www.paradisecove.com

# EAT

## | 아이에아 Aiea |

**다양한 홈메이드 스타일 파이를 맛보는**
### 안나 밀러스 Anna Miller's

1973년 오픈한 이래 다양한 메뉴, 부담 없는 가격, 24시간 영업으로 현지인들에게 큰 사랑을 받고 있다. 로코 모코에 칠리소스를 얹은 칠리 로코 모코, 닭고기, 채소 등을 든든하게 채운 치킨 팟 파이Chicken Pot Pie, 치킨 데리야키Chicken Teriyaki, 바나나 마카다미아너트 팬케이크, 사이민 등 메뉴가 다채로워 선택의 폭을 넓혀준다. 사이드 메뉴로는 콘 수프Corn Soup, 콘 브레드Corn Bread가 인기 있다. 각양각색의 매력을 뽐내는 디저트 파이는 꼭 맛봐야 할 메뉴. 추천할 만한 디저트는 프레시 딸기 파이이며, 바나나 초코파이, 애플파이 등은 조각으로도 구매할 수 있어서 부담없이 즐길 수 있다.

오후 4시에서 6시 30분 사이에는 레스토랑에서 지정한 아홉 가지 메뉴를 할인된 가격으로 즐길 수 있다. 내부가 상당히 넓은 편이지만, 식사 시간에는 기다리는 경우도 많다는 점을 참고하자. 진주만 역사 지역을 방문할 때 근처에 위치한 식사 장소를 찾고 있다면 좋은 대안이 될 수 있다.

**Data** Map 232C
**Access** 와이키키 지역에서 차로 20분. 와이켈레 지역에서 차로 10분. 더 버스 42, 53번 카메하마하 하이웨이Kamehameha Hwy+카오노히 스트리트Kaonohi St 하차, 도보 1분
**Add** 98-115 Kaonohi St, Aiea **Tel** 808-487-2421 **Open** 24시간
**Cost** 바나나 마카다미아너트 팬케이크 6달러, 바비큐 베이컨 버거 10달러, 치킨 팟 파이 11달러, 프레시 딸기 파이 1조각 4.50달러 **Web** www.annamillersrestaurant.com

**BUY**

## | 아이에아 Aiea |

하와이의 벼룩시장을 경험하는
### 스와프 미트 Swap Meet

재미있고 특이한 기념품을 구매하고자 하는 사람들 사이에서 입소문이 나면서 유명해진 벼룩시장이다. 스와프 미트를 직역하면 '물물 교환'이라는 뜻으로, 벼룩시장처럼 현지인들이 중고 물건을 가지고 나와서 가판대에 올려놓고 판매한다.

수공예 목공품, 우쿨렐레, 골동품, 책, 액세서리, 옷 등을 구매할 수 있다. 관광객을 위한 기념품, 액세서리 등의 제품이 많다. 농산물도 판매하며, 곳곳에 간식거리도 있다. 알로하 스타디움 주변으로 수백 개의 노점상이 세워지며, 매주 수요일과 토요일, 일요일에 열린다. 현금으로만 거래할 수 있다.

**Data** Map 232F
**Access** 와이키키 지역에서 차로 25분 정도. 더 버스 20, 42번 카메하메하 하이웨이Kamehameha Hwy+솔트 레이크 블루바드Salt Lake Blvd 하차, 도보 5분 **Add** 99-500 Salt Lake Blvd, Aiea
**Tel** 808-486-6704 **Open** 수·토 08:00~15:00, 일 06:30~15:00
**Cost** 1인 1달러, 11세 이하 무료 **Web** www.alohastadiumswapmeet.net

## | 와이파후 Waipahu |

브랜드 제품을 좀 더 저렴하게!
### 와이켈레 프리미엄 아웃렛 Waikele Premium Outlets

코치, 마이클 코어스, 리바이스 등 50여 개 이상의 브랜드를 정가보다 25~65% 저렴한 가격으로 구입할 수 있다.
지갑, 캔들, 가방, 키홀더, 액세서리 등 간단한 선물용, 기념품으로 적합한 제품이 많다. 와이켈레 프리미엄 아웃렛 홈페이지에서 VIP 클럽에 가입하면 VIP 쿠폰북 바우처를 프린트할 수 있으니 참고하자.

**Data** Map 232A
**Access** 와이키키 지역에서 차로 35분. 더 버스 433번 루미아이나 스트리트 Lumiaina St+와이켈레 센터 Waikele Center 하차, 도보 1분
**Add** 94-790 Lumiania St, Waipahu
**Tel** 808-676-5656
**Open** 월~토 09:00~21:00, 일 10:00~18:00 **Web** www.premiumoutlets.com/korean

## SLEEP

오아후 숙박

# | 와이키키 | Waikiki |

*오아후에서 가장 번화한 지역으로 대부분의 관광객들이 이 지역의 숙소를 선택한다. 레스토랑, 쇼핑센터, 카페 등의 편의 시설도 잘 되어 있다. 와이키키 비치에 가깝다.*

**감각 좋은 럭셔리 숙소**

- 할레쿨라니 호텔
- 모아나 서프라이더 웨스틴 리조트&스파
- 쉐라톤 와이키키 호텔
- 로열 하와이안
- 트럼프 인터내셔널 호텔 와이키키 비치 워크
- 하얏트 리젠시 와이키키 비치 리조트&스파

**로맨틱함과 고급스러운 느낌이 물씬!**
## 할레쿨라니 호텔 Halekulani Hotel

'할레쿨라니'는 하와이어로 '천국의 집'이라는 뜻으로, 453개의 금연 객실을 보유하고 있는 최고급 5성급 호텔이다. 호텔이 위치한 와이키키 비치에서는 멀리 다이아몬드 헤드Diamond Head의 전경을 조망할 수 있다. 각 객실에는 넓은 발코니가 있고, 평면 TV와 MP3 도킹 스테이션, 대리석 세면대, 욕조 및 별도의 샤워 시설을 갖추고 있다. 또한 리조트 전역에서 무료 와이파이를 이용할 수 있다.
호텔 내 1층에 위치한 오키즈Orchids 레스토랑은 바다를 보며 식사를 즐길 수 있는 곳으로, 특히 선데이 브런치가 유명하다. 하와이 최고의 레스토랑으로 꼽히는 프렌치 레스토랑 라메르La Mer에서 디너를 즐겨도 좋겠다. 스파 할레쿨라니Spa Halekulani에서는 세계 최고 수준의 마사지 트리트먼트를 경험할 수 있다. 리조트 피는 따로 부과되지 않는다.

**Data** Map 140J
**Access** 호놀룰루 국제공항에서 차로 25분 정도 **Add** 2199 Kalia Rd, Honolulu
**Tel** 808-923-2311 **Cost** 더블베드 495달러~ **Web** www.halekulani.com

와이키키의 영부인으로 불리는
## 모아나 서프라이더 웨스틴 리조트&스파 Moana Surfrider A Westin Resort&Spa

와이키키에 지어진 최초의 리조트라는 명예를 가진 6층 규모의 4성급 호텔이다. 우아한 분위기 덕분에 '와이키키의 영부인'이라는 별명으로 불리기도 한다. 객실은 100년이 넘는 세월을 보낸 호텔이라 믿기 어려울 정도로 깔끔하다. 와이키키 비치 중심부에 위치하고 있어 도보 여행자에게도 편리하다.

호텔 안에서는 우거진 반안트리와 해변을 바라보며 식사를 즐길 수 있는 레스토랑이 있으며, 모아나 라니 스파Moana Lani Spa에서는 몸과 마음이 회복되는 섬세한 서비스의 마사지를 경험할 수 있다. 대부분 와이키키 비치의 경치를 즐길 수 있는 오션 뷰. 하루당 30달러 정도의 리조트 피가 부과된다.

**Data** Map 141K
**Access** 호놀룰루 국제공항에서 차로 25분 정도 **Add** 2365 Kalakaua Ave, Honolulu
**Tel** 808-922-3111 **Cost** 더블베드 430달러~ **Web** www.moana-surfrider.com

편안한 인테리어와 분위기가 인상적인
## 쉐라톤 와이키키 호텔 Sheraton Waikiki Hotel

1,636개의 금연 객실로 운영되고 있는 4성급 호텔이다. 와이키키 비치, 다이아몬드 헤드 등이 객실 내에서 한 눈에 보인다. 바다와 이어지는 듯한 인피니티 풀과 20m 길이의 워터 슬라이드가 있는 수영장이 있다. 특히 인피니티 풀에서는 하와이의 푸른 바다를 바라보며 수영을 즐길 수 있어 인기 있다.

스타일리시한 분위기의 스파 카카라Spa Khakara에서는 첨가물이 일체 포함되지 않은 오가닉 스킨케어 제품을 이용한 페이셜 트리트먼트, 하와이안 정통 로미로미 마사지 등의 서비스를 받을 수 있다. 투숙객은 무선 인터넷 사용, 셀프 주차 1대, 로컬 지역 무료 통화, 피트니스 센터 이용 등의 서비스가 포함된다. 하루당 30달러 정도의 리조트 피가 부과된다.

**Data** Map 140J
**Access** 호놀룰루 국제공항에서 차로 25분 정도 **Add** 2255 Kalakaua Ave, Honolulu
**Tel** 808-922-4422 **Cost** 더블베드 335달러 ~ **Web** www.sheraton-waikiki.com

**핑크빛 궁전이 인상적인**
### 로열 하와이안 The Royal Hawaiian

와이키키 비치에 위치한 5성급 호텔이다. 핑크색으로 칠해진 외관이 아름다워서 '태평양의 핑크 펠리스'라는 별명으로 불리기도 한다. 대리석 욕실을 비롯해 클래식한 느낌의 빅토리안 스타일로 꾸며져 있는 6층 규모의 히스토릭 빌딩과 현대적인 인테리어로 꾸며져 있는 17층 규모의 마일라니 타워로 나누어져 있다. 객실 내에는 냉장고, iPod 도킹 스테이션, 평면 TV, 개인 금고 등이 설치되어 있다.
해변에는 호텔 투숙객만 이용 가능한 비치 체어가 있어서 푸른빛 바다를 조망하며 시간을 보내기도 좋다. 호텔 내에 위치한 세계적으로 유명한 마이타이 바Maitai Bar에서 일몰을 감상하며 칵테일 한잔의 여유를 즐겨도 좋다. 하루당 37달러의 리조트 피가 부과된다. 자동차 1대 무료 주차가 가능하다.

**Data** Map 140J Access 호놀룰루 국제공항에서 차로 25분 정도 Add 2259 Kalakaua Ave, Honolulu Tel 808-923-7311 Cost 더블베드 385달러~ Web www.royal-hawaiian.com

**친절한 서비스로 유명한**
### 트럼프 인터내셔널 호텔 와이키키 비치 워크 Trump International Hotel-Waikiki Beach Walk

세계적인 럭셔리 호텔 그룹의 5성급 호텔. 현대적인 감각으로 꾸며진 쾌적하고 모던한 인테리어가 인상적이다. 객실 내에는 케이블 TV, 전자레인지, 냉장고, 에어컨과 간단한 조리가 가능한 주방 시설이 갖춰져 있다. 모든 객실에서 무료 와이파이를 사용할 수 있다.
호텔에서 와이키키 비치까지는 도보로 3분 정도 소요된다. 해변을 갈 예정이라면 1층 컨시어지에 비치백을 요청하자. 생수, 과일, 선크림, 비치타월 등이 들어 있다. 세심한 서비스가 인상 깊은 곳이다. 로비는 6층에 위치하고 있다. 리조트 피는 따로 부과되지 않는다.

**Data** Map 140I Access 호놀룰루 국제공항에서 차로 25분 정도 Add 223 Saratoga, Honolulu Tel 808-683-7777 Cost 더블베드 449달러~ Web www.trumphotelcollection.com/waikiki

© Trump Hotel Collection

**최적의 위치를 자랑하는 특급 호텔**

# 하얏트 리젠시 와이키키 비치 리조트&스파
Hyatt Regency Waikiki Beach Resort&Spa

40층으로 이뤄진 2개의 타워에 1,230개의 금연 객실과 19개의 스위트룸을 운영하는 4성급 호텔이다. 모든 객실에는 개인 발코니가 있어서 다이아몬드 헤드와 바다의 전망을 조망할 수 있다. 객실에는 케이블 TV, iHome 알람&라디오, 커피 메이커, 개인 금고, 미니 냉장고, 무료 무선 인터넷 등의 시설이 잘 갖춰져 있다.

현대적 감각으로 재해석한 하와이 음식을 맛볼 수 있는 자펭고 Japengo, 와이키키 지역에서 인기 뷔페 레스토랑으로 꼽히는 쇼어 SHOR 등이 위치하고 있어서 여행자들의 편의를 돕는다. 스윔 풀사이드 바Swim Poolside Bar에서는 매일 밤 하와이 전통 음악과 현대 음악의 라이브 공연이 열린다. 아름다운 와이키키 비치의 전망을 즐기며 마사지를 받을 수 있는 나 훌라 스파Na Hoola Spa에는 16개의 트리트먼트 룸, 건식 사우나 등이 있다. 와이키키 지역에 있어서 도보 여행에도 편리하다. 하루당 25달러 정도의 리조트 피가 부과된다.

**Data** Map 141K
**Access** 호놀룰루 국제공항에서 차로 25분 정도
**Add** 2424 Kalakaua Ave, Honolulu
**Tel** 808-923-1234
**Cost** 더블베드 569달러~
**Web** www.waikiki.hyatt.com

**어린이를 동반한 가족 여행 인기 숙소**

- 힐튼 하와이안 빌리지
- 엠바시 스위츠 와이키키 비치 워크
- 애스톤 와이키키 비치 타워

**다양한 액티비티를 즐길 수 있는**
## 힐튼 하와이안 빌리지 Hilton Hawaiian Village

**Data** Map 139F
**Access** 호놀룰루 국제공항에서 차로 25분 정도 **Add** 2005 Kalia Rd, Honolulu **Tel** 808-949-4321 **Cost** 더블베드 199달러~ **Web** www.hiltonhawaiianvillage.com

7개의 고층 타워, 6개의 수영장이 있는 오아후에서 가장 큰 규모의 4성급 호텔이다. 90여 개의 상점, 레스토랑 등이 입점해 있어서 편의를 돕는다. 객실에는 케이블 TV, 냉장고, 발코니, 금고, 헤어드라이어, 다리미 등의 시설이 잘 갖춰져 있다. 무선 인터넷 사용이 가능하다.

여러 개의 타워 중 레인보우 타워는 특히 멋진 전망으로 유명하다. 인공 해변으로 조성된 라군Lagoon에서는 물살이 잔잔하고 깊이가 일정해서 안전한 물놀이와 각종 수상 레포츠를 즐길 수 있어, 어린 자녀를 동반한 여행자들에게 인기 있다. 만 5세에서 12세의 어린이를 위한 캠프 펭귄 키즈 클럽Camp Penguin Kids Club도 유료로 운영하고 있다. 게임을 하거나 노래를 하면서 자연스럽게 하와이의 문화와 역사에 대해 배울 수 있는 교육적인 프로그램이 진행된다. 매주 금요일 밤에는 불꽃놀이를 진행하고 있으며, 리조트 내의 열대 정원에는 홍학, 펭귄, 거북 등 60여 종의 동물들이 서식하고 있다. 하루당 32달러 정도의 리조트 피가 부과된다.

무료 조식이 제공되는
## 엠바시 스위츠 와이키키 비치 워크 Embassy Suites Waikiki Beach Walk

21층의 건물에 369개의 금연 객실을 보유하고 있는 콘도형 4성급 호텔이다. 모든 객실은 침실과 거실이 분리된 스위트룸이다. 거실에 위치한 소파는 펼치면 엑스트라 침대가 되는 소파형 침대이다. 객실에는 헤어드라이어, 샤워기, 다리미, 무료 무선 인터넷, 냉난방 설비가 잘 갖춰져 있으며, 작은 싱크대와 소형 냉장고, 전자레인지가 있어서 간단한 취사가 가능하다.

또한 24시간 피트니스 센터를 오픈하며, 숙박객은 무료로 참여 가능한 요가 클래스도 있다. 아침 식사가 뷔페 형식으로 무료 제공된다. 매일 오후 5시 30분부터 7시 30분까지 수영장 옆에 위치한 파카니 바 Pakini Bar에서 음료, 스낵이 무료로 제공된다. 리조트 피는 따로 부과되지 않는다. 와이키키 비치와는 한 블록 정도 떨어져 있지만 고층 건물에 위치한 덕에 발코니에서 바다를 볼 수 있다.

**Data** Map 141J
**Access** 호놀룰루 국제공항에서 차로 25분 정도
**Add** 201 Beach Walk, Honolulu
**Tel** 808-921-2345
**Cost** 더블베드 309달러~
**Web** www.embassysuites-waikiki.com

주방 시설이 잘 갖춰져 있는
## 애스톤 와이키키 비치 타워 Aston Waikiki Beach Tower

와이키키 비치 바로 앞에 위치하고 있는 4성급 콘도미니엄 리조트. 39층의 건물에 140개의 객실을 보유하고 있다. 넓고 품격 있는 1베드, 2베드 스위트룸을 제공하고 있다. 각 객실에 냉장고, 식기세척기, 커피 메이커, 토스터기, 전자레인지 등이 완비된 주방과 개인 세탁기와 건조기도 마련되어 있어 가족 단위 여행자들에게 추천할 만하다.

빌딩 내에서는 무료 고속 인터넷 사용이 가능하다. 콘도 미니엄식 시설의 편의성과 고급 호텔 서비스의 편안함이 완벽한 조화를 이룬다. 하루당 22달러 정도의 리조트 피가 부과된다.

**Data** Map 141K
**Access** 호놀룰루 국제공항에서 차로 25분 정도
**Add** 2470 Kalakaua Ave, Honolulu
**Tel** 808-926-6400
**Cost** 1베드룸 450달러~, 2베드룸 520달러~
**Web** www.astonwaikiki-beachtower.com

실속파를
위한
인기 숙소

- 홀리데이 인 와이키키 비치콤버
- 아쿠아 밤부 와이키키
- 퀸 카피올라니 호텔
- 와이키키 비치 메리어트 리조트&스파
- 쉐라톤 프린세스 카이올라니
- 아쿠아 스카이 라인 엣 아일랜드 콜로니

**위치 좋은 실속형 호텔**
## 홀리데이 인 와이키키 비치콤버 Holiday Inn Waikiki Beachcomber

와이키키 중심부에 위치한 리조트형 3성급 호텔이다. 496개의 금연 객실을 운영하고 있으며, 각 객실에는 전용 베란다, 냉장고, 케이블 TV 등의 시설이 잘 갖춰져 있다. 하와이 특유의 트로피컬 한 분위기로 모던하게 객실을 꾸몄다. 와이키키 비치까지는 도보 5분 정도 소요된다. 무료 무선 인터넷 이용이 가능하다. 리조트 피는 따로 부과되지 않는다.

**Data** Map 140F **Access** 호놀룰루 국제공항에서 차로 25분 정도 **Add** 2300 Kalakaua Ave, Honolulu **Tel** 808-922-4646 **Cost** 더블베드 209달러~ **Web** www.waikikibeachcomberresort.com

**하와이의 전통적인 분위기가 느껴지는**
## 아쿠아 밤부 와이키키 Aqua Bamboo Waikiki

열대 나무와 꽃을 모티브로 한 트로피컬 분위기를 물씬 풍기는 3성급 부티크 호텔. 와이키키 비치에서 한 블록 반 정도 떨어진 곳에 위치하고 있다. 객실 내 무료 와이파이를 제공하며, LCD TV, 소형 냉장고, 전자레인지, 커피 메이커, 가스레인지, 금고 등이 객실에 비치되어 있다.
지역 일간지, 지역 내 수신자 부담 전화 서비스도 무료로 사용할 수 있다. 호텔 내에는 해수 수영장과 물 마사지를 즐길 수 있는 제트 스파 온천탕 등의 시설이 있다. 하루당 15달러 정도의 리조트 피가 부과된다.

**Data** Map 141G **Access** 호놀룰루 국제공항에서 차로 25분 정도 **Add** 2425 Kuhio Ave, Honolulu **Tel** 808-922-7777 **Cost** 더블베드 140달러~ **Web** www.aquabamboo.com

**시원한 전망이 펼쳐진**
# 퀸 카피올라니 호텔 Queen Kapiolani Hotel

315개의 객실을 운영하는 3성급 호텔이다. 하와이의 마지막 여왕 카피올라니 여왕의 이름을 따서 지었다. 바다가 내려다보이는 객실과 다이아몬드 헤드가 한눈에 들어오는 객실을 보유하고 있다.

각 객실에는 케이블 TV, 미니 냉장고, 커피 메이커, 전자레인지, 금고, 헤어드라이어 등의 편의 시설이 잘 마련되어 있다. 비교적 가격대가 저렴하고 깔끔한 편이라 실속형 호텔을 찾는 여행자들이 많이 찾는다. 리조트 피는 따로 부과되지 않는다.

**Data** Map 141L **Access** 호놀룰루 국제공항에서 차로 25분 정도 **Add** 150 Kapahulu Ave, Honolulu **Tel** 808-922-1941 **Cost** 더블베드 239달러~ **Web** www.queenkapiolani.com

**하와이를 테마로 한 친환경 호텔**
# 와이키키 비치 메리어트 리조트&스파 Waikiki Beach Merriott Resort&Spa

1,310개의 금연 객실은 운영하는 4성급 호텔. 시원스럽게 펼쳐진 태평양을 조망할 수 있는 오션 뷰 객실이 인기다. 객실 내에는 평면 TV, 커피 메이커, 소형 냉장고, 발코니 등의 시설이 잘 갖춰져 있다.

호텔 내에는 2개의 야외 수영장, 자쿠지, 24시간 운영되는 피트니스 센터 등이 위치하고 있다. 호텔 1층에는 ABC 스토어가 있다. 산세이 시푸드 레스토랑&스시 바, D.K 스테이크하우스 등 5개의 레스토랑이 위치하고 있다. 하루당 32달러 정도의 리조트 피가 부과된다.

**Data** Map 141K **Access** 호놀룰루 국제공항에서 차로 25분 정도 **Add** 2552 Kalakaua Ave, Honolulu **Tel** 808-922-6611 **Cost** 더블베드 199달러~
**Web** www.marriott.com/hotels/travel/hnlmc-waikiki-beach-marriott-resort-and-spa

### 최상의 위치! 유서 깊은 호텔
## 쉐라톤 프린세스 카이올라니
Sheraton Princess Kaiulani

와이키키 비치 지역 한가운데 위치해 도보 여행에 편리한 3성급 호텔이다. 100여 년 전 하와이의 마지막 공주인 카이울라니 공주가 거주하였던 곳에 세워졌다. 밝은색으로 꾸며진 깔끔한 객실에는 평면 케이블 TV, 커피 메이커, 냉장고 등의 시설이 잘 갖춰져 있다. 시설은 오래된 편이다. 오션 뷰 객실에서는 반짝이는 태평양과 다이아몬드 헤드 등 이국적인 전경을 조망할 수 있다.

매일 생수 2병, 하루 최대 60분의 국제전화, 무료 주차 1대, 인터넷, 음료 쿠폰 등의 서비스를 받을 수 있다. 하루당 27달러 정도의 리조트 피가 부과된다.

**Data** Map 141G **Access** 호놀룰루 국제공항에서 차로 25분 정도 **Add** 120 Kaiulani Ave, Honolulu **Tel** 808-922-5811 **Cost** 더블베드 230달러~ **Web** www.princess-kaiulani.com

### 와이키키에서 가장 높은
## 아쿠아 스카이 라인 엣 아일랜드 콜로니
Aqua Sky Line at Esland Colony

44층 높이의 고층 건물에 위치하고 있는 3성급 호텔로 총 74개의 객실을 운영하고 있다. 현대적으로 꾸며진 객실에는 주방 시설과 발코니가 갖추어져 있다. 발코니에서는 다이아몬드 헤드 및 와이키키 지역의 전경을 감상하기 좋다. 객실에는 40인치 LCD TV, 소형 냉장고, 전자레인지, 커피 메이커, 금고 등의 시설이 있어서 편의를 더한다. 객실과 로비에서는 무선 인터넷 사용이 가능하며, 호텔 내에 피트니스 센터도 있다.
풀장 근처에 있는 바비큐 그릴은 유료로 사용할 수 있다. 알라 모아나 센터까지 무료 셔틀버스가 운행된다. 1박당 15달러의 리조트 피가 부과되며, 주차장 이용 시 하루 25달러가 추가된다.

**Data** Map 140F **Access** 호놀룰루 국제공항에서 차로 25분 정도 **Add** 445 Seaside Ave, Honolulu **Tel** 808-923-2345 **Cost** 더블베드 116달러~, 퀸베드 125달러~ **Web** www.skylineislandcolony.com

## | 알라 모아나 Ala Moana |

*와이키키 비치까지 차로 10분 거리로 매우 가깝다. 숙소의 퀄리티 대비 가격이 저렴해서 실속파 여행객에게 큰 사랑을 받고 있다.*

**현대적 감각의 아일랜드풍 호텔**
### 알라 모아나 호텔 Ala Moana Hotel

약 1,100개의 객실을 보유하고 있는 36층의 고층 건물에 위치한 호텔이다. 2015년에 리노베이션을 마쳐 객실 컨디션이 상당히 좋다. 가격 대비 시설이 깔끔하고, 오아후 관광에 매우 유리한 곳에 위치해 투숙객들의 만족도가 높다. 와이키키 타워와 코나 타워로 이뤄져 있으며, 코나 타워를 제외한 모든 객실에는 전용 발코니가 있어서 아름다운 호놀룰루의 풍경을 조망하기에 좋다. 모든 객실 및 공공장소는 금연 구역으로 지정되어 있다. 모든 객실에는 에어컨, 커피 메이커, 소형 냉장고, 전자레인지, 냉장고, 금고, LCD TV 등의 편의 시설이 잘 되어 있다. 무료로 초고속 인터넷도 사용할 수 있다.

호텔 건물 내에는 로열 가든 레스토랑, 더 시그니처 등 4개의 레스토랑과 나이트클럽, 야외 수영장, 피트니스 센터, 대규모 회의실 등이 있다. 리조트 피는 따로 부과되지 않으며, 셀프 주차 요금은 하루당 20달러이다. 알라 모아나 센터과 호텔이 바로 연결되어 편리함을 더한다. 호텔 앞 10분 거리에는 알라 모아나 비치 파크 Ala Moana Beach Park가 있다.

**Data** Map 139D **Access** 호놀룰루 국제공항에서 차로 20분 정도 **Add** 410 Atkinson Dr, Honolulu **Tel** 808-955-4811 **Cost** 더블베드 159달러~ **Web** alamoanahotel.com

# | 호놀룰루 Honolulu |

*오아후 남쪽에 위치한 지역이다. 북적거리는 와이키키 지역을 벗어나 여유로운 휴가를 즐기고자 하는 여행객들이 선호한다. 와이키키 지역까지도 차로 10~15분으로 그리 멀리 않다.*

**별장에 온 듯한 느낌의**
## 카할라 호텔&리조트 Kahala Hotel&Resort

오아후의 부촌 카할라 지역에 위치한 럭셔리 5성급 리조트 형 호텔이다. 와이키키 지역에서 살짝 떨어져 있어서 조용하고 한적한 휴식을 취할 수 있다. 338개의 고급스러운 객실에는 에어컨, 커피 메이커, 평면 TV, 헤어드라이어 등이 갖춰져 있으며, 무료 무선 인터넷 이용이 가능하다.

매주 일요일에만 운영하는 호쿠스 Hoku's 선데이 브런치는 신선한 굴, 스시, 바닷가재 등을 맛볼 수 있어서 인기 있다. 베란다 The Veranda 에서 즐기는 애프터눈 티 Afertnoon Tea 도 추천한다. 돌고래와 교감하며 만져보고, 먹이를 주거나 함께 수영할 수 있는 체험 프로그램 돌핀 퀘스트 인카운터 Dolphin Quest Encounter(5세 이상 유료)도 진행한다. 리조트 피는 따로 부과되지 않는다. 주말이면 해변에서 결혼식을 하는 로맨틱한 모습도 많이 보인다.

**Data** Map 135L
**Access** 와이키키 지역에서 차로 10~15분. 호놀룰루 국제공항에서 차로 30분 **Add** 5000 Kahala Ave, Honolulu
**Tel** 808-739-8888 **Cost** 더블베드 400~1,000달러대
**Web** www.kahalaresort.com

## | 카포레이 Kapolei |

*오아후 서쪽 해안 지역이다. 오아후 구석구석을 돌아보는 관광보다는 호텔 내의 시설을 충분히 이용하며 휴식을 취하고자 하는 여행객들이 선호하는 지역이다.*

© Disney

#### 어린이들을 위한 다양한 프로그램이 있는
## 아울라니 디즈니 리조트&스파
### Aulani A Disney Resort&Spa

© Disney

디즈니사에서 운영하는 4성급 호텔. '아울라니'는 하와이어로 '메신저, 추장의 전령'이라는 의미로, 하와이의 정신과 문화, 역사를 전달하는 시설을 만들고자 붙인 이름이다.

2개로 나눠진 타워에는 총 351개의 일반 객실과 481개의 주방 시설이 딸린 빌라형 객실로 나뉜다. 각 객실에는 평면 TV, DVD 플레이어, 금고, 커피 메이커 등이 설치되어 있으며, 무선 인터넷을 제공한다. 3개의 풀장과 워터 슬라이드 등의 시설이 있는 대형 수영장이 있다. 인공 해변으로 만들어진 레인보우 리프Rainbow Reef에서는 다양한 물고기가 서식한다. 파도나 조류를 걱정하지 않고 안전하게 해양 액티비티를 즐길

© Disney

수 있다. 안티의 비치 하우스Aunty's Beach House에서는 3세부터 12세까지의 어린이를 위한 키즈 프로그램이 진행된다. 음악을 듣고, 게임을 하면서 하와이의 문화를 배울 수 있다.

프로그램에 따라 무료와 유료 참여로 나뉜다. 그 외에도 스파, 라운지, 피트니스 센터 등의 시설이 잘 갖춰져 있다. 코올리나 비치를 끼고 있어서 여유로운 휴식을 즐기기에도 좋다.

**Data** Map 134J
**Access** 와이키키 지역까지 차로 45분 정도. 호놀룰루 국제공항에서 차로 30분
**Add** 92-1185 Ali'inui Dr, Kapolei
**Tel** 866-443-4763, 808-674-6200
**Cost** 스탠더드 룸 569달러~
**Web** www.aulani.com

# | 노스 쇼어 North Shore |

*오아후 북쪽 해안 지역이다. 한적한 곳에서 휴식을 취하고 싶은 사람들이 선호한다. 10월부터 3월까지는 인터내셔널 서핑 챔피언 대회가 열리므로 노스 쇼어 지역을 찾는 사람들이 많다는 점을 참고하자.*

### 한적한 휴식을 즐길 수 있는
### 터틀 베이 리조트 Turtle Bay Resort

375개의 객실, 25개의 스위트룸을 운영하는 4성급 고급 리조트이다. 전 객실 금연 구역으로 운영하고 있다. 아놀드 파머Arnold Palmer와 조지 파지오George Fazio가 설계한 18홀의 골프장이 있어서 골프 애호가들에게 특히 소문이 자자하다. 모든 객실에는 에어컨, 케이블 TV, 소형 냉장고, 커피 메이커, 냉장고가 구비되어 있다. 열대 나무와 꽃을 모티브로 한 하와이풍 실내 공간은 깔끔하다. 24시간 룸서비스를 제공한다. 호텔 내에 2개의 야외 수영장이 위치하고 있다.

오션 프런트 액티비티 센터에서는 스노클링, 부기 보드 등의 장비를 빌릴 수 있으며, 서핑, 스쿠버, 스탠드 업 패들 수업을 유료로 진행한다. 나루 스파Nalu Spa에서 디톡스 마사지, 아로마 테라피 등의 서비스를 제공받을 수 있다. 포인트 선셋&풀 바The Point Sunset&Pool Bar에서 칵테일을 즐기거나 쿠라 그릴 Kula Grill에서 식사를 해도 좋다. 하루당 31달러 정도의 리조트 피가 부과된다.

**Data** Map 134B
**Access** 호놀룰루 국제공항에서 차로 60분 정도 **Add** 57-091 Kamehameha Hwy, Kahuku
**Tel** 808-293-6000 **Cost** 더블베드 340달러~ **Web** www.turtlebayresort.com

## | 할레이바 Haleiwa |

*오아후 북쪽 지역. 옛 하와이의 모습이 물씬 풍기는 지역으로, 서퍼들이 선호한다.*

#### 해안에 인접한 별장 스타일 숙소
### 칼라니 하와이 프라이빗 로징 Kalani Hawaii Private Lodging

트로피컬한 분위기의 가옥에서 편안한 휴식을 즐길 수 있는 숙소이다. 도보로 10분 이내 거리에 반자이 파이프라인Banzai Pipeline 해변이 위치하고 있다. 도미토리부터 1인실 또는 2인실 프라이빗 룸과 간단한 조리 시설이 딸려 있는 스튜디오형 숙소까지 다양한 객실을 보유하고 있다.
도미토리 이용객이 사용하는 욕실, 부엌 및 테라스, 정원 등 공동 구역이 깨끗해 만족도가 높다. 무선 인터넷, 주차장을 무료로 이용할 수 있다. 헤어드라이어, 다리미는 필요할 경우 요청할 수 있다.

**Data** Map 134B **Access** 호놀룰루 국제공항에서 차로 50분
**Add** 59-222 Kamehameha Hwy, Haleiwa **Tel** 808-781-6415
**Cost** 도미토리 50달러~, 개인 침실 80달러~ **Web** www.kalanihawaiip-rivatelodging.com

#### 한가로운 노스 쇼어의 분위기를 만끽하는
### 케 이키 비치 방갈로 Ke Iki Beach Bungalow

하와이 특유의 정취를 만끽할 수 있는 방갈로 스타일 객실을 보유하고 있다. 객실 바로 앞에 노스 쇼어의 해변이 시원하게 펼쳐진다. 일몰까지 조망 가능한 완벽한 뷰를 갖고 있다. 무료로 무선 인터넷 사용할 수 있으며, 케이블 TV, 전자레인지, 냉장고, 커피 메이커 등 간단한 취사 시설이 갖춰져 있다.
마당에는 야외 테이블과 의자, 바비큐 그릴 시설이 완비되어 있다. 방 개수와 인원에 따라 객실을 선택할 수 있다. 일주일 단위로 예약 시 1박당 요금이 원래 금액보다 10달러 정도 더 저렴하다. 퇴실 시 50~130달러의 청소비가 별도로 부과된다.

**Data** Map 134B **Access** 호놀룰루 국제공항에서 차로 50분 **Add** 59-579 Ke Iki Rd, Haleiwa
**Tel** 866-638-8229 **Cost** 175~245달러 **Web** www.keikibeach.com

# 02

# 마우이
## Maui

웨스트 마우이(라하이나 부근)
센트럴 마우이(와일레아 부근)
이스트 마우이(할레아 칼라 국립공원 부근)

로맨틱한 분위기의 마우이! '연인들의 섬'으로 불릴
만큼 낭만적인 분위기의 드라이브 코스와 스폿이 많
다. 하와이의 옛 수도였던 라하이나를 걸어보고, 환
상적인 카아나팔리 비치와 와일레아 비치를 끼고 있
는 고급스러운 리조트에서 호사스러운 시간을 보내
보자. 할레아칼라 국립공원 정상에서 만나는 일출
은 평생 기억될 만한 멋진 장관이다. 12월에서 5월 사
이 방문했다면 떼 지어 가는 혹등고래의 모습을 놓
치지 말자. 구불구불한 '하나로 가는 길'은 순수한 마
우이의 속살을 경험할 수 있기로 정평이 난 드라이
브 코스다. 초승달 모양의 섬, 몰로키니에서 스노클
링까지! 다채로운 볼거리가 있는 아름다운 섬이다.

Maui
# GET AROUND

## 어떻게 갈까?

오아후, 마우이, 빅 아일랜드에서 국내선을 이용해 마우이의 카훌루이 공항으로 간다. 국내선은 대부분 직항으로 연결된다. 보통 30~40분 정도 소요. 대부분의 관광객들이 이 방법으로 마우이로 간다. 만약 경비행기를 타고 간다면 카팔라우 공항으로 들어 갈 수도 있다.

인천 국제공항에서 오아후의 호놀룰루 국제공항까지 하와이안항공을 이용한다면 10만 원만 추가하면 이웃 섬으로 가는 왕복 항공권 발권할 수 있으니 참고하자. 인천에서 마우이의 카훌루이 공항을 최종 목적지로 하고 호놀룰루 국제공항에서 경유하면 된다. 카훌루이 공항에서 라하이나 지역까지는 차로 50분 정도, 와일레아와 키헤이 지역까지는 차로 35분 정도 소요된다.

## 카훌루이 공항에서 시내로 가기

### 1. 렌터카 Rental Car

가장 대중적이고 편리한 방법. 대중교통은 상당히 불편하다. 마우이는 이정표가 잘 되어 있고, 길 구조도 비교적 단순하다. 지도만으로도 길 찾기는 그리 어렵지 않다. 공항에서 렌터카를 빌릴 수 있다.

**\* 주요 렌터카 회사**

알라모 Alamo
**Data** Tel 808-246-0645 **Web** www.alamo.co.kr
허츠 Hertz
**Data** Tel 808-246-0204 **Web** www.hertz.com
에이비스 Avis
**Data** Tel 808-245-3512 **Web** www.avis.com
엔터프라이즈 Enterprise
**Data** Tel 808-246-0204 **Web** www.enterprise.com
내셔널 National
**Data** Tel 808-245-5638 **Web** www.nationalcar.com

> **Tip 카훌루이 공항에서 주요 지역까지 소요 시간**
> • 라하이나 Lahaina 약 50분
> • 카팔루아 Kapalua 약 1시간
> • 와일레아 Wailea 약 30~35분
> • 마케나 Makena 약 30~35분
> • 키헤이 Kihei 약 30~35분

### 2. 택시 Taxi

공항 앞 택시 정류장에서 대기 중인 택시에 탑승하면 된다. 공항 외의 지역에서는 길에서 택시를 쉽게 볼 수 없으므로 호텔 컨시어지를 통하거나 직접 택시 회사에 전화를 걸어 이용하면 된다.

**\* 대표 택시 회사**

CB 마우이 택시 CB Maui Taxi **Data** Tel 808-243-8294 **Web** www.cbtaximaui.com
마우이 택시 808 Maui Taxi 808 **Data** Tel 808-633-0257 **Web** www.mauitaxi808.com
웨스트 마우이 택시 West Maui Taxi **Data** Tel 808-661-1122 **Web** www.westmauitaxi.com

## 어떻게 다닐까?

마우이는 대중교통으로 다니기는 상당히 불편하다. 그러나 드라이브 길은 잘 조성되어 있어 렌터카로 다니기에는 최적의 지역이다. 대부분의 렌터카 회사들은 공항 주변에 있다. 내비게이션이나 지도, 이정표를 참고하여 다니자. 길이 매우 단순한 편이어서 운전에 큰 어려움은 없다. 고급 대단지 호텔, 리조트들이 들어서 있는 라하이나 지역을 제외하면 교통 체증도 없는 편이다.

### 3. 공항 셔틀버스 Airport Shuttle Bus

탑승 후 가고자 하는 호텔을 말하면 해당 호텔 앞까지 데려다준다. 마우이 특성상 호텔이 여러 지역에 퍼져 있어 호텔의 위치에 따라 요금이 달라진다.

**\* 스피디 셔틀** Speedi Shuttle

하와이에서 가장 유명한 셔틀버스. 짐은 2개까지 무료로 실어준다. 그 외에는 1개당 8달러의 추가 요금이 있다. 목적지의 거리에 따라 요금이 부과된다.

**Data** Cost 편도 36~75달러, 왕복 73~150달러 Tel 877-242-5777
Web www.speedishuttle.com

**\* 로버츠 하와이** Roberts Hawaii

목적지 호텔 위치에 따라 요금이 다르다. 홈페이지를 통해 미리 예약하는 것이 편리하다. 짐은 2개까지 무료로 실어준다. 그 외에는 5달러의 추가 요금이 있다.

**Data** Cost 편도 18~70달러, 왕복 25~135달러 Tel 808-954-8630
Web www.robertshawaii.com/mauiexpress/

### 4. 마우이 버스 Maui Bus

마우이시에서 운영하는 대중교통 수단이다. 공항 출구로 나가면 버스정류장이 있다. 공항 직원에게 문의하면 친절하게 안내해준다. 마우이 버스는 총 13개 번호의 버스를 운행한다. 유동 인구가 많은 번화가 위주로 운영하며, 대중교통을 이용해서 섬 구석구석을 다닐 수는 없다. 또한 배차 간격이 길어서 불편하므로, 관광객에게는 추천하지 않는다.

22.86×35.56×55.88cm 이하의 가방만 가지고 탈 수 있다. 자전거, 유모차, 골프 클럽 등은 들고 탑승할 수 있으나 서핑 보드는 실을 수 없다. 홈페이지에 각 목적지별로 배차 간격, 배차 시간이 나와 있다.

**Data** Cost 1회 탑승 2달러, 일일 패스 4달러, 2세 이하 무료
Tel 808-971-4838(물건 분실 시 이용 가능) Open 08:00~16:30
Web www.mauicounty.gov/bus

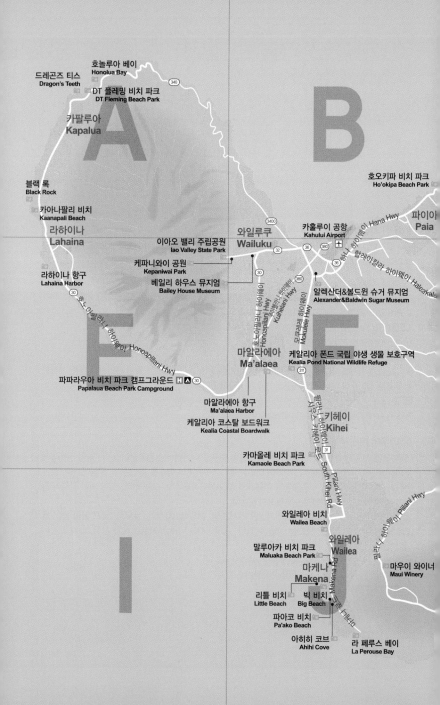

드레곤즈 티스
Dragon's Teeth

호놀루아 베이
Honolua Bay

DT 플레밍 비치 파크
DT Fleming Beach Park

340

카팔루아
Kapalua

A

B

블랙 록
Black Rock

호오키파 비치 파크
Ho'okipa Beach Park

카아나팔리 비치
Kaanapali Beach

라하이나
Lahaina

와일루쿠
Wailuku

카훌루이 공항
Kahului Airport

하나 하이웨이 Hana Hwy

파이아
Paia

이아오 밸리 주립공원
Iao Valley State Park

3400

할레아칼라 하이웨이 Haleakala

32

36

380

36

케파니와이 공원
Kepaniwai Park

베일리 하우스 뮤지엄
Bailey House Museum

30

알렉산더&볼드윈 슈거 뮤지엄
Alexander&Baldwin Sugar Museum

라하이나 항구
Lahaina Harbor

호노아필리니 하이웨이 Honoapiilani Hwy

호노아필리니 하이웨이 Honoapiilani Hwy

쿨레라니 하이웨이 Kuhelani Hwy

모쿨레레 하이웨이 Mokulele Hwy

380

F

F

E

마알라에아
Ma'alaea

케알리아 폰드 국립 야생 생물 보호구역
Kealia Pond National Wildlife Refuge

파파라우아 비치 파크 캠프그라운드
Papalaua Beach Park Campground

30

311

마알라에아 항구
Ma'alaea Harbor

케알리아 코스탈 보드워크
Kealia Coastal Boardwalk

필라니 하이웨이 Piilani Hwy

사우스 키헤이 로드 South Kihei Rd

키헤이
Kihei

카마올레 비치 파크
Kamaole Beach Park

31

와일레아 비치
Wailea Beach

I

말루아카 비치 파크
Maluaka Beach Park

와일레아
Wailea

마케나 로드 Makena Rd

필라니 하이웨이 Piilani Hwy

마우이 와이너
Maui Winery

마케나
Makena

리틀 비치
Little Beach

빅 비치
Big Beach

파아코 비치
Pa'ako Beach

아히히 코브
Ahihi Cove

라 페루스 베이
La Perouse Bay

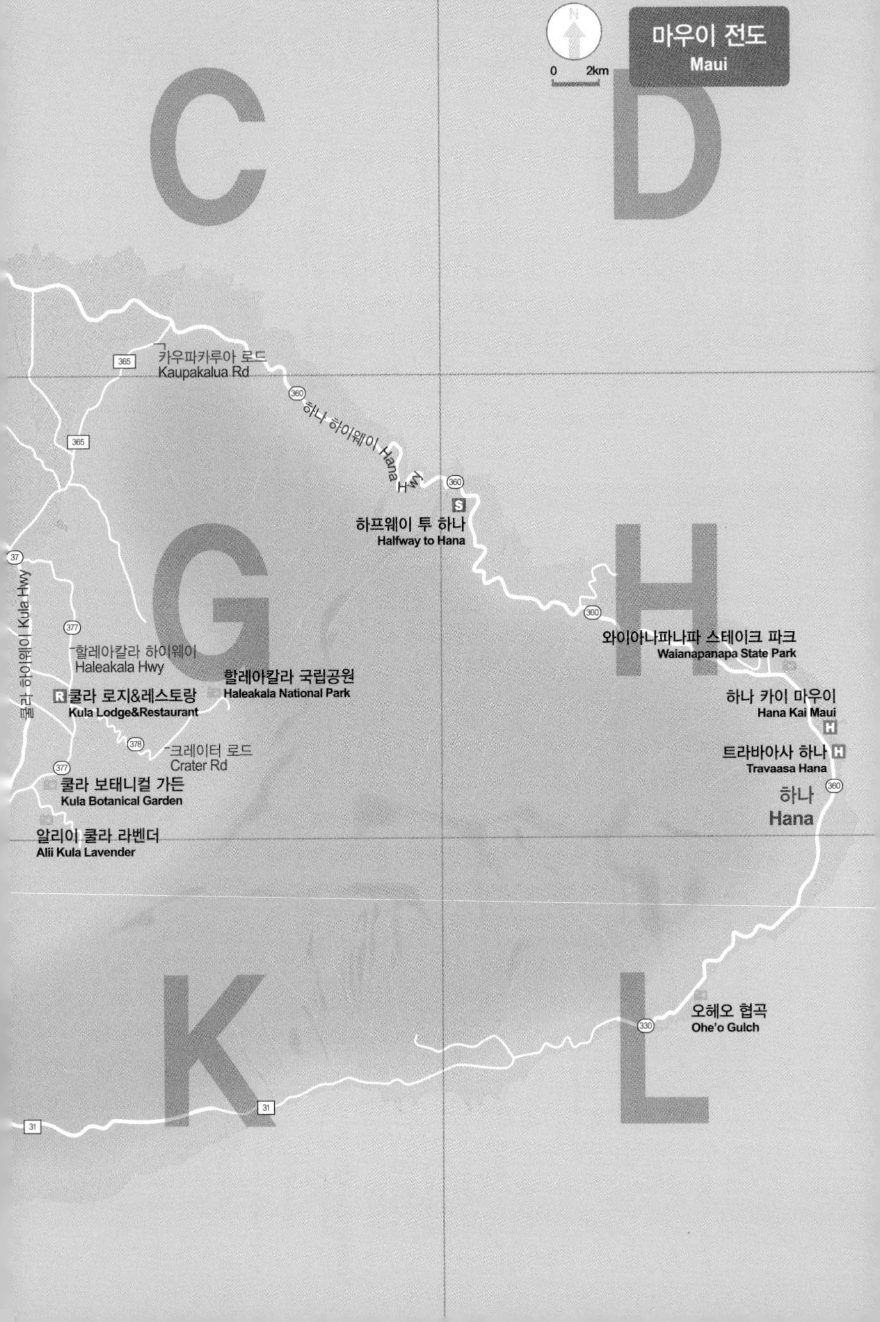

마우이 전도
Maui

N

0 2km

365 카우파카루아 로드
Kaupakalua Rd

360 하나 하이웨이 Hana Hwy

365

360

37

377 할레아칼라 하이웨이
Haleakala Hwy

하프웨이 투 하나
Halfway to Hana

360 와이아나파나파 스테이크 파크
Waianapanapa State Park

할레아칼라 국립공원
Haleakala National Park

R 쿨라 로지&레스토랑
Kula Lodge&Restaurant

378 크레이터 로드
Crater Rd

하나 카이 마우이
Hana Kai Maui

트라바아사 하나
Travaasa Hana

377

쿨라 보태니컬 가든
Kula Botanical Garden

360 하나
Hana

알리이 쿨라 라벤더
Alii Kula Lavender

31

31

330 오헤오 협곡
Ohe'o Gulch

쿨라 하이웨이 Kula Hwy

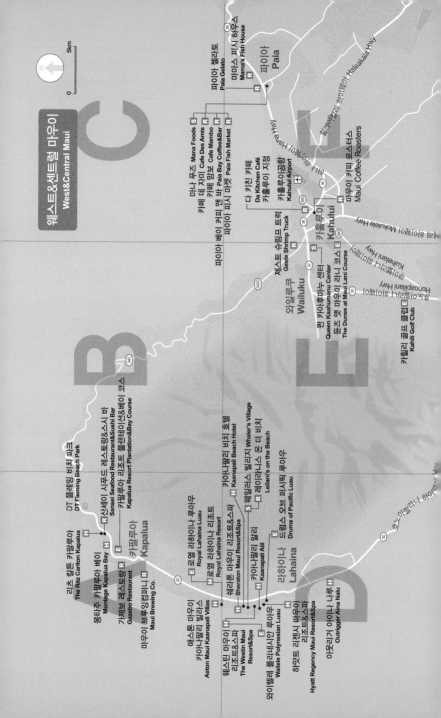

웨스트&센트럴 마우이
West&Central Maui

파이아 Paia

마마스 피시 하우스
Mama's Fish House

파이아 젤라토
Paia Gelato

할레아칼라 하이웨이 Haleakala Hwy

마나 푸즈 Mana Foods
카페 데 자미 Cafe Des Amis
카페 맘보 Cafe Mambo
파이아 피시 마켓 Paia Fish Market

파이아 베이 커피 앤 바 Paia Bay Coffee&Bar

하나 하이웨이 Hana Hwy

다 키친 카페
Da Kitchen Café

카훌루이 공항
Kahului Airport

카훌루이 지점
카훌루이
Kahului

마우이 커피 로스터스
Maui Coffee Roasters

제스트 쉬림프 트럭
Geste Shrimp Truck

와일루쿠
Wailuku

모킬렐레 하이웨이 Mokulele Hwy

쿠이헬라니 하이웨이 Kuihelani Hwy

퀸 카아후마누 센터
Queen Kaahumanu Center

호노아피일라니 하이웨이 Honoapiilani Hwy

둔즈 엣 마우이 라니 코스
The Dunes at Maui Lani Course

카훌리 골프 클럽
Kahili Golf Club

DT 플레밍 비치 파크
DT Fleming Beach Park

리츠 칼튼 카팔루아
The Ritz Carlton Kapalua

산세이 시푸드 레스토랑&스시 바
Sansei Seafood Restaurant&Sushi Bar

카팔루아 리조트 플렌테이션&베이 코스
Kapalua Resort Plantation&Bay Course

카팔루아
Kapalua

몽타주 카팔루아 베이
Montage Kapalua Bay

가제보 레스토랑
Gazebo Restaurant

마우이 브루잉컴퍼니
Maui Brewing Co.

카아나팔리 비치 호텔
Kaanapali Beach Hotel

웨일러스 빌리지 Whaler's Village

레일라니스 온 더 비치
Leilani's on the Beach

로열 라하이나 루아우
Royal Lahaina Luau

로열 라하이나 리조트
Royal Lahaina Resort

쉐라톤 마우이 리조트&스파
Sheraton Maui Resort&Spa

카아나팔리 알리
Kaanapali Alii

라하이나
Lahaina

드럼스 오브 퍼시픽 루아우
Drums of Pacific Luau

아웃리거 아이나 나루
Outrigger Aina Nalu

에스톤 마우이
카아나팔리 빌라스
Aston Maui Kaanapali Villas

웨스틴 마우이
리조트&스파
The Westin Maui
Resort&Spa

와이렐레 폴리네시안 루아우
Wailele Polynesian Luau

하얏트 리젠시 마우이 리조트&스파
Hyatt Regency Maui Resort&Spa

N

0        5km

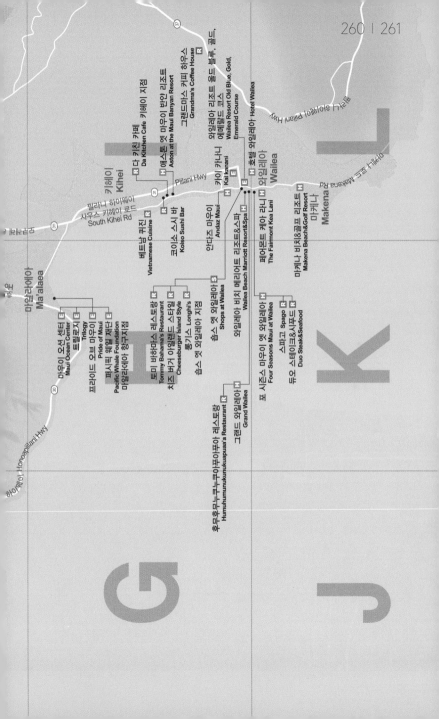

# 웨스트 마우이
## WEST MAUI(라하이나 부근)

하와이의 옛 수도였던 라하이나 지역은 역사적 사적지들이 숨 쉬고 있는 곳이다. 긴 백사장으로 유명한 카아나팔리 비치를 끼고 고급스러운 리조트와 호텔들이 자리 잡고 있다. 관광객들이 많이 찾는 지역이라 번잡한 느낌도 들 수 있으나 다채로운 음식을 맛볼 수 있는 레스토랑, 아기자기한 기념품 숍 등이 즐비하다. 해 질 녘 풍경이 아름다워서 일몰 포인트로도 사랑받는다. 마알라에아 항구에서 출발하는 몰로키니섬 투어도 꼭 한 번 즐겨볼 만하다.

© Cindy Devin

## West Maui
# PREVIEW

'연인들의 섬', '드라이브하기 좋은 섬'으로 불리는 마우이! 차로 구석구석을 달리며 즐기기에 좋다.
초승달 모양의 몰로키니섬은 청정 자연을 만끽할 수 있는 스노클링 포인트다. 12월에서 5월에
방문했다면 흑등고래를 만날 수 있는 고래 관찰 투어도 추천한다. 또 라하이나 지역의 아기자기한
숍을 방문하거나 바다가 보이는 바에서 칵테일 한잔과 풍경을 즐기면 신선놀음이 부럽지 않다.

**SEE**

웨스트 마우이에는 마우이에서 가장 긴 백사장을 자랑하는 카아나팔리 비치가 있다.
맑은 바다 빛을 자랑하는 해변을 걸어보거나 황홀한 일몰을 감상하자. 하와이의
수도였던 라하이나 지역은 현재 상업 지구로 다양한 레스토랑, 갤러리, 숍 등이
들어가 있다. 올드 라하이나 코트 하우스 앞에 위치한 하와이 최대 크기의 반얀트리도
꼭 감상해보자. 시간 여유가 있다면 카팔루아 지역의 최고의 해변으로 꼽히는 DT
플레밍 비치 파크에서 선탠이나 수영을 하며 시간을 보내볼 것을 추천한다.

**ENJOY**

하와이의 장점은 마음에 드는 해변이 보이면 자유롭게 뛰어들어 수영이나
스노클링 등을 즐길 수 있다는 것이다. 이 지역에서는 쉐라돈 마우이 리조트&스파
쪽에 위치한 블랙 록이 스노클링 포인트로 가장 유명하다. 현지인들이 꼽는
최고의 스노클링 포인트인 호놀루아 베이를 가보는 것도 좋다. 스노클링을
할거라면 ABC 마트, 월마트 등에서 장비를 구입하도록 하자. 신비로운
초승달 모양의 몰로키니섬으로 가서 스노클링을 즐기는 투어도 즐겨볼
만하다. 전통 쇼인 루아우를 보거나 고래 관찰 투어, 골프 등도 인기 있다.

**EAT**
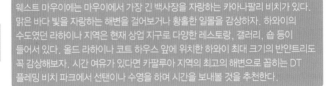

대부분의 식재료를 본토나 다른 나라에서 들여오므로 마우이의 음식값은
비교적 비싼 편이다. 하와이의 전통 음식부터 퓨전 요리까지 선택의 폭은
다양하다. 19세기 목조건물이 들어서 있는 라하이나 지역에는 바다를
바라보면서 식사를 즐길 수 있는 로맨틱한 분위기의 레스토랑이 즐비하다.

**SLEEP**

카아나팔리 비치를 따라 쉐라톤, 하얏트 등 이름만 대도 알만한 럭셔리 리조트들이
많이 들어서 있다. 가족 단위의 관광객이라면 간단한 취사가 가능한 숙소를 추천한다.
캠핑장을 이용하고 싶다면 파파라우아 비치 파크Papalaua Beach Park에서
가능하다. 단, 미리 해당 기관을 방문해서 허가증을 받아야 한다.

West Maui
# ONE FINE DAY

마우이의 청정 자연을 즐길 수 있는 스노클링으로 하루를 시작하자. 라하이나
지역의 레스토랑과 숍을 돌아본 후 거대한 반얀트리 그늘 아래에서 즐기는 휴식은
달콤하다. 곳곳에 위치한 유적지에서 옛 마우이의 정취를 느껴보고, 마무리로
하와이 전통 춤과 노래, 음식을 즐기는 루아우 쇼까지 보람차게 즐겨보자.

자동차 40분

도보 10분

**06:30**
몰로키니 스노클링 투어.
또는 블랙 록, 호놀루아
베이에서 스노클링 하기

**14:00**
라하이나 지역의
치즈버거 인 파라다이스
에서 점심 먹기

**14:10**
반얀트리 파크
돌아보기

도보 1분

도보 8분

도보 1분

**15:30**
아웃렛 오브 마우이에서
쇼핑 즐기기

**15:00**
라하이나 항구 및
주변 숍 구경하기

**14:30**
올드 라하이나
코트하우스 방문하기

자동차 15~30분

**17:00**
하와이 전통 음악과 춤이
있는 루아우 쇼 감상하기

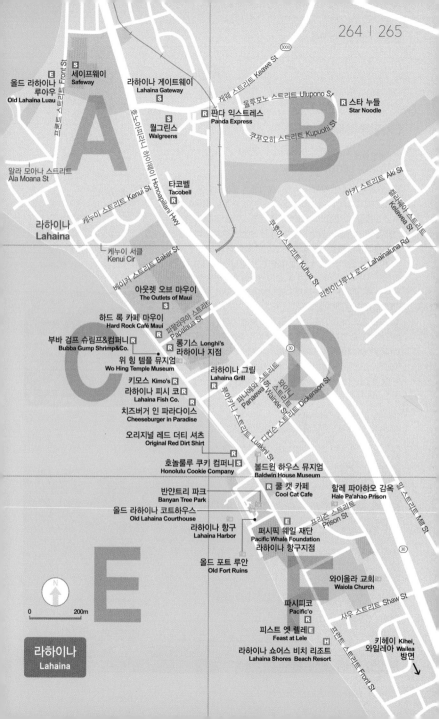

올드 라하이나 루아우
Old Lahaina Luau
세이프웨이
Safeway
라하이나 게이트웨이
Lahaina Gateway
판다 익스트레스
Panda Express
스타 누들
Star Noodle

케아웨 스트리트 Keawe St
울루포노 스트리트 Ulupono St
쿠푸오히 스트리트 Kupuohi St

프론트 스트리트 Front St
혼오아피일라니 하이웨이 Honoapiilani Hwy

월그린스
Walgreens

알라 모아나 스트리트
Ala Moana St

타코벨
Tacobell

케누이 스트리트 Kenui St

라하이나
Lahaina

아키 스트리트 Aki St
켈라웨아 스트리트 Kelawea St

케누이 서클
Kenui Cir

쿠하이 스트리트 Kuhua St

라하이나루나 로드 Lahainaluna Rd

베이커 스트리트 Baker St

아웃렛 오브 마우이
The Outlets of Maui

하드 록 카페 마우이
Hard Rock Café Maui

파팔라우아 스트리트
Papalaua St

부바 검프 슈림프&컴퍼니
Bubba Gump Shrimp&Co.

롱기스 Longhi's
라하이나 지점

위 힝 템플 뮤지엄
Wo Hing Temple Museum

라하이나 그릴
Lahaina Grill

키모스 Kimo's

파나에와 스트리트 Panaewa St
와이네 스트리트 Wainee St
디컨슨 스트리트 Dickenson St

라하이나 피시 코
Lahaina Fish Co.

치즈버거 인 파라다이스
Cheeseburger in Paradise

루아키니 스트리트 Luakini St

오리지널 레드 더티 셔츠
Original Red Dirt Shirt

호놀룰루 쿠키 컴퍼니
Honolulu Cookie Company

볼드윈 하우스 뮤지엄
Baldwin House Museum

쿨 캣 카페
Cool Cat Cafe

할레 파아하오 감옥
Hale Pa'ahao Prison

반얀트리 파크
Banyan Tree Park

올드 라하이나 코트하우스
Old Lahaina Courthouse

라하이나 항구
Lahaina Harbor

퍼시픽 웨일 재단
Pacific Whale Foundation
라하이나 항구지점

프리즌 스트리트 Prison St

밀 스트리트 Mill St

올드 포트 루안
Old Fort Ruins

와이올라 교회
Waiola Church

파시피코
Pacific'o

샤우 스트리트 Shaw St

피스트 엣 렐레
Feast at Lele

라하이나 쇼어스 비치 리조트
Lahaina Shores Beach Resort

프론트 스트리트 Front St

키헤이 Kihei,
와일레아
방면

N
0    200m

라하이나
Lahaina

# SEE

## | 카팔루아Kapalua |

### 스노클링 명소
### 호놀루아 베이Honolua Bay

호놀루아는 '2개의 항구'라는 뜻. 예전에는 물물교환을 위해 상인들의 배가 정박하던 지역이다. 현지인이 손꼽는 마우이 최고의 스노클링 포인트이다. 해양 생물 보존 구역으로 다양한 해양 생물을 볼 수 있다. 맑고 햇빛이 강한 날에는 투명한 바다를 만끽할 수 있다. 여름에는 파도가 잔잔한 편이라 스노클링, 스쿠버다이빙을 즐기기 좋다. 겨울에는 강한 파도가 있어서 서퍼들이 많이 찾는다. 모래가 없는 자갈 해변이라 아쿠아슈즈, 오리발 착용을 추천한다. 샤워실이나 탈의실이 없으므로 수영복을 옷 안에 입고 오는 것이 좋다.

**Data** Map 258A
**Access** 호노아피일라니 하이웨이
Honoapiilani Hwy 갓길에 주차장이
있다. 이정표가 잘 되어 있지 않으니
편이니 지도를 참고하자.
**Add** Honolua Bay Between
the 32and 33mile Marker,
Kapalua

호노아피일라니 하이웨이를 따라가다 보면 차량이 주차되어 있는 것을 볼 수 있다. 그 근처에 주차하고, 호놀루아 베이 액세스 트레일Honolua Bay Access Trail을 따라 10분 정도 걸어가면 해변이 나온다. 호놀루아 베이 액세스 트레일은 두 곳이 있다. 둘 중 아무 트레일을 선택해도 해변이 나온다. 트레일에 모기가 많으니 모기 퇴치제를 뿌리는 것이 좋다.

© Steve Ryan

© Hawaii Savvy

**Writer's Pick!**
### 2006년 미국 최고의 해변으로 꼽힌 바 있는
## DT 플레밍 비치 파크 DT Fleming Beach Park

현지인들에게 더욱 사랑받는 마우이 최고 비치 중 하나이다. 몰로카이섬과 라나이섬이 보이는 멋진 풍경을 가지고 있다. 야자수들이 곳곳에 그늘을 만들어준다. 파도가 잔잔한 날에는 수영과 스노클링을 즐길 수 있지만, 파도가 있는 날이 많은 편이다. 파도가 높을 때는 부기 보드를 타거나 해변에서 선탠을 하는 것이 낫다.
마우이의 아름다운 일몰을 보기에 완벽한 장소로 꼽힌다. 화장실, 피크닉 테이블, 간이 샤워 시설이 잘 갖춰져 있다. 안전 요원이 늘 상주하고 있다. 주차는 리츠 칼튼 리조트 내 해변 이용객을 위한 주차장을 이용하자. 주차장에서 비치까지는 도보로 7분 거리.

**Data** Map 258A
**Access** 리츠 칼튼 리조트 카파홀루 앞에 위치
**Add** Honoapi'ilani Hwy, Kapalua
**Web** www.to-hawaii.com/maui/beaches/dtflemingbeachpark.php

### 용의 이빨을 닮은
## 드레곤즈 티스 Dragon's Teeth

용의 이빨처럼 뾰족뾰족 솟아오른 바위들이 인상적인 장소이다. 수백만 년 전 화산에서 분출된 용암이 바다 쪽으로 흐르고, 반대쪽에서 불어오는 바람과 거친 파도에 부딪히면서 솟구친 용암이 굳어 층상 절리가 만들어졌다. 바람이나 파도 등에 의해 절리 일부분이 떨어져나가면서 그 모습이 마치 용의 빨처럼 보인다고 하여 '드레곤즈 티스'라고 불린다. 일몰 때에는 마음이 들뜨는 아름다운 경관을 감상할 수 있다.

**Data** Map 258A
**Access** 리츠 칼튼 리조트 카파홀루에서 도보 12분 정도
**Add** Lower Honoapi'ilani Rd, Lahaina
**Web** www.to-hawaii.com/maui/attractions/dragonsteeth.php

💬 |Theme|
## 나이스 샷~ 마우이의 자연 경관을 제대로 만끽하는 골프

몰로카이섬과 라나이섬을 배경으로 하는 멋진 골프 코스를 즐기는 경험은 특별하다.
장비를 준비해오지 못했더라도 걱정하지 말자. 대부분의 골프 숍에서 골프채, 골프 신발,
골프공 등을 빌려준다. 대여 비용은 40~80달러 정도. 골프화 대신 운동화를 착용하거나
긴 바지와 칼라가 있는 셔츠만 입고도 라운딩할 수 있다. 골프장의 그린 피는
코스마다 다르지만 99~250달러 내외. 비교적 바람이 약한 오전 예약이 인기 있다.

## [마우이 추천 골프 코스]

### 카팔루아 리조트 플랜테이션&베이 코스
Kapalua Resort Plantation&Bay

하와이 최고의 골프 코스. 산 중턱에 위치하고 있어서 마우이 북서쪽의 바다와 몰로카이섬이 보이는 주변 경관이 아름답다. 매년 1월에 PGA 메르세데스 벤츠 챔피언십Mercedes-Benz Championship이 개최된다.

**Data** Map 260A Add 2000 Plantation Club Dr, Lahaina Tel 800-527-2582 Web www.kapalua.com/golf

### 카힐리 골프 클럽 Kahili Golf Club

골프 초보에게 추천한다. 다른 골프 코스에 비에 비용이 저렴하다. 할레아칼라 국립공원 전경이 보이는 풍경도 일품이다.

**Data** Map 260E Add 2500 Honoapiilani Hwy, Wailuku Tel 808-242-4653 Web www.kahiligolf.com

### 와일레아 리조트 올드 블루, 골드, 에메랄드 코스 Wailea Resort Old Blue, Gold, Emerald Course

올드 블루는 가장 처음 생긴 코스이고, 골드 코스는 세계 최고의 골프장 디자인으로 뽑힌 적이 있을 정도로 아름다운 골프 코스이다. 에메랄드 코스는 열대 정원을 이미지로 한 골프 코스이다.

**Data** Map 261I Add 100 Wailea Golf Club Dr, Wailea Tel 808-875-7450, 808-879-2530 Web www.waileagolf.com

### 듄즈 엣 마우이 라니 코스
The Dunes at Maui Lani Course

홀마다 지형의 변화와 여러 장애물이 있어 실력 있는 골퍼도 점수 내기가 쉽지 않은 코스로 유명하다. 주변 경관이 상당히 아름다워서 인기가 있다.

**Data** Map 260E Add 1333 Mauilani Pkwy, Kahului Tel 808-873-0422 Web www.dunesatmauilani.com

## | 카아나팔리 Kaanapali |

© Eric Titcombe

**Writer's Pick!**

마우이 왕족도 서핑을 즐겼던
### 카아나팔리 비치 Kaanapali Beach

마우이 최고의 해변 중 하나로 손꼽힌다. 카아나팔리는 하와이어로 '구르는 절벽'이라는 뜻. 마우이 왕족들도 카누와 서핑을 즐기던 곳이다. 현재는 쉐라톤 마우이 리조트&스파, 카아나팔리 비치 호텔 등 최고의 리조트 단지가 들어서 있다. 투명하게 느껴지는 바닷물과 5km에 달하는 부드러운 하얀 모래사장이 특징이다. 서쪽 해안가에 위치한 덕분에 아름다운 석양을 감상할 수 있는 곳이기도 하다. 일광욕을 즐기는 사람들도 많다. 단, 해변에 그늘이 많지 않다는 점은 참고하자. 카아나팔리 비치의 북쪽에는 블랙 록Black Rock이라는 스노클링 명소가 있다. 해변에 인접한 쇼핑센터인 웨일러스 빌리지Whalers Village에서 식사와 쇼핑 등을 즐길 수 있다.

**Data** Map 258A
**Access** 쉐라톤 마우이 리조트&스파, 카아나팔리 비치 호텔, 웨스턴 마우이 리조트&스파 앞 해변
**Add** Off Hwy 30, Lahaina

© denAsuncioner

**Writer's Pick!** 알록달록 물고기와 함께 수영을
블랙 록 Black Rock

카아나팔리 비치 북쪽, 쉐라톤 마우이 리조트&스파 앞에 있는 유명 스노클링 포인트. 바닷물이 맑고, 모래가 부드러워 안전하게 스노클링을 할 수 있다. 해변은 호텔 투숙객이 아니라도 누구나 이용할 수 있다. 원하는 자리에 비치 타월을 깔고 머무르면 된다. 검은 바위 사이로 다양한 어종의 열대어, 거북이 등이 있어 그 주변으로 사람들이 많다. 블랙 록을 뛰어내리며 아찔한 다이빙을 즐기는 사람들의 모습도 볼 수 있다. 단, 블랙 록 스폿이 워낙 유명한 탓에 늘 붐빈다는 점과 해변에 그늘이 있는 자리가 많지 않다는 단점이 있다.

해 질 녘 진행되는 절벽 다이빙도 놓칠 수 없는 볼거리! 마우이의 후손이 블랙 록 절벽에서 횃불을 켜고 바다에 몸을 던지는 다이빙이다. 매일 시간은 조금씩 달라지니, 비치 인근 호텔 컨시어지에 문의하자.

© Tyler Bolken

**Data** **Map** 258A **Access** 쉐라톤 마우이 리조트&스파 앞에 위치
**Add** 2606 Kaanapali Pkwy, Lahaina
**Web** www.to-hawaii.com/maui/beaches/blackrock.php

---

**Tip** 무료 주차는 어디에 할까?

하와이는 해변에 인접한 호텔의 경우 해변 이용객을 위한 무료 주차장이 있다. 하지만 이른 아침부터 주차 공간이 꽉 차는 경우가 대부분. 블랙 록을 방문할 예정이라면 가장 좋은 주차 장소는 쉐라톤 마우이 리조트&스파(20대 가능)와 카아나팔리 비치 호텔(8대 가능)의 비치 파킹Beach Parking이다. 웨일러스 빌리지와 웨스틴 마우이 리조트&스파 사이에 30대 정도 주차 가능한 공간이 있다.

단, 바닥에 비치 파킹이라고 써진 곳에만 주차가 가능하다. 또는 도보 10분 거리에 위치한 웨일러스 빌리지Whaler's Village 쇼핑몰에 주차할 수 있다. 쇼핑몰 내 상점에서 물건을 구매하고, 주차권에 도장을 찍으면 3시간 동안 주차가 무료이다. 그 후에는 1시간당 2.50달러 추가.

## | 라하이나 Lahaina |

Writer's Pick!

옛 수도의 정취를 느끼는
### 라하이나 항구 Lahaina Harbor

라하이나 항구는 19세기, 마우이섬 앞바다가 고래잡이배로 북적이던 시절, 수많은 선원들이 드나들던 항구이다. 이 항구로 들어온 선교사들이 마우이에 학교를 짓고, 문자를 보급했다. 현재는 스노클링, 선셋 크루즈, 고래 관찰 투어 등 다양한 해양 액티비티를 위한 배들이 정박되어 있다. 라나이섬, 몰로카이섬으로 가는 페리도 모두 이곳에서 출발한다.

항구 주변으로 19세기경 지역의 모습과 정취를 엿볼 수 있는 올드 라하이나 코트하우스, 볼드윈 하우스 뮤지엄, 올드 포트 루안 등의 유적지가 있으며, 목조로 지어진 건물들이 즐비하다. 건물 내에는 키모스, 부바 검프 슈림프&컴퍼니, 치즈버거 인 파라다이스 등 맛집으로 이름난 분위기 좋은 레스토랑, 기념품을 구입하기 좋은 상점, 소규모의 갤러리 등이 있어서 편의성을 더한다.

**Data** Map 265F
Access 올드 라하이나 코트하우스 앞 해안 쪽에 위치
Add 675 Wharf St, Lahaina

**Tip** 라하이나 항구에서 당일치기로 다녀올 수 있는 섬!

라하이나 항구에는 매일 라나이Lanai섬을 연결하는 페리가 출발하며, 당일치기 여행도 가능하다. 티켓은 현장에서 구입하는 것보다는 미리 홈페이지를 통해 구입하는 편이 좋다. 페리 출발 15분 전까지 도착 및 승선해야 한다.

라나이 페리 Lanai Ferry
라하이나 항구에서 라나이 섬의 마넬레Manele 항구까지는 40분 정도 소요된다.

**Data** Cost 편도 12세 이상 30달러, 2세~11세 20달러, 2세 미만 무료
Web www.go-lanai.com

## Writer's Pick!
아름드리나무 그늘 속으로
## 반얀트리 파크 Banyan Tree Park

하와이에서 가장 큰 반얀트리가 있는 공원으로, 올드 라하이나 코트하우스 뒤편에 있다. 얼핏 보면 여러 그루의 나무처럼 보이지만 단 한 그루의 나무다. 한 뿌리에서 갈라져 나온 가지가 뻗어 800평의 그늘을 만든다. 이 나무는 인도로부터 수입한 뱅골 보리수과의 나무이다. 1873년, 선교사 윌리엄 오웬 스미스William Owen Smith가 기독교 포교 50주년을 기념해 심었다. 예술적으로 넓게 뻗어 있는 커다란 나무의 자태가 인상적이다 보니 마우이의 대표적인 관광 명소로 자리 잡았다. 시즌마다 작은 장이 서거나 미술 작품, 공예품이 전시되는 등 다양하게 활용된다.

**Data** Map 265F
**Access** 올드 라하이나 코트하우스 앞에 위치 **Add** 649 Wharf St, Lahaina

마우이에서 가장 오래된 서양식 주택
## 볼드윈 하우스 뮤지엄 Baldwin House Museum

1835년 초반, 선교사의 집으로 지은 목조 주택을 전시 공간으로 활용하고 있다. 의사이자 선교사였던 드와이트 볼드윈Dwight Baldwin은 이곳에 거주하며 마우이의 정치, 교육, 법률, 종교, 의료 등의 보급 및 기초 확립에 큰 공헌을 했다. 볼드윈의 가족들이 1967년, 볼드윈 하우스를 라하이나 복원 재단Lahaina Restoration Foundation에 기증하면서 대중들에게 공개되었다. 박물관에는 볼드윈이 수집했던 200여 권의 과학과 의학 서적, 의료 기구, 피아노, 가구, 주방 용품 등이 전시되어 있다.

**Data** Map 265D
**Access** 올드 라하이나 코트하우스에서 도보 4분
**Add** 120 Dickenson St, Lahaina **Tel** 808-661-3262
**Open** 토~목 10:00~16:00, 금 10:00~20:30
**Cost** 13세 이상 7달러, 65세 이상 5달러, 12세 이하 무료
**Web** www.lahainarestoration.org/baldwin-home-museum

옛 요새의 일부를 상상해보는
## 올드 포트 루인스 Old Fort Ruins

1831년에서 1832년 사이에 지은 요새의 흔적이 남아 있는
곳이다. 산호와 모래로 만든 벽돌로 올려진 이 요새는 라하
이나 지역의 치안과 선교사들을 위협하던 선원들을 방어하
기 위하여 만들었다. 1850년대에 할레 파아하오 감옥 건축
을 위해 올드 포트 루인스 돌의 일부가 사용되었고, 현재 요
새는 흔적만 남게 되었다.

**Data** Map 265F
Access 올드 라하이나 코트하우스 앞 해안 쪽에 위치
Web www.lahainarestoration.org/old-lahaina-courthouse

라하이나 유적 트레일에 위치한
## 할레 파아하오 감옥 Hale Pa'ahao Prison

1850년대 올드 포트 루인스의 돌을 이용해서 지은 건물로 올
드 라하이나 감옥Old Lahaina Prison으로도 불린다. 고래잡이 사
업이 활발해지고, 라하이나 지역을 드나드는 선원들이 많아지
면서 생기는 사건과 사고를 해결하기 위해 만들어졌다. 건물
내에는 당시 죄수가 갇혀있던 모습을 재현해두었다.

**Data** Map 265F
Access 올드 라하이나 코트하우스에서 도보 6분
Add 187 Prison St, Lahaina
Tel 808-667-1985 Open 10:00~16:00 Cost 무료
Web www.lahainarestoration.org/hale-paahao-prison

중국 이민자를 위한
## 위 힝 템플 뮤지엄 Wo Hing Temple Museum

과거 중국 이민자들은 무역업이나 고래잡이를 하기 위해 마
우이섬에 왔다. 그 후 이 섬에 정착한 그들은 산에 터널을 만
들거나 물을 끌어들이는 관개 사업에도 가담하면서 마우이
발전에 공헌하였다. 1850년대부터는 수천 명의 중국 이민자
들이 사탕수수 농장에서 일하기 위해 마우이로 오게 된다. 이
곳은 이 섬에 모이게 된 중국인들이 세운 회관이다.
1900년대 초에 지은 건물로 중국인들의 종교적인 행사, 모
임 등을 위해 사용되고 있다. 중국 혁명의 선도자로 불리는
쑨 원 센Sun Yat-sen의 흉상도 있다.

**Data** Map 265C Access 올드 라하이나 코트하우스에서 도보 9분
Add 858 Front St, Lahaina Tel 808-661-5553
Open 10:00~16:00 Cost 13세 이상 7달러, 65세 이상 5달러,
12세 이하 무료 Web www.lahainarestoration.org

세관과 법정으로 이용되던
## 올드 라하이나 코트하우스 Old Lahaina Courthouse

1859년 지은 건물로 산호 벽돌과 카메하메하 3세의 서쪽 궁전에서 가져온 재료로 건설했다. 처음에는 세금을 관리하던 세관으로 사용되었던 건물이다. 1895년 이후로는 선원들의 경범죄 등을 재판하는 재판소로 용도가 바뀌게 되었다. 1925년 재건축을 통해 지금의 모습을 갖추게 되었다. 그 당시에는 지하에는 범죄자들을 가두는 감옥, 1층은 우체국과 경찰서, 2층은 재판소와 세관이 있었다고 전해진다.

현재 1층은 여행 정보를 받을 수 있는 라하이나 비지터 센터, 지역 예술가의 작품을 감상할 수 있는 라하이나 아트 소사이어티 갤러리Lahaina Arts Society Galleries, 기프트 숍으로, 2층은 라하이나 헤리티지 뮤지엄Lahaina Heritage Museum으로 운영하고 있다. 뮤지엄에는 포경업 시대에 사용되었던 총, 작살 등의 기구, 혹등고래 사진 등이 전시되어 있다.

**Data** Map 265F
**Access** 반얀트리 파크와 라하이나 항구 사이에 위치
**Add** 648 Wharf St, Lahaina
**Tel** 808-661-3262
**Open** 09:00~17:00
**Cost** 무료
**Web** www.lahaina-restoration.org/old-lahaina-courthouse

### 💬 |Theme|
## 마우이의 바다를 즐기는 특별한 투어

*마우이에서 가장 인기 있는 투어를 두 가지를 소개한다. 아침 일찍 배를 타고 몰로키니섬으로 가서 스노클링을 즐기는 몰로키니 스노클링 투어Molokini Snorkling Tour와 혹등고래가 떼 지어 가는 장관을 가까이에서 볼 수 있는 고래 관찰 투어Whale Watching Tour에 참여해보자. 어린 자녀를 동반한 가족 여행자들에게도 인기 있는 투어이다.*

**고래 꼬리를 보면 행운이 있대요!**
### 고래 관찰 투어 Whale Watching Tour

산란기를 맞이하여 혹등고래가 출몰하는 시기인 12월에서 5월 사이에 방문한다면 고래 관찰 투어를 추천한다. 고래 관찰 투어는 고래 출몰이 잦은 지역으로 배를 타고 가므로 고래를 제대로 볼 확률이 높다. 투어를 원한다면 라하이나 항구에서 별도의 예약 없이 투어 업체를 이용해도 되고, 인터넷으로 예약해도 된다. 하와이에서는 혹등고래의 꼬리를 보면 행운이 있다고 여겨진다. 투어는 보통 2시간 정도 소요되며, 출발 항구는 마알라에아 항구 또는 라하이나 항구로 업체마다 다르다.

**Tip** 강하게 내리쬐는 태양 덕분에 '무자비한 태양'이라는 뜻의 라하이나Lahaina. 1820년부터 1844년까지 하와이 왕국의 옛 수도였던 지역이다. 마우이가 하와이의 수도였음을 알 수 있는 역사적 건물, 사적지들을 산책하듯 가볍게 돌아보기 좋은 지역이다. 올드 라하이나 코트하우스 1층에 위치한 비지터 센터에서 도보 가이드 지도를 받아 이용하면 편리하다.

**Writer's Pick!** 초승달 모양의 섬에서 즐기는
## 몰로키니 스노클링 투어 Molokini Snorkling Tour

　　맑은 수질을 자랑하는 몰로키니섬은 활동을 멈춘 화산 분화구로 동그란 분화구의 한 부분이 파도에 의해 무너지면서 초승달 모양이 되었다. 몰로키니섬 자체가 거센 파도를 막아주어 물살이 잔잔해 스노클링 포인트로 제격이다. 해양 생태 보호 구역으로 섬 주변에 산호, 물고기, 거북이, 돌고래 등이 서식한다. 오후에는 파도로 물이 흐려지는 경향이 있으니 가능하면 이른 아침에 가는 것이 좋다.

투어는 몰로키니섬에 방문하여 스노클링을 즐긴 후 말루아카 비치 파크 앞 터틀 타운으로 가서 2차로 스노클링하거나 주변 경관을 관람하는 식으로 진행된다. 투어 종류에 따라서 2차 스노클링의 유무가 다르다. 기본적인 스노클링 장비, 오리발, 구명조끼가 무료로 제공되고, 몸의 보온을 위해 입는 슈트는 10달러 정도의 비용을 추가 지불해야 한다. 투어 시 옵션으로 스누바Snuba를 추가할 수 있다. 스누바는 장비에 산소 줄을 매달아 깊은 물 속으로 들어갈 수 있는 해양 액티비티이다. 보통 60달러 정도의 금액이 추가된다. 일반 투어는 보통 5~6시간 소요되며, 익스프레스 투어는 2시간 정도 소요된다. 익스프레스 투어는 일반 투어보다 스노클링 시간을 단축하여 핵심 지역만 돌아본다.

## [몰로키니 스노클링 투어와 고래 관찰 투어 어느 업체에서 할까?]

대부분의 투어 업체에서 몰로키니 스노클링 투어와 고래 관찰 투어를 진행한다. 단, 고래 관찰 투어는 12월에서 5월 사이에 진행하며 기간과 출발하는 항구는 업체와 투어에 따라 다르다. 몰로키니 스노클링 투어는 보통 오전 7시에 출발하는 만큼 숙소 위치를 고려해서 업체를 선택하자.

### 트릴로지 | Trilogy

인기 투어 업체 중 하나. 몰로키니 스노클링 투어는 세일링 요트에 탑승하여, 아침저녁으로 식사가 제공된다. 친절도와 음식 수준이 만족스럽다는 리뷰가 많다. 스노클링 장비와 웨트 슈트가 포함되어 있다. 스누바는 옵션으로 추가할 수 있다. 투어 시간은 5시간 30분 정도 소요되며, 마알라에아 항구에서 출발한다. 고래 관찰 투어도 진행하며 2시간 소요된다.

**Data** Map 265F **Access** 올드 라하이나 코트하우스에서 도보 12분
**Add** 207 Kupuohi St, Lahaina
**Tel** 808-874-5649
**Cost** 스노클링 투어 13세 이상 139달러, 13~18세 121달러, 3~12세 81달러/ 고래 관찰 투어 13세 이상 59달러, 13~18세 44.25달러, 3~12세 29.50달러
**Web** www.sailtrilogy.com

### 퍼시픽 웨일 재단 Pacific Whale Foundation

하와이 해양 생태계 보호에 앞장서는 비영리 단체로, 합리적인 비용으로 투어를 즐길 수 있다. 배의 크기가 커서 흔들림이 적은 편이다. 몰로키니 스노클링 투어는 5시간 정도 소요된다. 스노클링 기본 장비를 무료로 제공하며, 웨트 슈트는 10달러에 대여한다. 아침 또는 점심 식사가 포함된다.
고래 관찰 투어는 2시간 정도 진행된다. 어른 1명당 12세 이하 어린이 1명이 무료로 탑승할 수 있다. 고래 관찰 투어는 라하이나 항구와 마알라에아 항구 중 출발 항구를 선택할 수 있다. 홈페이지에서 예약 시 10% 정도 할인.

**Data** Map 261H
**Access** 마알라에아 항구에서 도보 1분
**Add** 300 maalaea Rd #100, Waiuku
**Tel** 808-249-8811
**Cost** 스노클링 투어 13세 이상 104달러, 7~12세 53달러, 6세 이하 무료. 고래 관찰 투어 13세 이상 39달러, 12세 이하 20달러
**Web** www.pacificwhale.org

### 프라이드 오브 마우이 Pride of Maui

149명 탑승 가능한 배로 몰로키니 스노클링 투어를 진행한다. 아침과 점심으로 바비큐가 무료 제공한다. 산소줄을 매달아 물속에 들어가서 바닷속을 즐기는 스누바와 비디오 촬영 서비스를 추가 신청 가능하며 온라인 예약 시 10달러가 할인된다.
12월 중순부터 4월 중순까지는 고래 관찰 투어도 진행된다. 투어 시간은 2시간 소요된다.

**Data** Map 261H
**Access** 마알라에아 항구 내 위치
**Add** 101 Maalaea Rd, Wailuku
**Tel** 808-242-0955
**Cost** 스노클링 투어 13세 이상 119달러, 3~12세 99달러/ 고래 관찰 투어 13세 이상 59달러, 3~12세 49달러
**Web** www.prideofmaui.com

### 카이 카나니 Kai kanani

몰로키니 스노클링 투어 출발 장소는 말루아카 비치 파크로 이곳에서 출발하면 섬에 15분 만에 도착할 수 있다. 시즌마다 다르지만 오전 5시 40분, 오전 6시 15분, 오전 9시 10분, 9시 45분 하루 4번 디럭스 스노클링 투어가 진행된다.
12월 중순부터 4월까지는 고래 관찰 투어도 진행하며 2시간 정도 소요된다.

**Data** Map 261I **Access** 와일레아 비치에서 차로 7분
**Add** 34 Wailea Gateway Pl, Suite 105, Kihei
**Tel** 808-879-7218
**Cost** 디럭스 스노클링 투어 13세 이상 204달러, 2~12세 167달러, 2세 미만 무료/고래 관찰 투어 13세 이상 90달러, 2~12세 74달러, 2세 미만 무료
**Web** www.kaikanani.com

💬 |Theme|
### 하와이의 문화를 제대로 경험하는 방법! 루아우 쇼

*루아우Luau는 하와이 전통 음식과 춤, 노래, 음악을 즐기는 화려한 연회를 말한다.*
*쉽게 말하면 하와이 스타일 디너쇼라고 할 수 있다.*

## 루아우 쇼의 구성은?

쇼가 이뤄지는 장소에 도착하면 환영의 뜻으로 레이 목걸이를 목에 걸어준다. 그 다음 훌라춤을 배우거나 타투를 그려보고, 레이를 만든다. 음식이 제공되고, 해가 진 후에는 본격적인 쇼가 시작된다. 하와이의 전통춤과 노래, 음악을 즐길 수 있는 흥겨운 분위기로 공연이 구성되어 있다. 마무리는 아슬아슬하면서 화려한 춤 동작을 보여주는 불 쇼로 끝난다.

식사는 뷔페식으로 제공되는 경우가 많으며, 돼지고기를 훈연하여 잘게 찢은 칼루아 피그Kalua Pig, 신선한 생참치를 깍둑썰기하여 양념에 버무린 아히 포케Ahi Poke, 삶은 토란을 으깨어 만든 포이Poi와 같은 하와이 로컬 음식들이 주로 나온다. 음료는 무료로 제공되며, 주문 시 바텐더에게 1~2달러 정도의 팁을 주면 된다. 루아우 쇼 감상 비용은 1인당 85~200달러로 업체마다 다르다. 홈페이지를 통해 예약을 하는 것이 좋다.

© Royal Lahaina Resort

# [추천 루아우 쇼 추천 업체]

### 올드 라하이나 루아우 Old Lahaina Luau
하와이의 전통을 잘 살린 쇼의 구성과 분위기로 호평받는 곳이다. 주차 공간이 협소한 것이 아쉽다. 좌석은 무대 앞쪽에서 볼 수 있는 장점이 있는 방석형과 무대가 정면으로 보이지만 뒤편에 위치한 의자형 두 가지 중 선택할 수 있다.

**Data** Map 265A **Access** 올드 라하이나 코트하우스에서 차로 7분 **Add** 1251 Front St, Lahaina **Tel** 808-667-1998, 800-248-5828 **Cost** 13세 이상 125달러, 3~12세 79달러 **Web** www.oldlahainaluau.com

### 로열 라하이나 루아우 Royal Lahaina Luau
로열 라하이나 리조트 내에 있다. 뷔페식으로 음식이 제공되며, 음료, 술 등이 무한 제공된다. 선착순 착석이니 일찍 도착하는 것이 좋다.

**Data** Map 260D **Access** 올드 라하이나 코트하우스에서 차로 14분 **Add** 2780 Kekaa Dr, Lahaina **Tel** 866-482-9775 **Cost** 13세 이상 115달러, 6~12세 50달러, 5세 이하 무료 **Web** www.royallahainaluau.com

### 피스트 엣 렐레 Feast at Lele
라하이나 비치를 배경으로 진행되는 쇼다. 식사는 뷔페식이 아닌 하와이 전통 요리로 구성된 5코스 요리로, 음식에 대한 평이 상당히 좋다.

**Data** Map 265F **Access** 올드 라하이나 코트하우스에서 도보 7분 **Add** 505 Front St, Lahaina **Tel** 808-667-5353 **Cost** 13세 이상 136달러, 2~12세 99달러 **Web** www.feastatlele.com

### 드럼스 오브 퍼시픽 루아우
### Drums of Pacific Luau
하얏트 리젠시 마우이 리조트&스파 내에 있다. 공연이 역동적이고, 흐름이 빠르다. 폴리네시안 역사를 표현한 쇼의 내용이 인상적이다. 쇼의 규모는 마우이에서 가장 크며, 매일 공연한다.

**Data** Map 260D **Access** 올드 라하이나 코트하우스에서 차로 14분 **Add** 200 Nohea Kai Dr, Lahaina **Tel** 808-661-1234 **Cost** 21세 이상 125달러~, 6~12세 74달러~, 5세 이하 무료(좌석에 따라 금액 달라짐) **Web** www.drumsofthepacificmaui.com

### 와이렐레 폴리네시안 루아우
### Wailele Polynesian Luau
웨스틴 마우이 리조트&스파 내에 쇼 장소가 있다. 가격이 비싸도 쇼가 잘 보이는 프리미엄 좌석이 좋다. 하와이 전통춤과 노래를 엮은 공연의 구성이 좋아서 인기를 얻고 있다.

**Data** Map 260D **Access** 올드 라하이나 코트하우스에서 차로 14분 **Add** 2365 Kaanapali Pkwy, Lahaina **Tel** 808-661-2992 **Cost** 13세 이상 135달러~, 6~12세 80달러~, 5세 이하 무료 **Web** www.westinmaui.com/luau

## | 마알라에아 Maalaea |

### 해양 레포츠의 메카
## 마알라에아 항구 Ma'alaea Harbor

몰로키니 스노클링 투어, 고래 관찰 투어 등 해양 레포츠를 즐길 때 이용하는 항구이다. 항구 주변으로 마우이 오션 센터와 쇼핑센터가 있다. 태평양 고래 재단Pacific Whale Foundation 투어가 주로 이곳에서 출발한다. 시간당 50센트의 주차 이용 요금을 내야 한다는 점을 참고하자. 주차 티켓 기계가 항구 곳곳에 있다. 원하는 시간만큼의 비용을 낸 후 주차 티켓을 자동차 대시보드 위에 올려두면 된다.

**Data** Map 258F
**Access** 카아나팔리, 라하이나 지역에서 차로 30분, 키헤이 지역에서 차로 10분
**Add** 101 Maalaea Boat Harbor Rd, Maalaea
**Cost** 주차비 시간당 50센트

### 하와이 최대의 수족관
## 마우이 오션 센터 Maui Ocean Center

1998년 오픈한 마우이 유일의 아쿠아리움으로 하와이에서 규모가 가장 크다. 한 해 평균 4만 명의 방문객이 모여들며, 특히 가족 여행자들에게 인기 있다. 하와이에 서식하는 총 500여 종의 어류를 볼 수 있으며, 상어와 가오리 떼들이 지나다니는 16m 길이의 해저 터널이 유명하다. 전시관은 해양 포유류 디스커버리 센터, 석호 거북관, 리빙 리프관, 파도관, 바다관 등으로 나뉘어 있다. 단, 마우이에는 고래목 동물의 전시를 법으로 금지하므로 고래는 볼 수 없다.
입장 시 기념 촬영을 한 후 마지막 전시관을 지나면 사진을 확인하는 코너가 나온다. 사진은 유료로 구입할 수 있다. 온라인 예약 시 10% 할인. 레스토랑, 카페, 기프트 숍 등이 있다.

**Data** Map 261H
**Access** 카아나팔리, 라하이나 지역에서 차량으로 30분, 키헤이 지역에서 차량으로 10분
**Add** 192 Maalaea Rd, Wailuku **Tel** 808-270-7000
**Open** 09:00~17:00 (7·8월 09:00~18:00)
**Cost** 성인 29.95달러, 3~12세 19.95달러, 65세 이상 26.95달러
**Web** www.mauiocean-center.com

© Jon Konrath

# EAT

## | 카팔루아 Kapalua |

신선한 생선을 즐길 수 있는

### 산세이 시푸드 레스토랑&스시 바
#### Sansei Seafood Restaurant&Sushi Bar

스시, 롤, 스테이크 등을 맛볼 수 있는 퓨전 일식 전문 레스토랑. 모던한 스타일로 제공되는 스시와 아시안 스타일의 퓨전 요리가 주메뉴로, 한국인의 입맛에도 잘 맞는다. 1996년 오픈한 이래 오아후의 호놀룰루, 마우이의 키헤이, 빅 아일랜드의 와이콜로아 지역에도 지점을 열어, 하와이 곳곳에서 이곳의 음식을 먹을 수 있다.

추천 메뉴는 신선한 참치로 만든 참치롤을 살짝 튀긴 판코 크러스티드 프레시 아히 사시미Panko Crusted Fresh Ahi Sashimi, 바삭바삭한 새우 튀김 슈림프 다이나마이트Shirip Dynamite, 상큼 달콤한 망고 크랩 샐러드 핸드 롤Mango Crab Salad Hand Roll, 시원하고 매콤한 국물 맛의 크랩 라멘Crab Ramen 등이다. 생새우, 참치, 연어, 관자 등 좋아하는 재료를 골라 주문하는 초밥 또는 생선회도 인기 있다.

마카다미아너트를 섞어 반죽한 케이크 속에 아이스크림 넣어 튀긴 덴푸라 프라이드 아이스크림Tempura Fried Ice Cream은 디저트로 맛보자. 오후 5시 30분부터 6시까지 주문하면 25% 할인도 해준다.

**Data** Map 260A
**Access** 리츠 칼튼 호텔 카팔루아 옆에 위치
**Add** 600 Office Rd, Kapalua
**Tel** 808-669-6286
**Open** 17:30~22:00
(목·금 10:00~다음 날 01:00)
**Cost** 판코 크러스티드 프레시 아히 사시미 14달러, 크랩 라멘 18달러 **Web** www.sanseihawaii.com

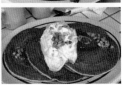

**맛있는 브런치를 즐기는**
## 가제보 레스토랑 Gazebo Restaurant

몰로카이섬과 라나이섬이 보이는 나팔리 베이 해변 지역에 있는 레스토랑이다. 로맨틱한 아침 식사 또는 브런치를 즐기기 좋은 곳. 줄 서서 먹기로 유명한 마카다미아너트 팬케이크Macadamia Nut Pancakes는 맛도 좋지만 넉넉한 양으로 만족감을 선사한다. 갖은 채소와 햄 등을 넣은 볶음밥도 맛있다. 나팔리 쇼어스 리조트Napali Shores Resort 내에 있으며, 선착순 입장으로 예약은 받지 않는다. 40~50분 정도 기다리는 경우가 많으니 이점은 감안하자.

**Data** Map 260A
**Access** 나팔리 쇼어스 리조트 내 위치 **Add** 5315 Lower Honoapiilani Rd, Lahaina
**Tel** 808-669-5621 **Open** 07:30~14:00 **Cost** 팬케이크 7~8달러 정도, 오믈렛 11달러
**Web** www.outrigger.com/hotels-resorts/hawaii/maui/napili-shores-maui-by-outrigger

**Writer's Pick!** **특별한 맥주 맛을 볼까!?**
## 마우이 브루잉 컴퍼니 Maui Brewing Co.

맥주 애호가라면 들러보기를 추천한다. 2005년부터 라거와 에일 계열의 맥주를 생산했다. 환경을 보호하고 질 좋은 고급 맥주를 만들기 위해 유기농법으로 재배한 로컬 재료를 이용하므로, 신선하고 맛 좋은 맥주를 맛볼 수 있다. 한쪽에 마련되어 있는 맥주 제조 시설들이 눈길을 끈다. 스무가지가 넘는 맥주 중 무얼 마셔야 할지 고민된다면 네 가지 맥주가 작은 잔에 나오는 맥주 샘플러를 맛보는 것도 방법. 간단한 식사도 제공한다. 감자칩 등에 곁들이는 케첩과 마요네즈도 홈메이드로 만들어낸다. 생맥주가 1달러 할인되는 해피 아워를 이용해보자. 라하이나(**Add** 910 Honoapiilani Hwy, Lahaina), 키헤이(**Add** 605 Lipoa Pkwy, Kihei) 지역에도 지점이 있다.

**Data** Map 260A
**Access** 카하나 게이트웨이 쇼핑센터 내 위치 **Add** 4405 Honoapiilani
Hwy, Lahaina **Tel** 808-669-3474 **Open** 11:00~23:00
(해피 아워 15:00~17:30) **Cost** 맥주 샘플러 8달러, 단품 메뉴 10~20달러
**Web** www.mbc-restaurants.com/kahana

## | 라하이나 Lahaina |

**Writer's Pick!**

새우 마니아를 위한
### 부바 검프 슈림프&컴퍼니 Bubba Gump Shrimp&Co.

미국 전역에 매장이 있는 체인 레스토랑. 시원한 창을 통해 바다의 전망을 즐기며 식사를 즐길 수 있는 캐주얼한 분위기다. 영화 〈포레스트 검프〉를 테마로 한 새우 전문 레스토랑으로, 매장에 영화 관련 소품들이 전시되어 있다. 새우를 주재료로 한 다양한 메뉴를 선보인다.

맥주로 찐 새우에 갈릭 소스나 케이준 스파이시소스로 버무린 슈림퍼스 넷 캐치Shrimper's Net Catch, 큼직한 새우를 부바스의 칵테일 소스에 찍어 먹는 트래디셔널 슈림프 칵테일Traditional Shrimp Cocktail, 구운 바게트 빵 위에 바삭하게 튀긴 새우튀김을 얹은 슈림프 포 보이Shrimp Po Boy 등이 인기 메뉴이다.

**Data** Map 265C
**Access** 올드 라하이나 코트하우스에서 도보 10분
**Add** 889 Front St, Lahaina
**Tel** 808-661-3111
**Open** 11:00~22:00
**Cost** 슈림프 포 보이 14달러, 트래디셔널 슈림프 칵테일 14달러
**Web** www.bubbagump.com

바다로 내려앉는 석양을 보기에 최적인
### 레이라니스 온 더 비치 Leilani's on the Beach

웨일러스 빌리지Whaler's Village에 있는 캐주얼 다이닝 레스토랑으로 바닷가에 위치하고 있다. 아름다운 바다 석양을 보기 위해 저녁 시간에는 테라스 좌석이 붐빈다. 특히 신혼부부, 커플 여행객들에게 인기 있다.

아시안 스타일의 퓨전 메뉴를 제공하며, 해산물, 스테이크 메뉴가 인기 있다. 바닷바람을 느끼며 라바 플로우Lava Flow, 마이 타이Mai Tai와 같은 칵테일을 즐겨보자. 마카다미아너트 아이스크림 위에 초콜릿과 견과류, 생크림을 올린 훌라 파이Hula Pie는 디저트 중 가장 맛있다.

**Data** Map 260D
**Access** 웨일러스 빌리지 내 위치. 올드 라하이나 코트하우스에서 차로 13분
**Add** 2435 Kaanapali Pkwy, Lahaina
**Tel** 808-661-4495
**Open** 10:00~23:00
**Cost** 필레 미뇽 39달러, 훌라 파이 11달러, 마이 타이 12달러
**Web** www.leilanis.com

### Writer's Pick!

간단하게 맛있는 누들을 즐길 수 있는
## 스타 누들 Star Noodle

깔끔하고 쾌적한 분위기의 레스토랑으로 가격 대비 만족도가 높아 현지인들에게 사랑받는 곳이다. 추천 메뉴는 찜통에 쪄낸 빵 안에 기름기를 쭉 뺀 구운 삼겹살, 표고버섯, 오이, 호이신 소스가 들어 있는 스팀드 포크 번Steamed Pork Buns이다. 돼지고기 국물에 미소된장을 넣고, 어묵, 달걀, 돼지고기 등을 올린 하파 라멘Hapa Ramen, 풍미가 가득한 쌀국수인 핫 엔 사워Hot n Sour, 볶은 마늘로 향을 더한 갈릭 누들Garlic Noodle 등이다.
초콜릿, 캐러멜 소스, 땅콩 소스 등을 취향에 맞게 찍어 먹는 하와이 스타일 도넛인 말라사다Malasadas도 인기 디저트이다.

**Data** Map 265B
**Access** 올드 라하이나 코트하우스에서 차로 10분
**Add** 286 Kupuohi St, Lahaina
**Tel** 808-667-5400
**Open** 10:30~22:00
**Cost** 스팀드 포크 번 10달러, 하파 라멘 12달러, 핫 엔 사워 15달러
**Web** www.starnoodle.com

바다를 보며 로맨틱하게
## 파시피코 Pacific'o

파란빛의 바다가 보이는 경관과 세련된 인테리어가 인상적인 레스토랑. 일몰 시간 때에는 더욱 로맨틱한 분위기가 연출된다.
인기 메뉴는 아보카도가 곁들여 나오는 양념 된 생참치 아히 포케Ahi Poke, 굴을 바삭하게 튀겨 내는 오이스터 덴푸라Oyster Tempura, 밀가루 반죽으로 만든 얇은 피로 새우와 바질을 감싸서 튀긴 요리에 하와이안 살사소스가 뿌려져 나오는 원 톤Won Ton, 두 가지 생선을 김으로 감싸 튀겨낸 요리 하파 덴푸라Hapa Tempura 등이다.

**Data** Map 265F
**Access** 올드 라하이나 코트하우스에서 도보 7분
**Add** 505 Front St, Lahaina
**Tel** 808-667-4341
**Open** 11:30~22:00 **Cost** 원 톤 16달러, 하파 덴푸라 43달러
**Web** www.pacificomaui.com

**Writer's Pick!** 하와이 스타일 햄버거 즐기는
## 치즈버거 인 파라다이스 Cheeseburger in Paradise

두 명의 캘리포니아 소녀들이 아름다운 마우이에 반해 1989년 오픈한 햄버거 전문점이다. 두툼한 두께의 육즙이 느껴지는 패티와 양상추의 아삭함, 토마토, 양파, 파인애플 등 속 재료가 조화롭게 어우러진 하와이안 스타일의 햄버거를 즐길 수 있다. 사이드 메뉴로는 고구마튀김, 어니언링 등을 곁들이면 좋다.

바다가 내려다보이는 창가에 앉아 맥주 한 잔과 즐기는 햄버거는 정말 환상적인 맛이다. 특별한 추억을 남기고 싶다면 치즈버거 챌린지Cheese Burger Challenge에 도전해보자. 3명이 먹어도 남을 만한 치즈버거를 20분 안에 먹으면 성공이다. 미션에 성공하면 버거 값은 무료이다.

**Data** Map 265C
**Access** 반얀트리 파크, 올드 라하이나 코트하우스에서 도보 8분
**Add** 811 Front St, Lahaina
**Tel** 808-661-4855
**Open** 08:00~22:00
**Cost** 버거류 11~15달러, 치즈버거 챌린지 30달러
**Web** www.cheeseburger-land.com

바다 위의 레스토랑
## 라하이나 피시 코 Lahaina Fish Co.

바닷가가 내려다보이는 커다란 창을 가진 레스토랑으로, 해 질 녘에는 아름다운 석양도 감상할 수 있다. 해산물 요리 전문점이지만 고기 요리도 상당히 맛이 좋기로 입소문이 자자한 곳이다.

크리스피 칼라마리Crispy Calamari, 프레시 피시 타코Fresh Fish Tacos, 부드러운 육질과 소스 맛이 좋은 마우이 스타일 바비큐 폭립Maui Style BBQ Pork Rib, 새우, 마늘, 버섯, 레몬 버터 등이 들어간 파스타 갈릭 슈림프 스캄피Garlic Shrimp Scampi 등이 인기가 있다.

**Data** Map 265C
**Access** 올드 라하이나 코트하우스에서 도보 8분
**Add** 831 Front St, Lahaina
**Tel** 808-661-3472
**Open** 11:00~21:30
**Cost** 크리스피 칼라마리 14달러, 마우이 스타일 바비큐 폭 립 12달러, 파스타 갈릭 슈림프 스캄피 31달러
**Web** www.lahainafishco.com

### Writer's Pick!

**육즙이 느껴지는 패티의 맛!**
## 쿨 캣 카페 Cool Cat Cafe

라하이나 지역에 위치한 매력 만점 버거를 맛볼 수 있는 곳으로, 테이블도 넉넉한 편이다. 추천 메뉴는 구운 파인애플과 베이컨, 스위츠 하와이안 소스를 곁들인 돈호Don Ho, 베이컨, 치즈, 어니언 링, 스페셜 바비큐 소스로 만든 듀크 The Duke, 아보카도, 양상추, 토마토, 마요네즈, 베이컨, 사우전 아일랜드 드레싱의 조화가 맛있는 루나Luna, 프렌치프라이와 어니언링이 반씩 담겨 나오는 프링스Frings 등이다. 808 챌린지808 Challenge는 버거 안에 패티 8장, 슬라이드 치즈 8장을 넣어 30분 안에 먹으면 가격을 50% 할인해준다. 성공하면 808 챌린지 서바이벌 티셔츠를 제공하며, 808 챌린지 벽에 이름이 오른다.

**Data** Map 265F
**Access** 워프 시네마 센터Warf Cinema Center 2층. 올드 라하이나 코트하우스에서 도보 3분
**Add** 658 Front St, Lahaina
**Tel** 808-667-0908
**Open** 10:30~22:30 **Cost** 버거류 10~13달러, 808 챌린지 34달러
**Web** www.coolcatcafe.com

**분위기에 취하는 곳**
## 키모스 Kimo's

바다를 끼고 있는 분위기 좋은 레스토랑. 일몰 때 테라스 좌석을 이용하면 더욱 멋진 마우이의 경관을 감상할 수 있다. 추천 메뉴는 두툼한 패티의 맛이 인상적인 키모스 클래식 버거Kimo's Klassic Burger, 오동통하게 살이 차오른 새우를 바삭하게 튀긴 코코넛 슈림프Coconut Shrimp, 생크림과 견과류, 초콜릿이 올라간 마카다미아너트 아이스크림 훌라 파이Hula Pie 등이다. 신선한 생선, 풍성한 육즙의 스테이크도 인기 메뉴이다. 홈페이지를 통해 예약할 수 있다.

**Data** Map 265C
**Access** 올드 라하이나 코트하우스에서 도보 9분 **Add** 845 Front St, Lahaina **Tel** 808-661-4811
**Open** 11:00~22:00 **Cost** 키모스 클래식 버거 16달러, 코코넛 슈림프 16달러, 훌라 파이 11달러
**Web** www.kimosmaui.com

# BUY

## | 라하이나 Lahaina |

**Writer's Pick!** 라하이나 중심지에 위치
### 아웃렛 오브 마우이 The Outlets of Maui

역사적인 라하이나의 옛 시절을 느낄 수 있는 거리와 건물이 보존되어 더 매력적인 쇼핑 공간이다. 라하이나 지역의 중심지에 있어서 접근성이 좋다. 미국의 유명 브랜드인 코치, 바나나 리퍼블릭, 마이클 코어스, 캘빈 클라인 등의 제품을 할인된 가격으로 구매할 수 있다. 루스 크리스 스테이크 하우스, 하드 록 카페, 오노 젤라토 컴퍼니 등 레스토랑도 입점해 있어 휴식을 돕는다. 이곳에 입점한 숍이나 레스토랑을 이용하면 2~4시간 무료 주차를 제공한다.

**Data** Map 265C
**Access** 올드 라하이나 코트하우스에서 도보 11분 **Add** 900 Front St, Lahaina **Tel** 808-661-8277
**Open** 09:30~22:00 **Web** www.theoutletsofmaui.com

### 하와이산 붉은 흙으로 염색한 티셔츠
### 오리지널 레드 더티 셔츠 Original Red Dirt Shirt

하와이 전역에 매장을 두고 있는 티셔츠 전문 매장이다. 이곳의 특이한 점은 붉은 황톳빛으로 염색된 제품이 많다는 것! 1992년 9월 11일 카우아이에 있었던 허리케인으로 인해 티셔츠에 흙탕물이 튀어 자국이 남은 것에 영감을 얻어 시작되었다. 천연 염료를 이용하여 만들어낸 부드러운 감촉과 자연스러운 염색이 인기 비결. 가방 등의 소품도 판매한다. 티셔츠에 프린트된 암각화, 하와이를 대표하는 심벌, 강렬한 메시지 등의 디자인도 인상적이다. 기념품, 선물로 구입하는 경우가 많다.

**Data** Map 265D
**Access** 올드 라하이나 코트하우스에서 도보 5분
**Add** 716 Front St, Lahaina
**Tel** 808-661-8983
**Open** 09:00~18:00
**Cost** 티셔츠 25~30달러

# 센트럴 마우이
## CENTRAL MAUI(와일레아 부근)

와일레아와 마케나는 현지인에게 인기 있는 해변이 몰려 있는 지역이다.
웨스트 지역에 비해서 관광객이 적어 여유로운 시간을 보낼 수 있다.
카훌루이 지역은 공항이 위치한 지역으로 최소한 두 번 정도는 지나가게 되어
있다. 피로 얼룩진 역사가 있는 뾰족한 모양의 산세가 인상적인 이아오
밸리 주립공원, 하와이 역사를 엿볼 수 있는 다양한 박물관도 돌아보자.

## Central Maui
# PREVIEW

*키헤이, 와일레아, 마케나 지역은 코발트빛 바다가 있는 지역이다. 개성 있는 해변들이 곳곳에 있다. 보통은 파도가 있는 편이라 부기 보드, 서핑을 즐기는 사람들이 많다. 하와이의 일상을 충분히 즐길 수 있도록 여유 있게 일정을 잡자. 공항과 가까운 카훌루이와 와일루쿠 지역은 공항을 오갈 때, 조금 여유 있게 시간을 배분하여 들르는 것이 효율적이다.*

**SEE**

뾰족한 산세가 인상적인 이아오 밸리 주립공원은 크게 힘들이지 않고 전망대까지 오를 수 있다. 계곡에 발을 담그며 수영을 즐겨도 좋다. 하와이의 역사를 좀 더 자세히 알고 싶다면 베일리 하우스 뮤지엄, 알렉산더&볼드윈 슈거 뮤지엄을 들러보자. 희귀 새와 철새들의 서식지인 케알리아 폰드 국립 야생 생물 보호 구역은 환경과 조류에 관심이 많은 이들에게 추천한다. 짙은 푸른색의 바다색이 인상적인 해변들을 돌아보는 시간도 즐겁다. 할레아칼라 산의 폭발로 인해 생긴 용암 바위들로 기이한 풍경인 라페루즈 베이는 일몰 때 가면 더 멋지다.

**ENJOY**

각각의 개성이 강한 해변들이 자리 잡고 있는 지역이다. 남쪽으로 내려갈수록 파도가 센 지역이 많아서 부기 보드와 서핑을 즐기는 사람들로 붐빈다. 오전에는 파도가 잔잔해서 스노클링을 즐길 수 있다. 넓은 해변과 커다란 파도가 있는 빅 비치에서 파도타기를, 거북이가 등장하는 말루아카 비치 파크에서 스노클링을 즐겨도 좋겠다. 선탠을 원한다면 그림 같은 풍경의 와일레아 비치나 파아코 비치를 추천한다. 다양한 해양 액티비티를 경험하며 시간을 보내자.

**EAT**

로컬 음식을 경험할 수 있는 레스토랑부터 최고급 맛과 서비스를 경험하는 파인 레스토랑까지 다양하다. 카훌루이 지역은 관광지와 거리가 먼 덕분에 비교적 저렴한 레스토랑이 많다. 숍스 엣 와일레아에도 레스토랑이 많이 위치한다. 취사를 할 예정이라면 푸드랜드Foodland(**Add** 1881 S Kihei Rd, Kihei) 슈퍼마켓을 이용하면 된다.

**SLEEP**

마우이의 허리에 해당하는 지역으로 다른 지역과의 연결이 용이한 편이다. 마우이 섬 구석구석을 방문할 예정이라면 키헤이, 와일레아 지역에 숙소를 정하는 것이 좋다. 5성급의 고급 리조트형 호텔부터 중저가의 취사가 가능한 숙소까지 다양한 형태의 숙소가 있다. 오션 뷰 객실을 가진 고급 호텔이 인기 있다.

## Central Maui
# ONE FINE DAY

오후의 이아오 밸리 주립공원은 구름이나 안개 등으로 가리는 경우가 많기 때문에
가능하면 이른 오전에 가는 것이 좋다. 사탕수수의 역사를 알면 하와이 이민자들의
역사까지 한 번에 알 수 있다. 뮤지엄을 돌아보며 시대를 추억해보거나 바다거북이
출몰하는 비치에서 스노클링을 즐기거나 선탠을 하며 힐링 타임을 가져보자.

자동차
5~10분

자동차
10~15분

**10:00**
뾰족한 바늘 모양의
산세가 인상적인 이아오
밸리 주립공원 방문하기

**11:30**
베일리 하우스 뮤지엄,
알렉산더&볼드윈 슈거
뮤지엄 들르기. 또는
퀸 카아후마누 센터 쇼핑하기

**12:00**
다 키친 카페에서
점심 먹기

자동차
30분

자동차 10분

**18:00**
숍스 엣 와일레아 내에
위치한 맛집에서
저녁 식사 및 쇼핑 즐기기

**14:00**
말루아카 비치 파크에
서 스노클링 즐기기.
또는 시크릿한 분위기로
유명한 파아코 비치에서
선탠하기

빅 비치

리틀 비치

# SEE

## | 카훌루이&와일루쿠 Kahului&Wailuku |

**Writer's Pick!**

초록 숲이 우거진
### 이아오 밸리 주립공원 Iao Valley State Park

'이아오'는 하와이어로 최상의 구름이라는 뜻. 뾰족한 산봉우리 아래로 수시로 드리워지는 구름으로 인하여 마치 구름보다 높은 지대에 있는 듯해 붙여진 이름이다. 하와이에서 두 번째로 습한 지역으로, 비가 자주 내리고 안개가 끼는 곳으로 유명하다. 덕분에 해안 지역에서는 보기 어려운 울창한 열대 우림을 감상할 수 있다. 이 지역의 랜드마크는 365m 높이의 뾰족한 바늘을 닮은 돌기둥 '이아오 니들Needle of Iao'! 1790년 카메하메하 1세가 케파니와이 전투에서 이아오 니들을 전망대로 이용하여 마우이 군대를 물리쳤다. 당시 수많은 사람들이 죽고, 그 시체가 계곡물을 막을 정도였다.

공원 한쪽에는 옛 마우이 사람들이 타로를 재배하고 살던 모습을 짐작할 수 있도록 타로 밭도 만들어 두었다. 주차장에서 10분 정도만 계단을 따라 올라가면 전망대가 나온다. 무료 주차 장소를 찾고 있다면 도보 15분 거리에 위치해 있는 케파니와이 파크Kepaniwai Park에 주차하자. 일부러 찾아가기 보다는 공항을 오갈 때 잠시 들르는 편이 시간 안배에 효율적이다.

**Data** Map 258E
**Access** 카훌루이 공항에서 차로 18분
**Add** Hwy 32, Iao Valley Rd, Wailuku
**Tel** 808-984-8109
**Open** 07:00~18:00
**Cost** 주차비 차 1대당 5달러 (신용카드만 사용 가능)
**Web** www.dlnr.hawaii.gov/dsp/parks/maui/iao-valley-state-monument

### Tip 이아오 니들Needle of Iao에 관한 전설!

반신반인인 마우이에게는 딸 이아오가 있었다. 그녀는 부모의 반대에도 불구하고 젊은 전사와 사랑에 빠졌다. 이것을 알고 화가 난 마우이는 젊은 전사를 돌기둥으로 만들었고, 그 돌기둥이 '이아오 니들'이라고 한다. 또는 지하 세계의 신 카나로Kanalo의 성기를 뜻한다는 전설도 있다.

© Allie_Caulfield

### 나라별 이민 문화를 테마로 꾸민
## 케파니와이 파크 Kepaniwai Park

뉴잉글랜드에서 온 선교사의 집, 중국식 건축물, 일본식 정원,
포르투갈 이민자들의 화덕, 하와이 원주민들의 전통 집 등 지금
의 하와이를 구성하고 있는 다양한 문화를 만날 수 있는 공원.
하와이 이민 100주년 기념으로 세워진 한국 단청 기와로 만든
정자, 선악을 판단한다는 상상 속의 동물로 알려진 해태, 곳곳
에서 보이는 한국어 등 한국 문화도 보존되어 있다.

**Data** Map 258F
Access 이아오 밸리 주립공원에서
차로 3분 Add 870 Iao Valley
Rd, Wailuku Tel 808-270-7232
Open 07:00~19:00 Cost 무료
Web www.aloha-hawaii.com/
maui/kepaniwai-heritage-gardens

---

### 사탕수수의 역사를 알아보는
## 알렉산더&볼드윈 슈거 뮤지엄
### Alexander&Baldwin Sugar Museum

마우이의 주요 산업이었던 사탕수수 역사를 알아
볼 수 있는 박물관. 사탕수수로 설탕을 만드는 과
정이 궁금하다면 들러볼 만하다.
더불어 사탕수수 밭의 노동자로 이민 온 이민자
들의 역사도 볼 수 있다. 다양한 농기구가 전시되
어 있다. 공항에서 가까우므로 여유 시간이 있을
때 들르면 좋다.

**Data** Map 258F Access 카훌루이 공항에서 차로
11분 Add 3957 Hansen Rd, Kahului
Tel 808-871-8058 Open 월~토 09:30~16:30
(16:00까지 입장 가능) Cost 13세 이상 7달러,
60세 이상 5달러, 6~12세 2달러, 5세 이하 무료
Web www.sugarmuseum.com

### 하와이 유물이 가득!
## 베일리 하우스 뮤지엄
### Bailey House Museum

19세기 선교사 가족이 사용하였던 가구, 소품,
그릇, 침구류 등이 전시되어 있다. 이곳은 하와이
마지막 추장의 소유지에 세워진 여학교로, 당시
교사이던 베일리 선교사가 구입한 것이다.
낚시 도구, 왕족의 장식품, 하와이 농기구 등 천
여 점의 하와이 유물도 만나보자. 정원에는 코아
나무로 만들어진 낚시용 카누도 전시되어 있다.

**Data** Map 258F Access 이아오 밸리 스테이트
모뉴먼트에서 차로 7분 Add 2375A Main St,
Wailuku Tel 808-244-3326 Open 월~토
10:00~16:00 Close 1/1, 7/4, 추수감사절, 12/25
Cost 성인 7달러, 7~12세 2달러, 6세 이하 무료
Web www.mauimuseum.org

## | 키헤이 | Kihei |

키헤이 지역 주민들이 사랑하는
### 카마올레 비치 파크 Kamaole Beach Park

3km 정도의 해변을 가진 카마올레 비치 파크는 구역별로 1, 2, 3으로 나뉜다. 그중 카마올레 비치 파크 3은 잔디밭이 넓고, 피크닉 테이블 등의 시설이 갖춰져 있다. 고운 모래가 인상적이다. 샤워 시설, 화장실, 라이프 가드 등의 시설도 있다. 겨울에는 파도가 높아서 서핑이나 부기 보드를 즐기는 사람들이 많다. 운이 좋으면 해변에 올라와 휴식을 즐기는 거북도 볼 수 있다. 해변마다 주차 공간이 마련되어 있다.

**Data** Map 258F
**Access** 사우스 키헤이
로드South Kihei Rd에 위치
**Add** Kamaole Beach Park, Kihei
**Web** www.liveinhawaiinow.
com/kamaole-beach-park

철새, 물새들의 서식 습지대
### 케알리아 폰드 국립 야생 생물 보호 구역 Kealia Pond National Wildlife Refuge

하와이에 남아 있는 몇 안 되는 자연 습지대이다. 멸종 위기에 처한 물새와 다양한 종류의 철새 서식처로 알려져 있다. 철새들은 주로 8월부터 4월까지 거주한다. 다양한 야생 동물을 관찰하거나 어린이들의 환경 교육을 위해 들르는 방문자들이 많다. 잠시 들러 자연 생태계와 교감하는 시간을 가져도 좋겠다.

**Data** Map 258F
**Access** 카훌루이 공항에서 차로 15분
**Add** Mokulele Hwy, Kihei
**Tel** 808-875-1582
**Open** 월~금 07:30~16:00
**Cost** 무료
**Web** www.fws.gov/kealiapond

하와이의 멸종 위기 동물들을 볼 수 있는
### 케알리아 코스탈 보드워크 Kealia Coastal Boardwalk

길이 약 600m의 나무로 된 산책로를 따라 습지대를 볼 수 있다. 셀프 가이드 안내판이 잘 되어 있다. 멸종 위기에 있는 물새류를 볼 수 있는 지역으로, 겨울에는 멀리 혹등고래의 모습을 볼 수 있다.

**Data** Map 258F
**Access** 카훌루이 공항에서 차로
18분 **Add** Kealia Coastal Board
-walk, Kihei **Tel** 808-875-1582
**Open** 07:00~19:00 **Cost** 무료
**Web** www.mauihawaii.org/
sights/kealia-coastal-
boardwalk-maalaea.htm

# | 와일레아&마케나 Wailea&Makena |

**Writer's Pick!**

시원스럽게 쭉 뻗은 황금빛 해변
### 빅 비치 Big Beach

작은 알갱이의 부드러운 모래사장이 1km 정도 펼쳐져 있다. 마케나 주립공원Makena State Park 내에 속해 있는 해변이다. 해변 자체가 상당히 넓어서 사람들이 많아도 번잡하지가 않아 여유로운 시간을 보낼 수 있어 좋다. 개인 소유의 섬인 카호올라웨 섬과 스노클링 명소로 유명한 몰로키니섬도 보인다.

파도가 없을 때에는 수영과 스노클링을, 파도가 있을 때에는 서핑이나 부기 보드를 즐기자. 보통은 파도가 있는 편이다. 가끔 심한 조류가 밀려들어올 때는 상당히 위험해 안전 요원의 안내를 따르는 것이 중요하다. 곳곳에 피크닉 테이블, 간이 화장실은 있지만 샤워 시설은 마련되어 있지 않다. 샤워를 하고 싶다면 차로 5분 거리에 위치한 말루아카 비치 파크를 이용하자.

**Data** Map 258J **Access** 마케나 로드Makena Rd를 따라서 가다보면 마케나 주립공원 주차장으로 향하는 2개의 진입로가 있다. 이정표를 따라 들어가면 주차 공간이 나온다 **Add** 5400 Makena Alanui, Kihei **Tel** 808-874-1111 **Open** 주차장 05:00~19:45 **Web** www.to-hawaii.com/maui/beaches/bigbeach.php

**Tip** 빅 비치의 북쪽에 위치한 바위를 넘으면 리틀 비치Little Beach가 나온다. 마우이의 유일한 누드 비치다. 수영복을 착용해도 되고, 누드로 있어도 된다.

**Writer's Pick!**

평온한 휴식을 취할 수 있는
### 말루아카 비치 파크 Maluaka Beach Park

잔디밭 위에 나무 그늘이 많아서 책을 읽으며 쉬기에도 적합한 해변이다. 바닷가를 바라보고 왼편의 바위 쪽으로 가면 다양한 물고기가 보이는 스노클링 포인트가 있다. 거북이 자주 출몰하는 터틀 타운Turtle Town과도 가깝다. 하와이어로 '호누'라고 불리는 푸른 바다거북과 수영을 해보는 특별한 경험을 할 수 있다.

이 해변은 카이 카나니Kai Kanani(**Web** www.kaikananikr.com) 업체의 몰로키니섬 투어 출발지로, 이곳에서 몰로키니섬까지는 배로 15분 정도로 가깝다. 화장실, 샤워 시설, 피크닉 테이블 등이 있다. 말루아카 비치 파크의 양 끝에 무료 주차 공간(**Add** 6223 Makena Rd, Kihei 또는 5400 Makena Rd, Kihei)이 있다. 마케나 비치&골프 리조트에 발레 파킹을 해도 된다.

**Data** Map 258J
**Access** 마케나 비치&골프 리조트Makena Beach&Golf Resort 앞에 위치한 해변. 와일레아 비치에서 차로 7분
**Add** Maluaka Beach Park, Wailea
**Web** www.hawaii-guide.com/maui/beaches/maluaka_beach

© Roopesh Sheth

**몰로키니 섬이 보이는 그림 같은 전경**
## 와일레아 비치 Wailea Beach

해변 자체가 초승달 모양으로, 드넓게 휘어져 있어서 파도가 잔잔해 수영을 하기에 좋다. 스노클링 포인트로도 안성맞춤! 그랜드 와일레아 리조트, 포 시즌스 리조트 등 최고급 리조트 앞에 위치하고 있다.
부드러운 모래 해변이어서 아이들도 안전한 물놀이를 즐길 수 있다. 푸른 바다와 몰로키니섬, 카호올라웨Kaho'olawe섬, 라나이 섬까지 보이는 그림 같은 풍경이 인상적이다. 겨울철에는 산란기를 맞이하여 이 지역을 찾은 혹등고래의 울음소리도 들을 수 있다. 인기 해변인 만큼 무료 주차 공간이 금방 차는 경우가 대부분이다.

**Data** Map 258J
**Access** 그랜드 와일레아 리조트와 포 시즌스 리조트 사이 와일레아 비치 로드에 주차장이 있다
**Add** Wailea Alnui Dr, Wailea
**Web** www.to-hawaii.com/maui/beaches/wailea-beach.php

**현지인들이 즐겨 찾는 스노클링 포인트**
## 아히히 코브 Ahihi Cove

1790년에 있었던 할레아칼라 용암 분출로 인해 만들어진 지형으로 이곳에는 모래가 거의 없다. 검은 용암석과 푸른 바다가 어우러진 풍경이 상당히 아름답다. 용암석 사이로 다채로운 열대어들이 서식하고 있다. 이곳에서 물고기를 잡는 것은 법적으로 금지되어 있어서 다양한 해양 동물을 볼 수 있다.
아침 일찍 가면 파도가 잔잔해서 스노클링을 즐기기에는 아주 좋다. 산호초와 바위로부터 발을 보호하기 위한 이쿠아슈즈는 필수이다. 인명구조원이 없기 때문에 주의를 요한다. 해변 바로 앞에는 4대만 주차가 가능하므로 남쪽으로 250m 더 내려가면 나오는 주차장을 이용하자.

**Data** Map 258J
**Access** 와일레아 비치에서 차로 12분
**Add** Makena Rd, Wailea
**Web** www.to-hawaii.com/maui/beaches/ahihicove.php

**Writer's Pick!**

용암돌과 황금빛 모래가 공존하는
## 파아코 비치 Pa'ako Beach

현지인들 사이에서는 유명하지만 관광객에게는 비교적 잘 알려지지 않은 해변이다. '시크릿 코브Secret Cove'라고도 불린다. 해변 자체의 규모가 작고, 해변으로 들어가는 입구가 좁아 눈에 잘 안 띄기 때문이다. '쇼어라인 액서스Shoreline Access'라고 적힌 표지판을 따라서 들어가면 검은 용암으로 만들어진 돌과 부드러운 모래가 인상적인 그림 같은 풍경의 해변이 나온다.
조용히 풍경을 즐기고, 선탠을 하는 사람들이 많다. 용암석 사이사이에 고인 바닷물을 자세히 보면 물고기들이 움직이는 모습도 보인다. 길가에 주차를 해야 한다.

**Data** Map 258J
**Access** 마케나 비치&골프
리조트에서 차로 7분
마케나 로드Makena Rd에 위치
**Add** Pa'ako Beach, Kihei
**Web** www.to-hawaii.
com/maui/beaches/
paakobeach.php

검은 용암으로 이뤄진
## 라페루스 베이 La Perouse Bay

1790년 할레아칼라 산으로부터 흘러나와 검게 굳은 용암으로 이루어져 있다. 마우이에서 가장 최근까지 화산 활동이 일어난 곳이다. 해양 생물이 잘 보존되어 있어 다양한 어종의 물고기를 볼 수 있다.
스노클링 지역으로 인기가 많지만 파도가 거칠어질 수 있으므로 초보자에게는 권하지 않는다. 일몰 때의 풍경이 아름답기로 소문 나있다. 바위들이 거칠고 뾰족하니 유의하자.

**Data** Map 258J
**Access** 마케나 로드Makena
Rd를 따라 남쪽으로 가다 보면
비포장도로가 나온다. 그 길을
끝에 주차장 위치
**Add** La Perouse Bay, Maui
**Web** www.hawaiiweb.com/
blog/maui/la-perouse-bay
-maui

**Tip** 스릴 넘치는 스노클링을 즐기고 싶다면?

블루워터 래프팅 투어 업체(www.bluewaterrafting.com)에서 진행하는 투어를 이용해서 래프팅 스노클링을 즐겨보자. 래프팅 스노클링은 고무 보트를 타고 파도를 헤치며 스노클링 포인트에 가는 투어이다. 파도에 의해 배가 많이 흔들리는 편이며, 빠르게 움직이기 때문에 스릴감이 만점! 할레아칼라의 용암으로 만들어진 라페루스 베이의 기암절벽 가까이까지 다가가서 볼 수 있다.

# EAT

## | 카훌루이&와일루쿠 Kahului&Wailuku |

**Writer's Pick!**

로컬 음식을 맛보는
### 다 키친 카페 Da Kitchen Cafe

현지인들의 맛집으로 로컬 음식들이 다양하게 제공된다. 추천 메뉴는 스팸을 넣은 무수비를 바삭하게 튀겨서 만든 프라이드 스팸 무수비Fried Spam Musubi, 흰 쌀밥 위에 두툼한 햄버거 패티와 달걀프라이를 얹은 후 소스가 둘러져 나오는 로코 모코Loco Moco, 쇠고기 국물에 누들이 들어가 있는 사이민Saimin 등이 있다. 두 스쿱의 밥과 샐러드를 곁들여서 나오는 플레이트 런치Plate Lunches 메뉴인 데리야키 치킨Teriyaki Chicken도 인기 있다. 푸짐한 양을 자랑한다. 키헤이 지역(Add 2439 South Kihei Rd #107A, Kihei)에도 지점이 위치하고 있다.

**Data** Map 260F
**Access** 카훌루이 공항에서 차로 5분
**Add** 425 Koloa St, Kahului
**Tel** 808-871-7782
**Open** 월~토 11:00~21:00
**Cost** 김치 데리야키 버거 11달러, 프라이드 스팸 무수비 6달러
**Web** www.dakitchen.com

탱글한 새우의 식감과 짭조름한 양념의 조화
### 제스트 슈림프 트럭 Geste Shrimp Truck

새우 트럭 요리를 맛보자. 주문 방법은 원하는 양념으로 요리가 된 슈림프 플레이트 메뉴를 선택하면 된다. 대표 메뉴는 마늘에 버터를 둘러 새우를 요리한 고소하고 짭조름한 하와이안 스캄피Hawaiian Scampi, 매콤한 양념치킨 맛과 비슷한 핫 앤 스파이시Hot&Spicy가 있다.
12개의 신선하고 탱글탱글한 새우를 해당 양념으로 요리한 후, 한 스쿱의 밥과 크랩 샐러드를 함께 제공한다. 가격 대비 푸짐하고 맛도 좋은 편이다. 재료가 다 떨어지면 문을 닫는다.

**Data** Map 260E
**Access** 카훌루이 항구 옆에 위치. 카훌루이 공항에서 차로 15분
**Add** Kahului Beach Rd, Kahulu
**Tel** 808-298-7109
**Open** 화~토 11:00~17:30
**Cost** 슈림프 플레이트 13달러

**Writer's Pick!** 향기 좋은 마우이 커피 맛 좀 볼까?
## 마우이 커피 로스터스 Maui Coffee Roasters

공항 근처에 위치한다. 마우이에서 가장 맛있는 커피로 선정되었으며, 매일 신선하게 커피를 로스팅한다. 마우이 커피는 시큼하면서도 깊고 진한 맛이 특징이다. 인근 다른 지역, 다른 섬에서 온 다양한 원두도 즐길 수 있다. 빅 아일랜드 코나 지역에서 생산되는 100% 코나 커피도 주문이 가능하다. 원두를 구입할 경우 커피 한 잔이 무료 제공된다.

조식, 브런치로 즐길 만한 샌드위치, 베이글, 샐러드, 쿠키, 케이크도 준비되어 있다. 바게트 빵 안에 게살과 신선한 채소를 듬뿍 넣은 '크랩 샐러드 샌드위치'가 인기 메뉴이다.

**Data** Map 260F
**Access** 카훌루이 공항에서 차로 8분
**Add** 444 Hana Hwy, Kahului
**Tel** 808-877-2877
**Open** 월~금 07:00~18:00,
토 08:00~17:00, 일 08:00~
14:30 **Cost** 카페 라테 3.90달러,
베지 버거 8.75달러 **Web** www.
mauicoffeeroasters.com

## | 키헤이 Kihei |

맛있는 초밥을 맛볼 수 있는
## 코이소 스시 바 Koiso Sushi Bar

현지인들 사이에서 마우이 최고의 초밥 맛집으로 꼽히는 곳이다. 신선하고 품질 좋은 스시와 생선회를 제공한다. 자부심 가득한 주인장의 친절한 서비스가 돋보인다. 참치, 연어, 관자 등 좋아하는 재료의 스시를 골라 주문하거나 초밥, 롤 메뉴를 선택하면 된다. 구운 버터 피시, 장어 요리도 맛있다. 좌석이 한정되어 있으니 저녁 시간에는 미리 전화로 예약하는 좋다.

**Data** Map 261I **Access** 카마올레 비치 파크1 건너편에 위치
**Add** 2395 South Kihei Rd, Kihei **Tel** 808-875-8258
**Open** 월~토 18:00~20:30 **Close** 일요일 **Cost** 초밥(12개) 45달러

가격 대비 푸짐한
## 베트남 퀴진 Vietnamese Cuisine

규모는 작고 소박한 분위기이지만 로컬들에게는 맛집으로 통한다. 인기 메뉴는 쇠고기 국물의 베트남 쌀국수 비프 포Beef Pho, 매콤새콤한 핫 사워 수프Hot Sour Soup, 가는 면발 국수와 구운 돼지고기가 함께 나오는 그릴드 포크Grilled Pork 등이다. 전식으로 숙주와 국수, 새우 등을 라이스페이퍼로 말은 프레시 서머 롤Fresh Summer Rolls도 맛있다.

**Data** Map 261I **Access** 카마올레 비치 파크 1에서 차로 6분
**Add** 1280 South Kihei Rd, Kihei **Tel** 808-875-2088
**Open** 10:00~21:30 **Cost** 단품 요리 13~16달러 정도

# | 와일레아&마케나 Wailea&Makena |

**Writer's Pick!**

브런치 장소로 추천하는
## 롱기스 Longhi's

세계의 레스토랑 안내서 〈자갓 서베이Zagat Survery〉에서 '마우이 최고의 브런치 레스토랑'으로 선정된 곳. 맛과 서비스가 만족스러운 곳이다. 브런치 메뉴 중 에그 베네딕트가 가장 유명하다. 속에 들어가는 재료에 따라 가격대는 16~25달러대로 달라진다.
랍스터 에그 베네딕트, 포테이토 크러스티드 크랩 케이크Potato Crusted Crab Cakes와 파스타류도 인기가 많다. 브런치 메뉴는 오전 7시 30분부터 오후 1시까지만 주문이 가능하며, 재료가 떨어지면 주문이 불가능하다. 일찍 가는 것을 추천한다. 마우이 내에 라하이나 지역(**Add** 888 Front St, Lahaina)에도 지점이 있다.

**Data** Map 261I
**Access** 숍스 엣 와일레아 1층
**Add** 3750 Wailea Alanui Dr, Wailea
**Tel** 808-891-8883
**Open** 07:30~22:00,
해피 아워 15:00~17:00
**Cost** 에그 베네딕트 16달러~,
크랩 케이크 25달러
**Web** www.longhis.com

가격 대비 만족스러운 맛과 양
## 치즈버거 아일랜드 스타일 Cheeseburger Island Style

편안하게 즐길 수 있는 캐주얼한 햄버거 전문점이다. 가격 대비 푸짐한 양을 즐길 수 있다. 육즙이 가득한 패티와 바삭하게 구워진 부드러운 빵의 조화가 훌륭하다. 인기 버거는 아보카도와 구운 하와이안 파인애플이 들어간 캘리포니아 치즈버거California Cheeseburger, 바삭한 베이컨이 인상적인 바비큐 베이컨 치즈버거BBQ Bacon Cheeseburger 등이다.
맥주를 곁들이면 금상첨화! 마우이 양파를 튀겨 만든 바삭하고 고소한 오노 어니언링Ono Onion Rings은 전식 메뉴로 추천한다. 해피 아워는 매일 오후 2시, 5시, 9시부터 문닫을 때까지이다.

**Data** Map 261I
**Access** 숍스 엣 와일레아 1층
**Add** 3750 Wailea Alanui Dr, Wailea **Tel** 808-874-8990
**Open** 07:30~22:00
**Cost** 15.5달러, 오노 어니언링 9달러, 바비큐 베이컨 치즈버거 15달러 **Web** www.cheeseburgerland.com/cheeseburgerland/Wailea.html

로맨틱한 식사를 즐기는
## 토미 바하마스 레스토랑 Tommy Bahama's Restaurant

의류, 소품 등을 판매하는 패션 매장인 타미 바하바에서 운영하는 레스토랑이다. 실내도 잘 꾸며져 있지만 시시각각 변하는 하늘의 색과 바람을 즐기며 식사할 수 있는 테라스 좌석이 운치 있다.
인기 메뉴는 바삭한 만두에 생 참치와 와사비를 곁들인 아히 투나 타코Ahi Tuna Tacos, 바삭한 식감의 코코넛 슈림프Coconut Shrimp, 부드러운 육질에 달콤하면서도 매콤한 소스를 얹은 그릴드 베이비 백 포크 립Grilled Baby Back Pork Ribs, 파인애플 속을 파서 만든 파인애플 크렘 브륄레Pineapple Creme Brulee 등이다. 가격대는 높은 편이지만 서비스와 음식의 맛이 보장된다.

**Data** Map 261I **Access** 숍스 엣 와일레아 2층 **Add** 3750 Wailea Alanui Dr, Wailea **Tel** 808-875-9983 **Open** 11:00~22:00 **Cost** 아히 투나 타코 17달러, 코코넛 슈림프 스몰 14.50달러, 그릴드 베이비 백 포크 립 스몰 26달러 **Web** www.tommybahama.com/restaurants/wailea

화려한 선셋을 감상할 수 있는
## 후무후무누쿠누쿠아푸아푸아 레스토랑
**Humuhumunukunukuapuaa'a Restaurant**

폴리네시안 스타일의 가랑잎을 엮은 지붕을 가진 외관이 인상적이다. 아름다운 일몰을 감상할 수 있어서 인기 있는 곳이다. 특이한 레스토랑의 이름은 하와이어로 '돼지 주둥이를 가진 물고기', '돼지 소리를 내는 물고기'라는 뜻이다. 이 물고기는 미국 하와이 주의 상징 물고기이다.
아시아 각국의 요리를 이용한 다양한 고기와 참치 요리, 라비올리 같은 만두 요리 등이 맛있다. 계절에 따라 메뉴가 달라지니 담당 서버와 상의해서 주문하면 좋다. 해질 무렵 간단한 칵테일만 즐겨도 만족도가 높다.

**Data** Map 261I **Access** 그랜드 와일레아 리조트 내 위치 **Add** 3850 Wailea Alanui Dr, Wailea **Tel** 808-875-1234, 800-888-6100 **Open** 17:30~22:00 **Cost** 단품 메뉴 25~50달러 **Web** www.grandwailea.com/dine/humuhumunukunukuapuaa

### Writer's Pick!

최고급 식사를 즐길 수 있는
## 스파고 Spago

모던함과 고급스러움을 동시에 느낄 수 있는 레스토랑. 스타 셰프 울프강 퍽Wolfgang Puck의 솜씨에 하와이의 감성을 담은 메뉴를 선보인다. 로코 모코, 포케와 같은 하와이 로컬 푸드조차도 고급스럽게 선보인다. 테라스 좌석에는 와일레아 비치의 아름다운 해안선을 바라보는 테이블이 마련되어 있다. 선셋 시간에 맞춰서 가면 더욱 분위기 좋은 디너를 즐길 수 있다. 인기 메뉴는 흰살생선인 마히마히 위에 양파, 파인애플 등을 올려서 구운 그릴드 마히마히 위드 파인애플Grilled Mahimahi with Pineapple, 바질과 라임 잎, 생강을 넣은 커리와 각종 해산물, 마히마히 식감이 잘 어울리는 타이 커리 위드 마히마히Thai Red Curry with Mahi Mahi, 부드러운 육질의 양고기 램 촙Lamb Chops 등이다. 디저트로는 빅 아일랜드 바닐라 빈으로 만든 아이스크림이 곁들여 나오는 웜 초콜릿 트러플Warm Chocolate Truffle 케이크도 맛있다. 메뉴는 제철 재료에 따라 다르게 구성된다. 홈페이지를 통해 예약하는 것을 권한다.

**Data** Map 261L
**Access** 포 시즌스 마우이 엣 와일레아에 로비 층에 위치
**Add** 3900 Wailea Alanui Dr, Wailea **Tel** 808-879-2999
**Open** 레스토랑 17:30~21:30, 바 17:30~23:00
**Cost** 메인 메뉴 40~80달러, 전식 메뉴 20~40달러
**Web** www.fourseasons.com/maui/dining/restaurants/spago

---

태평양의 아름다움을 만끽하며 즐기는
## 듀오 스테이크&시푸드 Duo Steak&Seafood

이름에서 알 수 있듯이 해산물 요리와 스테이크 전문 레스토랑이다. 레스토랑이 오픈형으로 되어 있어서 호텔 수영장과 코발트빛의 태평양 바다가 보인다. 아침에는 아메리칸 스타일의 뷔페를 즐길 수 있어서 인기가 많다. 저녁에는 레스토랑 주변으로 횃불을 밝혀서 더욱 로맨틱한 분위기가 고조된다.
계절에 따라 신선한 재료가 달라지니 담당 서버와 상의해서 메뉴를 주문하자. 하와이 정취가 가득한 칵테일도 즐겨보자.

**Data** Map 261L
**Access** 포 시즌스 마우이 엣 와일레아
수영장 층 **Add** 3900 Wailea Alanui
Dr, Wailea **Tel** 808-879-2999
**Open** 조식 뷔페 월~토 06:30~11:00,
일 06:30~12:00, 저녁 17:30~21:00
**Cost** 단품 메뉴 15~50달러
**Web** www.fourseasons.com/
maui/dining/restaurants/duo-
steak-and-seafood

# BUY

## | 카훌루이&와일루쿠 Kahului&Wailuku |

**실속형 쇼핑센터**
### 퀸 카아후마누 센터 Queen Kaahumanu Center

메이시스, 시어스와 같은 대형 체인 백화점과 120여 개의 숍이 위치한다. 마우이에서 가장 큰 규모의 쇼핑센터로 현지인들이 즐겨 찾는다. 생활 필수품을 구매하기 좋다. 명품보다는 로컬 브랜드가 많이 입점되어 있고, 가격대도 저렴한 편이다. 2층에는 간단한 식사를 할 수 있는 푸드 코트도 있다. 공항 근처에 위치하고 있어 시간 여유가 있다면 잠시 들러 쇼핑을 즐기기 좋다.

**Data** Map 260E
**Access** 카훌루이 공항에서 차로 8분 **Add** 275 West Kaahumanu Ave, Kahulu
**Tel** 808-877-3369
**Open** 월~토 09:30~21:00, 일 10:00~17:00 **Web** www.queenkaahumanucenter.com

## | 와일레아&마케나 Wailea&Makena |

**Writer's Pick!**

**다양한 브랜드를 한곳에서!**
### 숍스 엣 와일레아 Shops at Wailea

70여 개가 넘는 부티크, 숍, 레스토랑, 갤러리가 입점되어 있는 2층 구조의 야외 쇼핑몰이다. 깔끔하고 고급스러운 분위기이다. 티파니, 루이비통, 구찌 등의 명품 브랜드부터 중저가 브랜드까지 다양하게 입점되어 있어서 선택의 폭이 넓다. 또 간단한 열쇠고리부터 미국 명품 브랜드까지 상품 구색이 풍부해 다양하게 쇼핑을 즐기고 싶다면 이곳이 정답이다. 가족, 친구들의 선물 또는 기념품이 될 만한 제품을 구매하고 싶다면 한 번쯤 들러보는 것을 추천한다.
또한 브런치 맛집 롱기스, 미식가들도 좋아하는 토미 바하마스 레스토랑, 스테이크 전문점 루스 크리스 스테이크 하우스Ruth's Chris Steak House, 부드러운 질감의 아이스크림인 래퍼츠 하와이Lappert's Hawaii, 하와이안 스타일의 햄버거 집 치즈버거 아일랜드 스타일 등 맛집도 많아서 편안한 휴식을 돕는다.

**Data** Map 261I
**Access** 와일레아 비치 매리어트 리조트&스파에서 도보 1분
**Add** 3750 Wailea Alanui Dr, Wailea **Tel** 808-874-0701
**Open** 09:30~21:00(숍마다 다름) **Web** www.shopsatwailea.com

# 이스트 마우이

**EAST MAUI** (할레아칼라 국립공원 부근)

해발 3,055m에서 감상하는 장엄한 느낌의 일출과 일몰을 볼 수 있는 '할레아칼라 국립공원', 열대 우림 지역을 드라이브하며 숨은 폭포와 기암괴석들의 풍경을 만끽하는 '하나로 가는 길', 7개의 자연 풀장이 있는 '오헤오 계곡'이 있는 지역이다. 렌터카로 다니거나 투어 버스를 이용해서 다닐 수 있다. 울창한 수풀림, 고산 지대에 서식하는 식물, 마치 다른 행성에 온 듯한 느낌의 분화구 등을 볼 수 있는 지역이다.

East Maui
# PREVIEW

대자연의 깊은 숨결을 느낄 수 있는 지역이다. 할레아칼라 국립공원에 오르면
구름 위를 걷는 듯한 느낌이 든다. 열대 우림의 촉촉함을 가득 느껴보는 '하나로 가는 길'은
모험심을 자극하기에 충분하다. 길 곳곳에서 예상치 못하게 만나는 폭포와 수목들,
해변의 비경이 마음을 설레게 한다.

**SEE**

할레아칼라 국립공원에 올라 일출 또는 일몰을 봐야 한다. 신비로운 고산 식물인
은검초도 꼭 보자. '하나로 가는 길'은 열대 우림과 같이 촉촉한 느낌의 자연을
볼 수 있다. 화산 활동으로 인해 만들어진 검은 기암 괴석과 블랙 모래, 바다와
어우러지는 전경이 펼쳐지는 와이아나파나파 스테이크 파크는 정말 아름다우니
꼭 들러보자. 하나 마을을 지나 오헤오 협곡까지 가면 자연이 만들어낸
아름다운 협곡을 볼 수 있는 트레일을 걸으며 풍광을 만끽해보자.

**ENJOY**

할레아칼라 국립공원 내 트레일을 걸어보자. 전망대에서 전망만 보는 것보다
더 제대로 할레아칼라 산을 느낄 수 있는 방법이다. 고산 지대에 위치한 덕에
신비로운 은검초나 고사리과의 특이한 식물들을 볼 수 있다. 곳곳에서 하와이
토종 거위인 네네도 볼 수 있다. 다운힐 바이크 투어에 참여해서 자전거를 타고
주변 풍광을 구경하며 할레아칼라 산의 언덕길을 내려오는 경험도 특별하다.
와이아나파나파 스테이크 파크의 용암 동굴에서 수영을 하거나, 7개의 자연
풀장으로 유명한 오헤오 협곡에서 하이킹하며 풍경을 감상해보자.

**EAT**

할레아칼라 국립공원 주변으로 가볍게 식사를 즐길 만한 레스토랑이 있다.
마우이의 빈티지한 마을 파이아는 가격 대비 푸짐한 메뉴를 제공하는 다양한
레스토랑, 향이 좋은 커피 등을 가볍게 즐길 수 있다. 하나로 가는 길에는 곳곳에
간의 식당과 커피 숍이 있지만 시간 관계상 도시락을 준비하는 것이 더 편리하다.

**SLEEP**

가장 효율적으로 이스트 마우이를 돌아보고 싶다면 할레아칼라 국립공원에서
캠핑하는 것을 추천한다. 캠핑 장비는 월마트, K마트 등에서 구입 가능하다.
공항 근처 지역인 카훌루이 또는 파이아 지역의 숙소를 이용하는 것도 방법이다.
하나에도 숙박 시설이 있으나 가격대가 비교적 높은 편이다. 하나 지역의 숙박 정보는
www.hanamaui.com을 참고하자.

## East Maui
# TWO FINE DAYS

*1박 2일로 하나로 가는 길과 할레아칼라 국립공원에서의 일몰을 즐기는 일정이다. 이 일정을 선택할 경우 하나 지역에 숙소를 잡는 게 좋다. 하나 지역에서 1박을 한 후에는 왔던 길로 돌아가거나 마우이 남부 해안을 가로질러서 할레아칼라 국립공원으로 일몰을 즐기러 이동하면 된다.*

**1Day**

자동차 43분 →

자동차 10분 →

**06:30**
숙소에서 아침 식사 후,
출발하기

**07:50**
파이아 지역 도착 후
아침 식사 및 주유,
간식 구입하기

**09:00**
호오키파 비치
파크 돌아보기

자동차 15분 ↓

자동차 45분 ←

자동차 70분 ←

**14:00**
와이아나파나파
스테이크 파크 돌아보기

**12:30**
하프웨이 투 하나에서
바나나 브레드 맛보기

**10:00**
하나로 가는 길
본격적으로 즐기기

자동차 40분 ↓

캠핑장까지
도보 10분,
하나까지
자동차로 30분
→

**16:30**
오헤오 협곡에서
피피와이 트레일 걸어보기

**19:00**
키파홀루 캠프그라운드
또는 하나에서 숙박하기

**2Day**

**09:00**
숙소에서 아침 식사 후,
출발하기

자동차
70~100분

**11:00**
마우이 와이너리
둘러보기

자동차
15~25분

**12:00**
그랜드 마마스 카페
또는 쿨라 로지에서
브런치 즐기기

자동차 32분

**18:00**
푸우 울라 울라
전망대에서
일몰 감상하기

자동차 60분

**15:30**
할레아칼라
국립공원 오르기

자동차 32분

**13:00**
알리 쿨라 라벤더
농장 산책하기

---

**Tip** '마우이 남부 해안을 가로질러서 가는 방법'은 코발트 빛의 남부 해안 지역을 감상한다는 점은 장점이 있다. 하지만 길 곳곳이 비포장도로로 된 지역이므로 렌터카 보험 적용이 안 되는 지역임을 유의하자. 이 지역 역시 갑작스럽게 1차선으로 바뀌고, 구불구불한 길이 이어지기 때문에 운전에 상당히 주의를 요한다.

# 할레아칼라 국립공원 정상
## Haleakala National Park Summit

할레아칼라 국립공원 정상 입구
**Haleakala National Park Summit Entrance**

378

0          1km

▲ 호스머 그로브 캠프그라운드
**Hosmer Grove Campground**

호스머 그로브 트레일
**Hosmer Grove Trail**

공원 헤드쿼터 비지터 센터•
**Park Headquarters Visitor Center**

크레이터 로드 Crater Rd

서플라이 트레일 Supply Trail

하레마우우 트레일헤드 입구
**Halemau'u Trailhead**

레레이위 전망대
**Leleiwi Overlook**

호루아 캐빈&캠프사이트
**Holua Cabin&Campsite**

칼라하쿠 전망대
**Kalahaku Overlook**

할레마우우 트레일 Halemau'u Trail

크레이터 로드 Crater Rd

ℹ 할레아칼라 비지터 센터
**Haleakala Visitor Center**

푸우 울라
울라 전망대
**Pu'u'ula'ula
Overlook**

•할레아칼라 천체 관측소
**Haleakala Observatories**

케오네헤에헤에 트레일
**Keonehe'ehe'e Trail**

와이모쿠 폭포
**Waimoku Falls**

Hana Hwy 하나 하이웨이

피피와이 트레일 Pipiwae Trail

마카히쿠 폭포
**Makahiku Falls**

오헤오 협곡
**Ohe'o Gulch**

쿠로아 트레일
**Kuloa Trail**

할레아칼라 국립공원 키파훌루
**Haleakala National Park Kipahulu**

비지터 센터
**Visitor Center**

키파훌루 캠프그라운드
**Kipahulu Campground**

*Kukui Bay*

0   200m

하나 하이웨이 Hana Hwy

팔라팔라 호오마우 교회
**Palapala Ho'omau Church**

할레아칼라 국립공원 키파훌루
**Haleakala National Park Kipahulu**

## SEE

## | 파이아 Paia |

**Writer's Pick!**

서핑의 명소
### 호오키파 비치 파크 Ho'okipa Beach Park

넘실대는 파도를 가르며 즐기는 서퍼, 윈드서퍼들을 구경하는 재미가 쏠쏠한 곳이다. 여름에는 주말이면 상당히 많은 윈드 서퍼들이 모여든다. 연중 내내 파도가 상당히 높기 때문에 초보자라면 직접 파도를 즐길 생각보다는 눈으로만 즐기는 것을 추천한다. 겨울철에는 파도가 위험해서 출입이 금해지기도 한다. 이때는 전망대 쪽에서 하얀 포말을 일으키며 시원스럽게 부서지는 파도 구경을 하자. 마우이에서 가장 높게 일어나는 멋진 파도의 자태를 감상할 수 있는 곳으로 꼽힌다. 서쪽 해안 지역은 모래사장이 있는 비치가 많은 데 비해, 이곳은 검은 용암석으로 된 기암괴석이 많다. 탁 트인 전경에 기분이 상쾌해진다. '하나로 가는 길'로 가는 길목에 위치하고 있다. 잠시 들러서 전경을 감상하기를 추천한다.

**Data** Map 258B
**Access** 카훌루이 공항에서 하나
Hana 쪽으로 36번 하이웨이를 타고
가다보면 나오는 파이아 지역에서
하이쿠 방향으로 5분 정도 가면 나온다
**Add** Hookipa Park, Paia
**Tel** 808-572-8122 **Open** 라이프
가드 상주시간 08:00~16:30
**Cost** 무료 **Web** www.co.maui.hi.
us/facilities/Facility/Details/169

## 💬 |Theme|
## 하나로 가는 길

'하나로 가는 길'은 파이아Paia에서 마우이 동쪽 끝 작은 마을인 하나Hana까지 이어지는 길로,
하나 하이웨이Hana Hwy를 부르는 말이다. 약 90km를 가는 동안 600개가 넘는 구불구불한
커브가 이어지는 길을 따라 돌아보는 드라이브 코스가 아름답다고 하여 지어진 이름이다.

### 하나로 가는 길 즐기기

'하나로 가는 길'은 당일치기로 다
녀올지, 1박 2일 일정으로 다녀올
지를 먼저 정한 후 동선을 짜는 것
이 좋다. 당일치기인 경우 왔던 길
로 되돌아 나와야 한다. 운전하기
가 쉽지 않은 지역이고, 밤이 되
면 더 위험하다. 아침 일찍 출발하
고, 밤에는 운전을 하지 않는 것이
좋다.

### 투어 버스 이용하기

'하나로 가는 길'의 운전은 상당히 험난하다. 렌터카 이용이 부담
스럽다면 정답은 투어 버스! 투어 버스를 이용하면 운전에 대한
스트레스 없이 풍경을 감상할 수 있다. 투어 요금 150~180달러
정도.

**로버츠 하와이** Roberts Hawaii
**Web** www.robertshawaii.com/island/maui

**비아터** Viator
**Web** www.viator.com/maui

**투어포펀** Tour4fun
**Web** www.tours4fun.com/tours/hawaii/from-maui

**Tip** '하나로 가는 길'은 볼거리 이정표가 잘 되어 있지 않다. 마일 마커Mile Marker를 보고 가는 것이
가장 좋다. 마일 마커는 기준이 되는 지점부터 몇 마일 떨어져 있는지 도로 곳곳에 표시되어 있는 이정
표 같은 것이다. 1마일은 1,609m이다. 차량 계기판도 마일 표시 기준에 맞추면 편리하다.
파이아 지역에서 호오키파 비치 파크를 지난 후 마일 마커 16이 표시된 지역까지 간다. 도로의 번호가
36번에서 360번으로 바뀌면 마일 마커 0 지점의 표지판이 나온다. 이때 자동차 계기판의 마일 표시를
0으로 초기화하면 된다.

# '하나로 가는 길'의 주옥같은 명소

'하나로 가는 길'이 유명한 이유는 드라이브를 즐기면서 곳곳에 위치한 비경을
발견할 수 있기 때문이다. 하나로 가는 길에 들러볼 만한 스폿을 소개한다.

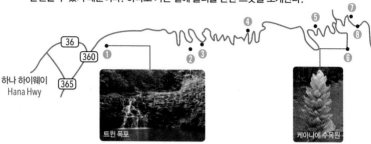

트윈 폭포

케아나에 수목원

### ❶ 트윈 폭포 Twin Falls
입구에서 10분 정도 소요되는 첫 번째 폭포에
서 20분 정도 들어가면 트윈 폭포! 폭포로 가
는 길의 일부는 통행 불가No Trespassing다.
**Data** Access 마일 마커 2

### ❷ 와이카모이 네이쳐 트레일
Waikamoi Nature Trail
30분 정도 가벼운 산행을 즐길 만한 트레일.
코올라우 보존림Koolau Forest Reserve으로 다양
한 수목을 관찰할 수 있다.
**Data** Access 마일 마커 9

### ❸ 가든 오브 에덴 수목원
Garden of Eden Arboretum
500여 종의 꽃과 나무들을 볼 수 있는 수목원.
**Data** Access 마일 마커 10~11사이
**Tel** 808-572-9899
**Open** 08:00~16:00 **Cost** 15달러

### ❹ 카우마히나 스테이트 웨이사이드
Kaumahina State Wayside
탁 트인 해안을 감상할 수 있는 뷰 포인트. 도
시락을 준비해왔다면 이곳에서 먹어도 좋겠
다. 화장실과 피크닉 테이블이 있다.
**Data** Access 마일 마커 12

### ❺ 호노마우 베이 Honomanu Bay
선탠을 즐기기 좋은 해변. 파도가 거칠고 안전 요
원이 없어서 수영에는 적합하지 않다. 마일 마커
14를 지나자마자 STOP 표지판 옆 비포장도로를
따라 내려가자. **Data** Access 마일 마커 14

### ❻ 케아나에 수목원
Keanae Arboretum
150여 종의 열대 식물들을 볼 수 있는 수목원. 이
정표를 참고하여 15분 정도 숲 사이로 포장된 길
을 따라 걸어 올라가면 나온다.
**Data** Access 마일 마커 16~17 사이

### ❼ 케아나에 전망대 Keanae Overlook
케아나에 반도가 내려다보인다. 이번 전망대를
놓쳤다면 다음 전망대를 가면 된다. 마일 마커
19를 조금 지나면 비슷한 풍경을 내려다볼 수 있
는 두 번째 전망대가 나온다.
**Data** Access 마일 마커 17~18 사이

### ❽ 하프웨이 투 하나 Halfway to Hana
하나 지역까지 2/3 정도 되는 지점에 있는 상점
으로 홈메이드 스타일의 바나나 브레드가 맛있기
로 유명하다. 과일, 음료 등의 간단한 간식류 구
입이 가능하다.
**Data** Access 마일 마커 18

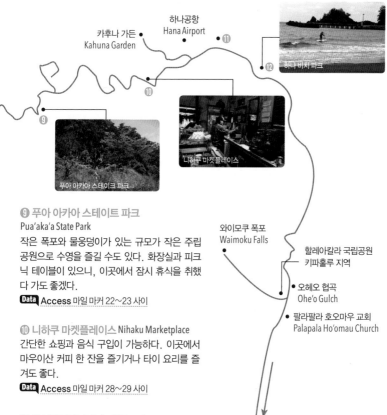

카후나 가든
Kahuna Garden

하나공항
Hana Airport

⑪

⑩

⑫ 하나비치파크

⑨

니하쿠 마켓플레이스

푸아 아카아 스테이크 파크

## ⑨ 푸아 아카아 스테이트 파크
### Pua'aka'a State Park
작은 폭포와 물웅덩이가 있는 규모가 작은 주립 공원으로 수영을 즐길 수도 있다. 화장실과 피크닉 테이블이 있으니, 이곳에서 잠시 휴식을 취했다 가도 좋겠다.

**Data** Access 마일 마커 22~23 사이

## ⑩ 니하쿠 마켓플레이스 Nihaku Marketplace
간단한 쇼핑과 음식 구입이 가능하다. 이곳에서 마우이산 커피 한 잔을 즐기거나 타이 요리를 즐겨도 좋다.

**Data** Access 마일 마커 28~29 사이

## ⑪ 와이아나파나파 스테이크 파크
### Waianapanapa State Park
주차장에서 블랙 샌드 비치로 가는 길에 있는 와이아나파나파 동굴로 가는 트레일을 걸어보자. 용암 동굴에는 시리도록 차가운 물이 고여 있다. 과거 화산 활동으로 인해 생성된 기암괴석, 블랙 샌드 비치가 이국적인 풍경을 만든다. 파도가 거세게 치는 날에는 용암으로 만들어진 바위 사이의 구멍으로 물기둥이 솟아오르는 신비한 현상도 볼 수 있다.

**Data** Access 마일 마커 32

와이모쿠 폭포
Waimoku Falls

할레아칼라 국립공원
키파훌로 지역

오헤오 협곡
Ohe'o Gulch

팔라팔라 호오마우 교회
Palapala Ho'omau Church

남부 해안 도로 방면

## ⑫ 하나 비치 파크 Hana Beach Park
파도가 잔잔할 때에는 스노클링을 할 수 있으며, 보통인 날에는 서핑을 즐기는 사람들이 많이 찾는 비치 파크다.
오헤오 계곡이 있는 할레아칼라 국립공원 키파훌루 지역을 가는 길에 잠시 휴식을 취할 겸 들러보자.

**Data** Access Hana Beach Park, Hana

**Writer's Pick!**

천연 풀장에서 수영을 마음껏 즐기자

### 오헤오 협곡 Ohe'o Gulch

할레아칼라 국립공원 키파훌루Haleakala National Park Kipahulu 지역에 속한다. 오헤오 협곡은 바다와 만나는 지역에 위치한 7개의 물웅덩이가 있는 지역으로 '세븐 풀Seven Pool'이라고 부르기도 한다. 계단식으로 폭포가 떨어진다. 예전에는 협곡에서 다이빙과 수영을 즐길 수 있었으나 안전상의 이유로 현재는 금지되었다.

할레아칼라 국립공원 키파훌루 지역 비지터 센터를 기준으로 오헤오 협곡까지는 800m 정도로 쿠로아Kuloa 트레일을 따라가면 된다. 루프형의 트레일로 한 바퀴 돌면 비지터 센터로 다시 돌아온다. 시간적 여유가 있다면 등산을 하는 것도 추천한다. 피피와이Pipiwao 트레일을 따라 올라가면 와이모쿠Waimoku 폭포와 마카히쿠 폭포까지 다녀올 수 있다. 와이모쿠 폭포까지 트레일을 걷는 시간은 왕복 3시간 정도 예상하면 된다. 시간이 없다면 마카히쿠 폭포까지만 다녀와도 된다. 왕복 1시간 정도 소요된다. 비지터 센터에서 트레일에 관한 정보를 얻을 수 있다.

**Data** Map 259L
**Access** 마일 마커 42 근처
**Add** State Hwy 31, Hana
**Tel** 808-248-7375
**Open** 국립공원 24시간/
비지터 센터 09:00~16:30
**Cost** 입장권 자동차 1대당 25달러,
오토바이 20달러(3일간 유효)
**Web** www.nps.gov/hale/
planyourvisit/kipahulu.htm

**Tip** 오헤오 협곡까지 갔다면 나가는 길은 두 가지 방법이 있다. 첫 번째, 왔던 길로 그대로 되돌아가는 방법! 두 번째, 남부 해안을 운전해서 섬을 가로지르는 방법이다. 두 번째 방법은 마우이의 남부 해안 지역을 감상한다는 장점이 있다. 하지만 중간에 비포장도로가 지속되는 길이 있다.
원칙적으로 렌터카 보험 적용이 안 되는 지역임을 알아두어야 한다. 또한 갑작스럽게 양방향 1차선으로 바뀌고, 구불구불한 커브길이 이어지므로 안전에 주의를 요한다.

## | 쿨라 Kula |

마우이 여행의 하이라이트
### 할레아칼라 국립공원 Haleakala National Park

할레아칼라는 '태양의 집'이라는 뜻을 가진 해발 3,055m의 세계 최대 휴화산이다. '장엄한 광경'이라는 격찬을 받는 일출과 일몰을 볼 수 있다. 그만큼 마우이에서 할레아칼라는 꼭 들러봐야 하는 하이라이트 지역이다. 할레아칼라의 정상에는 푸우 울라 울라 전망대가 있다. 일출을 보려면 이곳이 가장 좋다.

주차장이 협소한 편이니 일출 시간보다 1시간 정도 일찍 도착하자. 날씨가 좋은 날에는 쏟아지는 듯한 별도 관측이 가능하다. 할레아칼라에 대한 각종 자료를 전시해둔 할레아칼라 비지터 센터에 잠시 들러도 좋겠다. 푸우 울라 울라 전망대에 주차 공간이 없으면 이곳에서 일출을 봐도 된다. 크고 작은 분화구의 모습이 마치 다른 행성에 온 것 같은 칼라하쿠 전망대, 마우이의 전경이 파노라마로 펼쳐지는 레레이위 전망대도 가보자. 가볍게 트레일을 걷고 싶다면 30분 정도 걸리는 호스머 그로브 트레일을 추천한다.

할레아칼라 국립공원은 고도가 높아 매우 추우므로 따뜻한 옷을 챙기자. 새벽에 출발하는 것이 부담스럽다면 일몰을 봐도 좋다.

**Data** Map 259G
**Access** 카아나팔리 또는 라하이나 지역에서 2시간 30분 정도
**Add** Haleakala National Park, Kula **Tel** 808-572-4400 **Open** 24시간
**Cost** 입장료 자동차 1대당 25달러, 오토바이 20달러(3일간 유효, 신용카드 결제만 가능) **Web** www.nps.gov/hale

### 💬 |Theme|
## 할레아칼라 국립공원 자세히 보기

**Writer's Pick!**

**최고의 일출 포인트**
### 푸우 울라 울라 전망대 Pu'u'ula'ula Overlook

가장 감동적인 일출을 볼 수 있는 곳이다. 푸우 울라 울라 할레아칼라 정상Pu'u'ula'ula Haleakala Summit으로 표기되기도 한다. 높이 3,055m로 구름보다 고도가 높아서 마치 구름 위를 걷는 느낌이 든다. 이곳에서 보는 일출은 멋지지만, 새벽의 기온은 매우 춥다. 어린아이를 동반한 여행자라면 일몰을 보는 것을 추천한다. 비교적 덜 춥고, 깜깜한 새벽길을 운전하는 것보다 부담도 덜하다.

할레아칼라는 고도가 높지만 산소가 풍부하여 고산병이 없는 산으로도 유명하다. 정상에 오르면 전망대 건물이 있다. 건물 안은 바람을 막아주어서 다소 추위가 덜하다. 산 정상의 한 쪽에는 할레아칼라 천체 관측소Haleakala Observatories도 위치하고 있지만 일반인의 출입을 금지한다.

**Data** Map 308E **Access** 해발 3,055m 꼭대기에 위치

## **Tip** 절대 터치 금지! 특별한 식물 은검초

푸우 울라 울라 전망대에서 볼 수 있는 희귀한 식물 은검초Silversword. 하와이어로는 '아히나하나 Ahinahina'라고 부른다. 수백만 년 전 화산 활동으로 생성된 마우이에 새들이 물고 온 식물의 씨앗이 진화된 형태다. 잎의 미세한 털들이 햇빛을 반사하며 은색으로 반짝인다. 건조하고 척박한 땅에서 햇빛을 최대한 반사해서 수분 손실을 최소화 하기 위함이다.

세계 희귀종 선인장의 한 종류로 전 세계에서 이곳과 히말라야에서만 볼 수 있다. 보통 6월에서 10월 사이, 일생에서 딱 한 번 보라빛의 꽃을 피우고 씨앗을 퍼트린 후 서서히 말라죽는다. 꽃이 필 때가 되면 180cm 정도 기둥을 세운다. 사람의 손이 닿으면 바로 죽는다고 하니 절대 만져서는 안 된다.

**Writer's Pick!**
각종 자료를 제공받을 수 있는
## 할레아칼라 비지터 센터
### Haleakala Visitor Center

엽서, 사진 등의 기념품을 판매하며, 국립공원 지도를 받을 수 있다. 푸우 울라 울라 전망대 주차장이 꽉 차 일출을 보기 어렵다면 이곳을 추천한다. 건물 내에서 추위를 피할 수 있고, 비지터 센터 앞에서 보는 일출도 아름답다.
한쪽에는 기념 도장을 찍을 수 있는 종이가 마련되어 있다. 화장실이 있으니 이용에 참고하자.

**Data** Map 308E
**Access** 해발 2,969m에 위치 **Open** 06:00~12:00

**Writer's Pick!**
야생화와 나무를 관찰하는
## 호스머 그로브 트레일
### Hosmer Grove Trail

호스머 그로브 캠핑장 쪽에 주차를 하고 조금 걸어 들어가면 나온다. 트레일은 800m 정도 되는 짧은 코스이다. 소요 시간은 30분 정도.
할레아칼라에 서식하는 다양한 나무, 식물, 야생화를 가까이에서 볼 수 있다. 루프 형식으로 되어 있어 트레일을 한 바퀴 돌게 된다.

**Data** Map 308A
**Access** 할레아칼라 국립공원 매표소를 지나 첫 번째 갈림길에서 왼쪽으로 쭉 들어가면 된다

화산지형을 관찰하는
## 레레이위 전망대 Leleiwi Overlook

마우이의 전경이 파노라마로 펼쳐지는 곳으로 겹겹이 펼쳐진 산맥이 인상적이다. 시기에 따라 구름이 몰려오고 지나가는 장관을 감상할 수 있다. 주차장에 주차를 하고 트레일을 따라 10여 분 정도 들어가면 할레아칼라 분화구도 볼 수 있다.

**Data** Map 308D
**Access** 해발 2,694m에 위치

**Writer's Pick!**
다른 행성에 온 듯 독특한 풍경
## 칼라하쿠 전망대 Kalahaku Overlook

크고 작은 분화구 여러 개를 볼 수 있다. 그 모습이 마치 달의 표면과 비슷해 달을 배경으로 한 할리우드 영화 촬영지로도 유명하다. 전망대 주변으로 희귀식물인 은검초가 피어 있다. 분화구 주변에 서식하고 있는 날지 못하는 하와이 토종 거위 네네Nene도 보인다.

**Data** Map 308C **Access** 해발 2,842m에 위치

💬 |Talk|
## 할레아칼라 국립공원 가기 전 체크 사항!

*할레아칼라 국립공원 정상에서 일출을 보는 것! 마우이에 온 여행자라면 꼭 해봐야 하는 일이다. 푸우 울라 울라 전망대에서 장엄한 일출을 보기 위해서는 날씨, 시간, 소요 시간 등의 조건이 딱 맞아야 한다. 감동적인 순간을 제대로 느끼기 위한 체크사항을 꼼꼼하게 챙기자.*

### 할레아칼라 산에 오를 날짜의 일출&일몰 시간은 언제인가?

| 날짜 | 일출 | 일몰 | 날짜 | 일출 | 일몰 |
|---|---|---|---|---|---|
| 1/1 | 06:56 | 18:00 | 7/1 | 05:41 | 19:16 |
| 1/15 | 06:58 | 18:10 | 7/15 | 05:46 | 19:15 |
| 2/1 | 06:55 | 18:21 | 8/1 | 05:52 | 19:09 |
| 2/15 | 06:48 | 18:26 | 8/15 | 06:57 | 19:01 |
| 3/1 | 06:39 | 18:35 | 9/1 | 06:02 | 18:49 |
| 3/15 | 06:27 | 18:40 | 9/15 | 06:06 | 18:33 |
| 4/1 | 06:12 | 18:49 | 10/1 | 06:10 | 18:19 |
| 4/15 | 06:00 | 18:49 | 10/15 | 06:14 | 18:16 |
| 5/1 | 05:50 | 19:55 | 11/1 | 06:20 | 17:55 |
| 5/15 | 05:42 | 19:01 | 11/15 | 06:28 | 17:49 |
| 6/1 | 05:38 | 19:08 | 12/1 | 06:38 | 17:47 |
| 6/15 | 05:38 | 19:12 | 12/15 | 06:47 | 17:50 |

**Web** www.nps.gov/hale/planyourvisit/sunrise-and-sunset.htm

### 현재 숙소에서 예상 소요 시간은 얼마인가?

숙소에서 할레아칼라 정상까지 대략적인 소요 시간을 예상한 후 출발 시간을 정하자. 보통 여행자들이 카아나팔리&라하이나, 와일레아 지역에 숙소가 있다. 일출이 새벽 6시 예정이라면 초행길인 것을 감안해서 새벽 2시에서 2시 30분 정도에는 출발해야 한다. 구글 맵스 등을 이용하여 소요 시간을 계산해보자.

> **Tip** 각 지역에서 할레아칼라 정상까지 예상 소요 시간
>
> **와일레아** 약 2시간 30분
> **카아나팔리&라하이나** 약 2시간 30분
> **카팔루아** 약 2시간 50분
> **카훌루이** 약 1시간 40분

### 할레아칼라 국립공원의 날씨는 어떠한가?

날씨가 흐리거나 비가 올 경우 일출과 일몰을 제대로 볼 수 없다. 일정을 바꿀 것을 권한다. 홈페이지(www.weather.gov 또는 www.weather.com)에 접속 후 검색창에 'Haleakala National Park'을 넣으면 날씨를 알 수 있다.

### 비상식량, 여분의 옷, 선크림, 선글라스는 챙겼는가?

간식과 물은 꼭 준비해가자. 따뜻한 물을 준비하면 더 좋다. 해가 뜨기 직전까지 산 정상은 매우 춥다. 반드시 두꺼운 옷을 입는다. 장갑과 핫팩이 있으면 좋다. 운동화를 신고, 긴 바지, 양말을 꼭 착용할 것. 일출에는 선크림, 선글라스, 모자 등도 필수이다. 입장료를 지불할 신용카드도 꼭 챙기자.

### 화장실은 미리 다녀오자!

푸우 울라 울라 전망대에는 화장실이 없다. 할레아칼라 비지터 센터에 화장실이 있다. 산 정상은 주차 공간이 협소하므로 자리가 꽉 차면 게이트를 닫기 때문에 화장실을 다녀오기 어려울 수 있다.

### 주유는 넉넉하게!

할레아칼라 국립공원에 들어서면 주유소나 식품점이 전혀 없다. 미리 준비하자.

### 마우이 다운힐 바이크 투어Maui Downhill Bike Tours를 고려해보자

밤길 운전에 자신이 없거나 특별한 경험을 원한다면 고려해볼 수 있다. 일출 감상 후 일정 지점부터 산악 자전거를 타고 내려오는 투어다. 포장도로와 산간 비포장도로를 달린다. 여러 명이 같이 달리므로 비교적 안전하다. 요금은 99~157달러로 업체마다 다르다. 투어 순서는 보통 다음과 같다.

❶ 예약 시 투어 버스가 호텔로 픽업을 온다.
❷ 안전 관련 교육을 받은 후 투어 버스를 타고 정상으로 올라가 일출을 감상한다.
❸ 버스로 돌아와서 옷과 장비를 갖춘 후 자전거를 배당받아서 팀을 이뤄 내려간다. 스태프들이 버스로 뒤따라오며 안전을 체크한다.
❹ 투어 종료 후 호텔로 데려다준다.

**\* 추천 투어 업체**
**마우이 다운힐** Maui Down Hill **Web** www.mauidownhill.com
**바이크 마우이** Bike Maui **Web** www.bikemaui.com
**마우이 이지 라이더스** Maui Easy Riders **Web** www.mauieasyriders.com
**탐스 베어풋 하와이 투어** Tom's Barefoot Hawaii Tours **Web** www.tombarefoot.com

### 아기자기한 분위기의 식물원
## 쿨라 보태니컬 가든 Kula Botanical Garden

2,000여 종의 색색깔 열대 식물을 볼 수 있다. 다만, 아주 화려한 볼거리가 아니기 때문에 식물에 관심이 많지 않다면 만족스러운 방문지가 아닐 수 있다. 입구에 위치한 건물에서 머그컵, 여행 관련 서적, 엽서, 잼, 차 등의 기념품을 판매한다. 입장권을 구입하면 안내도를 받을 수 있다.

**Data** Map 259G **Access** 할레아칼라 국립공원 입구에서 차로 30분 **Add** 638 Kekaulike Ave, Kula **Tel** 808-878-1715 **Open** 09:00~16:00 **Cost** 13세 이상 10달러, 6~12세 3달러, 6세 미만 무료 **Web** www.kulabotanicalgarden.com

### 보랏빛 라벤더의 향기가 가득한
## 알리이 쿨라 라벤더 Alii Kula Lavender

다양한 라벤더를 재배한다. 입장 후 자유롭게 둘러볼 수 있지만, 무방하나 투어를 원한다면 예약하는 것이 좋다. 데일리 워킹 투어Walking Tours, 카트 투어Cart Tours 등이 있다. 구르메 피크닉 런치Gourmet Picnic Lunch는 데일리 워킹 투어 후에 점심 식사가 포함된다. 단, 24시간 전에 미리 예약해야 한다.
다양한 라벤더 이야기, 역사적 배경 등을 들을 수 있다. 기프트 숍에서는 샴푸, 로션, 초, 오일 등 유기농 라벤더를 이용한 다양한 상품이 판매된다. 라벤더 스콘은 꼭 한 번 먹어보자. 5~8월은 꽃이 만개하는 기간으로 더욱 아름다운 풍경을 감상할 수 있다.

**Data** Map 259G **Access** 쿨라 보태니컬 가든에서 차로 5분 **Add** 1100 Waipoli Rd, Kula **Tel** 808-878-3004 **Open** 09:00~16:00 **Cost** 입장 13세 이상 3달러, 12세 이하 무료. 워킹 투어 12달러, 카트 투어 25달러, 구르메 피크닉 런치 26달러 **Web** www.aliikulalavender.com

### 특별한 하와이산 와인을 경험하는
## 마우이 와이너리 Maui Winery

1974년에 테데시Tedeschi 일가가 창업한 와이너리로 하와이 왕조인 칼라카우아 왕과 카피올라니 여왕의 별장으로 지어졌던 공간에 위치한다. 테이스팅룸에서는 무료로 네 종류의 와인 시음이 가능하며, 맛을 본 후 마음에 들면 구입도 할 수 있다. 단, 21세 이상만 음주 가능하므로 신분증을 꼭 가져가자. 생산량이 적어서 거의 현지에서 소비가 되고, 해외 수출은 거의 없다. 포도뿐만 아니라 파인애플로 만든 와인도 인기가 있다.
오전 10시 30분, 오후 1시 30분, 3시에는 무료 와이너리 투어가 진행되니 참고하자. 와인은 마우이 내의 K마트Kmart에서도 구매 가능하다.

**Data** Map 258J **Access** 할레아칼라 국립공원 입구에서 차로 40분 **Add** 14815 Piilani Hwy, Kula **Tel** 808-878-6058 **Open** 10:00~17:00 **Cost** 시음비 무료, 와인 10~40달러 정도 **Web** www.mauiwine.com

# EAT

## | 파이아 Paia |

**Writer's Pick!** 매일매일 잡아 신선한 생선 요리를 만드는
### 마마스 피시 하우스 Mama's Fish House

마우이에서 유명한 레스토랑 중 한 곳이다. 가격대가 높은 편이지만 맛있지 않은 요리가 없다. 당일 잡은 신선한 생선으로 요리한다. 인기 메뉴는 흰살생선인 마이마히 안에 랍스터와 게살로 속을 채워 구운 후 망고 소스를 올린 마마스 스터프드 마히마히 Mama's Stuffed Mahimahi, 참치, 오네가, 캄파치 생선 위에 갖은 양념을 한 파파스 트리 피시 사시미 Papa's Threse Fish Sashimi, 한치를 튀긴 칼라마리 Calamari가 있다.

예약을 하지 않으면 오래 기다려야 할 수 있으니 최소 한 달 전에는 예약하는 것이 좋다. 바다를 끼고 있어서 일몰 시간의 풍경이 가장 아름답다고 소문이 나 창가 쪽 자리가 인기가 많다.

**Data** Map 260F
Access 파이아 마을 내
Add 799 Poho Pl, Paia
Tel 808-579-8488
Open 11:00~15:00, 16:15~21:00
Cost 단품 요리 30~69달러,
칵테일 16~18달러
Web www.mamasfishhouse.com

### 신선한 생선 요리를 맛보는
### 파이아 피시 마켓 Paia Fish Market

구운 생선 살을 밥 또는 샐러드, 감자튀김 등과 곁들여서 먹는 플레이트가 맛있다. 가격 대비 푸짐하다는 것이 이 집의 장점. 마히마히 Mahimahi 생선이 담백하고 무난한 편이다. 그 외에서 타코, 시푸드 파스타, 피시앤칩스 등도 먹을만하다. 점심시간에는 좀 더 저렴하게 이용할 수 있다.

**Data** Map 260F
Access 파이아 마을 내 Add 100
Baldwin Ave, Paia Tel 808-579-8030
Open 11:00~21:30
Cost 피시앤칩스 13~15달러, 타코
10달러, 피시 런치 플레이트 시가 적용
Web www.paiafishmarket.com

### 트로피컬한 정원 내에 위치한
## 파이아 베이 커피 앤 바 Paia Bay Coffee&Bar

파이아 마을 초입에 자리 잡고 있어서 접근성이 좋다. 오전 7시부터 문을 여므로 향긋한 모닝 커피를 즐기기에 제격이다. 갓 구워낸 크루아상 등의 다양한 빵과, 건강한 유기농 로컬 재료만 사용해 만든 샌드위치와 샐러드 등 다채로운 메뉴를 제공해 식사 장소로도 안성맞춤이다. 작은 규모로 라이브 공연이 일주일에 5회 진행된다. 무료 와이파이 사용 가능.

**Data** Map 260F
**Access** 파이아 마을 내 위치
**Add** 115 Hana Hwy, Paia
**Tel** 808-579-3111
**Open** 07:00~20:00
**Cost** 카페라테 4달러, 염소 치즈
샌드위치 12달러
**Web** www.paiabaycoffee.com

---

**Writer's Pick!**

### 맛있는 브런치를 즐기는
## 카페 데 자미 Cafe Des Amis

다양한 재료로 통통하게 속을 꽉 채워 얇은 반죽에 노릇하게 구워낸 브렉퍼스트 크레이프Breakfast Crepe가 인기 메뉴. 햄, 토마토, 염소 치즈, 커리 등 원하는 재료에 따라 메뉴를 고를 수 있다. 디저트로 달콤한 크레이프도 맛있다. 커피도 맛있기로 유명하니 같이 즐기는 것을 추천한다. 저녁 식사에는 밥과 함께 나오는 커리 요리도 주문 가능하다.

**Data** Map 260F **Access** 파이아 마을 내 위치
**Add** 42 Baldwin Ave, Paia **Tel** 808-579-6323
**Open** 08:30~20:30 **Cost** 브렉퍼스트 크레이프 11달러 정도, 달콤한 크레이프 4.50달러~, 커리 요리 14달러~
**Web** www.cdamaui.com

### 캐주얼한 분위기의 가벼운 식사
## 카페 맘보 Cafe Mambo

가격대가 높지 않아 간단하게 식사를 즐길 수 있다. 컬러풀한 인테리어가 싱큼 발랄하며, 직원들의 서비스도 친절해 기분 좋은 곳이다.
아침에는 프렌치토스트Freanch Toast, 케사디야 Quesadilla, 부리토Burrito와 같은 음식을 먹을 수 있다. 점심 때에는 버거, 샌드위치, 저녁에는 타파스Tapas와 같은 멕시코 요리를 맛볼 수 있다.

**Data** Map 260F
**Access** 파이아 마을 내 위치
**Add** 30 Baldwin Ave, Paia
**Tel** 808-579-8021 **Open** 08:00~21:00
**Cost** 버거, 샌드위치류 12달러~
**Web** www.cafemambomaui.com

디저트로, 간식으로 제격인
## 파이아 젤라토 Paia Gelato

마우이에서 나는 과일과 유제품으로 만든 신선한 아이스
크림! 무얼 고를지 고민된다면 시식을 요청하면 된다.
상큼한 맛을 원한다면 파인애플, 릴리코이 등으로 만든
젤라토를 추천한다. 마카다미아너트를 넣은 고소한 맛도
인기. 홈메이드 브라우니에 아이스크림으로 속을 채운
브라우니 샌드위치|Brownie Sandwich도 인기 제품이다.

**Data** Map 260F
**Access** 파이아 마을 내 위치 **Add** 115D Hana
Hwy, Paia **Tel** 844-633-4005
**Open** 07:00~22:00
**Cost** 스몰(1개 맛)4.95달러, 라지(3개 맛)
6.95달러, 브라우니 샌드위치 5.95달러
**Web** www.paiagelato.com

## | 쿨라 Kula |

전망이 아름다운
## 쿨라 로지&레스토랑 Kula Lodge&Restaurant

할레아칼라 국립공원 아래에 위치한 레스토랑이다. 국립공원과 가까운 덕
에 일출을 보고 난 후 추위를 녹이려는 사람들로 붐빈다. 통나무로 만들어
져서 산장에 온 듯 운치가 있게 꾸며진 실내, 창밖으로 보이는 탁 트인 마우이
의 전경, 친절한 서비스가 만족스럽다. 매장 한쪽에는 벽난로도 있다.
음식은 무난한 편이다. 인기 메뉴는 클래식 에그 베네딕트Classic Eggs Benedict, 팬케이크Pancakes, 프렌치
토스트French Toast, 로코 모코Roco Moco 등이다. 향이 좋은 커피와도 잘 어울리니 곁들여보자.

**Data** Map 259G
**Access** 할레아칼라 국립공원 입구에서 차로 26분 정도 **Add** 15200 Haleakala Hwy, Kula
**Tel** 808-878-1535 **Open** 07:00~21:00 **Cost** 로코 모코 12달러, 오믈렛 13달러~, 에그 베네딕트 14달러~
**Web** www.kulalodge.com

**Writer's Pick!**

향긋한 커피향이 인상적인
## 그랜드마스 커피 하우스 Grandma's Coffee House

신선한 재료로 만드는 요리들을 저렴한 가격대로 맛볼 수 있는 브런치 레스토랑이다. 에그 베네딕트 Eggs Benedict, 프렌치토스트 French Toast가 인기 메뉴. 오믈렛도 푸짐하다. 밥을 먹고 싶다면 밥과 스팸, 달걀 프라이가 올려진 불스 아이 Bulls Eye를 맛보아도 좋겠다. 레스토랑의 이름에 '커피 하우스'가 붙을 만큼 커피에 대한 자부심이 느껴진다. 카페라테, 아메리카노 등 취향에 따라 골라보자. 특이한 점은 레스토랑에는 화장실이 없다는 것이다. 자동차로 3분 정도 위치한 케아케아 파크 Keakaea Park의 화장실을 안내하고 있으니 방문 전에 미리 다녀오는 것이 좋다.

**Data** Map 261I
**Access** 할레아칼라 국립공원 입구에서 차로 35분 정도
**Add** 9232 Kula Hwy, Kula
**Tel** 808-878-2140
**Open** 07:00~17:00
**Cost** 단품 메뉴 12~16달러대, 베이글 8달러~, 카페라테 4달러
**Web** www.grandmascoffee. com

BUY

## | 파이아 Paia |

유기농 제품이 다양한 마켓
## 마나 푸즈 Mana Foods

'하나로 가는 길'로 여정을 떠날 때 들르기 좋은 마켓. 이곳에서 간식거리, 도시락류를 구입하자. 과일, 빵 등 로컬 제품이 많다. 유기농 제품들도 많아서 가격대는 일반 마켓보다 조금 비싼 편이다. 미처 준비하지 못한 물, 음료 등을 구입해도 좋겠다.

**Data** Map 260F **Access** 파이아 마을 내 **Add** 49 Baldwin Ave, Paia
**Tel** 808-579-8078 **Open** 08:00~20:30 **Close** 12/25
**Web** www.manafoodsmaui.com

## SLEEP
### 마우이 숙박

## | 카팔루아 Kapalua |

*마우이의 북서쪽 지역이다. 주요 관광지와 떨어져 있는 편이라 한적한 휴가를 즐기기 좋다.*

프라이빗한 휴식을 책임지는
### 리츠 칼튼 카팔루아 The Ritz Carlton Kapalua

463개의 일반 객실과 107개의 스위트룸을 보유하고 있는 5성급 호텔이다. 미국 최고의 해변으로 꼽힌 바 있는 DT 플레밍 비치 파크 DT Fleming Beach Park와 연결되어 있는데, 이 해변은 마우이의 아름다운 일몰을 보기에 완벽한 장소로 꼽힌다.

전 객실 넓은 발코니를 보유하고 있어서 몰로카이섬과 라나이섬이 보이는 멋진 풍경을 감상할 수 있다. 또한 객실에는 에어컨, 헤어드라이어, 금고, 케이블 TV 등의 시설이 잘 갖춰져 있으며, 무료로 무선 인터넷을 사용할 수 있다.

매년 PGA 메르세데스 벤츠 챔피언십이 개최되는 하와이 최고의 골프 코스로 알려져 있는 플랜테이션&베이 Plantation&Bay 코스가 있다. 테니스 코트, 피트니스 센터, 수영장 등의 공동 시설이 있다. 훌라와 우쿨렐레 배우기, 레이 만들기 등의 프로그램도 있다. 하루당 35달러의 리조트 피가 부과된다.

**Data** Map 260A
**Access** 카훌루이 공항에서 차로 60분
**Add** 1 Ritz Carlton Dr, Kapalua
**Tel** 808-669-6200
**Cost** 더블베드 299달러~
**Web** www.ritzcarlton.com/
en/Properties/KapaluaMaui

© The Ritz-Carlton, Kapalua

# | 라하이나 Lahaina |

*관광객들이 많이 찾는 지역으로, 고급스러운 숙소가 많다. 유명 호텔들은 대부분 화이트 비치로 이름 난 카아나팔리 비치를 끼고 있다. 서쪽 지역답게 화려한 일몰을 감상할 수 있다.*

### 바다를 조망하기 좋은
## 쉐라톤 마우이 리조트&스파 Sheraton Maui Resort&Spa

최고의 스노클링 스폿인 블랙 록Black Rock에 위치한 4성급 리조트이다. 모든 객실에 베란다가 있어서 주변 풍경을 조망하기에 좋다.
객실 내에는 커피 메이커, 냉장고, 헤어드라이어, 에어컨 등의 시설이 잘 갖춰져 있다. 리조트에는 130m 길이의 야외 수영장이 위치하고 있으며, 한쪽에는 서핑 보드, 스노클링 장비 등 해양 액티비티 관련 장비를 유료로 빌릴 수 있는 시설이 있다. 객실에서 무선 인터넷을 사용할 수 있다. 하루당 32달러 정도의 리조트 피가 추가된다. 5개의 레스토랑과 바가 있어서 편의를 더한다.

**Data** Map 260D
**Access** 카훌루이 공항에서 차로 50분
**Add** 2605 Kaanapali Pkwy, Lahaina
**Tel** 808-661-0031
**Cost** 더블베드 246달러~
**Web** www.sheraton-maui.com

### 고급 휴양 콘도 느낌의
## 카아나팔리 알리 Kaanapali Alii

카나아팔리 비치를 끼고 있는 콘도형 숙소. 모든 객실에는 전자레인지, 식기 세척기, 그릇, 조리도구 등이 완비되어 있다. 1베드룸은 4명, 2베드룸은 6명까지 이용이 가능하다. 무료 무선 인터넷 사용이 가능하며, 에어컨, 헤어드라이어, TV 등의 시설이 잘 갖춰져 있다.
6월에서 8월 사이에는 6~12세 아이를 위한 알리 키즈 서머 프로그램Alii Kids Summer Program을 진행한다. 우쿨렐레 배우기, 테니스 레슨 등과 같은 액티비티가 있다. 어린이를 동반한 여행자들에게 인기가 많다. 리조트 피가 따로 부과되지 않아 더 좋은 호텔이다.

**Data** Map 260D
**Access** 카훌루이 공항에서 차로 50분 **Add** 50 Nohea Kai Dr, Lahaina
**Tel** 808-667-1400
**Cost** 1베드룸 396달러~
**Web** www.kaanapalialii.com

#### 아름다운 카아나팔리 비치를 조망하는
## 카아나팔리 비치 호텔 Kaanapali Beach Hotel

열대 지방 분위기가 물씬 나는 하와이 특유의 느낌으로 꾸며진 3성급 호텔이다. 432개의 객실을 보유하고 있으며, 수영장, 자쿠지, 바비큐 지역, 테니스 코트 등의 부대시설이 잘 되어 있다.
각 객실에는 에어컨, TV, 다리미, 헤어드라이어, 발코니 등이 있어서 편의를 돕는다. 우쿨렐레와 훌라 배우기, 레이 만들기 등 다양한 체험 프로그램을 운영한다.

**Data** Map 260D
Access 카훌루이 공항에서 차로 50분
Add 2525 Kaanapali Pkwy, Lahaina Tel 808-661-0011
Cost 더블베드 238달러~ Web www.kbhmaui.com

#### 이국적인 야생 식물들이 많은
## 웨스틴 마우이 리조트&스파
The Westin Maui Resort&Spa

카아나팔리 비치 중심에 위치하고 있는 4성급 리조트형 호텔이다. 다양한 열대 식물과 야생 동물을 볼 수 있다. 실외에는 5개의 야외 수영장과 46m의 대형 워터 슬라이드가 있으며, 전 객실에는 미니바, 금고, 냉장고, 평면 TV 등의 시설이 잘 갖추어져 있다.
호텔 내에 4개의 레스토랑과 바에서는 전통 하와이 요리를 맛볼 수 있다. 주변 골프장, 라하이나 지역까지 무료 셔틀버스가 운행된다. 하루에 약 32달러의 리조트 피가 부과된다.

**Data** Map 260D Access 카훌루이 공항에서 차로 50분
Add 2365 Kaanapali Pkwy, Lahaina Tel 808-667-2525
Cost 더블베드 339달러~ Web www.westinmaui.com

#### 내 집처럼 편안한 휴식을
## 애스톤 마우이 카아나팔리 빌라스
Aston Maui Kaanapali Villas

카아나팔리 비치와 인접한 디럭스급 호텔이다. 약 13,000평에 달하는 이국적인 열대 정원이 인상적이다. 객실 내 전자레인지, 오븐, 식기세척기, 냉장고, 스토브 등이 있어 취사가 가능하다. 호텔에 코인 세탁실이 있다. 가족 여행자들에게 인기 있다.
웨일러스 빌리지Whalers Village 와 주변 챔피언십 골프 코스까지 운행하는 무료 셔틀버스를 제공한다. 하루당 15달러 정도의 리조트 피가 부과된다.

**Data** Map 260A Access 카훌루이 공항에서 차로 50분
Add 45 Kai Ala Dr, Lahaina Tel 808-419-3922
Cost 더블베드 169달러~ Web www.astonmauikaanapalivillas.com

### 실속형 여행자들에게 추천
## 로열 라하이나 리조트 Royal Lahaina Resort

아름다운 카아나팔리 비치를 끼고 있는 호텔로 이 지역 다른 호텔에 비해 가격대가 저렴하다. 최고급 시설은 아니지만 편안하고 안락하다. 객실은 하와이 문양과 목조 가구로 꾸며져 있으며, 전용 발코니 가 딸려 있다. 소형 냉장고, 커피 메이커, 다리미, 헤어드라이어, LCD TV 등의 편의 시설이 잘 되어 있다. 객실 종류에 따라 취사 가능한 부엌도 있다. 무료로 무선 인터넷 사용이 가능하다.
레스토랑, 바, 야외 수영장, 주차장 등의 시설이 잘 되어 있다. 루아우 쇼 감상, 레이 만들기 등은 유료로 가능하다. 웨일러스 빌리지Whaler's Village의 상점 및 레스토랑까지 무료 셔틀버스를 제공한다.

**Data** Map 260A **Access** 카훌루이 공항에서 차로 50분 **Add** 2780 Kekaa Dr, Lahaina Tel 808-661-3611 **Cost** 더블베드 195달러~ **Web** www.royallahaina.com

### 아름다운 별을 즐기기에 제격인
## 하얏트 리젠시 마우이 리조트&스파 Hyatt Regency Maui Resort&Spa

카아나팔리 비치의 해안선에 자리 잡은 4성급 호텔. 아트리움, 라하이나, 나필리 등 3개의 타워로 구성 되어 있으며, 806개의 객실을 보유하고 있다. 경관을 즐길 수 있도록 전 객실에 베란다가 있다.
깔끔하게 정돈된 객실에는 커피 메이커, 헤어드라이어, LCD 평면 TV, 금고 등의 시설이 갖추어져 있 다. 무선 인터넷은 유료로 이용 가능하다. 6개의 레스토랑과 라운지가 있다. 15개의 트리트먼트룸, 사 우나를 갖추고 있는 스파 모아나Spa Moana는 피로를 풀기에 제격이다. 하와이 전통 연회인 드럼 오브 더 퍼시픽 루아우 쇼Drums of the Pacific Lu'au Show도 유료로 감상이 가능하다. 하루당 30달러의 리조트 피 가 부과된다.

**Data** Map 260D **Access** 카훌루이 공항에서 차로 50분 **Add** 200 Nohea Kai Dr, Lahaina Tel 808-661-1234 **Cost** 더블베드 259달러~ **Web** www.maui.hyatt.com

© Montage Kapalua Bay

취사가 가능해서 편리한
## 아웃리거 아이나 나루 Outrriger Aina Nalu

스튜디오 형식의 객실에는 냉장고, 전자레인지
만 있지만 그 외 1베드 이상의 취사 가능한 부엌
이 딸려 있는 콘도식 숙소로 구성되어 있다. 세탁
기, 건조기도 있어서 편리함을 더한다. 수영장 주
변으로는 바비큐 시설이 있다.
최소 2박 이상 예약이 가능하다. 퇴실 시 120~
135달러 정도의 청소비가 1회 부과된다.

**Data** Map 260D **Access** 카훌루이 공항에서 차로
42분 **Add** 660 Wainee St, Lahaina
**Tel** 808-667-9766 **Cost** 1베드룸 99달러~
**Web** www.outriggerainananalucondo.com

럭셔리함을 제대로 경험하는
## 몽타주 카팔루아 베이 Montage Kapalua Bay

5성급 호텔로 총 50개의 스위트 콘도형 객실로
구성되어 있다. 냉장고, 스토브, 전자레인지, 식
기세척기 등의 시설이 잘 갖춰져 있다. 세탁기,
건조기, 무료 무선 인터넷 이용이 가능하다.
베란다가 있어서 아름다운 풍경을 즐기기 좋다.
하루당 30달러의 리조트 피가 부과된다.

**Data** Map 260A **Access** 카훌루이 공항에서 차로
60분 **Add** 1 Bay Dr, Lahaina
**Tel** 808-662-6600 **Cost** 더블베드 695달러~
**Web** www.montagehotels.com/kapaluabay

해변에서 즐기는 캠핑
## 파파라우아 비치 파크 캠프그라운드 Papalaua Beach Park Campground

쏟아질 듯한 별을 감상하고, 낭만이 있는 마우이에서 해변 캠핑을 즐겨보고 싶다면 이곳이 딱이다. 길고
좁은 모래 해변이 이어지는 지역으로 물살이 잔잔할 때에는 스노클링 포인트로도 인기 있다.
해변으로 키아와 나무Kiawa Tree가 심어져 있어서 그늘을 만들어 준다. 홈페이지를 통해 허가증 발급 가능
장소와 오픈 시간을 확인할 수 있다. 캠핑 장비는 가져와야 한다.

**Data** Map 258F
**Access** 카훌루이 공항에서 차로 30분
**Add** Honoapiilani Hwy(between mile markers11&12), Lahaina
**Tel** 808-661-4685 **Cost** 1인당 월~목 10달러, 금~일·공휴일 20달러
**Web** www.to-hawaii.com/maui/beaches/papalauabeachpark.
php, 허가증 발급 www.co.maui.hi.us/index.aspx?NID=410

## | 키헤이 Kihei |

*파도가 있는 바다를 끼고 있어서 서핑을 즐기는 사람들이 좋아한다. 마우이 곳곳을 돌아보기도 편리하다.*

### 합리적인 가격과 편안한 시설
### 애스톤 엣 마우이 반얀 리조트 Aston at the Maui Banyan Resort

가족 여행객들에게 인기 있는 3성급 콘도미니엄 스타일의 리조트이다. 876개의 모든 객실에는 베란다가 있어서 주변 경관을 조망하기에 좋다. 식기세척기, 스토브, 조리 도구 등이 잘 갖춰져 있어 간단한 요리를 해먹을 수 있다. 또 커피 메이커, 헤어드라이어, 다리미, 세탁기, 건조기 등의 시설을 갖추고 있다.

수영장 옆으로 야외 바비큐 시설이 갖춰져 있으며, 테니스 코트도 이용할 수 있다. 바비큐 시설은 유료이며, 프런트 데스크에 문의하면 된다. 객실 내 무료 무선 인터넷 사용이 가능하다. 리조트 피는 하루당 18달러 정도 추가된다.

**Data** Map 261I
**Access** 카훌루이 공항에서 차로 32분
**Add** 2575 Sout Kihei Rd, Kihei
**Tel** 808-875-0004
**Cost** 1베드룸 149달러~, 2베드룸 231달러~
**Web** www.astonmauib-anyan.com

### 우아하고 품격 있는 분위기의
### 그랜드 와일레아 Grand Wailea

와일레아 비치를 끼고 있는 4성급 럭셔리 호텔이다. 낭만적인 일몰을 즐길 수 있는 폴리네시아 전통 초가지붕으로 지어진 후무후무쿠누쿠아푸아 레스토랑을 비롯하여 6개의 레스토랑과 바가 있다.

모든 객실에서는 무료로 무선 인터넷 사용이 가능하다. 헤어드라이어, 목욕가운 등의 편의 시설이 잘 되어 있다. 하와이식 마사지와 동서양의 전통 정신요법, 건강법을 조합시킨 프로그램의 스파도 유명하다. 하루당 25달러 정도의 리조트 피가 부과된다.

**Data** Map 261I
**Access** 카훌루이 공항에서 차로 32분 **Add** 3850 Wailea Alanui Dr, Kihei
**Tel** 808-875-1234
**Cost** 더블베드 369달러~
**Web** www.grandwailea.com

## | 와일레아&마케나 Wailea&Makena |

*코발트 빛의 아름다운 바다를 조망할 수 있는 지역이다. 리조트 수가 많지는 않지만 고급스러운 퀄리티의 숙소가 위치하고 있다.*

### 감각적인 디자인이 인상적인
### 안다즈 마우이 Andaz Maui

안다즈는 하얏트 계열의 럭셔리 부티크 리조트 브랜드로 친환경을 콘셉트로 한 5성급 호텔이다. 객실, 로비, 수영장, 스파 센터 모두 현대적인 감각으로 디자인되어 있다. 체크인 시 소파에 앉아 기다리면 직원이 직접 와서 체크인을 도와주는 1:1 체크인 시스템을 구현하고 있다. 290개의 객실과 7개의 럭셔리 오션 프런트 빌라를 운영해 이용이 편리하다.

모든 객실에는 발코니와 40인치 TV, 커피 메이커, 헤어드라이어, 다리미, 체중계, 금고, 소형 냉장고 등의 시설이 잘 갖춰져 있다. 소형 냉장고에 있는 무알코올 음료는 무료로 제공된다. 무선 인터넷을 사용할 수 있다. 수영장은 마치 바다와 연결된 것처럼 보이는 인피니티 풀로 되어 있어 물놀이가 더욱 더 즐겁다. 따뜻한 물이 나오는 자쿠지도 한쪽에 위치하고 있어서 피로를 풀기에 좋다.

주차는 발레파킹만 가능하며, 하루당 30달러가 부과된다. 스노클링, 부기 보드, 카약 등의 해양 액티비티 장비를 유료로 대여 가능하다. 일식과 하와이 전통 요리를 맛볼 수 있는 모리모토 마우이 Marimoto Maui를 포함하여 5개의 레스토랑과 바가 위치하고 있다. 1박당 40달러의 리조트 피가 추가 부과된다.

**Data** Map 261I **Access** 카훌루이 공항에서 차로 31분 **Add** 3550 Wailea Alanui Dr., Wailea **Tel** 808-573-1234 **Cost** 더블베드 474달러~ **Web** www.maui.andaz.hyatt.com

#### 손꼽히는 럭셔리 리조트
## 페어몬트 케아 라니 The Fairmont Kea Lani

하와이 스타일 인테리어로 꾸며진 객실은 거실과 방이 분리되어 있는 스위트룸 형태로 구성되어 있다. 객실에는 에어컨, 발코니, 책상, 더블 세면대, 소형 냉장고, 커피 메이커 등의 편의 시설이 잘 갖춰져 있다. 풀빌라 객실은 취사가 가능해 가족 여행자들이 좋아한다.
윌로우 스트림 스파와 케아 라니, 닉스 피시마켓 마우이 등의 7개의 레스토랑이 있다. 피트니스 센터도 24시간 이용할 수 있으며, 3개의 야외 수영장에는 42m 높이의 슬라이드가 있다. 무료 셔틀버스를 이용하여 와일레아 골프 클럽, 숍스 엣 와일레아 등으로 이동할 수 있다.

**Data** Map 261L
**Access** 카훌루이 공항에서 차로 33분
**Add** 4100 Wailea Alanui Dr, Wailea
**Tel** 808-875-4100
**Cost** 더블베드 367달러~
**Web** www.fairmont.com/ kea-lani-maui

#### 휴양지 분위기가 물씬 느껴지는
## 호텔 와일레아 Hotel Wailea

72개의 스위트룸이 있는 4성급 호텔. 해변과 가깝지는 않지만 무료 셔틀버스로 숍스 엣 와일레아, 골프 코스, 비치 등에 갈 수 있다.
전 객실에는 발코니가 딸려 있어서 주변의 아름다운 경관을 마음껏 즐길 수 있다. 40인치 TV, 케이블 채널, 냉장고, 헤어드라이어, 개인 금고, 다리미, 냉장고, 무료 무선 인터넷 등의 편의 시설이 잘 갖춰져 있다. 간이 주방 시설도 되어 있다. 하루당 25달러 정도의 리조트 피가 부과된다.

**Data** Map 261I
**Access** 카훌루이 공항에서 차로 33분
**Add** 555 Kaukahi St, Wailea
**Tel** 808-874-0500
**Cost** 더블베드 432달러~
**Web** www.hotelwailea.com

©Four Seasons Resort Maui

### '꿈의 리조트'로 불리는
## 포 시즌스 마우이 엣 와일레아 Four Seasons Maui at Wailea

코발트빛의 와일레아 비치를 끼고 있는 5성급 럭셔리 호텔이다. 모든 객실에는 발코니, 에어컨, 냉장고, 커피 메이커, 개인 금고, 케이블 TV, 헤어드라이어, 미니바 등 편의 시설을 갖추고 있다.

바다가 보이는 인피니티 수영장을 비롯하여 3개의 수영장과 파인 다이닝을 즐길 수 있는 스파고, 해산물 요리와 스테이크 등을 맛볼 수 있는 듀오, 이탈리안 요리를 즐기는 페라로스 바등의 레스토랑이 있다.

**Data** Map 261L
**Access** 카훌루이 공항에서 차로 33분
**Add** 3900 Wailea Alanui Dr, Wailea
**Tel** 808-874-8000
**Cost** 더블베드 499달러~
**Web** www.fourseasons. com/Maui

### 로맨틱한 분위기의
## 와일레아 비치 메리어트 리조트&스파 Wailea Beach Marriott Resort&Spa

2007년 리노베이션을 통해 로비, 수영장, 레스토랑, 객실, 스파 센터까지 세련되고 고급스러운 느낌을 더하였다. 객실은 깔끔하고 아기자기한 분위기이다. 에어컨, 커피 메이커, 다리미, 평면 TV, 냉장고, 헤어드라이어 등의 시설이 잘 갖춰져 있다. 유료로 무선 인터넷 이용이 가능하다. 인피니티 풀을 비롯하여 3개의 수영장이 있다. 인피니티 풀은 18세 이상만 사용할 수 있으니 참고할 것.

아름다운 해변으로 유명한 와일레아 비치Wailea Beach는 도보 10분 거리, 숍, 레스토랑, 갤러리 등이 즐비한 숍스 엣 와일레아는 도보 5분 거리에 있다. 하루당 30달러 정도의 리조트 피가 부과된다.

**Data** Map 261I
**Access** 카훌루이 공항에서 차로 32분 **Add** 3700 Wailea Alanui Dr, Weilea
**Tel** 808-879-1922
**Cost** 더블베드 259달러~
**Web** www.marriott.com/ hotels/travel/hnmmc- wailea-beach-marriott- resort-and-spa

가격 대비 만족도가 높은
## 마케나 비치 골프 리조트 Makena Beach Golf Resort

스노클링 포인트로 유명한 말루아카 비치를 끼고 있는 4성급 호텔이다. 시설 대비 다른 호텔에 비해 가격대가 저렴하여 만족도가 높은 편이다. 소정의 팁만 내면 무료로 발레파킹 서비스를 이용할 수 있다. 전 객실은 하와이안 스타일이 느껴지는 인테리어로 꾸며져 있으며, 풍경을 조망하기에 좋은 베란다가 딸려 있다. 커피 메이커, 에어컨, 평면 TV, 헤어드라이어 등의 편의 시설도 잘 갖춰져 있다.

**Data** Map 261L
**Access** 카훌루이 공항에서 차로 38분 **Add** 5400 Makena Alanui, Wailea
**Tel** 808-874-1111 **Cost** 더블베드 250달러~ **Web** www.makenaresortmaui.com

## | 할레아칼라 국립공원 Haleakala National Park |

*국립공원 내에서 하룻밤을 보낼 수 있는 장소이다. 고도가 높아서 상당히 추우니 보온에 신경 쓰자. 캠핑 장비는 개인이 준비해야 한다.*

자연 속에서의 휴식을
## 호스머 그로브 캠프그라운드
### Hosmer Grove Campground

자연을 가까이에서 즐길 수 있는 방법. 푸우 울라 울라 전망대에서 일출이나 일몰을 볼 계획이라면 좋은 선택이 될 수 있다. 최대 3박 머물 수 있다. 재래식 화장실에 물이 나오는 세면대가 있지만 식수와 씻을 물을 준비해가는 것이 좋다. 따뜻한 침낭과 옷을 준비하자. 캠핑을 할 수 있는 자리가 10여 개 정도로 가능하면 빨리 가는 것이 좋다.

**Data** Map 308A
**Access** 할레아칼라 국립공원 입구를 지나 첫 번째 삼거리에서 이정표를 따라 좌회전 후 직진 **Cost** 무료(선착순 이용 가능)
**Web** www.nps.gov/hale/planyourvisit/drive-up-camping.htm

---

**Tip** 카훌루이 근처 캠핑 장비 구매 가능 장소

텐트, 침낭, 코펠, 버너, 돗자리, 핫팩 등 기본적인 캠핑 장비를 구입할 수 있다.

**K마트** Kmart
**Data** **Add** 424 Dairy Rd, Kahului **Tel** 808-871-8553
**Open** 07:00~22:00

**월마트** Walmart
**Data** **Add** 101 Pakaula St, Kahului **Tel** 808-871-7820
**Open** 06:00~23:00

**스포츠 오소리티** Sports Authority
**Data** **Add** 270 Dairy Rd, Kahului **Tel** 808-871-2558
**Open** 09:00~22:00

# | 하나 Hana |

*꼬불꼬불한 드라이브 코스로 유명한 '하나로 가는 길'의 종착지처럼 여겨지는 지역이다. '하나로 가는*
*길'을 1박 2일로 즐길 예정이라면 이 지역 숙소를 눈여겨보자.*

여유로운 휴양을 만끽하고 싶다면
## 트라바아사 하나 Travaasa Hana

별장식 코티지 구조로 되어 있는 부티크 호텔이
다. 마우이의 조용한 자연을 느낄 수 있다. 객실
에 TV와 라디오가 없고, 인터넷 지원이 되지 않
는 휴양 지향형 호텔이다. 레이 만들기, 우쿨렐
레, 훌라 등의 하와이 문화 체험도 가능하다.
신선한 로컬 식재료를 이용하여 만드는 카우이키
레스토랑 Kauiki Restaurant과 스파도 상당히 인기
가 많다.

**Data** Map 259H **Access** 카훌루이 공항에서 차로
120분 **Add** 5031 Hana Hwy, Hana
**Tel** 808-248-8211 **Cost** 2인 객실 400달러~
**Web** www.travaasa.com/hana

취사도 가능한 콘도식 숙소
## 하나 카이 마우이 Hana Kai Maui

훼손되지 않은 마우이의 원시림에 둘러싸여 호젓
한 휴식을 취할 수 있는 리조트형 숙소이다. 대부
분의 객실에서 바다를 볼 수 있다. 객실에서 일출
을 감상할 수 있으며, 돌고래 떼나 바다거북이 수
영하는 모습까지 볼 수 있어서 특별하다.
주방이 딸려 있어서 간단한 취사도 가능하다. 냉장
고, 전자레인지, 스토브 등이 구비되어 있다. 무료
무선 인터넷 사용이 가능하다.

**Data** Map 259H **Access** 카훌루이 공항에서 차로
120분 **Add** 4865 Uakea Rd, Hana
**Tel** 808-248-8426 **Cost** 2인 객실 264달러~
**Web** www.hanakaimaui.com

국립공원 내 편안한 휴식 장소
## 키파훌루 캠프그라운드 Kipahulu Campground

오헤오 협곡의 캠핑장. 바다 쪽에 인접하고 있어서 파도 소리를 들으며 잘 수 있다. 시설은 재래식 화장
실만 있다. 마실 물과 씻을 물을 충분히 가져가야 하며, 개인 캠핑 장비는 구비해서 가야 한다.
국립공원 입장 시 입구에서 허가증을 발급 받아야 한다. 캠핑을 할 예정이라고 말하면 무료로 바로 받
을 수 있으며, 최대 3일간 이용할 수 있다. 입장은 선착순으로 하며 지정석이 따로 없이 각자 알아서 캠
핑을 즐기도록 되어 있다.

**Data** Map 309B **Access** 카훌루이
공항에서 차로 2시간 30분
**Add** Haleakala National Park
Kipahulu Campground
**Tel** 808-572-4400 **Cost** 무료
(선착순 이용) **Web** www.nps.
gov/hale/planyourvisit/drive-
up-camping.htm

Kauai By Area

# 03

# 카우아이

## Kauai

노스 카우아이(하날레이 부근)
사우스 카우아이(포이푸 부근)

'정원의 섬'으로 불리는 카우아이는 울창한 숲
사이로 원시적인 순수함을 곳곳에서 느낄 수 있다.
웅장하게 솟아 있는 나팔리 코스트를 끼고 있는
하날레이 베이의 아름다움에 취하고, 카약을 타고
와일레아 강을 거슬러 올라가며 비경을 감상하자.
태평양의 그랜드 캐니언으로 불리는 와이메아
캐니언, 석양이 아름다운 포이푸 비치 파크,
다채로운 식물을 볼 수 있는 식물원까지 자연을
사랑한다면 카우아이는 볼거리와
즐길 거리로 넘쳐난다.

# Kauai
# GET AROUND

## 🚙 어떻게 갈까?

오아후, 마우이, 빅 아일랜드에서 하와이안항공을 이용해 카우아이의 리후에 공항으로 간다. 대부분 직항으로 연결되며, 보통 40분 정도 소요된다. 인천 국제공항에서 호놀룰루 국제공항까지 하와이안항공을 이용한다면 10만 원을 추가하여 이웃 섬으로 가는 왕복 항공권 이용할 수 있으니 참고하자. 인천에서 카우아이의 리후에 공항을 최종 목적지로 하고 오아후(호놀룰루 국제공항)에서 스톱 오버하는 항공권으로 발권하면 된다.

리후에 공항에서 노스 카우아이 지역의 주요 마을인 프린스빌Princeville까지는 차로 50분 정도, 사우스 카우아이 지역의 주요 마을인 포이푸Poipu까지는 차로 1시간 15분 정도 소요된다.

---

## 리후에 공항에서 시내로 가기

### 1. 렌터카 Rental Car

대중교통으로는 카우아이를 알차게 즐기기가 어렵다. 카우아이를 다닐 때 렌터카는 필수다. 해당 렌터카 업체가 제공하는 셔틀버스를 타고 차량을 픽업하러 가면 된다.

**\* 주요 렌터카 회사**

알라모 Alamo
**Data** Tel 808-246-0645 **Web** www.alamo.co.kr

허츠 Hertz
**Data** Tel 808-246-0204 **Web** www.hertz.com

에이비스 Avis
**Data** Tel 808-245-3512 **Web** www.avis.com

엔터프라이즈 Enterprise
**Data** Tel 808-246-0204 **Web** www.enterprise.com

네셔널 National
**Data** Tel 808-245-5638 **Web** www.nationalcar.com

> **Tip** 리후에 공항에서
> 주요 지역까지 소요 시간
> • 프린스빌 Princeville 약 1시간
> • 콜로아 Koloa 약 25분
> • 포이푸 Poipu 약 30분
> • 와일루아 Wailua 약 15분
> • 와이메아 캐니언 Waimea Canyon
>   약 1시간 15분

---

### 2. 택시 Taxi

공항 앞 택시정류장에서 대기 중인 택시에 탑승하면 된다. 공항 외의 지역에서는 길에서 택시를 쉽게 볼 수 없으므로, 호텔 컨시어지를 통하거나 직접 전화를 걸어서 택시를 불러 이용하면 된다.

**\* 주요 택시 회사**

노스 쇼어 캡 North Shore Cab **Data** Tel 808-826-7829 **Web** www.northshorecab.com
카우아이 택시 컴퍼니 Kauai Taxi Company **Data** Tel 808-246-9554 **Web** www.kauaitaxico.com

## 어떻게 다닐까?

대중교통으로는 다니기가 불편한 카우아이는 렌터카가 정답이다. 내비게이션이나 지도를 참고하여 다니자. 대체로 이정표가 잘 되어 있고, 길이 복잡하지 않아서 운전에 큰 어려움은 없다. 공항 근처 리후에 지역을 제외하면 교통 체증도 없는 편이다.

### 3. 공항 셔틀버스 Airport Shuttle Bus

탑승 후 가고자 하는 호텔을 말하면 해당 호텔 앞까지 데려다준다. 카우아이의 특성상 호텔이 여러 지역에 퍼져 있어 호텔의 위치에 따라 요금이 달라진다.

### * 주요 공항 셔틀버스 회사

스피디 셔틀 Speedi Shuttle

하와이에서 가장 유명한 셔틀버스 업체 중 하나이다. 짐은 2개까지 무료로 실어준다. 그 외에는 1개당 8달러 추가 요금이 있다. 목적지에 따라 요금이 다르다.

**Data** Cost 편도 18~72달러, 왕복 37~130달러
**Tel** 877-242-5777
**Web** www.speedishuttle.com

로버츠 하와이 Roberts Hawaii

리후에, 카파아, 프린스빌, 포이푸 지역에 위치한 호텔까지 서비스를 제공받을 수 있다. 목적지에 따라 요금이 다르다.

**Data** Cost 1인당 편도 10~41달러, 왕복 16~74달러
**Tel** 808-954-8653
**Web** www.robertshawaii.com/kauaiexpress

로버츠 하와이

### 4. 카우아이 버스 Kauai Bus

카우아이 시에서 운영하는 대중교통수단이다. 공항 앞에 버스정류장이 있다. 카우아이 버스 노선은 단순하고, 배차 시간이 긴 편이다. 25.4×43.18×76.2cm 이하의 가방만 가지고 탈 수 있다. 유모차, 악기, 스케이트 보드 등은 들고 탑승이 가능하나 서핑 보드, 자전거는 실을 수 없다. 홈페이지에 각 목적지별로 배차 간격, 배차 시간이 나와 있다.

**Data** Cost 1인당 2달러, 7~18세·60세 이상 1달러, 6세 이하는 무료 **Open** 월~금 05:27~22:40, 토·일·공휴일 06:21~17:50 **Tel** 808-246-8110(물건 분실 시) **Web** www.kauai.gov/Bus

카우아이 전도
Kauai

N
0 2km

A

터널스 비치
Tunnel's Beach

케에 비치 파크
Ke'e Beach Park

나팔리 코스트 Napali Coast

나팔리 코스트
와일더니스 주립공원
Napali Coast Wilderness State Park

B

푸우 오 킬라 전망대
Pu'u O Kila Lookout

폴리헤일 주립공원
Polihale State Park

사키 마나 로드
Saki Mana Rd

코키 로드 Kokee Rd

E

와이메아 캐니언 전망대
Waimea Canyon Lookout

650

F

와이메아 캐니언
Waimea Canyon

마나 로드 Mana Rd

코키 로드
Kokee Rd

카우물라리 하이웨이 Kaumualii Hwy

50

와이메아 캐니언 드라이브
Waimea Canyon Dr

550

타로 코 칩스 팩토리
Taro Ko Chips Factory
R

히스토릭 하나페페 타운
Historic Hanapepe Town

스윙 브리지 Swinging Bridge

슈림프 스테이션 R
Shrimp Stataion
S

래퍼츠 하와이 R
Lappert's Hawaii

이시하라 마켓
Ishihara Market

카우아이 쿠키 팩토리 스토어 R
Kauai Kookie Factory Store

50

하나페페 밸리
전망대
Hanapepe Valley
Lookout

하나페페
Hanapepe

I

솔트 폰드 비치 파크
Salt Pond Beach Park

50

540

홀로 홀로 차터스 E
Holo Holo Charters
카우아이 시 투어 E
Kauai Sea Tours
블루 돌핀 차터스 E
Blue Dolphin Charters
캡틴 앤디스 세일링
Captain Andy's Sailing

포트 알렌 항구
Port Allen Harbor

카우아이 커피 컴퍼니
Kauai Coffee Company

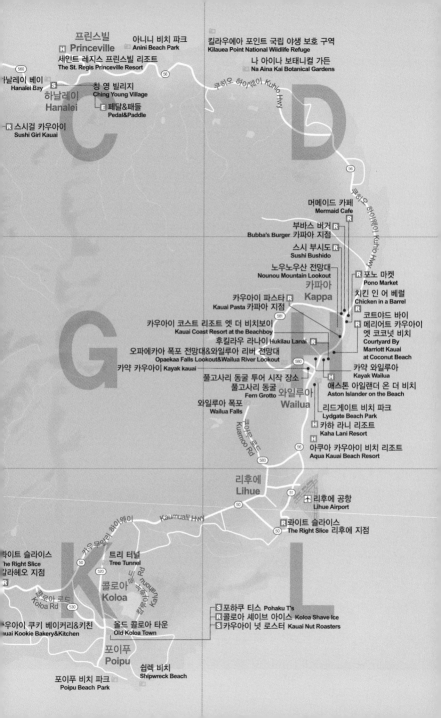

프린스빌
**H** **Princeville**
세인트 레지스 프린스빌 리조트
The St. Regis Princeville Resort

아니니 비치 파크
Anini Beach Park

킬라우에아 포인트 국립 야생 보호 구역
Kilauea Point National Wildlife Refuge

나 아이나 보태니컬 가든
Na Aina Kai Botanical Gardens

560

날레이 베이
Hanalei Bay

**S**
하날레이
**Hanalei**

청 영 빌리지
Ching Young Village

**E** 페달&패들
Pedal&Paddle

56

쿠히오 하이웨이 Kuhio Hwy

**R** 스시걸 카우아이
Sushi Girl Kauai

C

D

56

쿠히오 하이웨이 Kuhio Hwy

머메이드 카페
Mermaid Cafe

부바스 버거 카파아 지점 **R**
Bubba's Burger 카파아 지점

스시 부시도 **R**
Sushi Bushido

노우노우산 전망대
Nounou Mountain Lookout

**R** 포노 마켓
Pono Market

카파아
**Kappa**

치킨 인 어 베럴
Chicken in a Barrel

카우아이 파스타 **R**
Kauai Pasta 카파아 지점

581

코트야드 바이
메리어트 카우아이
엣 코코넛 비치
Courtyard By
Marriott Kauai
at Coconut Beach

카우아이 코스트 리조트 엣 더 비치보이
Kauai Coast Resort at the Beachboy

후킬라우 라나이 Hukilau Lanai **R**

오파에카아 폭포 전망대&와일루아 리버 전망대
Opaekaa Falls Lookout&Wailua River Lookout

580

카약 와일루아
Kayak Wailua

카약 카우아이 Kayak kauai

풀고사리 동굴 투어 시작 장소
풀고사리 동굴
Fern Grotto

와일루아 폭포
Wailua Falls

Kuamoo Rd

581

와일루아
**Wailua**

**H** 애스톤 아일랜더 온 더 비치
Aston Islander on the Beach

리드게이트 비치 파크
Lydgate Beach Park

**H** 카하 라니 리조트
Kaha Lani Resort

56

아쿠아 카우아이 비치 리조트
Aqua Kauai Beach Resort

583

리후에
**Lihue**

51

**±** 리후에 공항
Lihue Airport

Kaumualii Hwy

50

50

**R** 롸이트 슬라이스 리후에 지점
The Right Slice 리후에 지점

K

라이트 슬라이스
The Right Slice
갈라헤오 지점

50

트리 터널
Tree Tunnel

520

콜로아
**Koloa**

530

**R**

콜로아 로드
Koloa Rd

우아이 쿠키 베이커리&키친
auai Kookie Bakery&Kitchen

올드 콜로아 타운
Old Koloa Town

**S** 포하쿠 티스 Pohaku T's
**R** 콜로아 셰이브 아이스 Koloa Shave Ice
**S** 카우아이 넛 로스터 Kauai Nut Roasters

포이푸
**Poipu**

포이푸 비치 파크
Poipu Beach Park

쉽렉 비치
Shipwreck Beach

# 노스 카우아이

**NORTH KAUAI**(하날레이 부근)

하와이의 섬 중 가장 먼저 태어난 카우아이는 대자연의 품 안에서 휴식을
취할 수 있는 곳이다. 특히 숨 막히게 아름다운 나팔리 코스트의 절경을
직접 체험할 수 있는 노스 카우아이 지역은 최소 이틀 이상 계획하는 것이
좋다. 평생 가장 기억에 남을 경치를 보여주는 칼랄라우 트레일을 걷고,
유유히 흐르는 와일루아강의 자취를 따라가는 크루즈를 즐겨도 좋다. 마음
깊은 곳까지 크게 심호흡을 하고, 자연이 주는 치유의 에너지에 집중하자.
하날레이 베이의 일몰도 놓치지 말 것! 느리게 걷고, 쉬고, 느껴라!

## North Kauai
# PREVIEW

빼어난 자연경관 덕분에 영화 〈쥬라기 공원〉, 〈인디아나 존스〉, 〈아바타〉와 같은
촬영지로도 애용되고 있다. 투명하게 맑은 바닷물과 녹음에 둘러싸여
있는 나팔리 코스트 산의 풍경은 시시각각 빛에 의해 달라지는 자연의 색채가
인상적이다. 하루 종일 머물고 싶은 해변까지 간직한 지역이다. 바쁘게 돌아다니는
일정보다는 진정한 자연에 둘러싸인 황홀한 휴식을 취하기에 최고의 장소이다.

**SEE**

하날레이 베이는 일몰 때 더욱 아름답게 빛나는 해변이다. 하날레이 밸리 전망대에
들러 풍경을 감상하고, 카우아이에서 가장 오래된 교회인 와이올리 후이아
교회를 방문해도 좋겠다. 킬라우에아 포인트 국립 야생 보호 구역은 희귀 새들의
서식지로 어린 자녀를 동반한 여행객들에게 인기가 많다. 와일루아 폭포,
오파에카아 폭포&와일루아 리버 전망대는 자동차로 방문 가능한 폭포 뷰포인트이다.

**ENJOY**

시간 여유가 있다면 나팔리 코스트 와일더니스 주립공원의 칼랄라우 트레일에서
온종일 걸어보는 것을 추천한다. 태고의 카우아이 풍경을 온몸으로 느끼고 만끽하는
야생적인 트레일이다. 완주를 위해서는 편도 17.7km를 다녀오게 된다. 일정은 4시간
코스부터 2박 3일 코스까지 다양하다. 들어간 길을 되돌아 나와야 하므로 체력을
고려해서 루트를 정하는 것이 좋다. 카약 투어에 참여해서 와일루아강을 거슬러
올라가며 곳곳의 풍경을 감상하는 것도 이색적이다. 케에 비치 파크, 터널스 비치,
하이드어웨이 비치 등 마음에 드는 해변에서 스노클링과 선탠을 즐기는 것도 좋다.

**EAT**

선셋을 바라보며 즐기는 고급스러운 식사를 원한다면 세인트빌 리조트 내의 카우아이
그릴을 추천한다. 마카나 테라스는 조식 뷔페 장소로 제격! 음식보다는 뛰어난
풍광으로 더 유명하다. 하날레이 지역에 위치한 칭 영 빌리지와 카파아 지역으로
가면 저렴한 가격대로 즐길 수 있는 다양한 음식이 있다. 카우아이 소로 만든
부바스 버거는 한 번쯤 꼭 먹어보자. 드럼통에서 구워내는 특별한 치킨인
치킨 어 베럴도 추천할 만하다.

**SLEEP**

가장 추천하는 지역은 고급 리조트 분위기가 물씬 풍기는 프린스빌 지역이다.
세인트 레지스 프린스빌 리조트와 같은 고급 호텔에 머물 수도 있고, 취사가
가능한 베케이션 렌털 하우스를 이용해도 좋다. 하날레이 베이의 분위기 좋은
작은 호텔은 비가 많이 올 경우 강물의 범람으로 인해 고립될 수 있다. 텐트
등의 캠핑 장비가 있다면 아니니 비치 파크에서의 캠핑도 추천한다.

North Kauai
# TWO FINE DAYS

주요 스폿을 바쁘게 돌아다니는 일정보다는 체험 위주로 일정을 구성하고, 느긋하게 자연을 즐기면
더욱 만족스럽다. 마음에 드는 해변에 누워 시시각각 변화하는 대자연의 아름다움을 감상하거나
칼랄라우 트레일을 온종일 걸으면서 나팔리 코스트의 속살을 보는 것도 특별한 경험이다.

**1Day**

**08:00**
나팔리 코스트 와일더니스
주립공원의 칼랄라우
트레일 걷기

자동차 25분 →

**12:30**
하날레이 마을의
야외 쇼핑센터인
칭 영 빌리지에서
점심 식사하기

자동차
5~25분 →

**13:30**
케에 비치 파크,
터널스 비치, 하이
드어웨이 비치 등
마음에 드는 해변에서
수영하기

자동차 27분

**18:30**
카우아이 그릴에서
선셋을 보며 로맨틱한
저녁 식사 즐기기

자동차 7분 ←

**17:00**
하날레이 밸리
전망대에서
풍경 감상하기

**2Day**

자동차 22분

**07:30**
마카나 산과 하날레이 만의
아름다운 풍경이 인상적인
마카나 테라스에서
조식 뷔페 즐기기

자동차 38분

**09:00**
킬라우에아 포인트 국립
야생 보호 구역 전망 포인트
에서 등대 감상하기

**11:00**
크루즈 투어로 풀고사리
동굴 가보기

자동차 8분

자동차 26분

**15:00**
와일루아 폭포 감상하기

자동차 17분

자동차 15분

**13:15**
부바스 버거에서
점심 먹기

**12:30**
오파에카아 폭포 전망대&
와일루아 리버 전망대에서
전경 감상하기

자동차 1시간

**16:00**
리드게이트 비치 파크에서
스노클링 하기

**18:30**
하날레이 베이에서
선셋 즐기기

© HTA

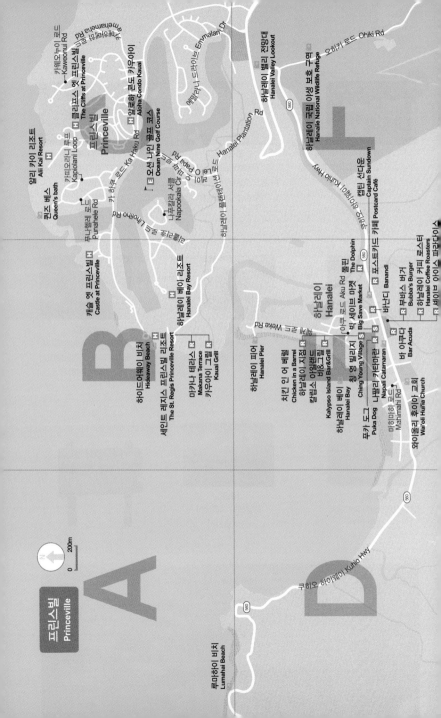

**프린스빌**
Princeville

0 200m

**루마하이 비치**
Lumahai Beach

쿠히오 하이웨이 Kuhio Hwy

560

**카에오누이 로드**
Kaweonui Rd

Emmalani Dr 에멀라니 드라이브

오히키 로드 Ohiki Rd

**하날레이 밸리 전망대**
Hanalei Valley Lookout

**클리프스 엣 프린스빌**
The Cliffs at Princeville

**알로하 콘도 카우아이**
Aloha Condo Kauai

**하날레이 국립 야생 보호 구역**
Hanalei National Wildlife Refuge

560

**프린스빌**
Princeville

**알리 카이 리조트**
Alii Kai Resort

카피오라니 루프
Kapiolani Loop

카 하쿠 로드 Ka Haku Rd

**오션 나인 골프 코스**
Ocean Nine Golf Course

하날레이 플랜테이션 로드 Hanalei Plantation Rd

**퀸즈 배스**
Queen's bath

푸나헬레 로드
Punahele Rd

리히무이 로드 Lihimoho Rd

나푸칼라 서클
Napookala Cir

하날레이 쿠히오 하이웨이 Kuhio Hwy

**캡틴 선다운**
Captain Sundown

**포스트카드 카페**
Postcard Café

**캐슬 엣 프린스빌**
Castle at Princeville

**하이드어웨이 비치**
Hideaway Beach

**세인트 레지스 프린스빌 리조트**
The St. Regis Princeville Resort

**하날레이 베이 리조트**
Hanalei Bay Resort

**마카나 테라스**
Makana Terrace

**카우아이 그릴**
Kauai Grill

웨케 로드 Weke Rd

**하날레이 피어**
Hanalei Pier

**하날레이 Hanalei**

아쿠 로드 Aku Rd

**돌핀**
The Dolphin

**빅 세이브 마켓**
Big Save Market

**바난디**
Banandi

**치킨 인 어 배럴**
Chicken in a Barrel

**하날레이 지점**

**칼립소 아일랜드 바&그릴**
Kalypso Island Bar&Grill

**부바스 버거**
Bubba's Burger

**하날레이 커피 로스터**
Hanalei Coffee Roasters

**세이브 아이스 파라다이스**

**하날레이 베이**
Hanalei Bay

**푸카 도그**
Puka Dog

**칭 영 빌리지**
Ching Young Village

**나팔리 카타마란**
Napali Catamaran

**바 아쿠다**
Bar Acuda

마히마히 로드
Mahimahi Rd

**와이올리 후이아 교회**
Wa'oli Hui'a Church

560

SEE

# | 프린스빌&하날레이 | Princeville&Hanalei |

**평화로운 분위기의 고급 리조트 단지**
## 프린스빌 Princeville

프린스빌은 고급 리조트 단지로 콘도식 숙소들이 위치하고 있다. 잘 정비된 조경과 깔끔한 건물들이 이어져 여유로운 분위기이다. 최고급 호텔 세인트 레지스 프린스빌 리조트도 이곳에 있다. 하와이의 마지막 왕자 에드워드 프린스가 2살 때 이곳을 방문한 것에 의해 프린스빌로 지어졌다.

세인트 레지스 프린스빌 리조트를 끼고 있는 하이드어웨이 비치가 상당히 아름답다. 선탠을 즐기거나 스노클링을 하기에 적합하다. 현지인들이 자주 찾는 숨은 비경인 퀸즈 베스도 들러볼 만하다. 칼랄라우 트레일까지 차로 30분 정도로 가깝다. 카우아이의 남쪽보다 바다가 아름다워 휴식을 취하러 많은 사람들이 찾는다.

© Pedro Fernandes

**Data** Map 341C
**Access** 쿠히오 하이웨이Kuhio Hwy를 타고 북쪽으로 가다가 프린스빌 이정표를 따라 카하쿠 로드Kahaku Rd로 우회전. 리후에 공항에서 차로 45분
**Add** 5520 Kahaku Rd, Princeville
**Web** www.princeville.com

**숨은 보석 같은 장소**
## 퀸즈 베스 Queen's Bath

현지인들이 즐겨 찾는 수영 장소이다. 화산 활동으로 인해 만들어진 용암 바위 내에 만들어진 잔잔한 웅덩이에서 사람들이 수영하는 모습을 볼 수 있다. 주차 관련 이정표 뒤편으로 퀸즈 베스로 내려가는 작은 길이 보인다. 그 길을 따라 15분 정도 걸어가면 된다. 내려가는 길이 다소 험하고, 미끄러울 수 있으니 운동화를 신는 것이 좋다. 겨울에 파도가 심할 때에는 안전상의 이유로 닫기도 한다.

**Data** Map 346C
**Access** 세인트 레지스 프린스빌 리조트로 향하는 카하쿠 로드Kahaku Rd로 가다가 푸니헬레 로드Punahele Rd에서 우회전 후 카피올라니 루푸와 만나는 지점에 차가 세워진 작은 주차장에 주차한다.
**Add** Kapiolani Loop, Princeville
**Web** www.hawaiigaga.com/kauai/attractions/queens-bath.aspx

### Writer's Pick!

**천국의 모습을 닮은**
## 하이드어웨이 비치 Hideaway Beach

개인적으로 카우아이에서 가장 아름답다고 생각하는 해변이다. 럭셔리한 5성급 호텔인 세인트 레지스 프린스빌 리조트가 끼고 있는 해변이다. 일반 관광객들에게는 많이 알려지지 않은 탓에 여유롭고 편안한 휴식을 즐길 수 있다. 정식 명칭은 '케노메네 비치Kenomene Beach'이지만 하이드어웨이 비치로 더 많이 불린다. 유리알처럼 빛나는 바닷물과 발끝을 간지럽히는 고운 모래, 나팔리 코스트산의 웅장함까지 어우러진 풍경이 아름답다.

바닷속에는 산호초와 다양한 빛깔의 열대어를 볼 수 있다. 수심이 적당하고 파도가 높지 않아서 스노클링이나 수영을 즐기기에도 안성맞춤이다. 물놀이를 즐길 때에는 산호초와 돌, 바위 등으로부터 발을 보호하기 위해 아쿠아슈즈는 착용하는 것이 좋다.

**Data** Map 346B
**Access** 세인트 레지스 프린스빌 리조트까지 직진. 호텔 입구 앞에 작은 주차장이 있다. 주차 후 이정표를 따라 내려가면 해변이 나온다 **Add** Hideaway Beach, Princeville **Web** www.kauai.com/hideaway-beach

**Tip** 렌터카를 타고 방문했다면 세인트 레지스 호텔의 발레파킹을 이용해 주차를 하면 편리하다. 호텔 내 엘리베이터를 타고 해변으로 내려갈 수 있다. 10대 정도 주차 가능한 공영 주차장(무료)은 세인트 레지스 호텔 입구 들어가기 직전에 있다. 공영 주차장 이용시 좁은 길을 따라서 위치하고 있는 긴 계단을 내려가면, 하이드어웨이 비치로 갈 수 있다.

**Writer's Pick!**

한 폭의 그림과 같은 특별한 해변
# 하날레이 베이 Hanalei Bay

빼어나게 아름다운 풍경으로 카우아이의 랜드마크로 꼽히는 장소다. 하날레이 베이는 하와이어로 '초승달'이라는 뜻으로 이름처럼 해안선이 육지 쪽으로 움푹 들어간 만을 형성하고 있다. 파도가 잔잔한 편이라 어린 아이들의 물놀이에도 적합하다. 고요한 물살을 가르며, 카약, 패들 보드, 수영 등을 즐기는 사람도 많다. 해변에 누워 선탠과 여유를 즐기는 한가로운 시간을 보내기에 제격이다.
만의 주변으로는 울창한 수목으로 뒤덮여 있는 와이알레알레Wai'ale'ale산이 병풍처럼 둘러쳐져 있다. 고온 다습한 기후 덕분에 험준한 열대 우림이 형성되어 있는 곳이다. 잔잔한 바다와 높고 험준한 와이알레알레산, 하날레이 부두Hanalei Pier가 어우러진 풍경이 한 폭의 그림 같다. 특히 일몰 시간의 풍경은 시시각각 변화하는 빛 때문에 아름답다.

**Data** Map 346E
**Access** 쿠히오 하이웨이Kuhio Hwy를 따라 가다가 아쿠 로드Aku Rd에서 우회전, 길 끝에서 우회전하여 웨케 로드Weke Rd로 진입, 길 끝까지 간 후 주차를 하고 해변으로 나가면 된다. 프린스빌 지역에서 차로 12분
**Add** Hanalei Pier, Hanalei **Web** www.kauai.com/hanalei-bay

© HTA

시원하고 청량한 느낌의
# 하날레이 밸리 전망대 Hanalei Valley Lookout

세계에서 강수량이 가장 많은 곳으로 알려진 와이알레알레Wai'ale'ale산으로 둘러싸인 계곡 아래로 타로Taro 밭이 끝없이 펼쳐진다. 목가적이고, 탁 트인 전망이 시원하다.
타로는 고대 하와이 사람들의 주식이었던 뿌리 열매로 습기가 많은 고온의 지방에서 자란다. 토란이 타로의 변종이다. 보라색 또는 크림색의 열매이며, 하와이어로는 '칼로Kalo'라고 부른다. 하와이 전체 생산량의 60% 이상이 하날레이 지역에서 생산된다. 타로 밭 사이로 잔잔한 하날레이 강이 흐른다. 프린스빌 지역과 하날레이 지역 사이에 위치하고 있으니 잠시 차를 세우고 전망을 즐겨보자.

**Data** Map 346F **Access** 쿠히오 하이웨이Kuhio Hwy에 위치. 프린스빌 지역에서 차로 5분
**Add** Kuhio Hwy, Princeville

### 역사 깊은 카우아이의 교회
## 와이올리 후이아 교회 Wai'oli Hui'ia Church

카우아이에서 가장 오래된 교회로 1834년 미국의 선교사에 의해 세워졌다. 잔디 위에 세워진 녹색의 건물과 스테인드글라스 창문이 그림 같은 풍경을 연출한다. 예배는 일요일 오전 10시에 있다.

교회 앞에는 1837년에 지어져 선교사들의 거처로 사용되었던 집이 있다. 코아 나무로 만든 가구와 장식품을 볼 수 있다. 1921년에 복원되어 국가사적지로 지정되었다. 현재는 하날레이 지역의 랜드마크 중 하나로 여겨지고 있다.

**Data** Map 346E **Access** 쿠히오 하이웨이 로드 Kuhio Hwy에 위치. 프린스빌 지역에서 차로 12분 **Add** 5363 Kuhio Hwy, Hanalei **Tel** 808-826-6253 **Web** www.hanaleichurch.org

### 금빛 모래사장이 인상적인
## 터널스 비치 Tunnel's Beach

초승달 모양으로 된 해변. 바닷속의 산호들이 파도를 막아주기 때문에 수영, 스노클링, 스쿠버다이빙에 적합하다. 물고기, 거북이 많이 살고 있다. 산호초 사이에 수많은 해저동굴이 있어서 '터널스 비치'라는 이름이 붙여졌다. 하와이어로는 마쿠아 비치Makua Beach로 불린다.

황금빛 모래사장이 아름다우며, 일몰 감상 포인트 지역이기도 하다. 12월에서 3월은 파도가 높으므로, 물놀이를 한다면 주의할 것.

**Data** Map 340B **Access** 쿠히오 하이웨이 로드 위에 위치. 프린스빌 지역에서 차로 24분 **Add** 5-7652 Kuhio Hwy, Hanalei **Web** www.kauai.com/tunnels-beach

© SNORKELINGDIVES

### 칼랄라우 트레일 앞의 해변
## 케에 비치 파크 Ke'e Beach Park

물살이 비교적 잔잔하고 산호초가 많아서 스노클링 포인트로 유명하다. 칼랄라우 트레일Kalalau Trail 초입에 위치하고 있어 하이킹을 마치고 더위를 식히러 들르는 사람들이 많다. 단, 바람이 심한 겨울에는 강한 파도와 해류가 있으니 안전상 주의를 요한다.

일출과 일몰이 모두 아름답다. 화장실, 샤워 시설이 갖춰져 있으며, 주차는 공영 주차장이나 길가에 하면 된다.

**Data** Map 340B **Access** 쿠히오 하이웨이 로드 Kuhio Hwy 끝에 위치. 프린스 빌 지역에서 차로 30분 **Add** End of Hwy 560, Hanalei **Web** www.to-hawaii. com/kauai/beaches/kee-beach-park.php

© Alex Schwab

© Jordan Fischer

# 나빨리 코스트 와일더니스 주립공원
## 칼랄라우 트레일
## Napali Coast Wilderness State Park Kalalau Trail

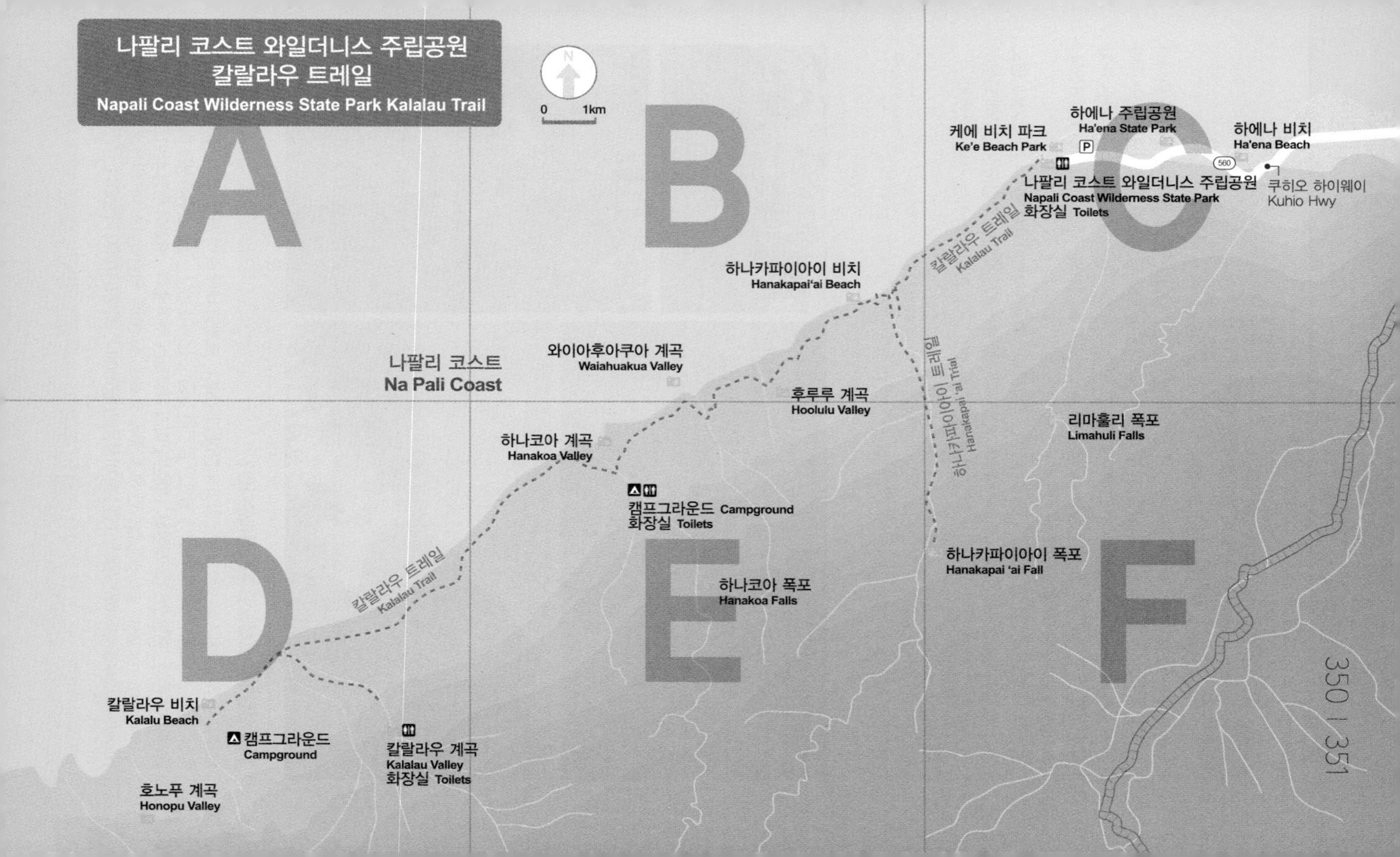

**A** | **B** | **C**

**D** | **E** | **F**

N

0 ——— 1km

하에나 비치
Ha'ena Beach

쿠히오 하이웨이
Kuhio Hwy

하에나 주립공원
Ha'ena State Park

리마훌리 폭포
Limahuli Falls

케에 비치 파크
Ke'e Beach Park

나빨리 코스트 와일더니스 주립공원 화장실 Toilets
Napali Coast Wilderness State Park Toilets

칼랄라우 트레일
Kalalau Trail

하나카피아이 폭포
Hanakapai 'ai Fall

하나카피아이 트레일
Hanakapai 'ai Trail

하나카피아이 비치
Hanakapai'ai Beach

홀룰루 계곡
Hoolulu Valley

와이아훌루아쿠아 계곡
Waiahuakua Valley

하나코아 폭포
Hanakoa Falls

나빨리 코스트
Na Pali Coast

하나코아 계곡
Hanakoa Valley

캠프그라운드 Campground
화장실 Toilets

칼랄라우 트레일
Kalalau Trail

칼랄라우 계곡
Kalalau Valley
화장실 Toilets

캠프그라운드
Campground

칼랄라우 비치
Kalalau Beach

호노푸 계곡
Honopu Valley

**Writer's Pick!**

놀라운 자연 경관과 세월을 느낄 수 있는
## 나팔리 코스트 와일더니스 주립공원
### Napali Coast Wilderness State Park

카우아이의 하이라이트인 나팔리 코스트를 직접 걸어볼 수 있는 칼랄라우 트레일Kalalau Trail이 위치해 있는 주립공원이다. 푸른 태평양 바다를 끼고, 비와 바람, 파도에 깎여서 뾰족하게 솟아오른 해안 절벽이 무려 24km 이어진다. 나팔리는 하와이어로 '절벽'이라는 뜻이다. 숨 막히게 아름다운 절경은 대자연의 신비에 절로 감탄사가 나오게 된다. 사람이 갈 수 있는 트레일 코스는 편도로 17.7km 이어진다. 들어가는 길과 나오는 길은 동일하다.

당일치기 계획을 세웠다면 편도 9.6km 지점인 하나코아 계곡Hanakoa Valley까지 다녀오거나 편도 3.2km 하나카피아이 비치Hanakapi'ai Beach까지 가볍게 다녀올 수 있다. 주차는 주립공원 입구에 도착하기 300m 전, 오른편에 있는 주차장이나 길가 주차를 이용하면 된다. 아침 일찍 가는 것을 추천한다.

**Data** Map 340B
**Access** 쿠히오 하이웨이 로드Kuhio Hwy 끝에 트레일 입구. 프린스빌 지역에서 차로 30분
**Add** End of Hwy 560, Hanalei **Tel** 나팔리 코스트 관리사무소 808-274-3444 **Cost** 무료입장
**Web** www.dlnr.hawaii.gov/dsp/parks/kauai/napali-coast-state-wilderness-park

### **Tip** 칼랄라우 트레일 완주를 계획한다면?

트레일 완주를 위해서는 최소 1박 2일의 시간이 필요하다. 트레일 내에 숙박 시설, 매점 등이 없으므로 침낭, 텐트, 식료품, 식수 등 배낭에 필요한 물건을 꼼꼼히 챙겨야 한다. 캠핑을 위해서는 허가증Permit을 받아야 한다. 캠핑 인원을 제한하기 때문에 미리 예약하는 것이 좋다. 하와이 캠핑 사이트 홈페이지(camping.ehawaii.gov)에 접속한 후 나팔리 코스트 스테이트 와일더니스 파크Napali Coast State Wilderness Park를 선택하면 된다. 1인 1박 비용은 20달러이다. 최대 5박까지 가능하다.

## | 킬라우에아 Kilauea |

#### 로컬 사람들에게 인기 많은
### 아니니 비치 파크 Anini Beach Park

해변의 길이가 4.5km로 하와이에서 가장 길다. 넓은 산호초 사이로 열대어들이 많아 스노클링을 즐기기 좋다. 단, 바닥에 날카로운 산호초와 바위가 있으니 아쿠아슈즈를 꼭 착용하자.
바다 쪽에 쌓인 바위들이 방파제 역할을 해 파도가 잔잔한 곳이 많고 잔디밭, 피크닉 테이블 등의 시설이 잘 갖춰져 있다. 비용을 내면 캠핑도 가능하다. 캠핑 정보는 해당 사이트(www.to-hawaii.com/kauai/camping)를 참고하자. 해변을 따라 주차 공간이 곳곳에 있다.

**Data** Map 341C
Access 쿠히오 하이웨이Kuhio Hwy 달리다가 카리히와이 로드 Kalihiwai Rd 진입, 약 400m 직진한 후 아니니 로드Anini Rd에서 좌회전해 해안도로 계속 따라간다 Add Anini Rd, Kalihiwai Web www.to-hawaii.com/kauai/beaches/anini-beach-park.php

#### 하얀 등대와 희귀한 철새들을 볼 수 있는
### 킬라우에아 포인트 국립 야생 보호 구역
Kilauea Point National Wildlife Refuge

카우아이의 랜드마크로 여겨지는 16m 높이의 킬라우에아 등대가 있다. 푸른 바다와 붉은 지붕의 하얀 등대가 어우러지는 풍경이 아름답다. 등대는 고래잡이 어업이 성행하던 1913년에 지어졌다. 1976년까지 고래잡이 배의 길잡이 역할을 해왔다. 등대가 보이는 전망 포인트까지는 무료이다. 입장료를 내고 국립 야생 보호 구역에 들어가면 등대에 올라 주변 풍경을 감상할 수 있다. 멸종 위기에 처한 희귀한 새들이 날아오는 지역이다. 12월부터 5월까지는 혹등고래의 모습도 관찰할 수 있다.

**Data** Map 341D
Access 쿠히오 하이웨이Kuhio Hwy를 달리다가 킬라우에아 로드 Kilauea Rd로 진입 Add 3500 Kilauea Rd, Kilauea Tel 808-828-0168 Open 화~토 10:00~16:00 Close 1/1, 추수감사절, 12/25 Cost 성인 5달러, 15세 이하 무료(등대가 보이는 전망 포인트까지 무료) Web www.fws.gov/refuge/kilauea_point

© Ron Cogswell

### 머릿속이 맑아지는 느낌!
## 나 아이나 카이 보태니컬 가든 Na Aina Kai Botanical Gardens

나 아이나 카이는 하와이어로 '바다 옆의 땅'이라는 뜻! 29만 평의 수목원에는 잘 가꿔진 다양한 식물과 곳곳에 위치한 청동 조각들이 조화를 이루고 있다. 마치 식물로 둘러싸인 조각 공원 같다. 예약을 통해서만 입장할 수 있으며, 가이드를 동반한 투어로만 돌아볼 수 있다.

인터내셔널 사막 정원, 로맨틱 야자수 정원, 야생 숲 정원, 트로피컬 섬 등 테마별로 나눠져 있다. 테마에 따라 투어 소요 시간도 1시간 30분에서 5시간까지 각양각색이다. 테마별 투어는 13세 이상부터 참여할 수 있다. 13세 이하의 어린이를 동반했다면 패밀리 투어에 참여하면 된다. 패밀리 투어는 어른을 동반한 13세 이하의 어린이가 참여할 수 있는 유일한 투어이다. 어린이들을 위한 정원에서는 동화 〈잭과 콩나무〉를 묘사한 동상과 미끄럼틀, 연못, 미로 등을 돌아보며 다양한 종류의 열대 나무와 식물을 감상하게 된다.

**Data** Map 341D
**Access** 쿠히오 하이웨이Kuhio Hwy를 달리다가 와이라파 로드Wailapa Rd에서 우회전 후 길 끝에 입구가 나온다. 프린스빌 지역에서 차로 16분
**Add** 4101 Wailapa Rd, Kilauea
**Tel** 808-828-5025
**Open** 예약을 통한 방문만 가능
**Cost** 30~75달러 (투어 종류에 따라 다르다)
**Web** www.naainakai.org

© Jeff Muceus

# | 카파아&와일루아 Kapaa&Wailua |

**두 가지 전망을 동시에 감상하는**
## 오파에카아 폭포 전망대&와일루아 리버 전망대
Opaekaa Falls Lookout&Wailua River Lookout

두 갈래의 물줄기로 시원스럽게 떨어지는 오파에카아 폭포Opaekaa Falls
를 멀리서 조망할 수 있는 오파에카아 폭포 전망대. 주로 험준한 산 속
에 위치한 카우아이의 폭포 중 자동차로 편하게 찾아갈 수 있는 폭포
여서 주요 관광 스폿으로 꼽힌다. 이 전망대 앞에 위치한 쿠아무 로드
Koamoo Rd를 건너면 곧바로 또 다른 전망대가 위치하고 있다. 와일루아
강을 내려다볼 수 있는 와일루아 리버 전망대이다.

카파아 지역의 볼거리 대부분이 와일루아강과 연관이 되었다고 해도 과
언이 아닐 정도로 와일루아강은 이 지역의 주요한 강이다. 카우아이에
서는 유일하게 배가 다니는 강이며, 바다로 이어진다. 유유히 흐르는
강물을 따라 카약, 쿠르즈 투어 등을 하는 사람들을 볼 수 있다.

**Data** Map 341H
**Access** 쿠히오 하이웨이Kuhio
Hwy를 달리다가 쿠아무 로드
Kuamoo Rd로 진입 후 4분 정도
직진하면 오른편에 주차 공간이
있다
**Add** Hwy 56, Kauai
**Web** www.kauai.com/
opaekaa-falls

### 카약을 타고 가는 성스러운 곳
## 풀고사리 동굴 Fern Grotto

고대부터 성지로 여겨졌던 동굴로 하와이 옛 왕족들이 결혼식을 올렸던 곳이다. 울창한 숲 사이로 유유히 흐르는 와일루아강을 따라가는 크루즈와 카약 등의 투어를 통해서만 갈 수 있다. 크루즈 투어는 1시간 20분 정도 소요된다. 현장 예약도 가능하지만 홈페이지를 통해 예약하면 좀 더 저렴하다.

이곳은 사랑하는 연인과 손을 잡고 키스를 하면 영원한 사랑이 이뤄진다는 로맨틱한 전설이 내려오는 곳이기도 하다. 고사리 동굴로 가는 동안 배 안에서는 하와이 전통 음악과 훌라춤을 감상할 수 있으며, 훌라 동작도 배울 수 있다. 배가 선착장에 도착하면 5분 정도 숲길을 걸어서 풀고사리 동굴에 도착하게 된다. 이국적인 하와이안 열대 식물들이 곳곳에서 자라고 있으며, 풀고사리들이 동굴에 매달려 자라는 모습이 신비롭다.

**Data** Map 341H
**Access** 쿠히오 하이웨이Kuhio Hwy를 타고 가다가 와일루아 리버 다리를 지나기 직전에 위치한 길에서 좌회전하면 선착장
**Add** 풀고사리 동굴 Fern Grotto, Kapaa/ 투어 시작 장소 3-5971 Kuhio Hwy, Kapaa
**Tel** 808-821-6895
**Open** 투어 09:30, 11:00, 14:00, 15:30
**Cost** 성인 25달러, 3~12세 12.5달러, 2세 이하 무료(온라인 예약 시 10% 할인)
**Web** www.smithskauai.com/fern-grotto

### 잠자는 거인의 형상을 닮은
## 노우노우산 전망대 Nounou Mountain Lookout

와일루아와 카파아 지역 사이에 위치한 노우노우산을 멀리서 조망하는 장소이다. 완만한 곡선으로 되어 있는 산의 모습이 잠자는 거인의 형상을 닮았다고 하여 슬리핑 자이언트 Sleeping Giant로 더 잘 알려져 있다. 약간의 상상력을 동원해서 바라보면 사람이 등을 대고 누워 있는 모습처럼 보인다. 전설에 따르면 거인이 과식 후 휴식을 위해 누웠다가 아직까지 깨어나지 못했다고 전해진다.

노우노우산을 오르는 트레일 입구까지는 이곳에서 차로 10분 정도 소요된다. 3개의 트레일 코스가 있으며, 중급 이상의 난이도다. 등산로 입구는 할레이리오 로드Haleilio Rd 끝에 있다. 정상에 오르면 탁 트인 풍경을 즐길 수 있다.

**Data** Map 341H
**Access** 와일루아강에서 카파아로 가는 쿠히오 하이웨이 Kuhio에서 길 오른편 쉐브론Chevron 주유소 건너편 키푸니 플레이스Kipuni Pl 끝 **Add** Kipuni Place, Kapaa

© HTA

캠핑과 스노클링을 동시에 즐기는
## 리드게이트 비치 파크 Lydgate Beach Park

파도가 잔잔해 스노클링을 즐기기에 적합하다. 해변 북쪽 지역으로 올라가면 라군 지역이 있다. 수영 초보자이거나 어린아이도 안전하게 물놀이를 할 수 있다. 테이블, 바비큐 시설, 인명 구조원, 샤워 시설, 화장실이 잘 마련되어 있으며 캠핑장도 이용할 수 있다. 캠핑장 이용은 홈페이지(www.kauai.gov/Camping)에서 허가증을 발급받아야 하며, 이용료는 하루당 25달러다.

**Data** Map 341H
**Access** 쿠히오 하이웨이Kuhio Hwy를 달리다가 레호 드라이브Leho Dr 진입 후 길 끝
**Add** 4470 Nalu Rd, Kapaa
**Web** www.to-hawaii.com/kauai/beaches/lydgatebeach.php

**Writer's Pick!** 날씨가 좋으면 무지개도 볼 수 있는
## 와일루아 폭포 Wailua Falls

카와이키니Kawaikini산에서 내려온 물줄기가 약 25m 아래로 낙하하며 만들어진 폭포이다. 카우아이 대부분의 폭포가 험한 지대에 위치해 헬리콥터나 사유지를 통해 접근할 수 있지만, 이곳은 길이 잘 되어 있어 찾아가기가 쉽다. 도로 쪽에 위치한 뷰 포인트에서 시원스럽게 떨어지는 쌍둥이 폭포를 감상할 수 있다. 겨울철에 비가 많이 오면 물줄기가 하나가 되는 장관을 이루기도 한다.

과거 하와이 원주민 남성들이 자신의 용맹성을 증명하기 위해 꼭대기에서 뛰어내리곤 했다고 전해진다. 폭포가 떨어지는 웅덩이로 내려가는 길은 위험해 출입을 금지하고 있다. 와일루아강 카약 투어를 이용하면 와일루아 폭포가 떨어져서 만들어낸 웅덩이까지 갈 수 있다.

**Data** Map 341H
**Access** 쿠히오 하이웨이Kuhio Hwy를 달리다가 마알로 로드Maalo Rd 진입해서 길 끝
**Add** Ma'alo Rd, Hwy 583, Lihue

## 카약 타고 노를 저어보자

*카약은 카우아이의 속살을 볼 수 있는 방법이다. 자동차로 갈 수 없는 카우아이의 숨겨진 아름다운 풍경을 감상할 수 있다. 단, 직접 노를 저어가기 때문에 체력 고갈이 상당하다는 점은 참고하자.*

© Kikuko Nakayama

© Ron Cogswell

### 카약은 어떤 스포츠?

카약은 강이나 바다에서 타는 1~2인용 배다. 카우아이는 산이 많고 다양한 유속의 강이 있어서 난이도별로 카약을 즐기기 좋다. 가장 인기 있는 장소는 와일루아강이다. 물살이 잔잔해서 안전하고, 주변 풍경이 아름답기 때문이다. 코스마다 다르지만 보통 3~5시간 정도 소요된다.

### 카약 투어는?

처음이라면 전문가와 함께 다니는 카약 투어에 참여하는 것이 좋다. 기본적인 기술과 예상치 못한 위험에 대처하는 법 등을 배울 수 있다. 보통 투어 참여 인원은 5~6명 정도. 투어 참여 시 장비 대여료를 포함해 1인당 60~110달러 정도 예상하면 된다.

### 개인적으로 카약을 빌려서 탈 사람이라면?

카약 장비만 대여할 경우 30~50달러 정도로 빌릴 수 있다. 노 젓는 법, 운반하는 방법, 코스 등을 정확하게 익히도록 하자. 한국에서 카약 관련 정보를 미리 찾아서 공부해서 가면 좋다.
**Web** www.kayakclub.co.kr

## [카약 투어&렌털 추천 업체]

### 카약 카우아이 Kayak Kauai

와일루아강 유역에 위치한다. 카약 투어뿐만 아니라 스탠드 업 패들링 수업도 진행한다. 장비만 렌털도 가능.

**Data** Map 341H Add 3-5971 Kuhio Hwy., Kapaa Tel 808-826-9844
**Web** www.kayakkauai.com

### 페달&패들 Pedal&Paddle

북쪽인 하날레이 지역 칭 영 빌리지에 위치하고 있다. 투어는 따로 진행하지 않고 렌털만 가능하다.

**Data** Map 341C Add 5-5190 Kuhio Hwy., Hanalei Tel 808-826-9069
**Web** www.pedalnpaddle.com

### 카약 와일루아 Kayak Wailua

와일루아강 근처 카파아 마을에 위치한 업체로 와일루아 카약 투어를 진행하고 있다. 장비만 렌털 불가.

**Data** Map 341H Add 4565 Haleilio Rd., Kapaa Tel 808-822-5795
**Web** www.kayakwailua.com

### 아웃피터스 카우아이 Outfitters Kauai

포이푸 비치 파크 근처에 위치하고 있는 숍. 와일루아강에서 카약 투어를 진행한다. 장비만 렌털 가능.

**Data** Map 368F Add 2827A Poipu Rd., Koloa Tel 808-742-9667
**Web** www.outfitterskauai.com

# EAT
🍽️

## | 프린스빌&하날레이 | Princeville&Hanalei |

**Writer's Pick!**

싱그러운 카우아이의 아침을 만끽하는
### 마카나 테라스 Makana Terrace

세인트 레지스 프린스빌 리조트에 위치한 레스토랑이다. 오전 시간에는 조식 뷔페 레스토랑으로 운영하고, 저녁에는 일반 레스토랑으로 운영한다. 테라스 좌석에서는 마카나산과 하날레이 만의 숨 막히는 경치가 한눈에 보인다. 뷔페 음식은 종류가 많지 않지만 신선한 제철 재료들로 깔끔하게 구성되어 있어 만족스럽다. 투숙객이 아니더라도 조식 뷔페를 이용할 수 있다.

일몰 시간에 맞춰 저녁 식사를 즐기는 것도 추천한다. 저녁에는 카우아이에서 재배한 재료로 만든 하와이 퓨전 요리를 맛볼 수 있다. 매콤하게 양념한 참치, 새우튀김, 아보카도 등으로 만든 마카나 테라스 롤Makana Terrace Roll, 브뤼셀 수프라우트와 커리 소스를 얹은 흰 살 생선 요리 로스티드 메로Roasted Mero 등이 인기 요리이다.

**Data** Map 346B **Access** 세인트 레지스 프린스빌 리조트 내 **Add** 5520 Kahaku Rd, Princeville **Tel** 808-826-2746 **Open** 월~토 06:30~11:00, 일 06:30~13:30, 화~목 17:30~21:30 **Cost** 뷔페 성인 40달러, 어린이 23달러, 선데이 브런치 77달러 **Web** www.stregisprinceville.com/dining/makana-terrace

건강한 재료로 만든 크레이프
### 바난디 Banandi

크레이프 전문 푸드 트럭이다. 카우아이 현지 농가에서 키워진 신선한 농산물로 속을 채운 맛있는 크레이프를 맛볼 수 있다. 디저트 형식의 달콤한 크레이프를 즐기고 싶다면 누텔라 초콜릿과 바나나가 들어간 크레이프를 추천한다. 간단한 식사용으로는 모차렐라 치즈, 햄, 스크램블, 베이컨, 훈제 연어 등의 재료 중에서 원하는 재료를 선택해서 주문하면 된다. 음료는 아메리카노, 아이스 카페라테, 밀크셰이크 등을 제공한다.

**Data** Map 346E **Access** 쿠히오 하이웨이 로드에 위치 **Add** 5-5100 Kuhio Hwy, Hanalei **Tel** 808-634-7989 **Open** 화~일 07:00~17:00 **Cost** 모차렐라&토마토 크레이프 8.75달러, 누텔라 크레이프 8.95달러, 밀크셰이크 6달러

## 분위기 최고! 고품격 디너
### 카우아이 그릴 Kauai Grill

(Writer's Pick!)

스타 셰프 장 조지Jean George의 레시피를 전수받은 고급 레스토랑. 추천 메뉴는 은은한 후추향이 어우러지는 쫀득한 식감의 문어 요리 그릴드 블랙 페퍼 옥토퍼스Grilled Black Pepper Octopus, 쌀가루를 묻혀 바삭하게 튀긴 참치회에 상큼하고 매콤한 소스를 곁들인 라이스 크래커 크러스티드 아히 투나Rice Cracker Crusted Ahi Tuna, 특제 소스와 부드러운 육질의 조화가 환상적인 필레 미뇽 Filet Mignon 등이다. 디저트로는 카우아이 그릴 치즈케이크Kauai Grill Cheesecake, 따뜻한 초콜릿 케이크Warm Chocolate Cake가 있다. 추천 와인을 곁들이면 더욱 만족스러운 식사를 할 수 있다. 맛과 분위기, 서비스가 보장되어 카우아이에서 최고의 식사 장소로도 손꼽힌다. 아름다운 하날레이 베이를 내려볼 수 있는 창가 좌석은 항상 만석일 정도로 인기 있다.

**Data** Map 346B
**Access** 세인트 레지스 프린스빌 리조트 내 **Add** 5520 Kahaku Rd, Princeville **Tel** 808-826-2250
**Open** 화~일 17:30~21:30
**Cost** 전식 메뉴 20달러대, 필레 미뇽 60달러, 디저트 13달러
**Web** www.kauaigrill.com

## 북적이는 분위기가 매력적인
### 칼립소 아일랜드 바 앤 그릴 Kalypso Island Bar&Grill

현지인들과 관광객으로 활기찬 동네인 하날레이에 자리하고 있는 레스토랑. 버거, 샌드위치, 파스타, 타코, 로코 모코 등 아메리칸과 하와이 퓨전 요리를 제공한다. 남녀노소 누구나 편안하게 즐길 수 있는 메뉴를 다양하게 갖추고 있어 인기 있다. 칵테일과 와인, 생맥주도 판매한다. 과일향이 매력적인 와일루아 Wailua는 꼭 맛봐야 할 맥주. 매일 오후 3시부터 5시 30분까지는 해피 아워로, 주류와 안주를 저렴한 가격에 만끽할 수 있다.

**Data** Map 340B
**Access** 쿠히오 하이웨이 로드에 위치
**Add** 5-5156Kuhio Hwy G4, Hanalei **Tel** 808-826-9700
**Open** 월~금 11:00~21:00, 토·일 08:00~21:00 **Cost** 피시타코 16달러, 오늘의 생선 요리 19달러
**Web** www.kalypsokauai.com

# ｜카파아&와일루아 Kapaa&Wailua ｜

### Writer's Pick!
**특별한 바비큐를 즐겨보자**
## 치킨 인 어 베럴 Chicken in a Barrel

커다란 드럼통에서 훈제 형식으로 구운 치킨, 쇠고기, 돼지고기 등을 맛볼 수 있는 곳이다. 퍽퍽하지 않고, 촉촉한 식감이 인상적이다. 최고 인기 메뉴는 치킨 요리. 모든 고기를 조금씩 맛볼 수 있는 샘플러 플레이트Sampler Plate도 괜찮다. 취향에 따라 매장 한쪽에 있는 바비큐 소스를 골라 먹자.
카운터에서 주문 후 음식이 나오면 직접 가지고 오면 된다. 하날레이 지역에도 지점(**Add** 5-5190 Kuhio HWY, Hanalei **Open** 월~토 11:00~20:00, 일 11:00~15:00)이 있다.

**Data** Map 341H
**Access** 쿠히오 하이웨이 로드Kuhio Hwy에 위치. 카파아 비치 파크 옆
**Add** 4-1586 Kuhio Hwy, Kapaa
**Tel** 808-823-0780
**Open** 월~토 11:00~21:00, 일 11:00~19:00
**Cost** 치킨 포 투 20.45달러, 샘플러 플레이트 18.90달러
**Web** www.chickeninabarrel.com

### Writer's Pick!
**건강한 소로 만든 특별한 패티**
## 부바스 버거 Bubba's Burger

카우아이에서 꼭 먹어봐야 하는 음식으로 손꼽히는 것 중 하나이다. 트랜스 지방이 없는 100% 카우아이 쇠고기로 만든 패티 위에 듬뿍 올린 치즈, 다진 양파로 속을 채운 부바 버거가 유명하다. 취향에 따라 양상추, 토마토 등을 추가해도 된다.
이곳 외에 포이푸 지역(**Add** 2829 Ala Kalani kaumaka, Koloa)에도 지점이 있으니, 드라이브를 하다가 출출해지면 잠시 들러 배를 채우고 가도 좋다.

**Data** Map 341H
**Access** 쿠히오 하이웨이 로드Kuhio Hwy에 위치
**Add** 4-1421 Kuhio Hwy, Kapaa
**Tel** 808-823-0069
**Open** 10:30~20:00
**Cost** 부바 버거 4달러, 더블 버거 6달러
**Web** www.bubbaburger.com

### 카우아이에서 즐기는 신선한 스시
## 스시 부시도 Sushi Bushido

현지인들이 적극 추천하는 초밥 전문점. 초밥, 우동, 롤, 장어 샐러드 등을 맛볼 수 있다. 깔끔한 인테리어와 친절한 분위기는 기분까지 좋게 한다. 신선한 생선을 즐길 수 있다는 점이 이곳의 장점. 입맛에 따라 참치, 연어, 오징어, 조개, 연어알, 새우 등의 기본 재료를 선택하여 초밥을 고르면 된다.
신선한 연어, 참치, 게, 아보카도를 넣어 튀긴 골든 롤Golden Roll, 게, 아보카도, 오이, 신선한 생선들이 들어 있는 부시도 레인보우 롤Bushido Rainbow Roll도 맛있다. 식사 시간에는 손님들로 붐벼서 서비스가 만족스럽지 못하다는 의견도 있으니, 식사 시간대를 살짝 비껴가는 것이 좋다.

**Data** Map 341H **Access** 쿠히오 하이웨이 로드Kuhio Hwy에서 쿠쿠이 스트리트Kukui St로 진입
**Add** 4504 Kukui St, Kapaa **Tel** 808-822-0664 **Open** 월~목 16:00~21:00, 금 16:00~21:30,
토 17:00~21:30, 일 17:00~21:00 **Cost** 골든 롤 스몰 11달러~, 부시도 레인보우 롤 14달러
**Web** www.sushibushido.com

### 하와이 전통 요리를 간편하게 즐기는
## 포노 마켓 Pono Market

현지 주민들도 즐겨 찾는 플레이트 런치 전문점이다. 신선한 생 참치를 매콤한 양념으로 버무려 만든 스파이시 아히 포케 볼Spicy Ahi Poke Bowl, 홈메이드 스시 롤이 인기 있다. 문어를 양념에 버무린 타코 포케Tako Poke나 돼지고기 바비큐 요리인 라우라우Laulau와 같은 전통 하와이 음식도 있다.
맛도 좋고 가격대도 저렴해 간단한 식사 메뉴로 안성맞춤이다. 김치도 판매한다.

**Data** Map 341H
**Access** 쿠히오 하이웨이 로드Kuhio Hwy에 위치
**Add** 4-1300 Kuhio Hwy, Kapaa
**Tel** 808-822-4581 **Open** 월~금 06:00~18:00,
토 06:00~16:00 **Cost** 단품 메뉴 6~12달러

### 알록달록한 목조건물이 활기 넘치는
## 머메이드 카페 Mermaid Cafe

간단한 브런치를 즐기기 좋은 타코 전문점. 색색깔로 칠해진 외관이 싱그 발랄하다. 샐러드, 타코, 생선 요리 등을 맛볼 수 있다. 인기 메뉴는 아히 노리 랩Ahi Nori Wrap. 토르티야에 현미밥, 참치, 오이 등의 채소 등을 넣고 알싸한 와사비로 감칠맛을 더했다. 타이식 아이스티Thai Iced Tea도 맛있다.
카운터에서 주문을 한 후 메뉴가 나오면 받아오는 방식이다. 양도 푸짐하다.

**Data** Map 341H
**Access** 쿠히오 하이웨이 로드Kuhio Hwy에 위치
**Add** 1384 Kuhio Hwy, Kapaa **Tel** 808-821-2026
**Open** 09:00~21:00 **Cost** 단품 메뉴 12~15달러
**Web** www.mermaidskauai.com

# BUY

## | 하날레이|Hanalei |

**Writer's Pick!**

하날레이 마을의 쇼핑센터
### 칭 영 빌리지 Ching Young Village

칭 영 빌리지는 하날레이 지역에 위치한 야외 쇼핑센터다. 의류와 기념품 등을 구입할 수 있는 상점, 슈퍼마켓, 투어 예약 오피스, 레스토랑, 카페 등이 위치하고 있다. 가볍게 산책을 하듯 돌아보며 구경하기에 좋다. 쇼핑의 목적이 없다면 돌아보는 데에 10분도 안 걸리는 작은 규모이지만, 로컬 브랜드 숍이 곳곳에 위치하기 때문에 다른 지역에서 볼 수 없는 액세서리, 옷, 신발 등을 발견할 수 있다. 메이드 인 카우아이 제품도 많아 더욱 흥미롭다.

간단한 식사를 원한다면 카우아이 쇠고기와 신선한 식재료를 이용하는 부바스 버거Bubba's Burgers, 하와이 스타일의 핫도그를 판매하는 푸카 도그Puka Dog를 추천한다. 더위를 식혀주는 셰이브 아이스 파라다이스Shave Ice Paradise의 빙수를 먹거나 하날레이 커피 로스터스 Hanalei Coffee Roasters에서 향긋한 커피 한잔의 휴식을 취하는 것도 좋다. 칼랄라우 트레일, 스노클링 포인트로 유명한 케에 비치 파크 등을 오갈 때 식사 또는 휴식을 취하기 위해 들러볼 만하다.

**Data** Map 346E
**Access** 쿠히오 하이웨이 로드 Kuhio Hwy에 위치. 프린스빌 지역에서 차로 12분
**Add** 5190 Kuhio Hwy, Hanalei
**Tel** 808-826-7222
**Open** 09:30~18:00
**Web** www.chingyoung-village.com

# 사우스 카우아이

## SOUTH KAUAI(포이푸 부근)

카우아이의 남쪽 지역이다. 올드 콜로아 타운의 정감 있는 분위기와
붉은 지층으로 층층이 쌓아올려진 와이메아 캐니언의 놀라운 파노라마
장관, 투어 보트를 타고 감상하는 뾰족한 산세의 나팔리 코스트
절경까지! 어느 것 하나 놓칠 수 없는 다채로운 볼거리로 가득하다.

South Kauai

# PREVIEW

이 지역의 하이라이트는 태평양의 그랜드 캐니언으로 불리는 와이메아 캐니언의 웅대한 파노라마 장관을 감상하는 것이다. 대자연이 만들어낸 경관이 감탄을 자아낸다. 폴리헤일 주립공원의 해변과 포이푸 비치 파크는 황홀한 선셋 감상 지역이다. 예로부터 카우아이의 중심지로 이름난 리후에 지역에 위치하고 있으니, 공항을 오갈 때에 잠시 들러보면 된다.

**SEE**

붉은 화강암이 퇴적된 기암절벽과 푸른 녹음의 조화가 아름다운 와이메아 캐니언은 절대 놓칠 수 없다. 용솟음치는 스파우팅 혼과 다채로운 식물을 만날 수 있는 내셔널 트로피컬 보태니컬 가든도 인기 장소이다. 포이푸 비치 파크, 솔트 폰드 비치 파크 등에서 아름다운 선셋도 감상하자. 리후에 지역의 킬로하나 플랜테이션과 올드 콜로아 타운은 사탕수수 생산지로서의 카우아이의 한적한 정취를 느낄 수 있는 지역이다.

**ENJOY**

아름다운 나팔리 코스트를 보트로 즐기는 투어가 포트 알렌 항구에서 진행된다. 북쪽 하날레이 베이에서 출발하는 배보다 큰 사이즈의 배가 출발하기 때문에 인기가 많다. 각각 개성이 강한 해변 포이푸 비치 파크, 쉽렉 비치, 솔트 폰드 비치 파크, 폴리헤일 주립공원에서는 선탠과 수영을 즐기며 여유로운 시간을 보내기에 좋다. 시간 여유가 있다면 와이메아 캐니언의 트레일을 걷는 것도 추천한다.

**EAT**

가격대는 높지만 분위기 좋은 레스토랑이 많다. 쿠쿠이울라 빌리지 또는 포이푸 쇼핑 빌리지, 올드 콜로아 타운 등에 맛집 레스토랑들이 입점되어 있다. 다양한 퓨전 요리 전문점이 많아서 입맛에 맞는 식사를 즐길 수 있다. 래퍼츠 하와이, 파파라니 젤라토는 하와이 스타일의 아이스크림을 맛볼 수 있는 곳이다. 고소한 맛이 매력적인 카우아이 쿠키도 인기 제품이다. 카우아이 커피 컴퍼니에서는 향긋한 카우아이산 커피를 무료로 시음할 수 있다.

**SLEEP**

포이푸 지역에는 고급 리조트형 호텔이 즐비하다. 현지인들의 집을 빌리는 베케이션 렌털 하우스는 취사가 가능해서 가족 단위 여행자들에게 사랑받는 곳이다. 리후에 공항 근처에도 다양한 등급의 호텔이 있다. 텐트 등의 캠핑 장비가 있다면 캠핑도 가능하다. 캠핑 가능 장소는 솔트 폰드 비치 파크, 폴리헤일 주립공원을 추천한다.

South Kauai
# ONE FINE DAY

*태평양의 그랜드 캐니언으로 불리는 와이메아 캐니언은 이곳의 하이라이트! 숨 막히는
자연 경관을 감상하고 커피 농장을 방문하거나 해변에서 여유로운 시간을 보내면 알찬 하루
일정 완성! 다음 날 일정의 여유가 있다면 나팔리 코스트 보트 투어는 꼭 경험해보자.*

자동차 30분 →

자동차 30분 →

**09:00**
와이메아 캐니언 지역의
주요 스폿 차로 돌아보기
(3~4시간 소요). 또는
헬기 투어 돌아보기

**13:00**
로지 앤 코케에,
슈림프 스테이션 등에서
점심 식사 즐기기

**14:00**
카우아이 쿠키 팩토리
스토어나 래퍼츠 하와이
아이스크림 맛보기. 또는
히스토릭 하나페페 마을
돌아보기

자동차 6분 ↓

← 자동차 10분

← 자동차 25분

**18:00**
포이푸 비치에서
선셋 보기

**17:00**
물줄기가 하늘로 솟구치는
스파우팅 혼 구경하기

**15:00**
카우아이 커피 컴퍼니
방문하기

자동차 5분 ↓

**20:00**
쿠쿠이울라 빌리지 또는
포이푸 쇼핑 빌리지에서
저녁 식사하기

**Tip** 추가 일정이 가능하다면?

사우스 카우아이에서 추가 일정이 가능하다면 포트 알렌 항구에
서 출발하는 나팔리 코스트 보트 투어를 계획해보자. 자세한 내
용은 376p에서 확인하자. 투어 후에 남은 시간에는 사우스 카
우아이의 다른 스폿들 돌아보거나 다른 섬으로 이동하면 된다.
카우아이의 중심지인 리후에 지역은 공항 근처에 있어 공항을
오갈 때에 일정을 배치하면 좋다. 사탕수수 대농장이었던 킬로
하나 플랜테이션을 들러도 좋겠다.

# 리후에
# Lihue

0    500m

하나마울루 비치 파크 이후키니 레크리에이션 피어 주립공원
Hanamaulu Beach Park Ahukini Recreation Pier State Park

니니니 포인트
Ninini Point

메리어트 카우아이 리군
Marriott's Kauai Lagoons

이스랜드 헬리콥터
Island Helicopter

리후에 공항
Lihue Airport

메리어트 카우아이 비치 클럽
Marriott Kauai Beach Club

카우아이 라군 골프 클럽
Kauai Lagoon Golf Club

블루 하와이안 헬리콥터
Blue Hawaiian Helicopters

칼라파키 비치
Kalapaki Beach

칼라파키 서클
Kalapaki Cir

듀크스 카우아이
Duke's Kauai

잭 하터 헬리콥터
Jack Harter Helicopters

나윌리윌리 항구
Nawiliwili Harbor

라우코나 스트리트
Laukona St

마누레레 스트리트
Manulele St

사파리 헬리콥터
Safari Helicopters

월마트
Walmart

세이프웨이
Safeway

카우아이 뮤지엄
Kauai Museum

JJ브로일러
JJ's Broiler

쿠히오 하이웨이 Kuhio Hwy

에히쿠 스트리트 Ehiku St

카우아이 파스타 리후에 지점
Kauai Pasta Lihue

맥도날드
Mc Donald's

하무라 사이민
Hamura Saimin

라이스 스트리트 Rice St

포 카우아이
Pho Kauai

카우아이 하이스쿨
Kauai High School

나윌리윌리 로드 Nawiliwili Rd

푸아케아 골프 코스
Puakea Golf Course

K마트
K Mart

후레말루 로드 Hulemalu Rd

메네후네 양어장 전망대
Menehune Fishpond Lookout

코스트코
Costco

후레이아 국립 야생 보호 구역
Huleia National Wildlife Refuge

리후에
Lihue

킬로하나 플랜테이션
Kilohana Plantation

카우물리 하이웨이 Kaumualii Hwy

칼레파 스트리트
Kalepa St

누호우 스트리트
Nuhou St

나니 스트리트
Nani St

푸히 로드 Puhi Rd

게일로즈 엣 킬로하나
Gaylord's at Kilohana

콜로아 럼 컴퍼니
Koloa Rum Company

카우아이 칼리지
Kaua'I Community College

KCC 파머스 마켓
KCC Farmer's Market

올드 후레말루 로드 Old Hulemalu Rd

후레이아 스트림 Huleia Stream

아쿠쿠이 로드 Aakukui Rd

아에포에하 저수지
Aepoeha Reservoir

A

B

알라 칼람알라니가우마카 스트리트 Ala Kalamalanigaumaka St

피제타 R
Pizzetta

포이푸 로드 Poipu Rd

로파카 파이파 블루바드
Lopaka Paipa Blvd

카할라와이 스트리트 Kahalawai St

E 쿠쿠이울라 골프 코스
Kukui'ula Golf Course

알라 쿠쿠이울라 Ala Kukui'ula

알라 푸알레이큐쿠이 Ala Pualeikukui

내셔널 트로피컬 보태니컬 가든
National Tropical Botanical Garden

스파우팅 혼
Spouting Horn

케 아라우라 스트리트
Ke Alaula St

E

아웃피터스 카우아이
Outfitters Kaui

쿠쿠이울라 빌리지 S
Kukui'ula Village

E 다 크랙
Da Crack

래퍼츠 하와이 R
Lappert's Hawaii

라와이 로드 Lawai Rd

라와이 로드 Lawai Rd

콜로아 랜딩 리조트 H
Koloa Landing Resort

포이푸 비치 로드 Poipu Beach Rd

I

J

N

0    200m

포이푸
Poipu

**S** 빅 세이브 마켓
Big Save Market

마하우레푸 로드 Mahaulepu Rd

칼루아호누 로드 Kaluahonu Rd

**C**

**D**

키아후나 플랜테이션 드라이브 Kiahuna Plantation Dr

알라 키노이키 로드 Ala Kinoiki Rd

**G**

**H**

**E** 키아후나 골프 클럽
Kiahuna Golf Club

포이푸
Poipu

**R** 파파라니 젤라토 Papalani Gelato
**R** 푸카 도그 Puka Dog
**S** 포이푸 쇼핑 빌리지
Poipu Shopping Village

포이푸 베이 골프 코스 **E**
Poipu Bay Golf Course

카필리 로드 Kapili Rd

포이푸 로드 Poipu Rd

**H** 쉐라톤 카우아이 리조트
Sheraton Kauai Resort

포이푸 로드 Poipu Rd

**H** 그랜드 하얏트 카우아이
Grand Hyatt Kauai

**H** 코아 케아 호텔&리조트
Koa Kea Hotel&Resort

마하우레푸 헤리티지 트레일
Maha'ulepu Heritage Trail

쉽렉 비치
Shipwreck Beach

훈 로드 Hoone Rd

호오후 로드 Hoohu Rd

페애 로드 Pe'e Rd

포이푸 비치 파크
Poipu Beach Park

포인트 엣 포이푸
The Point at Poipu

**K**

**L**

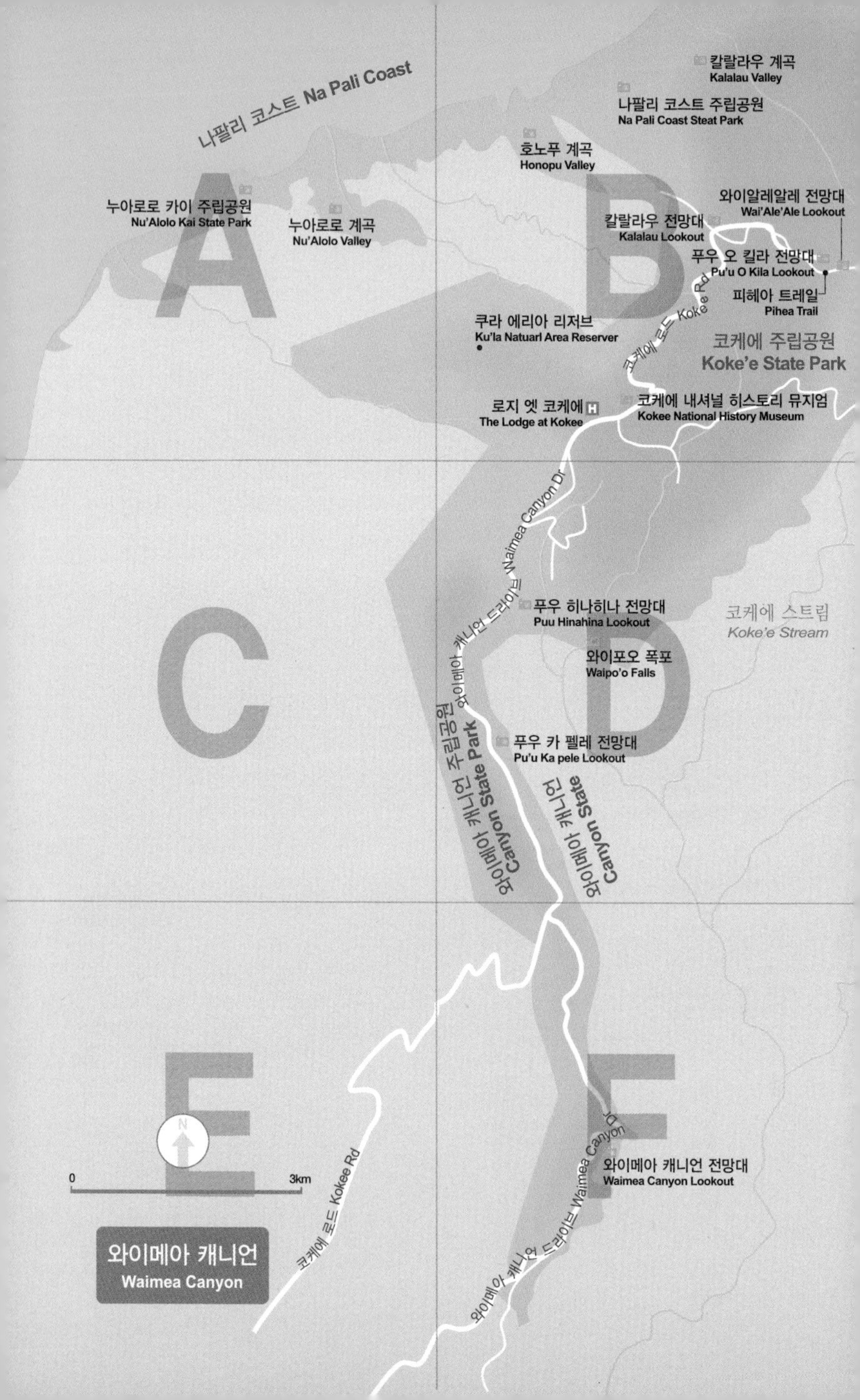

나팔리 코스트 Na Pali Coast
칼랄라우 계곡
Kalalau Valley
나팔리 코스트 주립공원
Na Pali Coast Steat Park
호노푸 계곡
Honopu Valley
누아로로 카이 주립공원
Nu'Alolo Kai State Park
누아로로 계곡
Nu'Alolo Valley
와이알레알레 전망대
Wai'Ale'Ale Lookout
칼랄라우 전망대
Kalalau Lookout
푸우 오 킬라 전망대
Pu'u O Kila Lookout
피헤아 트레일
Pihea Trail
쿠라 에리아 리저브
Ku'la Natuarl Area Reserver
코케에 로드 Kokee Rd
코케에 주립공원
Koke'e State Park
로지 엣 코케에
The Lodge at Kokee
코케에 내셔널 히스토리 뮤지엄
Kokee National History Museum
와이메아 캐니언 드라이브 Waimea Canyon Dr
푸우 히나히나 전망대
Puu Hinahina Lookout
코케에 스트림
Koke'e Stream
와이포오 폭포
Waipo'o Falls
와이메아 캐니언 주립공원 Canyon State Park
푸우 카 펠레 전망대
Pu'u Ka pele Lookout
와이메아 캐니언 Canyon State
A
B
C
D
E
F
N
0
3km
코케에 로드 Kokee Rd
와이메아 캐니언 전망대
Waimea Canyon Lookout
와이메아 캐니언 드라이브 Waimea Canyon Dr
와이메아 캐니언
Waimea Canyon

## SEE

## | 리후에 Lihue |

**번영했던 사탕수수 농장으로 과거 여행**
### 킬로하나 플랜테이션 Kilohana Plantation

볼거리가 풍부한 사탕수수 농장이다. 농장에 들어서면 1935년 지어진 목조 건축물이 먼저 보이는데, 건축 당시 카우아이에서 가장 아름다운 건물로 꼽혔던 저택이다. '트레인 디포Train Depot'라고 쓰여있는 이 정표를 따라가면 사탕수수 운반을 위해 만들어진 철로와 기차가 있다.

시그니처 기차 투어에 참여하면 40분 정도 기차로 농장을 돌아보며 가이드의 설명을 들을 수 있다. 대단한 볼거리가 있는 것은 아니지만 카우아이의 옛 사탕수수 재배 시절을 회상해보기에는 좋다. 중간에 농장에서 기르고 있는 멧돼지, 닭, 염소 등도 구경하며 먹이를 줄 수 있다. 시그니처 기차 투어 소요 시간은 40분, 투어는 오전 10시, 11시, 12시, 오후 1시, 2시 정각에 시작한다.

그 외에 오전 9시 30분에 출발해서 기차에서 점심 식사를 즐기며 돌아보는 4시간 런치 투어와 화, 금 오후 5시 30분에 시작하는 루아우 익스프레스도 즐길 수 있다. 루아우 익스프레스는 기차 안에서 하와이 전통 음식을 먹고, 훌라와 같은 춤과 음악을 감상하는 프로그램이다. 현재는 저택의 일부를 게이로즈 레스토랑, 콜로아 럼 컴퍼니 등으로 나누어 여러 볼거리를 제공한다. 기프트 숍도 자리 잡고 있어서 기념품을 구입할 겸 가볍게 둘러볼 만하다.

**Data** Map 367A
**Access** 리후에 공항 출발, 아후키니 로드Ahukini Rd 진입 후 쿠히오 하이웨이Kuhio Hwy로 좌회전하여 직진, 카우무알리 하이웨이Kaumualii Hwy 진입하면 도착. 리후에 공항 출발 기준으로 차로 10분
**Add** 3-2087 Kaumualii Hwy., Lihue **Tel** 808-245-5608 **Open** 월~토 09:30~21:30, 일 09:30~15:00
**Cost** 시그니처 기차 투어 성인 19.95달러, 3~12세 14달러, 2세 이하 무료/4시간 런치 투어 성인 78.5달러, 3~12세 60달러, 2세 이하 무료(홈페이지 예약 시 10% 할인) **Web** www.kilohanakauai.com

### 카우아이섬의 유일한 양조장
## 콜로아 럼 컴퍼니 Koloa Rum Company

카우아이의 주요 생산 작물인 사탕수수는 럼Rum의 주요 재료다. 이곳은 카우아이의 물과 사탕수수로 품질 좋은 럼을 만드는 곳으로, 럼 양조 공장 옆의 매장에는 테이스팅 룸이 있다. 만 21세임을 증명하는 신분증만 있다면 다양한 럼을 무료로 맛볼 수 있다. 시음은 30분에서 1시간 간격으로 진행된다. 또한 럼 케이크, 럼을 사용한 주스 등도 판매한다. 다양한 제품을 살 수 있는데, 럼으로 만든 럼 케이크Rum Cake가 가장 인기 있다.

**Data** Map 367A
**Access** 킬로하나 플랜테이션 내 위치 **Add** 3-2087 Kaumualii Hwy, Lihue **Tel** 808-246-8900 **Open** 테이스팅룸 월·수·토 10:00~15:30, 화·금 10:00~19:30, 목 10:00~17:00/ 매장 월·수·토 09:30~18:30, 화·금 09:30~21:00, 목 09:30~18:30 **Cost** 럼 케이크 스몰 7.50달러, 라지 25.50달러 **Web** www.koloarum.com

### 고대 하와이 스타일의 인공 연못을 보는
## 메네후네 양어장 전망대 Menehune Fishpond Lookout

후레이아 계곡Huleia Valley으로 둘러싸인 양어장의 풍경을 감상하기 위해 들르는 곳이다. 양어장은 길이 274m, 높이 1.5m의 거대한 크기로, 화강암을 섬세하게 쌓아올려 만들었다.

전설에 의하면 천여 년 전, 깊은 산속에 살던 메네후네 소인족이 하룻밤 사이에 뚝딱하고 이 연못을 만들었다고 전해진다. 일부 사람들은 메네후네가 키가 작은 사람들을 가리키는 것이 아니라 신분이 낮은 평민을 일컫는 말이라고 주장하기도 한다. 고대 하와이 양어장으로, 1973년 국립 사적지로 지정이 되었다.

**Data** Map 367E
**Access** 리후에 공항에서 차로 12분. 라이스 스트리트Rice St를 타고 가다가 니우말루 로드Niumalu Rd에 진입한 후 직진하면 홀레말루 로드 Hulemalu Rd로 이어진다. 이 길 위에 전망대가 있다.
**Add** Menehune Fishpond Lookout, Lihue
**Cost** 무료 **Web** www.hawaii-guide.com/kauai/sights/ menehune_fishpond

### 역사와 문화를 느끼는
## 카우아이 뮤지엄 Kauai Museum

카우아이와 관련된 역사적, 문화적 전시를 진행하고 있다. 카우아이가 어떻게 만들어졌는지부터 토착민, 이민자들, 하와이 왕족의 생활상, 당시 주요 산업의 모습 등 하와이의 과거와 현재를 다양한 전시를 통해 엿볼 수 있다. 관람 시간은 2시간 정도.

**Data** Map 367B
**Access** 리후에 공항에서 카풀 하이웨이Kapule Hwy를 타고 가다가 우회전후 라이스 스트리트Rice St 진입 후 도착 **Add** 4428 Rice St, Lihue **Tel** 808-245-6931 **Open** 월~토 10:00~16:00 **Close** 일요일 **Cost** 18세 이상 15달러, 8~17세 10달러, 65세 이상 12달러, 7세 이하 무료 **Web** www.kauaimuseum.org

## | 포이푸&콜로아 Poipu&Koloa |

**Writer's Pick!**

유유자적 진정한 휴양을 즐기는
### 포이푸 비치 파크 Poipu Beach Park

일몰이 아름다운 해변이다. 낚시, 스노클링 등 다양한 해양 스포츠를 즐길 수 있다. 바윗돌이 쌓여 있어 방파제 역할을 하는 해변 쪽으로는 파도가 잔잔해 아이들도 안전하게 놀 수 있다. 융단처럼 깔려 있는 잔디밭에서는 선탠 또는 피크닉을 만끽하기에 제격이다. 곳곳에 심어져 있는 야자수와 고운 모래사장이 이루는 풍경이 아름답다. 피크닉, 테이블, 샤워 시설, 화장실 등의 편의 시설이 잘 되어 있다. 주차는 길거리 주차를 이용하면 된다.

**Data** Map 369K
**Access** 포이푸 로드 Poipu Rd를 타고 가다가 후윌리 로드 Hoowili Rd 진입 후 길이 끝나는 지점에 위치
**Add** 2440 Hoonani Rd, Koloa
**Web** www.poipubeach.org/beaches

향긋한 유칼립투스 나무로 이뤄진
### 트리 터널 Tree Tunnel

트리 터널은 카우아이의 포이푸 Poipu를 가기 위해 지나게 되는 마리우히 로드로, 유칼립투스 나무가 빼곡히 심어져있는 길이다. 1911년에 심어진 500여 그루의 나무가 1km 정도 길 양쪽으로 늘어서 있어서 마치 터널과 같은 느낌을 준다고 하여 붙여진 이름이다. 울창한 숲에서 내뿜는 공기가 매우 상쾌한 곳이다. 창문을 열고 드라이브를 즐기며 지나가보자.

**Data** Map 341K
**Access** 마리우히 로드 Maliuhi Rd 초입에 위치
**Add** State Hwy 520, Kalaheo
**Web** www.kauai.com/tree-tunnel

**폭신한 모래사장이 있는**
### 쉽렉 비치 Shipwreck Beach

일 년 내내 파도가 높아 부기 보딩, 서핑을 즐기기에 적당하다. 겨울에는 특히 파도가 매서우니 주의하도록 하자. 모래가 두껍게 쌓여 있어서 폭신한 느낌의 모래사장이 인상적이다. 왼편의 절벽에서는 다이빙하는 청년들의 모습도 보인다. 거친 파도로 인해서 배가 난파된 적이 있어서 쉽렉 비치라고 이름 붙여졌다. 풍경이 아름다워 웨딩 촬영지로도 이용되는 곳이다.

**Data** Map 369L **Access** 포이푸 로드Poipu Rd를 타고 가다가 그랜드 하얏트 리조트를 지나 아이나코 스트리트Ainako St로 진입
**Add** Ainako Rd, Poipu
**Web** www.kauai.com/shipwrecks-beach

**하늘로 솟구치는 물줄기가 놀라운**
### 스파우팅 혼 Spouting Horn

15m까지 거대하게 솟구치는 물줄기를 볼 수 있다. 거센 파도가 바윗돌에 부딪히면서 일어나는 자연 현상이다. 파도가 용암 사이를 통과할 때 들리는 소리는 하와이 용의 울음소리라고 불린다. 스파우팅 혼 옆에는 60m 이상 솟아오르는 다른 블로 홀이 있었으나 인근 사탕수수 밭에 소금물이 튀면서 피해가 일어나자 1920년대에 바위 몇 개를 파괴하였다.

**Data** Map 368E **Access** 포이푸 로드Poipu Rd 타고 남쪽으로 내려가다가 라와이 로드Lawai Rd를 지나 3.2km 정도 달린다. **Add** Lawai Rd, Koloa
**Web** www.gohawaii.com/en/kauai/regions-neighborhoods/south-shore/spouting-horn

**하와이의 자연을 좀 더 가깝게 관찰하는**
### 내셔널 트로피컬 보태니컬 가든 National Tropical Botanical Garden

영화 〈쥬라기 공원〉에도 등장했을 정도로 울창하게 뻗은 기괴한 모양의 나무와 이국적인 열대 식물들이 있는 수목원이다. 이곳은 셀프 투어인 맥브라이드 가든McBryde Gardens과 가이드 투어인 앨러턴 가든Allerton Garden으로 돌아볼 수 있다. 투어는 비지터 센터Visitor Center에서 출발하는 트램을 타고 정원까지 이동하게 된다. 각 투어의 진행 시간이 다르므로 홈페이지를 참고하자.
두 가지 투어를 모두 체험하고 싶다면 디스커버리 콤비네이션 투어 Discovery Combination Tour를 선택하자. 정원 내에 하와이 여왕인 퀸 엠마Queen Emma의 여름 별장도 위치하고 있다.

**Data** Map 368E
**Access** 스파우팅 혼 건너편
**Add** 4425 Lawai Rd, Poipu
**Tel** 808-742-2623
**Open** 08:00~17:00
**Cost** 맥브라이드 가든 투어 13세 이상 30달러, 6~12세 15달러, 5세 이하 무료(2시간 소요)/ 앨러턴 가든 투어 13세 이상 50달러, 6~12세 25달러, 5세 이하 무료 (2시간 30분 소요)
**Web** www.ntbg.org/gardens

## | 하나페페 Hanapepe |

**Writer's Pick!**

카우아이 최대 규모의 커피 농장
### 카우아이 커피 컴퍼니 Kauai Coffee Company

커피 애호가에게 추천하는 곳이다. 산들거리는 무역풍과 뜨거운 태양, 풍부한 양분의 화산 토양에서 재배된 원두의 깊은 향을 즐겨보자. 사탕수수 농장이었으나 현재는 400만여 그루 이상의 커피나무를 보유하고 있다. 바닥에 커피 잔이 새겨진 돌을 따라가다 보면 자연스럽게 셀프 투어를 할 수 있다. 생두를 원두로 만드는 방법을 설명하는 팻말과 전시물, 농기구 등이 곳곳에 위치해 있다.

시간대를 맞추면 무료 가이드 투어도 참여할 수 있다. 보통 오전 10시부터 오후 4시까지 2시간 간격으로 진행되며, 약 25분 정도 소요된다. 투어가 끝나는 지점에 위치한 기프트 숍에서 다양한 종류의 커피를 시음해보자. 마카다미아너트, 바닐라 등의 향이 첨가된 커피도 있으며, 원두도 판매한다. 그 외에 다양한 기념품도 판매하고 있다. 매장 한쪽에는 커피 제조에 필요한 다양한 기구를 전시한 박물관도 있다.

**Data** Map 340J
**Access** 카우무알리 하이웨이 Kaumualii Hwy를 따라가다 할위리 로드 Halewili Rd에서 좌회전 하여 진입 후 직진하면 도착. 포이푸 비치 파크에서 차로 20분
**Add** 870 Halewili Rd, Kalaheo
**Tel** 800-545-8605
**Open** 09:00~17:00
**Cost** 무료입장
**Web** www.kauaicoffee.com

### 태고의 아름다움이 물씬
### 하나페페 밸리 전망대 Hanapepe Valley Lookout

하나페페 계곡의 아름다운 풍경을 감상해보자. 원시적인 아름다움을 가지고 있는 하나페페 계곡은 스티븐 스틸버그 감독의 〈쥐라기 공원〉의 촬영지로도 이용되었다. 도로 옆에 전망대가 위치하고 있다. 예전에는 이 계곡에서 타로를 경작했다. 와이메아 캐니언, 하나페페 지역 등을 오갈 때에 잠시 들러볼 만하다.

**Data** Map 340J **Access** 카우무알리 하이웨이 로드 Kaumualii Hwy 위. 포이푸 비치 파크에서 차로 20분
**Add** Hanapepe Valley Lookout, Kalaheo

### |Theme|
# 멋진 전경과 함께 해양 액티비티를 즐기는
# 나팔리 코스트 보트 투어 Napali Coast Boat Tour

카우아이 최고의 명소로 알려진 나팔리 코스트를 배를 타고 돌아본 후 스노클링도 즐기는
투어이다. 보통 아침 식사와 음료, 스노클링 장비 대여료가 포함되어 있다. 오전 7시 또는
8시에 출발하고 오후 1시 또는 2시에 돌아오는 일정의 오전 투어가 가장 인기 있다. 일 년 내내
돌고래를 볼 수 있으며, 운이 좋다면 바다거북, 하와이안 몽크 바다표범도 볼 수 있다. 겨울에는
혹등고래가 자주 나타난다. 투어 출발일로부터 3일 이전, 온라인 예약 시 할인 혜택이 있다.

## 투어의 시작 장소는 어디?
카우아이의 남쪽 항구인 포트 알렌 항구Port Allen Harbor와 북쪽 항구인 하날레이 베이Hanalei Bay에서 출
발하는 배로 나뉜다. 어린 자녀가 있다면 포트 알렌 항구에서 출발하는 보트 투어를 추천한다.
하날레이 베이에서 출발하는 투어는 배의 규모가 작은 경우가 많아 배의 흔들림이 많을 수 있으므로,
어린아이를 동반한 사람들은 탑승할 수 없다. 다만, 큰 배에 비해 해안까지 좀 더 가깝게 가서 지형을
관찰할 수 있다는 장점이 있다.

### 포트 알렌 항구 Port Allen Harbor
**Data** Map 340J
**Access** 카우무알리 하이웨이Kaumualii Hwy를 따라가다가
와이알로 로드Waialo Rd로 진입 후 직진한다. 포이푸 비치 파크에서
차로 24분 **Add** 4337 Waialo Rd, Hanapepe
**Web** www.portallenharbor.net

### 하날레이 베이 Hanalei Bay
**Data** Map 346E
**Access** 쿠히오 하이웨이Kuhio Hwy를 따라 가다가 아쿠 로드
Aku Rd에서 우회전, 길 끝에서 우회전하여 웨케 로드Weke Rd로
진입해 길 끝까지 간 후 주차를 하고 해변으로 나가면 된다.
프린스빌 지역에서 차로 12분
**Add** Hanalei Pier, Hanalei
**Web** www.kauai.com/hanalei-bay

## 멀미약은 꼭!
오랜 시간 배를 타고 투어를 하기 때문에 멀미약 복용을 추천한다. 특히 겨
울철에는 파도가 높기 때문에 배의 흔들림이 심해질 수 있다. 약효를 제대로
보기 위해서는 출발 30분 전에 복용해야 한다.

## 준비물은?
투어 중간에 스노클링을 즐기는 프로그램이 포함되어 있다. 젖은 몸을 말릴 때 사용할 비치타월을 준
비하자. 갈아입을 여분의 옷을 준비하는 것도 좋다. 카메라, 선크림, 선글라스, 모자, 바람막이, 긴팔
등도 필요하다.

## [포트 알렌 항구 보트 투어 추천 업체]

카우아이의 남쪽 항구인 포트 알렌 항구Port Allen Harbor 주변으로 투어 업체들이 위치하고 있다. 투어는 홈페이지를 통해 예약하는 것이 좋다. 주의사항을 듣고, 인원 점검 후 투어에 참여하는 사람들이 다 같이 배를 타러 이동하게 된다. 유료 픽업 서비스를 제공하는 투어 업체도 있다.

### 캡틴 앤디스 세일링 Captain Andy's Sailing
**Data** Map 340J
**Add** 4353 Waialo #1A-2A, Eleele
**Tel** 808-335-6833 **Open** 07:30~17:00
**Cost** 성인 159달러, 어린이 119달러
**Web** www.napali.com

### 홀로 홀로 차터스 Holo Holo Charters
**Data** Map 340J
**Add** 4353 Waialo Rd, Eleele
**Tel** 808-335-0815 **Open** 06:00~20:00
**Cost** 성인 159달러, 6~12세 119달러
**Web** www.holoholokauaiboattours.com

### 블루 돌핀 차터스 Blue Dolphin Charters
**Data** Map 340J
**Add** 4353 Waialo Rd, Eleele
**Tel** 808-335-5553 **Open** 07:00~19:00
**Cost** 18세 이상 149달러, 12~17세 135달러,
2~11세 105달러
**Web** www.bluedolphinkauai.com

### 카우아이 시 투어 Kauai Sea Tours
**Data** Map 340J
**Add** 4353 Waialo Rd, Eleele
**Tel** 800-733-7997 **Open** 06:00~18:30
**Cost** 18세 이상 149달러, 13~17세 139달러,
3~12세 109달러
**Web** www.kauaiseatours.com

## [하날레이 베이 보트 투어 추천 업체]

카우아이 북쪽에 위치한 칭 영 빌리지 빌리지 내에 투어 업체들이 위치하고 있다. 홈페이지 또는 직접 방문을 통해 투어를 신청할 수 있다.

### 나팔리 카타마란 Napali Catamaran
**Data** Map 346E
**Access** 칭 영 빌리지 내 위치 **Add** 5-5190 Kuhio
Hwy, Hanalei **Tel** 808-826-6853 **Open**
07:00~14:00 **Cost** 5세 이상 233.30달러(5세 이하
탑승 불가) **Web** www.napalicatamaran.com

### 캡틴 선다운 Captain Sundown
**Data** Map 346E
**Access** 칭 영 빌리지에서 도보 3분 **Add** 5-5100
Kuhio Hwy, Hanalei **Tel** 808-826-5585
**Cost** 8세 이상 205달러(7세 이하 탑승 불가)
**Web** www.captainsundown.com

### 역사가 느껴지는 작은 마을
## 히스토릭 하나페페 타운 Historic Hanapepe Town

컬러풀한 빌딩들이 늘어서 예술적 감각이 물씬 느껴지는 작은 마을이다. 갤러리, 레스토랑, 상점이 들어서 있다. 디즈니 애니메이션 〈릴로&스티치Lilo&Stitch〉의 배경 마을로도 유명하다. 마을 중심지에 위치한 스윙 브리지Swinging Bridge(Add 3857 Hanapepe Rd, Hanapepe)는 하나페페강Hanapepe River을 가로지르는 목조형 출렁 다리이다. 주변 경관을 감상하기 좋다.

매주 금요일 저녁 6시부터 9시까지는 하나페페 아트 나이트 Hanapepe Art Night가 진행된다. 마을 곳곳에서 흥겨운 음악이 나오고, 갤러리들은 주요 작품을 전시하며 손님들을 맞이한다. 스윙 브리지 주변으로 갤러리가 많다.

**Data** Map 340J **Access** 카우무알리 하이웨이Kaumualii Hwy를 달리다가 하나페페 히스토릭 메인 스트리트Hanapepe Historic Main St 표지판이 나온다 **Add** Hanapepe Economic Alliance, Hanapepe **Tel** 808-335-5944 **Web** www.hanapepe.org


### 캠핑도 가능한 분위기 좋은 비치
## 솔트 폰드 비치 파크 Salt Pond Beach Park

하와이에서 유일하게 천연 소금이 재배되는 연못이 있는 비치 파크이다. 소금은 건조하고 뜨거운 기후의 여름 동안 생산된다. 허락 없이는 염수 연못에 들어갈 수가 없다. 해변은 수영을 하기에 안전한 편이며, 황금빛 모래사장이 펼쳐져 있다.

주말이면 피크닉 테이블과 바비큐 그릴을 사용하고자 하는 현지 주민들이 많이 보인다. 이 해변에서는 캠핑도 할 수 있다. 단, 허가증을 받아야 한다. 캠핑 관련 정보는 홈페이지(**Web** www.to-hawaii.com/kauai/camping)를 참고하자.

**Data** Map 340J
**Access** 카우무알리 하이웨이 Kaumualii Hwy를 따라가다가 레레 로드Lele Rd로 진입 후 직진하다가 로코카이 로드Lokokai Rd로 좌회전 **Add** Lokokai Rd, Hanapepe **Web** www.to-hawaii.com/kauai/beaches/saltpondbeachpark.php

# | 와이메아 캐니언 Waimea Canyon |

*와이메아 캐니언 지역은 차를 타고 돌아다니면서 주요 전망대에서 풍경을 감상하는 것이 포인트다. 와이메아 캐니언 주립공원Waimea Canyon State Park, 코케에 주립공원Kokee State Park 두 구역으로 나눠져 있다. 와이메아 캐니언 주립공원의 도로에서 계속 올라가면 코케에 주립공원으로 이어진다. 하나의 도로로 연결되어 있고, 무료입장이어서 스폿을 따라가다 보면 두 구역을 모두 돌아보게 된다. 각 전망대를 들러 풍경만 감상할 예정이라면 3~4시간 정도, 트레일을 걸을 예정이라면 온종일 시간을 쏟아야 한다.*

*전망대가 아니더라도 곳곳에 눈과 마음을 끄는 아름다운 풍경이 많은 지역이다. 모험을 좋아한다면 와이메아 캐니언 지역을 돌아본 후 차량으로 1시간 소요되는 폴리헤일 주립공원에서 수영을 즐겨도 좋다. 폴리헤일 주립공원으로 가는 길은 비포장길이 이어져서 운전이 험한 편이지만 하얀 모래사장이 펼쳐지는 멋진 해변이다.*

**태평양의 그랜드 캐니언**

Writer's Pick!

## 와이메아 캐니언 전망대 Waimea Canyon Lookout

와이메아 캐니언 주립공원의 가장 대표적인 전망대로, 950m 높이에 위치한다. 길이 16km, 폭 1.6km, 깊이 1.1km의 골짜기와 화강암이 침식되어 만들어진 웅장한 풍경이 파노라마로 펼쳐진다. 암반 속 철 성분으로 인해 붉은색을 띠는 흙과 푸른색의 울창한 숲이 환상적인 조화를 이루어 그 모습이 매우 아름답다. 켜켜이 쌓인 붉은 지층의 고고한 자태는 카우아이의 세월이 그대로 서려 있는 듯하다. 대자연의 신비함과 경이로움이 느껴진다. 이 웅장한 광경을 보았던 작가 마크 트웨인Mark Twain은 이곳을 '태평양의 그랜드 캐니언'이라고 극찬했다.

주차장에서 전망대까지는 비탈길로 되어 있는 길을 3분 정도 걸어 올라가면 된다. 화장실과 간단한 과일 등의 간식을 구매할 수 있는 간이 매점도 한쪽에 위치하고 있다.

**Data** Map 340F

**Access** 카우무알리 하이웨이 Kaumualii Hwy를 타고 가다가 우회전 하여 와이메아 캐니언 드라이브Waimea Canyon Dr를 따라 올라가면 코케에 도로Kokee Rd로 이어진다. 그 길을 따라가다 보면 우측에 위치. 포이푸 지역에서 차로 1시간

**Add** Kokee Rd, Waimea

**Cost** 무료입장

**Web** www.dlnr.hawaii.gov/dsp/parks/kauai/waimea-canyon-state-park

전망과 트레킹을 즐기는
### 푸우 히나히나 전망대 Puu Hinahina Lookout

이 전망대에는 2개의 전망 포인트가 있다. 하나는 와이메아 캐니언을, 다른 하나는 개인 사유지로 일반 관광객은 갈 수 없는 니하우Nihau섬을 조망하는 것이다. 와이메아 캐니언 전망대와는 다른 방향의 협곡이 보인다. 협곡 아래의 울창한 열대 숲은 생기 있어 보인다. 빛에 따라 시시각각 변하는 협곡의 색채를 감상해보자. 이 지역에서 시작하는 여러 난이도의 트레일이 있다. 가끔 미끄럽고 가파른 길이 있으므로 등산화를 신는 것을 추천한다. 와이메아 캐니언의 대표 폭포인 와이포오 폭포Waipo'o Falls 상류 지역으로 가는 트레일이 인기 있다. 왕복 2~3시간 소요된다.

**Data** Map 370D
**Access** 코케에 로드Kokee Rd를 따라가다 보면 이정표가 나온다. 와이메아 캐니언 전망대에서 차로 10분

**폭포 감상 포인트**
### 푸우 카 펠레 전망대 Pu'u Ka pele Lookout

와이메아 캐니언 대표 폭포인 높이 240m의 와이포오Waipo'o 폭포를 볼 수 있는 전망대. 도로에 위치하고 있으나 이정표가 잘 되어 있지 않아 지나치기 쉽다. 와이메아 캐니언 전망대에서 푸우 히나히나 전망대 쪽으로 가면서 차들이 많이 주차되어 있으면 유심히 보며 지나가는 것이 좋다. 폭포는 수량이 많은 겨울철에 제대로 볼 수 있고, 여름에는 물이 말라버리기도 한다.

**Data** Map 370D
**Access** 코케에 로드Kokee Rd를 따라가다 보면 이정표가 나온다. 와이메아 캐니언 전망대에서 차로 5분

와이메아 캐니언의 역사를 느껴보는
## 코케에 내셔널 히스토리 뮤지엄
Kokee National History Museum

지역적으로 코케에 주립공원에 속한다. 뮤지엄에는 와이메아 캐니언의 역사, 협곡의 생성, 서식하는 동식물 등 다양한 주제의 전시물이 있어 와이메아 캐니언에 대한 이해를 돕는다. 와이메아 캐니언에서 즐길 수 있는 트레일 코스, 캠핑 등의 정보를 얻을 수 있다. 하이킹이나 캠핑을 계획하고 있다면 이곳에서 정보를 얻도록 하자. 뮤지엄 옆 건물의 로지 엣 코케에The Lodge at Kokee는 와이메아 캐니언 주립공원과 코케에 주립공원을 통틀어 유일한 레스토랑이다.

**Data** Map 370B
**Access** 코케에 로드Kokee Rd를 따라가다 보면 이정표가 나온다. 푸우 히나히나 전망대에서 차로 5분
**Add** 3600 Kokee Rd, Kekaha
**Tel** 808-335-9975
**Open** 10:00~16:00(일부 공휴일에는 오픈 시간이 달라질 수 있다)
**Cost** 무료입장(기부 가능)
**Web** www.kokee.org

Writer's Pick!

숨 막히는 전경의
## 칼랄라우 전망대 Kalalau Lookout

푸른 바다와 나팔리 코스트의 심장부인 칼랄라우 계곡이 내려다보이는 전망대이다. 칼랄라우 계곡은 경관이 매우 수려해, 영화 〈쥐라기 공원〉, 〈킹콩〉, 〈식스 데이 세븐 나잇〉, 〈아바타〉 등의 촬영장소기도 하다. 고도가 높아 날씨가 변화무쌍한 편이다. 칼랄라우 계곡은 이곳에서는 들어갈 수 없고, 북쪽 도로 끝에 위치하고 있는 나팔리 코스트 와일더니스 주립공원의 칼랄라우 트레일(352p 참고)을 통해서만 들어갈 수 있다. 오후보다는 오전이 날씨가 더 청명한 편이다. 오후에는 안개가 끼기도 한다.

**Data** Map 370B
**Access** 코케에 로드Kokee Rd를 따라가다 보면 이정표가 나온다. 코케에 내셔널 히스토리 뮤지엄에서 차로 10분

### Writer's Pick!

트레일 코스가 시작되는
## 푸우 오 킬라 전망대
Pu'u O Kila Lookout

칼랄라우 계곡이 내려다보이는 전망대이
다. 1,500m가 넘는 수직의 암벽산이 줄줄
이 이어진 칼랄라우 계곡은 한때 원주민들
이 타로를 가꾸며 살아가던 곳이다.

나팔리 코스트에서 가장 넓은 계곡이다. 이
곳은 여러 코스를 가진 피헤아 트레일Pihea
Trail의 시작점이기도 하다. 온종일 하이킹
을 즐기기에 좋은 알라카이 스웜프 트레일
Alakai Swamp Trail과 이어진다. 산세가 험
한 편이라 등산화와 비상 식량 등을 갖춰야
한다. 이정표를 따라 와이알레알레 전망대
Wai'Ale'Ale Lookout까지 다녀와도 좋다. 지구
상에 비가 많이 오는 곳 중 하나이다.

**Data** Map 370B
**Access** 코케에 도로를 따라가다 보면 이정표가 나온다.
칼랄라우 전망대에서 차로 3분

### Writer's Pick!

카우아이 최대의 화이트 비치
## 폴리헤일 주립공원 Polihale State Park

카우아이에서 가장 긴 모래사장이 있는 해변으
로, 약 10km가 넘게 이어진다. 뒤로는 나팔리 코스트의
절벽을 병풍 삼고, 앞으로는 태평양의 멋진 풍경이 펼쳐진
다. 해변의 하얀 모래는 상당히 곱고 부드럽다. 파도가 높
아 스노클링보다는 부기 보트, 서핑 등이 더 적합하다. 일
몰을 보기에도 최고의 장소이다.

화장실, 샤워 시설, 피크닉 테이블 등이 잘 되어 있다. 해
안이 넓게 형성되어 있어 한쪽으로는 푸른 바다를 끼고 하
얀 모래사장을 달리는 사륜구동 차량들의 모습도 볼 수 있
다. 무심코 따라 들어갔다가는 자동차 바퀴가 모래사장에
빠질 수 있으니 절대 무리하지 말것.

**Data** Map 340E **Access** 카우무알리 하이웨이Kaumualii
Hwy 길 끝까지 간 후 사키 마나 로드Saki Mana Rd를 15분
정도 달린다 **Add** Hwy 50, Waimea
**Tel** 808-274-3444 **Cost** 무료입장, 캠핑장 1자리당 18달러
**Web** www.kauai.com/polihale-beach

> **Tip** 폴리헤일 주립공원에는 캠핑장도 있어 홈페이지를 통해 예약하면 된다. 와이메아 지역에 속해
> 있지만 와이메아 캐니언과는 길이 연결되지 않으며 차량으로 1시간 정도 떨어져 있다. 8km의
> 비포장도로는 천천히 달려야 한다. 비포장도로는 렌터카 보험이 적용 안되므로 문제가 생기면 스스로
> 책임을 져야 한다는 점을 알아두자. 길가에 주차된 차량들을 따라 주차를 하면 된다.

💬 |Theme|
## 하늘에서 내려다보는 잊지 못할 추억!
### 헬리콥터 투어 Helicopter Tour

*하늘에서 카우아이를 조망하는 투어. 섬 곳곳에 숨은 수많은 폭포와*
*나팔리 코스트, 와이메아 캐니언, 와일루아 폭포, 지구에서 가장 습한 곳인 와이알레알레산*
*등을 돌아보자. 카우아이 550만 년의 세월을 고스란히 느낄 수 있다.*

### 투어 소요 시간은?

비행 시간은 50~60분 소요된다. 여러 투어 업체가 있으니 자신에게 맞는 곳을 고르자. 일반 투어는 헬리콥터 안에서 밖을 내려다보는 식으로 투어가 진행되며, 가격이 높은 투어는 지정된 장소에 잠시 착륙하여 숨은 장소들을 관광하기도 한다. 옵션으로 투어 영상 DVD 추가 구매도 가능하다.

### [헬리콥터 투어 추천 업체]

투어 업체들은 리후에 공항 근처에 위치한다. 업체마다 투어 비용이 다르니 가격을 비교해보고 고르자. 미리 예약하면 할인 혜택이 있는 업체도 있다.

**블루 하와이안 헬리콥터** Blue Hawaiian Helicopters
**Data** Map 367C
**Add** 3651 Ahukini Rd, Lihue
**Tel** 800-745-2583, 808-245-5800
**Cost** 1인당 249달러~
**Web** www.bluehawaiian.com/kauai/tours

**사파리 헬리콥터** Safari Helicopters
**Data** Map 367B
**Add** 3225 Ahukini Rd, Lihue
**Tel** 800-246-0136
**Cost** 1인당 199달러~
**Web** www.safarihelicopters.com

**잭 해터 헬리콥터** Jack Harter Helicopters
**Data** Map 367B
**Add** 4231 Ahukini Rd, Lihue
**Tel** 800-245-3774
**Cost** 1인당 259달러~
**Web** www.helicopters-kauai.com

**아일랜드 헬리콥터** Island Helicopter
**Data** Map 367C
**Add** 3643 Ahukini Rd, Lihue
**Tel** 800-245-8588
**Cost** 1인당 175달러~
**Web** www.islandhelicopters.com

© Michael Napoleon

# EAT

## | 리후에 Lihue |

**Writer's Pick!** 진한 풍미의 국물이 일품!
### 하무라 사이민 Hamura Saimin

꼭 먹어봐야 할 하와이 현지 음식 중 하나인 사이민을 맛있게 즐길 수 있는 곳. 사이민은 고기나 새우 등으로 맛을 낸 국물에 면을 넣고, 어묵, 채소, 고기 등을 고명으로 얹는 하와이 스타일 국수이다. 허름해보이는 식당이지만 푸짐한 양과 만족스러운 맛으로 현지인들이 추천하는 맛집이다.

진하고 고소한 국물 위에 다양한 부위의 고기와 어묵, 채소가 어우러져 나오는 스페셜 사이민을 추천한다. 전식으로 꼬챙이에 꽂아서 나오는 바비큐 닭고기 또는 쇠고기를 먹어봐도 좋다. 후식으로는 리리코이 시폰 파이가 괜찮다.

**Data** Map 367B
**Access** 리후에 공항 출발 기준, 카풀 하이웨이Kapule Hwy를 타고 가다가 우회전해서 라이스 스트리트Rice St로 우회전해 크레스 스트리트Kress St로 진입. 리후에 공항에서 차로 7분 **Add** 2956 Kress St, Lihue **Tel** 808-245-3271 **Open** 월~목 10:00~22:30, 금·토 10:00~24:00, 일 10:00~21:30 **Cost** 스페셜 사이민 8달러, 리리코이 시폰 파이 3.25달러, 바비큐 닭고기 1개당 2.50달러

**Writer's Pick!** 로맨틱 디너 장소로 추천해요
### 게이로즈 엣 킬로하나 Gaylord's at Kilohana

킬로하나 플랜테이션 내에 위치하고 있는 레스토랑. 날씨가 좋은 오전에는 브런치 레스토랑으로, 저녁에는 로맨틱한 디너를 선보이는 공간으로 현지인과 관광객 모두에게 사랑받는 곳이다. 특히, 일요일 오전에 뷔페로 제공하는 브런치는 다채로운 음식을 맛볼 수 있어서 인기가 많다.
구운 감자와 그린 빈 등이 곁들여 나오는 쇠고기 안심스테이크 그릴 필레 미뇽Grilled Fillet Mignon, 돼지고기 안심 요리인 포크 텐더로인Tenderloin, 바나나 코코넛 크림 파이 등 다양한 메뉴를 제공한다. 건물 내에는 과거의 분위기를 한껏 느낄 수 있는 앤티크한 가구, 소품, 사진 등이 전시되어 있다.

**Data** Map 367A
**Access** 리후에 공항 출발 기준, 아후키니 로드Ahukini Rd 진입 쿠히오 하이웨이 Kuhio Hwy로 좌회전 하여 직진 후 카우무알리 하이웨이Kaumualii Hwy에 진입하면 도착. 리후에 공항에서 차로 10분 **Add** 3-2087 Kaumualii Hwy, Lihue **Tel** 808-245-9593 **Open** 월~토 11:00~14:10, 17:30~21:30, 일 09:00~14:30 **Cost** 선데이 브런치 뷔페 성인 29.95달러, 5~2세 14.95달러, 단품 요리 13~36달러 **Web** www.gaylordskauai.com

**경치 좋고! 분위기 좋은!**
## 후킬라우 라나이 Hukilau Lanai

야자수가 어우러진 바다가 보이는 분위기 좋은 레스토랑. 서비스와 맛도 좋아서 로컬과 여행자 모두에게 호평을 받고 있다. 추천 메뉴로는 구운 해산물에 코코넛과 타이 칠리를 섞어 소스를 곁들인 후킬라우 믹스드 그릴Hukilau Mixed Grill, 바삭한 칩과 아보카도, 토마토, 생 참치 등을 곁들여 먹는 아담스 포크 나초 Adam's Poke Nachos, 부드러운 육질과 달콤 짭조름한 소스의 바비큐 립BBQ Ribs 등이 있다. 바다가 보이는 자리로 예약하기를 권한다.

**Data** Map 341H
**Access** 카우아이 코스트 리조트 엣 더 비치보이 내 위치
**Add** 520 Aleka Loop, Kapaa
**Tel** 808-822-0600
**Open** 화~일 17:00~21:00
**Cost** 전식 9~14달러, 본식 19~34달러
**Web** www.hukilaukauai.com

**맛집 파스타로 알려진**
## 카우아이 파스타 Kauai Pasta

깔끔한 분위기의 이탈리아 파스타 전문점. 인기 메뉴는 카우아이산 바질과 이탈리안 파슬리, 빅 아일랜드 마카다미아너트과 올리브오일을 곁들여 만든 바질 페스토 파스타Basil Pesto Pasta, 버섯, 쇠고기, 이탈리안 소시지와 특제 소스로 맛을 낸 하우스 파스타House Pasta, 바삭하면서도 부드럽게 구워낸 닭고기를 소스에 찍어 먹는 사이드 메뉴 치킨 파마산Chicken Parmesan 등이 있다.
음식 맛이 짜다는 사람도 있으니 주문 시 입맛에 따라 요청하자. 오후 3시에서 5시는 해피 아워로 운영되며, 주류 등을 좀 더 저렴하게 즐길 수 있다.

**Data** Map 367B
**Access** 카우아이 공항에서 차로 15분
**Add** 4-939 Kuhio Hwy, Kapaa
**Tel** 808-822-7447
**Open** 11:00~21:00
**Cost** 파스타류 10~20달러
**Web** www.kauaipasta.com

분위기 좋은 레스토랑
## 듀크스 카우아이 Duke's Kauai

바다가 내려다보이는 장소에 있어서 로맨틱한 식사를 즐기기에 안성맞춤이다. 하와이 출신 최초 올림픽 수영 금메달리스트 듀크 카하나모쿠Duke Kahanamoku에서 이름을 따왔다. 전 세계를 여행하며 하와이의 라이프 스타일과 서핑을 소개하며 일생을 살았던 그는 듀크스 카우아이의 앞 바다를 정말 사랑했다고 한다.

추천 음식은 크리스피 코코넛 슈림프Crispy Coconut Shrimp, 망고 바비큐 립스Mango BBQ Ribs, 럼에 파인애플, 코코넛 크림 등을 넣은 칵테일라 피나La Pina도 인기 제품이다. 마카다미아너트 아이스크림 위에 녹인 초콜릿을 얹고, 생크림을 곁들인 훌라 파이Hula Pie도 맛있다. 1층은 바 형태로 운영되고 있으며, 2층은 저녁 식사 장소이다.

**Data** Map 367E
**Access** 리후에 공항에서 차로 6분
**Add** 3610 Rice St, Lihue
**Tel** 808-246-9599
**Open** 1층 11:00~22:30,
2층 17:00~21:00
**Cost** 크리스피 코코넛 슈림프
13달러, 망고 바비큐 립스 28달러,
훌라 파이 9달러, 라 피나 13달러,
샐러드바 18달러
**Web** www.dukeskauai.com

## | 포이푸&콜로아 Poipu&Koloa |

이탈리아 스타일의 피자를 즐기는
### 피제타 Pizzetta

하와이에서 제대로 된 이탈리아 피자를 맛볼 수 있는 레스토랑이다. 인기 메뉴는 페타 치즈와 구운 채소를 올린 밀라노Milano 피자, 바질과 토마토를 올린 마르게리타Margherita, 토마토, 올리브, 새우 등을 넣은 슈림프 푸타네스카Shrimp Puttanesca 파스타 등이다. 시원한 맥주를 곁들이면 금상첨화다. 샐러드, 파스타뿐만 아니라 채식주의자를 위한 메뉴도 제공하고 있으니 취향에 맞게 선택하면 된다. 양도 푸짐하고 맛도 좋아서 지역 주민들도 많이 찾는다.

**Data** Map 368B
**Access** 올드 콜로아 타운 내 위치
**Add** 5408 Koloa Rd, Koloa
**Tel** 808-742-8881
**Open** 11:00~21:00
**Cost** 피자류 19~25달러,
파스타류 12~19달러 **Web** www.
pizzettarestaurant.com

**Writer's Pick!**

현지인들에게 평이 좋은 인기 맛집
## 다 크랙 Da Crack

로컬 재료를 사용해 만든 다양한 부리토와 타코를 판매한다. 카우아이섬 내에서 가장 맛있는 멕시코 음식을 즐길 수 있는 곳으로 정평이 나 있으며, 가격대가 저렴하고 양이 많아서 로컬들에게 큰 사랑을 받고 있다. 식사 시간대에는 항상 긴 줄이 늘어서 있다. 따로 테이블과 의자는 없고 오직 테이크아웃만 할 수 있다.

주문은 먼저 부리토와 타코, 볼 중에 하나 선택하고 닭고기, 돼지고기, 쇠고기, 새우, 채소 중 메인 재료를 고른다. 멕시칸 쌀, 브라운 라이스, 블랙 빈, 핀토 빈 중에서 재료를 고른 후, 소스 맵기를 선택, 마지막으로 치즈, 양배추, 올리브, 과카몰레 등 채소 및 소스 등을 고르면 최종 가격이 나온다. 가격대는 10~14달러.

**Data** Map 368F
**Access** 쿠쿠이울라 빌리지 쇼핑 센터 건너편 Add 2827 Poipu Rd, Poipu Tel 808-742-9505
**Open** 월~토 11:00~20:00, 일 11:00~15:00
**Cost** 카르네 아사다 볼 11달러, 치폴레 갈릭 슈림프 볼 13달러
**Web** www.dacrackkauai.com

©Da Crack

자연에서 얻은 좋은 재료로 만든
## 파파라니 젤라토 Papalani Gelato

하와이 스타일의 핸드메이드 아이스크림 전문점. 입안에서 사르르 녹는 소르베 제품이 인기 있다. 바나나, 초콜릿 바나나, 파인애플, 망고, 딸기, 구아바, 다크 초콜릿, 파파야 등 다양한 맛이 있다.
시식을 요청한 후 맛을 보고 선택할 수 있다. 커피, 초콜릿 구입도 가능하다. 맛도 좋고, 건강까지 생각한 좋은 재료로 만들어지기 때문에 로컬 사람들에게도 사랑받는 곳이다.

**Data** Map 369G
**Access** 포이푸 쇼핑 빌리지 내. 포이푸 비치 파크에서 차로 3분
**Add** 2360 Kiahuna Plantation Rd, Poipu
**Tel** 808-742-2663
**Open** 11:00~21:30 (계절에 따라 달라짐)
**Cost** 스몰 사이즈 4~5달러, 라지 사이즈 7~8달러
**Web** www.papalanigelato. com

# | 하나페페 Hanapepe |

### 간식 또는 기념품으로 좋은
## 카우아이 쿠키 팩토리 스토어 Kauai Kookie Factory Store

1965년 오픈한 전통 있는 카우아이 지역의 대표 쿠키 맛집이다. 카우아이 쿠키 생산 공장 한쪽에 위치한 작은 매장으로, 이 집의 쿠키는 바삭하면서도 담백하고 고소한 맛으로 사람들의 마음을 사로 잡았다.

월마트 등 일반 마트에서도 구매가 가능하지만 시중보다 가격대가 저렴하고, 대형 마트에서 판매하지 않는 다양한 맛의 쿠키를 보유하고 있다. 직접 맛을 보고 마음에 드는 제품을 구매할 수 있어서 더 좋다. 구아바, 마카다미아너트, 코나 커피 등 다채로운 맛이 있다. 선물용, 간식용으로 추천하는 제품이다. 여러 개 구매하면 할인 혜택도 있다.

**Data** Map 340J
**Access** 카우무알리 하이웨이 Kaumualii Hwy에 위치. 포이푸 비치 파크에서 차로 24분
**Add** 1-3529 Kaumualii Hwy, Hanapepe **Tel** 808-335-5003
**Open** 월~금 08:00~17:00, 토·일 10:00~17:00 **Cost** 141g 2.79달러, 170g 3.59달러
**Web** www.kauaikookie.com

### 원조의 맛을 한번 볼까!
**Writer's Pick!**
## 래퍼츠 하와이 Lappert's Hawaii

미국 전역에 체인점을 갖고 있는 유명한 아이스크림 전문점이다. 이곳은 1983년에 오픈한 본점이다. 본점이라고 해서 외관이나 메뉴가 특별히 다르지는 않지만, 래퍼츠 아이스크림 마니아들은 한번쯤 들러보고 싶어 하는 곳이다. 화학적 첨가물을 넣지 않고, 자연에서 얻은 건강한 재료로 만든다. 마다가스카르 바닐라 빈, 벨기에산 초콜릿, 크림 등 품질 좋은 재료를 공수한다.

가장 인기 있는 맛은 카우아이 파이 Kauai Pie, 코나 커피, 라이치 Lycee 등이다. 카우아이 내에만 지점이 4개가 있다. 홈페이지를 통해 자신의 동선과 가까운 지점을 방문하자.

**Data** Map 340J
**Access** 카우무알리 하이웨이 Kaumualii Hwy에 위치. 포이푸 비치 파크에서 차로 24분
**Add** 1-3555 Kaumualii Hwy, Hanapepe **Tel** 808-335-6121
**Open** 11:00~18:00
**Cost** 1스쿱 5달러, 2스쿱 6~7달러, 와플 콘 추가 시 1.10달러 추가
**Web** www.lappertshawaii.com

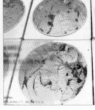
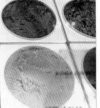

**Writer's Pick!**

주민들에게 인정받는 맛있는 파이
### 라이트 슬라이스 The Right Slice

주민들의 단골집. 닭고기와 채소로 속을 채운 파이, 크림과 견과류로 만든 파이, 채소를 넣은 키시 등 다양한 파이를 선보인다. 와이메아 캐니언 주립공원 가는 길에 위치하고 있어서 간식이나 식사거리로 구입해도 좋다. 리후에 공항 근처에도 매장(**Add** 1543 Haleukana St, Lihue, **Tel** 808-212-8320, **Open** 월~토 11:00~18:00)이 있다.

**Data** **Map** 341K **Access** 카우무알리 하이웨이Kaumualii Hwy에 위치. 포이푸 비치 파크에서 차로 16분 **Add** 2-2459 Kaumualii Hwy, Kalaheo **Tel** 808-212-5798 **Open** 월~토 11:00~18:00, 일 07:00~14:00 **Cost** 파이류 5~10달러 정도 **Web** www.rightslice.com

아침 식사 장소로 추천하는
### 카우아이 쿠키 베이커리&키친
**Kauai Kookie Bakery&Kitchen**

와이메아 캐니언이나 나팔리 코스트 보트 투어 등을 갈 때 아침 식사 장소로 제격이다. 비교적 좌석도 넉넉한 편이다. 샌드위치, 로코 모코, 햄버거, 팬케이크 등 간단한 식사류나 커피 등의 음료를 맛볼 수 있다. 카우아이 대표 쿠키로 불리는 카우아이 쿠키도 판매한다.

**Data** **Map** 341K **Access** 카우무알리 하이웨이Kaumualii Hwy에 위치. 포이푸 비치 파크에서 차로 16분 **Add** 2-2436 Kaumualii Hwy, Kalaheo **Tel** 808-332-0821 **Open** 05:30~21:00 **Cost** 카푸치노 3.95달러, 카우아이 쿠키 2.75달러~, 팬케이크 8달러, 햄버거 7달러 **Web** www.kauaikookie.com

특별한 로컬 칩을 맛보자
### 타로 코 칩스 팩토리 Taro Ko Chips Factory

주인장이 직접 키운 타로와 감자, 고구마로 칩을 만든다. 타로는 열대 지방에서 자라는 녹말과의 작물로 고대 하와이안의 주식으로 이용되었다. 감자와 비슷한 맛이다. 갈릭 솔트를 넣어 풍미가 좋다. 규모가 작은 곳이라 예고 없이 문을 닫기도 하고, 제품이 품절되는 경우도 많다. 미리 전화해서 구매를 원하는 칩이 있는지를 확인해보고 가면 헛걸음하는 것을 방지할 수 있다.

**Data** **Map** 340J **Access** 하나페페 마을 내 위치. 카우무알리 하이웨이Kaumualii Hwy를 달리다가 하나페페 로드Hanapepe Rd로 진입. 포이푸 비치 파크에서 차로 23분 **Add** 3940 Hanapepe Rd, Hanapepe **Tel** 808-335-5586 **Open** 08:00~17:00 **Cost** 스몰 사이즈 칩 4~5달러

# | 와이메아 캐니언 Waimea Canyon |

### 부담 없이 즐기는
## 로지 엣 코케에 The Lodge at Kokee

와이메아 캐니언 주립공원과 코케에 주립공원을 통틀어 유일한 레스토랑이다. 코케에 내셔널 히스토리 뮤지엄 옆에 위치한다. 샌드위치, 햄버거 등 가격대가 높지 않은 부담 없는 메뉴가 많아서 잠시 들러 휴식을 취하기에 좋다. 음식의 맛과 양은 무난한 편이다. 숙소도 함께 운영하고 있다.

**Data** Map 370B
**Access** 코케에 도로Kokee Rd를 따라가다 보면 이정표가 나온다. 푸우 히나히나 전망대에서 차로 5분
**Add** 3600 Kokee Rd, Hanapepe,
**Tel** 808-335-6061
**Open** 09:00~15:00
**Cost** 로코 모코 7달러, 치즈 버거 8달러, 참치 샌드위치 7달러
**Web** www.kokeelodge.com

### 간단한 도시락이 필요할 때!
## 이시하라 마켓 Ishihara Market

와이메아 마을에 위치하고 있는 슈퍼마켓. 생필품을 판매하는 일반 마트이지만 안쪽으로 들어가면 반찬가게처럼 샌드위치, 플레이트 런치 등 간단한 음식류를 구매할 수 있는 곳이 있다. 싱싱한 생 참치를 양념하여 만드는 하와이 전통 음식 아히 포케Ahi Poke가 인기 메뉴! 현지인들 사이에서는 포케 맛집으로 소문이 나 있을 정도다.

밥을 사이드 메뉴로 선택해서 도시락으로 만들면 든든한 한 끼 식사가 가능하다. 포케는 시식 후 입맛에 맞는 메뉴로 고르면 된다.

**Data** Map 340J **Access** 와이메아 마을 내 위치. 카우무알리 하이웨이Kaumualii Hwy를 타고 가다가 와이메아 마을 진입 후 카하카이 로드Kahakai Rd로 들어간다. **Add** 9890 Kahakai Rd, Waimea **Tel** 808-338-1751 **Open** 월~금 06:00~20:30, 토·일 07:00~20:30

### 토실토실한 새우 요리를 맛보자
## 슈림프 스테이션 Shrimp Stataion

신선한 새우 요리를 맛볼 수 있는 곳이다. 양도 푸짐하고 가격도 저렴하다. 간단한 샐러드와 밥이 함께 제공되어 더욱 만족스러운 곳이다.

올리브오일에 마늘을 볶아 화이트와인 소스로 버무린 코코넛 갈릭 슈림프는 고소하고 바삭바삭한 식감으로, 이곳에서 꼭 맛봐야 할 메뉴다. 매콤한 맛을 좋아한다면 신선한 바질, 올리브오일, 마늘 등을 넣어 특제 소스를 곁들인 타이 슈림프Thai Shrimp를 추천한다.

**Data** Map 340J **Access** 와이메아 마을 내 위치. 카우무알리 하이웨이 로드Kaumualii Hwy에 위치
**Add** 9652 Kaumualii Hwy, Waimea
**Tel** 808-338-1242 **Open** 11:00~17:00
**Close** 1/1, 12/25, 추수감사절, 노동절
**Cost** 단품 메뉴 11~12달러 정도
**Web** www.theshrimpstation.com

# BUY

## | 포이푸&콜로아 Poipu&Koloa |

**Writer's Pick!** 하와이의 옛 모습이 물씬 느껴지는
## 올드 콜로아 타운 Old Koloa Town

1835년에 지어진 사탕수수 농장 건물들을 개조하여 만든 쇼핑센터이다. 과거에는 이민자들이 많이 거주하던 지역이었다. 주변으로 울창한 수목이 우거져 있고, 옛 건물을 그대로 매장으로 사용하기 때문에 운치가 있다. 규모가 크지 않지만 하와이의 개성을 살린 독특한 제품들을 볼 수 있기 때문에 가볍게 산책하듯이 돌아보면서 필요한 제품을 구입하기에 좋다.

포하쿠 티스Pohaku T's에서는 주인장들이 직접 디자인하고, 염색한 티셔츠를 판매하며, 카우아이 넛 로스터Kauai Nut Roasters는 코코넛이나 코나 커피, 카카오 등을 입힌 마카다미아너트를 판매한다. 맛을 보고 구매할 수 있도록 샘플을 제공한다. 콜로아 셰이브 아이스Koloa Shave Ice에서는 곱게 간 얼음 위에 색색의 식용색소로 맛을 낸 셰이브 아이스가 인기다. 콜로아 히스토리 센터Koloa History Center는 하와이 옛 생활모습을 엿볼 수 있는 전시물로 꾸며져 있다. 곳곳에 레스토랑도 있어서 휴식을 취하기에 좋다.

**Data** Map 341K **Access** 포이푸 비치 파크에서 차로 8분 **Add** Koloa Rd, Koloa
**Tel** 808-245-4649 **Open** 09:00~21:00(상점마다 다름) **Web** www.oldkoloa.com

### 한가로운 분위기의 작은 쇼핑센터
## 포이푸 쇼핑 빌리지 Poipu Shopping Village

20여 개의 숍과 레스토랑이 들어서 있는 아웃도어형 쇼핑몰이다. 쇼핑몰 주변으로 호텔, 리조트가 많아서 휴양지 아이템, 수영복, 알로하셔츠와 식료품, 기념품 등을 판매하는 숍이 많이 있다. 아이스크림 전문점인 파파라니 젤라토Papalani Gelato, 핫도그 전문점 푸카 도그Puka Dog 등도 있다.

**Data** Map 369G **Access** 포이푸 비치 파크에서 차로 3분 **Add** 2360 Kiahuna Plantatin Dr, Koloa **Tel** 808-742-2831 **Open** 월~토 09:30~21:00, 일 10:00~19:00 (상점마다 다름) **Web** www. poipushoppingvillage.com

### 쇼핑과 식사를 편안하게 즐기는
**Writer's Pick!**
## 쿠쿠이울라 빌리지 Kukui'ula Village

다양한 레스토랑부터 전 세계 식자재를 판매하는 식료품점, 서핑 용품점인 퀵실버와 록시, 선글라스 헛 등의 숍이 들어서 있는 쇼핑센터이다. 목조 가옥 형태로 된 상점 건물들이 운치 있다. 포이푸 비치 파크에서 시간을 보낸 후 허기진 배를 채우고 간단히 쇼핑할 곳을 찾는다면 이곳이 딱이다.
매주 수요일 오후 3시 30분부터 6시 사이에는 지역에서 생산된 신선한 채소, 과일, 잼, 쿠키, 케이크 등을 판매하는 카우아이 요리 시장Kauai Culinary Market이 펼쳐진다. 하와이산 소금, 커피, 꿀, 노니 로션 등 특산품이 많으니, 이곳에서 기념품을 구입해도 좋겠다.

**Data** Map 368F **Access** 포이푸 비치 파크에서 차로 4분 **Add** 2829 Ala Kalanikaumaka Rd, Poipu **Tel** 808-742-9545 **Open** 10:00~21:00(상점마다 다르다) **Web** www.theshopsatkukuiula.com

## | 리후에 Lihue |

### 현지인들의 삶을 좀 더 가깝게 느껴보자
## KCC 파머스 마켓 KCC Farmer's Market

매주 토요일 카우아이 커뮤니티 컬리지Kauai'i Community College의 주차장에서 열리는 시장. 농부들이 기른 신선한 식재료를 판매한다. 잼, 치즈, 향신료, 견과류, 쿠키류까지 제품도 꽤 다양하다. 간단하게 먹을 수 있는 도시락도 판매하고 있어서 현지 음식으로 끼니를 때울 생각이라면 즐겨볼 만하다.

**Data** Map 367D **Access** 카우아이 커뮤니티 컬리지 주차장. 리후에 공항에서 차로 10분 정도 **Add** 3-1901 Kaumualii Hwy, Lihue **Tel** 808-855-5429 **Open** 토 09:30~13:00 **Web** www.kauaicommunitymarket.org

© Kyle Nishioka

# SLEEP
## 카우아이 숙박

## | 프린스빌 Princeville |

*칼랄라우 트레일, 하날레이 비치, 헬기 투어 등 한적하고 아름다운 카우아이를 즐기기에 이상적인 지역.*

### 평화로운 분위기의 최고급 호텔
### 세인트 레지스 프린스빌 리조트 The St. Regis Princeville Resort

하날레이 만을 끼고 있는 5성급 호텔. 호텔 자체는 좀 오래되었지만 산과 바다를 동시에 볼 수 있어 휴식을 취하기에 좋다. 현대적인 하와이안 인테리어로 꾸며진 각 객실에는 담당 집사가 배치되어 있다. 레스토랑 추천 및 예약, 커피&티, 옷 드라이 서비스, 짐 싸기 서비스 등을 무료로 제공한다.

호텔 내에는 신선한 재료로 만든 스테이크와 해산물 요리를 즐길 수 있는 카우아이 그릴 Kaua'i Grill, 아시안 퓨전 요리를 제공하는 마카나 테라스 Makana Terrace 등 5개의 레스토랑이 있어서 편리하다.

**Data** Map 346B
**Access** 리후에 공항에서 차로 50분 **Add** 5520 Ka Haku Rd, Princeville
**Tel** 808-826-9644
**Cost** 더블베드 470달러~
**Web** www.stregisprinceville.com

### 내 집처럼 편한
### 알로하 콘도 카우아이 Aloha Condo Kauai

가성비 좋은 콘도로, 고급 빌라 지역에 위치해 조용하게 지낼 수 있다. 주인이 이용하지 않을 때 여행자에게 집을 빌려주는 방식으로 운영된다. 그래서 객실마다 인테리어 및 구비된 가전 제품이 다르다.

각 객실에는 취사를 할 수 있는 부엌이 있고 세탁기, 건조기 등의 시설을 구비하고 있다. 홈페이지에서 예약할 경우에는 메일로 해당 객실의 비밀번호를 알려준다. 시즌에 따라 요금이 변동된다. 또한 예약 시 보증금을 내야 하는데, 퇴실 시 돌려준다.

**Data** Map 346C
**Access** 리후에 공항에서 차로 50분 **Add** 4919 Pepelani Loop, Princeville
**Tel** 877-877-5758
**Cost** 3베드룸 139~209달러
**Web** www.alohacondos.com/kauai/nihilani-at-princeville

아름다운 하날레이 풍경을 조망하는
### 하날레이 베이 리조트 Hanalei Bay Resort

가격 대비 시설이 깔끔하고, 객실에서 바다가 보이는 고급 리조트. 프린스빌 지역에 있다. 각 객실에는 케이블 TV, 에어컨, 전용 발코니, 헤어드라이어, 다리미 등 편의 용품이 잘 갖춰져 있다. 객실에 따라 다르지만 식기세척기, 오븐, 전자레인지, 커피 메이커 등이 있는 객실도 있다.
야외에는 테니스 코트, 온수 욕조, 수영장 등의 시설이 있다. 객실 내 무료로 무선 인터넷을 사용할 수 있다. 하루당 16달러 정도의 리조트 피가 부과된다.

**Data** Map 346B Access 리후에 공항에서 차로 50분 Add 380 Honoiki Rd, Princeville Tel 808-826-6522 Cost 2인 객실 130달러~ 4인 객실 240달러~ Web www.hanaleibayresort.com

콘도식 객실을 보유한
### 클리프스 엣 프린스빌 The Cliffs at Princeville

하와이 정취가 느껴지는 열대 정원으로 둘러싸인 3성급 호텔. 각 객실은 주방 시설을 갖추고 있어서 편의를 더한다. 커피 머신, 오븐, 냉장고, 전자레인지, 세탁기, 헤어드라이어 등이 구비되어 있다. 야외 수영장과 야외 바비큐 시설, 테니스 코트 등도 있다.
무료 주차와 무료 무선 인터넷 사용이 가능하다. 아름다운 전경의 바다가 한눈에 내려다보이는 오션 뷰 객실이 인기 있다.

**Data** Map 346C Access 리후에 공항에서 차로 50분 Add 3811 Edward Rd, Princeville Tel 808-826-6219 Cost 더블베드 226달러~ Web www.cliffsatprinceville.com

현지인처럼 거주하는 콘도식 숙소
### 캐슬 엣 프린스빌 Castle at Princeville

99개의 콘도식 객실을 보유하고 있는 3성급 호텔이다. 각 객실에는 부엌이 있고, 세탁기, 건조기 등이 설치되어 있다. 야외 수영장, 바비큐 그릴 등의 편의 시설도 잘 갖춰져 있다.
내 집처럼 편안하게 이용할 수 있다는 것이 장점. 하지만 7일 이상 예약해야 하므로, 단기 여행자에게는 적합하지 않다.

**Data** Map 346B Access 리후에 공항에서 차로 50분 Add 5300 Kahaku Rd, Princeville Tel 808-826-9066 Cost 스튜디오형 객실 80달러~, 1베드룸 객실 125달러~ Web www.castleresorts.com

## | 카파아&와일루아 Kappa&Wailua |

노스 카우아이와 사우스 카우아이의 중간 지점이다. 리후에 공항과도 가까워 카우아이에서의 일정이 빠듯하다면 이 지역의 숙소를 이용하는 것이 편리하다.

**열대 정원으로 둘러싸인**
### 카우아이 코스트 리조트 엣 더 비치보이 Kauai Coast Resort at the Beachboy

트로피컬한 분위기로 꾸며진 각 객실에는 케이블 TV, 헤어드라이어, 에어컨, 다리미, 선풍기, 냉장고, 전자레인지 등의 시설이 갖춰져 있다. 1베드 이상의 객실에는 식기세척기, 조리 도구 등 취사가 가능한 부엌이 있어서 가족 여행객에게 인기 있다. 야외 비비큐 시설이 있으며, 온수 욕조, 수영장이 있다.

**Data** Map 341H
**Access** 리후에 공항에서 차로 11분
**Add** 520 Aleka Loop, Kapaa
**Tel** 808-822-3441
**Cost** 더블베드 148달러~
**Web** www.shellhospitality.com

**조용한 분위기를 만끽하는**
### 코트야드 바이 메리어트 카우아이 엣 코코넛 비치
**Courtyard By Marriott Kauai at Coconut Beach**

객실마다 전용 발코니가 있으며, 냉장고, 커피 메이커, 케이블 TV 등의 시설이 갖추어져 있다. 무료 무선 인터넷 사용도 가능. 현지 음식을 즐길 수 있는 보이저 그릴Voyager Grille, 칵테일 한잔 즐기기 좋은 마카이 라운지Makai Lounge 등이 있다. 하루당 21달러 정도 리조트 요금이 부과된다.

**Data** Map 341H **Access** 리후에 공항에서 차로 12분
**Add** 650 Aleka Loop, Kapaa **Tel** 808-822-3455
**Cost** 더블베드 144달러~ **Web** www.marriott.com

**합리적인 가격대의**
### 애스톤 아일랜더 온 더 비치 Aston Islander on the Beach

전 객실에는 발코니, 에어컨, 헤어드라이어, 케이블 TV, 미니 냉장고, 커피 메이커, 전자레인지 등의 시설이 갖춰져 있다. 수영장은 오두막, 수공예품 등을 이용하여 운치 있게 꾸며져 있다. 바비큐 시설과 제트 스파가 설치되어 있다. 해변이 바로 앞에 있다. 무료 무선 인터넷 사용과 무료 주차가 가능하다. 하루당 18달러 정도의 리조트 피가 부과된다.

**Data** Map 341H **Access** 리후에 공항에서 차로 12분
**Add** 440 Aleka Place, Kapaa **Tel** 855-747-0761
**Cost** 더블베드 99달러~ **Web** www.astonislander.com

# | 리후에 Lihue |

*리후에 공항이 위치하고 있는 지역으로 일정이 짧다면 이동 시간을 고려해 이곳에 숙소를 잡자.*

낙원 같은 카우아이 분위기를 느끼는
## 아쿠아 카우아이 비치 리조트 Aqua Kauai Beach Resort

아름다운 나무들이 우거진 해안가에 자리 잡고 있는 리조트이다. 1986년에 오픈한 호텔이지만 2006년 대대적인 리노베이션을 통해 깔끔한 시설과 분위기로 거듭났다. 객실은 열대 꽃나무가 프린트된 침구 및 소품으로 꾸며져 있어 하와이 특유의 이국적인 분위기를 만끽할 수 있다. 에어컨, 미니 냉장고, 금고, 커피 메이커 등의 편의 시설을 갖추고 있다. 비용을 추가하면 무선 인터넷 사용할 수 있다. 리조트 곳곳에는 야자나무와 열대 꽃나무가 있어서 하와이의 풍경을 만끽할 수 있다.

호텔 내에는 2개의 레스토랑, 피트니스 센터, 비지니스 센터, 22m의 라바 튜브 미끄럼틀을 포함하는 4개의 수영장이 있다. 인공 해변으로 조성된 수영장에서는 아이들도 안전하게 물놀이를 할 수 있다. 레이 목걸이 만들기, 훌라춤 배우기, 코아 피시 먹이주기 등 하와이 문화를 경험할 수 있는 프로그램을 무료로 제공한다. 1박당 20달러의 리조트 요금이 추가된다. 무료 공항 셔틀 서비스를 제공.

**Data** Map 341H
**Access** 리후에 공항에서 차로 6분 **Add** 4331 Kauai Beach Dr, Lihue
**Tel** 808-245-1955 **Cost** 더블베드 169달러~ **Web** www.kauaibeachresort-hawaii.com

### 해변과 인접하여 더 좋은
## 카하 라니 리조트 Kaha Lani Resort

74개의 콘도형 객실을 보유하고 있는 3성급 호텔이다. 콘도미니엄 스타일의 객실에는 커피 메이커, 식기 세척기, 냉장고, 전자레인지 등이 갖춰져 있어 간단한 식사를 조리할 수 있다. 투숙객은 코인 세탁기, 야외 수영장, 바비큐 그릴 등의 시설을 이용할 수 있다. 가격 대비 객실이 깨끗하고, 주변 풍경도 카우아이의 정취를 느끼기에 좋아서 인기가 있다. 체크아웃 시 청소비가 추가된다. 객실 크기에 따라 1박당 50~135달러까지 가격대가 다르다. 무료 무선 인터넷 사용과 무료 주차가 가능하다.

**Data** Map 341H
**Access** 리후에 공항에서 차로 8분
**Add** 4460 Nehe Rd, Lihue
**Tel** 808-822-9331
**Cost** 더블베드 166달러~
**Web** www.castleresorts.com/
Home/accommodations/
kaha-lani-resort

### 로맨틱한 분위기의
## 메리어트 카우아이 비치 클럽 Marriott Kauai Beach Club

700평이 넘는 거대한 수영장이 있는 4성급 호텔이다. 345개의 금연 객실을 운영하고 있다. 각 객실에는 평면 HD 케이블 TV와 DVD 플레이어, 에어컨, 금고, 다리미, 미니 냉장고, 커피 메이커 등의 시설을 갖추고 있다. 전용 발코니 또는 부엌이 있는 객실도 있다. 호텔 내에는 6개의 레스토랑이 있는데, 그중 쿠쿠이스 온 칼라파키 비치Kukui's on Kalapaki Beach는 수영장에 위치한 레스토랑으로 바다 전망을 즐기며 식사를 할 수 있다. 골프계의 전설 잭 니클라우스Jack Nicklaus가 설계한 18홀 골프 코스는 골프 애호가들의 마음을 사로잡는다. 무료 공항 셔틀 서비스를 제공하고 있으며, 무료 무선 인터넷 사용이 가능하다.

**Data** Map 367F
**Access** 리후에 공항에서 차로 7분
**Add** 3610 Rice St, Lihue
**Tel** 808-245-5050
**Cost** 킹베드 269달러~
**Web** www.marriott.com/
hotels/travel/lihka-marriotts-
kauai-beach-club

## | 포이푸 Poipu |

**사우스 카우아이 지역으로 포이푸 비치, 포트 알렌 항구에서 출발하는 보트 투어, 와이메아 캐니언 등을 즐기려는 여행자에게 추천한다.**

#### 포이푸 비치에 위치한
### 쉐라톤 카우아이 리조트 Sheraton Kauai Resort

호텔에서 바라보는 포이푸 비치의 일몰이 아름다운 4성급 호텔이다. 390개의 객실을 보유하고 있으며, 객실에서 볼 수 있는 뷰에 따라 가든 빌딩, 오션 빌딩으로 나뉜다. 바닷가 쪽인 오션 빌딩이 선호되지만, 가든 빌딩은 조용하다는 장점이 있다.

리조트 내에서 요가, 훌라 춤 레슨, 레이 만들기, 공예 등 다양한 프로그램을 진행한다. 또한 각종 유료 해양 액티비티를 즐길 수 있다. 1박당 31달러 정도의 리조트 요금이 추가된다.

**Data** Map 369K
**Access** 리후에 공항에서 차로 30분
**Add** 2440 Hoonani Rd, Koloa
**Tel** 808-742-1661
**Cost** 킹베드 270달러~
**Web** www.sheraton-kauai.com

#### 아름다운 풍경을 감상하기에 좋은
### 코아 케아 호텔&리조트 Koa Kea Hotel&Resort

2009년에 오픈한 아담한 크기의 4성급 부티크 호텔이다. 121개의 객실은 모두 금연이며, 24시간 룸서비스를 제공한다. 편의 시설이 잘 갖춰져 있고, 조용한 분위기가 장점이다. 객실마다 발코니가 있어 바다와 정원 등 주변 풍경을 감상하기에도 좋다. 무료로 무선 인터넷을 사용할 수 있다. 에어컨, TV, 커피 머신 등 기본 시설이 잘 갖춰져 있다.

호텔에 위치한 코아 케아 스파Koa Kea Spa에서는 천연 재료를 이용한 페이스, 보디 트리트먼트를 받을 수 있다. 무료 발렛파킹 서비스 제공. 하루당 26달러 정도의 리조트 요금이 부과된다.

**Data** Map 369K
**Access** 리후에 공항에서 차로 30분
**Add** 2251 Poipu Rd, Koloa
**Tel** 888-898-8958
**Cost** 킹베드룸 350달러~
**Web** www.koakea.com

### 취사가 가능해 편리한
## 포인트 엣 포아푸 The Point at Poipu

219개의 콘도형 객실을 보유하고 있는 3성급 호텔이다. 객실
에는 냉장고, 전자레인지, 취사도구가 준비되어 있다. 포이푸
비치 바로 앞에 있어서 물놀이를 즐기기에도 안성맞춤!
마치 현지인이 된 듯 편안하게 숙식을 해결할 수 있는 곳이다.
단, 2박 이상 머물러야 한다. 무료 무선 인터넷 사용 가능. 하
루당 25달러 정도의 리조트 요금이 부과된다.

**Data** Map 369L
**Access** 리후에 공항에서 차로 30분 **Add** 1613 Pe'e Rd, Koloa
**Tel** 808-742-1888 **Cost** 1베드룸 250달러~
**Web** www.diamondresorts.com/The-Point-at-Poipu

### 꿈같은 휴식을 위한 선택
## 그랜드 하얏트 카우아이 Grand Hyatt Kauai

폭신한 모래사장과 서퍼들을 위한 거친 파도로 유명한 쉽렉 비치 Shipwreck Beach를 끼고 있다. 객실은 가
든 뷰, 풀 뷰, 파셜 오션 뷰, 디럭스 오션 뷰 등으로 나뉜다. 각 객실에는 전용 발코니가 있어서 해변 풍경
을 조망하기에 좋다. 수영장이 크고 시설이 잘 되어 있어서 어린아이를 동반한 가족 단위의 여행자에게도
인기가 있다. 3세부터 12세까지의 어린이들을 위한 캠프 하얏트 Camp Hyatt는 훌라를 배우거나 레이 만들기,
코아 피시 먹이주기 등 하와이 문화를 경험하는 체험 프로그램으로 구성되어 있다.
6개의 개성 있는 레스토랑이 있는데, 특히 현대적으로 재해석된 하와이안 음식을 경험할 수 있는 타이드
풀스 Tidepools는 인기 맛집이다. 아나라 스파 Anara Spa에서는 전통적인 마사지 방법을 이용하여 몸의 균형
을 회복하게 하는 서비스를 제공한다. 일요일과 목요일 오후 5시 15분부터는 전통 루아우 쇼가 펼쳐진
다. 관람을 원한다면 홈페이지에서 예약하면 된다. 1박에 25달러 정도의 리조트 요금이 추가된다.

**Data** Map 369L
**Access** 리후에 공항에서 차로 30분
**Add** 1571 Poipu Rd, Koloa
**Tel** 808-742-1234
**Cost** 킹베드룸 391달러~
**Web** www.kauai.hyatt.com/
en/hotel/home.html

# 04

# 빅 아일랜드
## Big Island

웨스트 빅 아일랜드(코나 부근)
노스 빅 아일랜드(와이메아 부근)
사우스 빅 아일랜드(하와이 볼케이노 국립공원 부근)
이스트 빅 아일랜드(힐로 부근)

원래 이름은 하와이 아일랜드Hawaii Island이다.
하와이의 섬에서 중 크기가 가장 커서
'빅 아일랜드'라는 별명으로 불린다. 4,200m 높이의
마우나 케아산이 있고, 지금도 활동 중인 활화산이
있는 지역이다. 대자연의 숨결이 물씬 풍기는
개발되지 않은 자연환경을 만끽할 수 있다.
다이내믹한 모험을 즐기는 여행자들이 선호하는
지역이다. 편의 시설은 다른 섬에 비해서는
조금 불편한 편이다.

Big Island
# GET AROUND

🚗 어떻게 갈까?

오아후, 마우이, 카우아이에서 연결하는 하와이안항공을 이용해서 빅 아일랜드의 서쪽 해안에 위치한 코나 국제공항 또는 동쪽 해안에 위치한 힐로 국제공항으로 갈 수 있다. 대부분 직항으로 연결되며, 출발지에 따라 다르지만 보통 40분 정도 소요된다. 인천 국제공항에서 오아후의 호놀룰루 국제공항까지 하와이안항공을 이용할 예정이라면 10만 원을 추가하면 빅아일랜드로 가는 왕복 항공권 이용할 수 있으니 참고하자. 인천에서 빅 아일랜드의 코나 국제공항 또는 힐로 국제공항을 최종 목적지로 하고 오아후(호놀룰루 국제공항)에서 스톱오버(경유)하는 항공권으로 발권하면 된다.

빅 아일랜드 전체를 돌아볼 예정이라면 힐로 국제공항으로 들어가고 코나 국제공항으로 나와도 좋다. 단, 이 경우 렌터카를 빌린 지점과 반납 지점이 동일하지 않기 때문에 추가 요금(40~60달러)이 발생할 수 있다. 코나 국제공항에서 카일루아 코나 지역까지는 차로 17분, 힐로 국제공항에서 힐로 다운타운까지는 차로 10분 정도 소요된다.

## 코나 국제공항, 힐로 국제공항에서 시내로 가기

### 1. 렌터카 Rental Car

빅 아일랜드를 다닐 때는 렌터카가 필수다. 공항에 도착한 후 해당 렌터카 업체가 제공하는 셔틀버스를 타고 차량을 픽업하러 가면 된다.

**\* 주요 렌터카 회사**
알라모 Alamo `Data` **Tel** 808-246-0645 **Web** www.alamo.co.kr
허츠 Hertz `Data` **Tel** 808-246-0204 **Web** www.hertz.com
에이비스 Avis `Data` **Tel** 808-245-3512 **Web** www.avis.com
엔터프라이즈 Enterprise `Data` **Tel** 808-246-0204 **Web** www.enterprise.com
내셔널 National `Data` **Tel** 808-245-5638 **Web** www.nationalcar.com

### 2. 택시 Taxi

공항 앞 택시 정류장에서 대기 중인 택시를 탑승하면 된다. 공항 외의 지역에서는 길에서 택시를 쉽게 볼 수 없으므로 호텔 컨시어지를 통하거나 직접 전화를 걸어서 이용해야 된다. 섬이 큰 관계로 요금은 많이 나오는 편이다. 택시 회사에 전화해서 출발지와 목적지 말하면 예상 비용을 안내받을 수 있다.

**\* 주요 택시 회사**
코나 택시 캡 Kona Taxi Cab
`Data` **Tel** 808-324-4444 **Web** www.konataxicab.com
에이스 1 Ace 1
`Data` **Tel** 808-935-8303 **Web** www.aceonetaxi96720.wix.com/ace1taxi

## 어떻게 다닐까?

대중교통으로는 다니기가 상당히 불편한 지역으로, 렌터카가 정답이다. 내비게이션이나 지도를 참고하여 다니면 된다. 대체로 이정표가 잘 되어 있고, 길이 복잡하지 않아서 운전에 큰 어려움은 없다. 교통 체증도 없고 주차 공간도 잘 되어 있는 편이다.

### 3. 공항 셔틀버스 Airport Shuttle Bus

탑승 후 가고자 하는 호텔을 말하면 해당 호텔 앞까지 데려다준다. 섬이 워낙 크다 보니 호텔이 여러 지역에 퍼져 있는 편이다. 요금은 호텔의 위치에 따라 달라진다.

### * 공항 셔틀버스 회사

스피디 셔틀 Speedi Shuttle

하와이에서 가장 유명한 셔틀버스 업체 중 하나이다. 짐은 2개까지 무료로 실어준다. 그 외에는 1개당 8달러 추가 요금이 있다. 목적지에 따라 요금이 다르다.

**Data** Tel 877-242-5777 **Cost** 편도 18~72달러, 왕복 37~130달러
**Web** www.speedishuttle.com

로버츠 하와이 | Roberts Hawaii

하와이에서 유명한 투어 업체로 공항 셔틀버스도 운행한다. 목적지에 따라 요금이 다르다. 짐은 2개까지 무료로 실어준다.

**Data** Tel 808-954-8640 **Cost** 1인당 편도 10~41달러, 왕복 16~74달러
**Web** www.robertshawaii.com/konaexpress

**Tip** 빅 아일랜드의 대중교통 수단인 헬레 온 버스Hele on Bus(www.heleonbus.org)는 공항까지는 운행하지 않는다.

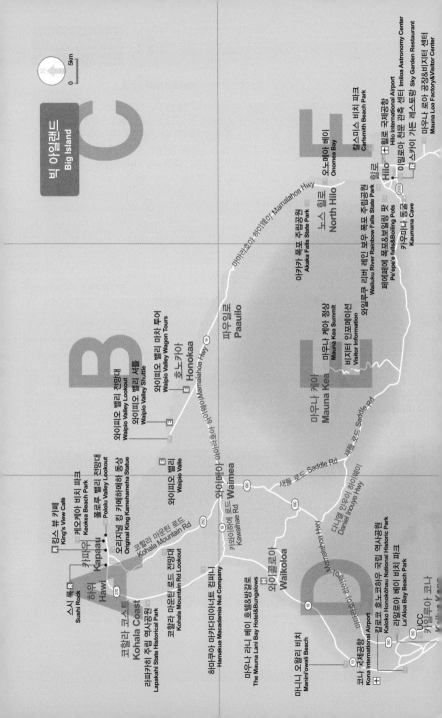

빅 아일랜드
Big Island

N

0 5km

스시 록 ℞ Sushi Rock

하위 Hawi

하와이 Hawi

킹스 뷰 카페 ℞ King's View Café

카파우 Kapaau

케오케아 비치 파크 Keokea Beach Park

폴로루 밸리 전망대 Pololu Valley Lookout

오리지널 킹 카메하메하 동상 Original King Kamehameha Statue

코할라 코스트 Kohala Coast

라파카히 주립 역사공원 Lapakahi State Historical Park

코할라 마운틴 로드 Kohala Mountain Rd

코할라 마운틴 로드 전망대 Kohala Mountain Rd Lookout

하마쿠아 마카다미아너트 컴퍼니 Hamakua Macadamia Nut Company

마우나 라니 베이 호텔&방갈로 The Mauna Lani Bay Hotel&Bungalows

마니니 오왈리 비치 Manini'owali Beach

코나 국제공항 Kona International Airport

칼로코 호노코하우 국립 역사공원 Kaloko Honokōhau National Historic Park

라일로아 베이 비치 파크 La'Aloa Bay Beach Park

UCC

카일루아 코나 Kailua Kona

와이콜로아 Waikoloa

카이아헤 로드 Kawaihae Rd

와이메아 Waimea

와이메아 Waimea

와이피오 밸리 Waipio Valle

와이피오 밸리 Waipio Valle

와이피오 밸리 전망대 Waipio Valley Lookout

와이피오 밸리 셔틀 Waipio Valley Shuttle

와이피오 밸리 마차 투어 Waipio Valley Wagon Tours

호노카아 Honokaa

파우일로 Paauilo

마마라호아 하이웨이 Mamalahoa Hwy

마마라호아 하이웨이 Mamalahoa Hwy

다니엘 이노우에 하이웨이 Daniel Inouye Hwy

새들 로드 Saddle Rd

새들 로드 Saddle Rd

마우나 케아 Mauna Kea

마우나 케아 정상 Mauna Kea Summit

비지터 인포메이션 Visitor Information

아카카 폭포 주립공원 Akaka Falls State Park

노스 힐로 North Hilo

와일루쿠 리버 레인 보우 폭포 주립공원 맛 Wailuku River Rainbow Falls State Park

페에페에 폭포&보일링 팟 Pe'epe'e Falls&Boiling Pots

카우마나 동굴 Kaumana Cave

오노메아 베이 Onomea Bay

칼스미스 비치 파크 Carlsmith Beach Park

힐로 국제공항 Hilo International Airport

힐로 Hilo

이밀로아 천문 관측 센터 Imiloa Astronomy Center

스카이 가든 레스토랑 Sky Garden Restaurant

마우나 로아 공장&비지터 센터 Mauna Loa Factory&Visitor Center

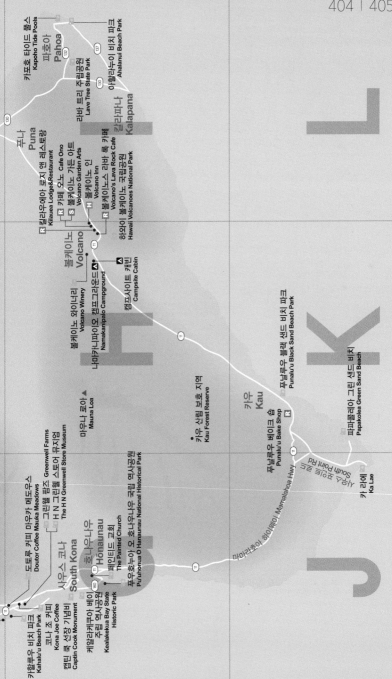

가포호 타이드 풀스
Kapoho Tide Pools

파호아
Pahoa

아할라누이 비치 파크
Ahalanui Beach Park

라바 트리 주립공원
Lave Tree State Park

칼라파나
Kalapana

푸나
Puna

킬라우에아 로지 앤 레스토랑
Kilauea Lodge&Restaurant

R 카페 오노 Cafe Ono

볼케이노 가든 아트
Volcano Garden Arts

볼케이노 인
Volcano Inn

볼케이노스 라바 록 카페
Volcano's Lava Rock Cafe

하와이 볼케이노 국립공원
Hawaii Volcanoes National Park

볼케이노
Volcano

볼케이노 와이너리
Volcano Winery

캠프사이트 캐빈
Campsite Cabin

나마카니파이오 캠프그라운드
Namakanipaio Campground

마우나 로아 ▲
Mauna Loa

푸날루우 블랙 샌드 비치 파크
Punalu'u Black Sand Beach Park

카우
Kau

카우 산림 보호 지역
Kau Forest Reserve

푸날루우 베이크 숍
Punalu'u Bake Shop

파파콜레아 그린 샌드 비치
Papakolea Green Sand Beach

그린웰 팜즈 Greenwell Farms

도토루 커피 마우카 메도우스
Doutor Coffee Mauka Meadows

H N 그린웰 스토어 뮤지엄
The H N Greenwell Store Museum

마마라호아 하이웨이 Mamalahoa Hwy

사우스 포인트 로드 South Point Rd

카 라에
Ka Lae

호나우나우
Honaunau

페인티드 교회
The Painted Church

사우스 코나
South Kona

푸우호누아 오 호나우나우 국립 역사공원
Pu'uhonua O Hanaunau National Historical Park

카일루아 코나
Kailua Koha

카할루우 비치 파크
Kahalu'u Beach Park

코나 조 커피
Kona Joe Coffee

캡틴 쿡 선장 기념비
Captin Cook Monument

케알라케쿠아 베이 주립 역사공원
Kealakekua Bay State Historic Park

웨스트 빅 아일랜드&와이콜로아
**West Big Island&Waikoloa**

N

0        5km

A

B

**세들 로드 Saddle Rd**

190

포 시즌 리조트 후알랄라이
**Four Seasons Resort Hualalai**
Ⓗ

퀸 카아후마누 하이웨이 Queen Ka'ahumanu Hwy

대니얼 이노이 하이웨이 Daniel Inouye Hwy

마마라호아 하이웨이 Mamalahoa Hwy

190

19

훌라 대디 코나 커피
**Hula Daddy Kona Coffee**

칼로코 호노코하우
국립 역사공원
**Kaloko Honokōhau**
**National Historic Park**

180

180

D

UCC
**UCC**

애스톤 코나 바이 더 시 리조트
**Aston Kona by the Sea Resort**
Ⓗ
Ⓡ

카일루아 코나
**Kailua Kona**

다 포케 쉑
**Da Poke Shack**

11

도토루 커피 마우카 메도우스
**Doutor Coffee Mauka Meadows**

코나 코스트 리조트 Ⓗ
**Kona Coast Resort**

애니스 아일랜드 프레시 버거
**Annie's Island Fresh Burgers**

쉐라톤 코나 리조트&스파
엣 케아우호우 베이
**Sheraton Kona Resort&Spa**
**at Keauhou Bay**
Ⓗ

Ⓡ Ⓔ 코나 보이즈
**Kona Boys**

홀루아 리조트
**Holua Resort**

사우스 코나
**South Kona**

캡틴 쿡 선장 기념비
**Captin Cook Monument**

Ⓡ 더 커피 쉑
**The Coffee Shack**

케알라케쿠아 베이 주립 역사공원
**Kealakekua Bay State Historic Park**

100

11

푸우호누아 오 호나우나우 국립 역사공원
**Pu'uhonua O Hanaunau National Historical Park**

F

마마라호아 하이웨이 Mamalahoa Hwy

# 웨스트 빅 아일랜드

## WEST BIG ISLAND(코나 부근)

빅 아일랜드 서쪽 해안에 위치한 코나 지역은 맑은 날씨와 건조한 바람이
부는 곳으로 세계 3대 커피로 꼽히는 코나 커피가 생산된다. 농장에서 직접
내린 신선한 커피 향을 즐기며 시원스럽게 펼쳐지는 풍광을 감상할 수 있다.
카일루아 코나 지역은 맛집이 위치한 번화가와 파도타기, 스노클링을
즐길 수 있는 해변도 곳곳에 자리 잡고 있다. 고대 하와이안의 성지인
푸우호누아 오 호나우나우 국립 역사공원도 이 지역의 볼거리 중 하나이다.

## West Big Island
# PREVIEW

웨스트 빅 아일랜드는 빅 아일랜드에서 가장 날씨가 좋기로 유명하다. 조용한 해변가 마을 카일루아 코나 지역은 휴가를 보내는 관광객들로 번화하다. 세계적인 코나 커피의 농장들을 방문하며 향긋함에 취할 수도 있다. 커다란 가오리인 만타 레이를 보는 야경 투어는 잊지 못할 특별한 추억이 될 것이다.

**SEE**

고대 하와이안의 삶과 역사 등에 관심이 많다면 볼거리가 많은 지역이다. 카일루아 코나 지역에 위치한 아후에나 헤이아우, 카일루아 피어, 모쿠아이카우아 교회, 훌리헤 팰리스 등을 차례로 돌아보며 옛 하와이의 역사의 발자취를 따라가보자. 고대 하와이안의 삶을 엿볼 수 있는 푸우호누아 오 호나우나우 국립 역사공원과 다채로운 색감의 벽화가 인상적인 페인티드 교회도 돌아볼 만하다. 칼로코 호노코하우 국립 역사공원의 트레일을 따라가면 수려한 풍광과 하와이 스타일의 가옥 등을 관찰할 수 있다.

**ENJOY**

코나 커피 벨트 지역에 위치한 커피 농장마다 무료 시음을 제공한다. 풍부하고 깊이 있는 맛의 코나 커피를 마음껏 즐겨보자. 케알라케쿠아 베이 주립 역사공원은 최고의 스노클링 포인트로 알려진 곳. 캡틴 쿡 스노클링 투어 또는 카약을 렌트해서 가면 된다. 개성 있는 해변을 찾아다니며 파도 타기, 스노클링을 즐겨도 좋다. 거대한 가오리가 유유히 플랑크톤을 먹으러 모이는 장관을 볼 수 있는 만타 레이 야간 투어도 추천한다.

**EAT**

아사이베이를 갈아 다양한 과일을 얹은 아사이 볼을 판매하는 바식 아사이에서는 건강한 맛을 느낄 수 있다. 다 포케 쉑, 우메케스는 포케를 넣어 만든 간단한 도시락을 저렴하게 즐겨보자. 현지인들도 즐겨 찾는 아일랜드 라바 자바, 코나 브루잉 컴퍼니도 가볼 만하다. 석양을 감상하면서 식사를 즐기고자 한다면 허고스를 추천한다. 커피 커피 벨트 지역에 위치한 커피 쉑은 전망이 좋다.

**SLEEP**

카일루아 코나 지역과 사우스 코나 지역에 바다를 끼고 있는 고급 호텔이 위치하고 있다. 좀 더 저렴한 숙소를 원한다면 에어비앤비 등을 통해 현지인들의 집을 빌리는 것이 좋다. 빅 아일랜드에서 관광지로 유명한 지역이기 때문에 숙소 선택의 폭이 넓다.

## West Big Island
# TWO FINE DAYS

맑고 건조한 날씨로 유명한 웨스트 빅 아일랜드 지역에는 세계적으로 유명한 코나 커피 생산지가 있다. 커피를 좋아한다면 놓치지 말자. 고대 하와이안의 역사를 볼 수 있는 유적들을 방문하고 다채로운 해양 생물을 만날 수 있는 청정 스노클링 지역에서는 진행되는 투어를 참여해도 좋다.

**1 Day**

자동차 40분 →

자동차 50분 →

**09:00**
코나 커피 벨트
커피 농장 방문 및
시음하기

**12:30**
카일루아 코나 지역
돌아본 후 맛있는
점심 식사하기

**15:30**
카할루우 비치 파크,
라알로아 베이 비치 파크,
마니니 오왈리 비치 등
개성 있는 해변 다녀오기

자동차 35분

자동차
3~15분 ←

**2 Day**

**13:00**
카일루아 코나 다운타운
다 포케 쉡에서 점심 먹기

**07:30**
케알라케쿠아 베이 주립
역사공원으로 가는 캡틴
쿡 스노클링 투어 참가하기

**17:00**
커다란 가오리를
만날 수 있는 만타 레이
야간 투어 참여하기

자동차 50분

자동차 10분 →

**14:00**
푸우호누아
오 호나우나우 국립
역사공원 관람하기

**17:00**
페인티드 교회의
아름다운
벽화 감상하기

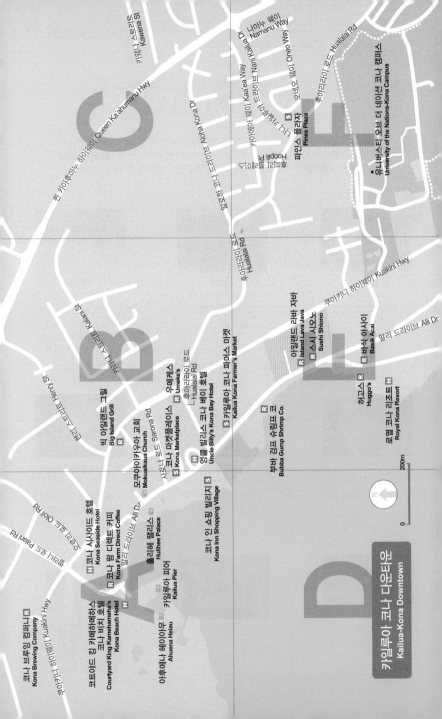

카이네 스트리트 Kawena St

코나 카이후마누 하이웨이 Queen Ka'ahumanu Hwy

나마누 웨이 Namanu Way

오네오 웨이 Oneo Way

카아에아 웨이 Kaa'ea Way

나니 카일리아 드라이브 Nani Kailia Dr

알로하 코나 드라이브 Aloha Kona Dr

홍아리리이 로드 Hualalai Rd

훌리헤 팰리스 Hulihe'e Palace

$ 파인스 플라자 Pines Plaza

유니버스티 오브 더 네이션 코나 캠퍼스 University of the Nations-Kona Campus

후아라라이 로드 Hualalai Rd

쿠아키니 하이웨이 Kuakini Hwy

칼라니 스트리트 Kalani St

빅 아일랜드 그릴 Big Island Grill

모쿠아이카우아 교회 Mokuaikaua Church

우메케스 Umeke's

R 코나 마켓플레이스 Kona Marketplace

엉클 빌리스 코나 베이 호텔 Uncle Billy's Kona Bay Hotel

$ 카일루아 코나 파머스 마켓 Kailua Kona Farmer's Market

아일랜드 라바 자바 Island Lava Java

R 스시 시오노 Sushi Shiono

R 바식 아사이 Basik Acai

알리 드라이브 Alli Dr

허고스 Huggo's

로열 코나 리조트 Royal Kona Resort

부바 검포 슈림프 코 Bubba Gump Shrimp Co.

시라로 드라이브 Alli Dr

사로나 로드 Sarona Rd

코나 시사이드 호텔 Kona Seaside Hotel

R 코나 팜 다이렉트 커피 Kona Farm Direct Coffee

헨리 스트리트 Henry St

올로이 로드 Ololi Rd

팔라니 로드 Palani Rd

코나 인 쇼핑 빌리지 $ Kona Inn Shopping Village

코나 브루잉 컴퍼니 R Kona Brewing Company

쿠아키니 하이웨이 Kuakini Hwy

코트야드 킹 카메하메하스 코나 비치 호텔 Courtyard King Kamehameha's Kona Beach Hotel

아후에나 헤이아우 Ahuena Heiau

카일루아 피어 Kailua Pier

N

0 ——— 200m

# 카일루아 코나 다운타운
# Kailua-Kona Downtown

SEE

## | 코나 코스트 Kona Coast |

**Writer's Pick!** 다양한 해양 동물을 만나는
### 카할루우 비치 파크 Kahalu'u Beach Park

다채로운 색상의 열대어와 거북 등을 볼 수 있는 최고의 스노클링 포인트 중 하나로 손꼽히는 곳이다. 검은 모래로 이뤄진 해변이 인상적이다. 먼 바다 쪽의 바위들이 파도를 막아주기 때문에 파도가 비교적 잔잔한 편이다. 그래도 바닷속에는 바위와 산호가 많으니 아쿠아슈즈, 오리발 등을 착용하자. 화장실, 샤워 시설 등의 시설이 잘 되어 있다. 오전에 바다가 잔잔하지만, 오후에는 날씨가 흐려지며 파도가 심해지는 경우가 많다.

주차장은 넓은 편이지만 워낙 인기가 많은 곳이라 날씨가 좋은 주말에는 빈자리를 찾기가 쉽지 않다. 해변 한쪽에 위치해 있는 푸드 트럭에서는 지갑, 핸드폰 등 작은 소지품을 보관할 수 있는 사물함(오후 3시 30분까지만 이용 가능. 이용료는 5달러, 보증금 4달러)이 있다. 물놀이에 출출해진 배를 채울 수 있는 핫도그, 버거 등도 판매한다. 결제는 현금 지불만 가능.

**Data** Map 405G
**Access** 알리 드라이브Alii Dr와 마코레아 스트리트Makolea St가 만나는 곳에 주차장 입구가 있다. 주차장 입구에서 도보 1분
**Add** 78-6710 Alii Dr, Kailua-Kona **Cost** 무료
**Web** www.to-hawaii.com/big-island/beaches/kahaluu-beach.php

**유적에 관심이 많다면**

## 칼로코 호노코하우 국립 역사공원

Kaloko Honokōhau National Historic Park

칼로코Kaloko는 물고기를 인공적으로 기르기 위해 조성된 '양어 지'라는 뜻이다. 현재는 고대 하와이안의 낚시터, 사원, 암각 화, 생활 문화, 거주 모습 등이 복원되어 있는 역사공원으로 운 영 중이다. 하와이 정착지의 역사와 문화가 보존되어 있는 고 고학 유적지이자 문화적으로도 중요한 곳이다.

역사공원에 방문했다면 먼저 할레 호오키파 비지터 센터Hale Ho'okipa Visitor Center에 들르자. 지도, 브로슈어 등을 꼼꼼하게 챙긴 후 총 1.6km의 되는 트레일을 걸어보자. 물고기를 잡는 그물을 만들던 작업장의 모습과 고대 사원, 하와이안의 가옥, 암각화 등을 볼 수 있는 아이오피오 피시 트랩Aiopio Fishtrap을 먼저 돌아본 후, 공원에 있는 호노코하우 비치Honokohau Beach 에서 스노클링을 해도 좋다. 산호초 사이로 유유히 수영하는 색색의 열대어를 감상할 수 있다.

그 다음은 알라 헬레 카하카이Ala Hele Kahakia 트레일을 걸어보 자. 이 길은 19세기에 사용되었던 길을 정비하여 트레일로 이 용하고 있다. 바다를 끼고 있어서 운이 좋으면 푸른 바다거 북을 볼 수 있다. 트레일을 따라 들어가면 가로 243m, 넓이 12m가량 되는 벽으로 둘러싸인 칼로코 양어장Kaloko Fishpond 의 모습을 볼 수 있다. 칼로코 양어장까지는 차로 갈 수도 있 으며, 비지터 센터에서 차로 7분 정도 소요된다.

**Data** Map 406C

**Access** 코나 국제공항에서 차로 10분. 카일루나 코나 북쪽 방향으로 4.8km 정도에 위치

**Add** Kaloko Honokohau National Historic Park, Kailua-Kona

**Tel** 808-326-9057

**Open** 역사공원 08:00~17:00/ 비지터 센터 08:30~16:00

**Cost** 무료

**Web** www.nps.gov/kaho

© Andrew K. Smith

© sota

**Writer's Pick!**

고운 모래사장이 아름다운
### 마니니 오왈리 비치 Manini'owali Beach

새하얀 모래사장과 에메랄드빛 바다가 아름다운 비치이
다. 쿠아베이 비치 파크Kua Bay Beach Park로도 불린다. 부기 보드나
서핑을 즐기기 좋은 곳이다. 낮에는 푸른 바다와 하얀 모래사장의
풍경이 멋지고, 저녁에는 붉은 노을을 볼 수 있다. 현지인들이 즐겨
찾는 해변이다. 해변 끝에는 다이빙 포인트도 있다.
매점은 없으니 간식거리를 준비하는 것이 좋다. 무료 주차가 가능
하다. 에메랄드빛 바다를 즐기기 위해서는 맑은 날씨에 방문하는
것이 중요하다.

**Data** Map 404D
**Access** 퀸 카아후마누 하이웨이
Queen Ka'ahumanu Hwy를
타고 가다가 쿠아 베이 어세스 로드
Kua Bay Access Rd로 좌회전 후
직진. 코나 국제공항에서 차로 10분
**Add** Mamalahoa Hwy, Kailua-
Kona
**Cost** 무료
**Web** www.liveinhawaiinow.
com/maniniowali-beach

넘실대는 파도를 타자
### 라알로아 베이 비치 파크 La'Aloa Bay Beach Park

밀물과 썰물 조수간만의 차가 특별한 풍경을 만들어내는 비치이다. 썰물 때에는 하얀색의 보드라운 모
래사장이 고운 자태를 드러내고, 밀물 때에는 해변이 사라진다. 이러한 풍경 덕분에 화이트 샌드 비치
파크White Sand Beach Park, 매직 샌드 비치Magic Sand Beach라고도 불린다.
파도가 적당한 편이라 부기 보드, 패들 보드, 서핑, 태닝 등을 즐기기에 좋다. 주차는 길거리 또는 비치
길 건너에 위치한 주차장을 이용하면 된다. 인기 많은 해변이라 언제 가도 사람들이 북적거린다.

**Data** Map 404D
**Access** 알리 드라이브Alii Dr 위에
위치 **Add** 77-6474 Alii Dr,
Kailua-Kona **Cost** 무료
**Web** www.konaboys.com/
spotlight/laaloa-bay-beach

# | 카일루아 코나 Kailua Kona |

### 해양 레포츠의 메카
## 카일루아 피어 Kailua Pier

다이빙, 크루즈, 보트, 스노클링 투어 등이 출발하는 부두이다. 매년 여름 국제 낚시 대회가 열리기도 하며, 낮에는 카누 경기가 자주 열린다. 2010년 철인 세계 선수권 대회 출발점이자 결승점이기도 했다. 항구 주변으로 레스토랑도 많아서 가벼운 산책을 즐기거나 일몰을 감상하기에도 좋다. 크루즈 배들이 근처에 정박하고, 관광객들이 작은 배를 타고 들어오는 지역이기도 하다.

**Data** Map 410A
**Access** 코나 국제공항에서 차로 17분 **Add** 75-5660 Palani Rd, Kailua-Kona
**Tel** 808-329-2911

### 다양한 유물이 잘 보존되어 있는
## 훌리헤 팰리스 Hulihee Palace

하와이 섬의 2대 총독인 존 아담스 쿠아키니가 세운 건물이다. 하와이 왕족이 휴가를 보내던 여름 별장으로 사용되었다. '팰리스'라는 말이 어색할 정도로 규모는 작다.
현재는 칼라카우아 왕과 카피올라니 여왕 때 사용되었던 다양한 유물을 전시하는 박물관으로 사용되고 있다. 코아 나무로 만든 가구, 장신구 등이 전시되어 있다. 2009년 복원 이후 일반인의 방문도 가능해졌다. 내부 사진 촬영은 금지다.

**Data** Map 410A
**Access** 알리 드라이브 길 위에 위치, 코나 국제공항에서 남쪽 방면으로 19분
**Add** 75-5718 Alii Dr, Kailua-Kona
**Tel** 808-329-1877
**Open** 월~토 09:00~16:00, 일 10:00~15:00
**Cost** 18세 이상 10달러, 5세~17세 1달러, 65세 이상 8달러
**Web** www.daughtersofhawaii.org

© Daughters of Hawai'i

유서 깊은 오래된 교회
## 모쿠아이카우아 교회 Mokuaikaua Church

1820년에 세워진 하와이 최초의 교회이다. 용암이 굳으면서 만들어
진 흙과 산호가루를 섞어 지었다고 한다. 검은 돌들이 콕콕 박혀있는
외관이 독특하다. 현재까지 그 모습 그대로 보존 중이다.
하얀 외관과 첨탑이 인상적이다. 교회의 내부는 하와이산 목재인 오
히아나 코아 나무로 만들어졌다. 하와이 최초의 기독교인이었던 헨리
오푸카하이아Henry Opukahaia를 기리는 내용의 전시 공간도 내부에 마
련되어 있다. 일반적으로 주중에는 개방되지 않는다.

**Data** Map 410A
**Access** 훌리헤 팰리스 건너편
**Add** 75-5713 Alii Dr,
Kailua-Kona
**Tel** 808-329-0655
**Open** 일 09:00, 11:00
**Cost** 무료
**Web** www.mokuaikaua.org

카메하메하 발자취를 따라서
## 아후에나 헤이아우 Ahuena Heiau

19세기 초 하와이 왕조를 통일한 카메하메하 1세가 종교적인 사원으로
사용하던 곳이다. 그는 하와이의 모든 섬을 통일한 후 호놀룰루에 머물
다가 1812년 이곳으로 돌아와 마지막 생애를 보냈다. 유적지 보호를
위하여 내부는 일반인에게 공개하지 않는다.
현재는 아후에나 헤이아우 유적지를 배경으로 킹 카메하메아스 코나 비
치 호텔(**Web** www.konabeachhotel.com)에서 진행하는 하와이 전통
연회 루아우 쇼가 열린다. 자연재해로 인하여 타워 쪽과 나무 울타리,
바위 지지대 등의 복원을 위해 홈페이지를 통해 모금 중이다.

**Data** Map 410A
**Access** 코트야드 킹 바메하메하
코나 비치 호텔 뒤편
**Add** 75-5660 Palani Rd,
Kailua-Kona
**Web** www.ahuenaheiau.org

## |Theme|

### 커피 애호가라면 꼭 가보자!

## 코나 커피 벨트 Kona Coffee Belt!

커피 애호가라면 한번쯤 들어보았을 비싼 몸값 자랑하는 코나 커피가 생산되는 곳이다. 세계적인 커피 생산지에서 세계 3대 커피로 꼽히는 코나 커피를 마시며 부드러운 바디감과 풍부한 향미를 느껴보자.

### 코나 커피 벨트는 어디일까?

마우나 로아Mauna Loa 산의 해발 240~762m에는 180번 도로인 마마라호아 하이웨이Mamalahoa Hwy를 따라서 소규모 커피 농장들이 자리 잡고 있다. 코나 커피 생산 지역을 '코나 커피 벨트'라고 부른다. 총 재배 면적은 약 9.27km² 정도로 전 세계 커피 생산량의 1%도 되지 않는다.

### 코나 커피는 왜 특별할까?

이 지역의 특별한 자연환경과 밀접한 관계가 있다. 화산 활동으로 생긴 비옥한 토지와 적당하게 내리쬐어주는 햇빛, 물, 그늘, 바람 등은 최고급 커피를 생산할 수 있는 주요한 이유.
또한 손으로 하나하나 열매를 따고 말리는 등 수작업으로 정성스럽게 재배하는 커피 생산자들의 애정과 노력 역시 이 지역의 커피를 최고로 만든 주요 요인이다.

### 어떻게 돌아볼까?

이 지역 많은 농장에서는 무료 시음과 투어를 진행하고 있다. 원두는 7월 말부터 1월 말까지 수확한다. 이 시기에 방문한다면 빨갛게 익은 커피 체리와 커피를 수확하는 농부들의 모습, 원두를 볶는 모습 등을 볼 수 있다.
더 많은 코나 커피 농장의 관련 정보를 알고 싶다면 아래 홈페이지를 참고하자.
**Web** www.konacoffeefarmers.org

### 코나 커피 100%를 확인하세요!

코나 커피는 반드시 이 지역에서만 생산되는 커피에만 붙일 수 있는 이름이다. 이 지역의 한해 생산량은 100만kg 정도로 많지 않다.
또 일일이 수작업으로 커피 체리를 따고, 골라내다 보니 가격대가 상당히 높다. 보통 호텔에 비치되어 있는 커피의 경우 코나 커피가 10% 정도 섞인 블랜드 제품이 대부분이다.

### 코나 커피에도 등급이 있어요

코나 커피 100%라도 등급이 있는 점을 알아두자. 원두의 모양이나 크기, 품질 등에 따라 등급이 결정된다. 먼저 커피콩의 모양에 따라 등급이 두 가지로 분류된다. 커피 열매 안에 반달 모양의 원두가 2개 들어 있는 플랫 빈Plat Bean의 경우 엑스트라 팬시Extra Fancy, 팬Fancy, 프라임Prime 순으로 엑스트라 팬시의 등급이 제일 높다. 커피 열매 안에 1개의 원두가 들어 있는 기형 원두인 피베리Feaberry의 경우 피베리, 넘버원, 프라임 순으로 등급이 높다. 피베리는 전체 원두 생산량에서 5% 정도만 생산된다.
같은 농장에서 경작한 제품이더라도 등급에 따라 맛과 향이 다르니 시음을 통해 본인의 취향에 맞는 제품을 찾아보자. 많은 농장에서 무료 및 유료 투어를 진행한다.

## [코나 커피 벨트 추천 커피 농장]

### 전망 좋은 곳에 자리 잡은
### 훌라 대디 코나 커피 Hula Daddy Kona Coffee

무료 커피 투어가 진행된다. 셀프 투어로 돌아보며 커피를 시음할 수도 있고, 직원의 설명을 들을 수 있다. 커피 생산과 로스팅 과정 등에 대한 설명을 듣게 된다. 커피콩을 초콜릿으로 코팅한 제품도 인기 있다. 로스팅 정도에 따라 팬시, 엑스트라 팬시 등으로 나뉜다. 맛을 보고 구입을 결정하면 된다.

하나의 커피 체리 안에 2개의 생두가 들어 있는 피베리는 완두콩 모양으로 생겼다. 전체 커피 나무에서 7% 정도 되는 변종으로 가격대가 비싸다. 대신 맛과 향이 좋아 고급스러운 선물로 안성맞춤이다.

**Data** Map 406C
**Access** 마마라호아 하이웨이에 위치
**Add** 74-4944 Mamalahoa Hwy, Holualoa
**Tel** 808-327-9744
**Open** 10:00~16:00
**Cost** 무료입장, 엑스트라 팬시 1파운드 74.95달러, 팬시 1파운드 69.95달러
**Web** www.huladaddy.com

### 가격 좋고, 향도 좋은 커피
### UCC UCC

일본 브랜드인 우에시마 커피 컴퍼니Uesima Coffee Company의 농장으로 가격 대비 놀라운 맛과 품질을 자랑한다. 샘플 커피 시음을 통해 코나 커피의 다양한 향과 맛을 음미하자. 특히 피베리는 꼭 한 번 마셔보길 추천한다. 다른 커피 농장에 비해 가격대가 저렴하지만 품질은 상당히 좋다.

무료로 투어를 이용할 수 있다. 단, 미리 홈페이지에서 예약해야 한다. 코나 커피로 만든 아이스크림도 간식으로 제격이다.

**Data** Map 406C
**Access** 마마라호아 하이웨이에 위치
**Add** 75-5568 Mamalahoa Hwy, Holualoa
**Tel** 808-322-3789
**Open** 09:00~16:30
**Cost** 투어 무료(예약 필수)
**Web** www.ucc-hawaii.com

**Writer's Pick!**

인피니티 풀이 멋진
### 도토루 커피 마우카 메도우스
Doutor Coffee Mauka Meadows

일본의 유명 커피 전문 브랜드 토도루 그룹의 소유 농장으로 규모가 방대하다. 정원에 다양한 열대 식물이 있어서 마치 식물원에 온듯한 느낌이 든다. 주차장에 주차한 후 가볍게 산책을 하며 이정표를 따라 내려가면 하얀 파빌리온과 파란 인피니티 풀장이 나온다. 이 장소에서 풍경을 즐기며 무료 커피 시음을 하면 된다.
마음에 드는 원두는 구입할 수 있다. 코나 커피 벨트에 위치한 커피 농장 중 가장 풍경이 아름답기로 소문난 곳이니 꼭 한 번 들러보자. 올라갈 때에는 커피 농장 측에서 차로 주차장까지 데려다준다. 직원에게 주차장으로 돌아가고 싶다고 말하면 된다.

**Data** Map 406C
**Access** 마마라호아 하이웨이에 위치 **Add** 75-5476 Mamalahoa Hwy, Holualoa
**Tel** 808-322-3636
**Open** 09:00~16:00
**Cost** 성인 5달러, 15세 이하 무료, 피베리(198g) 38달러
**Web** www.maukameadows.com

**Writer's Pick!**

시원하게 펼쳐져 경치가 기분 좋은
### 코나 조 커피 Kona Joe Coffee

농장과 바다가 한눈에 들어오는 경치가 남다르다. 기프트 숍에서 무료 샘플 커피 시음을 할 수 있으며, 마음에 드는 제품도 구입할 수 있다. 안쪽에는 레스토랑 겸 카페가 있다.
가이드가 함께 하는 유로 투어도 진행하고 있다. 8분짜리 영상을 본 후 25분 정도 커피 생산과 재배에 대한 자세한 설명을 듣는다. 기념용 머그잔도 포함된다. 투어 가능 시간은 오전 9시부터 오후 4시 30분까지다. 곳곳에 위치한 커피 나무의 생김새도 관찰해보는 것도 좋겠다.

**Data** Map 405G
**Access** 마마라호아 하이웨이에 위치 **Add** 79-7346 Mamalahoa Hwy, Kealakekua
**Tel** 808-322-2100
**Open** 08:00~17:00
**Cost** 투어 성인 15달러, 12세 이하 무료
**Web** www.konajoe.com

**Writer's Pick!**

가장 오래된 커피 농장 중 하나
## 그린웰 팜즈 Greenwell Farms

1850년 핸리 니콜라스 그린웰Henry Nicholas Greenwell 이 세운 유서 깊은 커피 농장으로, 하와이에서 가장 오래된 커피 농장 중 하나다. 특히 원두 수확량이 많기로 유명하다. 메인 오피스 쪽으로 이정표를 따라 들어가면 투어 장소 표지판이 나온다. 사람들이 모이면 시작되는 무료 투어가 수시로 진행된다. 투어로 농장을 둘러보며 커피 열매를 수확하고 가공되는 과정을 관찰할 수 있다. 기념품 숍에서는 농장에서 로스팅한 다양한 맛의 커피를 시음할 수 있다. 꿀, 초콜릿도 판매한다.

**Data** Map 405G
**Add** 81-6581
Mamalahoa Hwy, Kealakeku **Tel** 808-323-2295
**Open** 커피 농장 투어 08:00~16:30, 기프트 숍 08:00~17:00
**Cost** 투어 무료 **Web** www.greenwellfarms.com

---

### Tip 코나 커피의 역사를 느끼는 곳!

H N 그린웰 스토어 뮤지엄 The H N Greenwell Store Museum

1880년대 코나 지역의 유명한 잡화점이었던 곳을 박물관으로 운영 중이다. 상점의 모습이 그대로 재현되어 있다. 직원들의 복장까지 그 시대를 느끼게 한다. 매주 목요일 오전 10시부터 오후 1시까지는 포르투갈 스톤 오븐을 이용하여 전통적인 방법으로 빵을 만들어 굽는 체험이 가능하다. 박물관 아래 쪽 초원 지대에서 진행된다. 그린웰 팜즈에서 가까우니 시간 여유가 있다면 들러 보아도 좋겠다.

**Data** Map 405G
**Access** 그린웰 팜즈에서 도보 2분 거리
**Add** Greenwell Store Museum, Kealakekua
**Tel** 808-323-3222 **Open** 월·화·목 10:00~14:00
**Cost** 성인 5달러, 5~17세 3달러, 4세 이하 무료
**Web** www.konahistorical.org

# | 사우스 코나 South Kona |

### 청정 스노클링 지역
## 케알라케쿠아 베이 주립 역사공원 Kealakekua Bay State Historic Park

해양 생태계 보존 지역으로 지정되어 빅 아일랜드 최고의 수중 환경을 자랑하는 곳이다. 산호초와 노란색 몸통에 검은 무늬가 있는 열대어 키카카푸Kikakapu, 푸른 바다거북, 돌고래 떼 등을 만날 수 있다. 해변에서 스노클링을 즐겨도 되지만, 최고의 스노클링 포인트는 캡틴 쿡 선장 기념비Captin Cook Monument 주변이다. 캡틴 쿡 선장 기념비까지는 스노클링 보트 투어나 카약을 대여한 후 직접 노를 저어 가야 한다. 케알라케쿠아 베이 쪽에서 건너편을 바라보면 흰색 기념비를 볼 수 있다. 스노클링을 원한다면 시야가 좋은 아침 일찍 출발하는 것이 좋다. 바다 곳곳에 산호초와 성게의 바늘이 있으니, 발 보호를 위해 아쿠아슈즈나 오리발을 신어야 한다.

**Data** Map 406E
**Access** 카일루아 코나에서 11번 도로를 타고 차로 30분
**Add** Kealakekua Bay State Historic Park, Captain Cook
**Open** 06:00~19:00
**Cost** 무료입장
**Web** www.gohawaii.com/en/big-island/regions-neighborhoods/kona/kealakekua-bay

© Terri Stewart

---

**Tip** 캡틴 쿡 선장은 누구?

영국에서 신대륙을 찾아 떠난 선장으로 하와이 땅을 발견한 사람이다. 그를 통해 하와이 제도가 유럽에 알려졌다. 1779년 원주민과의 교전 중 사망하였다. 이곳에 그의 유해가 잠들어 있다.

## 💬 |Theme|
## 캡틴 쿡 스노클링 투어, 어떻게 즐길까?

캡틴 쿡 스노클링 투어는 청정 자연을 만끽하며 해양 동물을 만날 수 있는 것으로 유명하다. 캡틴 쿡 선장 기념비 주변의 수질이 가장 좋지만, 해안에서 수영으로 가기에는 수심이 상당히 깊고 거리도 멀어서 무리가 있다. 보통 카약을 대여하여 직접 노를 저어 가거나 전문 보트 투어 업체를 이용하여 스노클링을 즐긴다. 업체마다 투어 명칭이 조금씩 다르지만 보통 캡틴 쿡 스노클 투어Captain Cook Snorkel Tour, 케알라케쿠아 스노클Kealakekua Snorkel 등의 이름으로 되어 있다. 오전이 파도가 잔잔하고 시야가 좋으므로, 오전 7시 30분경에 출발하여 정오쯤에 돌아오는 투어를 추천한다.

© Terri Stewart

© HTA

### [스노클링 보트 투어 추천 업체]

대부분의 투어 집합 장소는 케아후 베이 Keauhou Bay 또는 카일루아 피어Kailua Pier 쪽이다. 투어 업체마다 집합 및 출발 장소 가 다르다. 가격대는 1인당 80~120달 러 정도. 홈페이지에서 예약하면 약 10% 할인 받을 수 있다.

**코나 보트 투어** Kona Boat Tour
Web www.konaboattours.com

**돌핀 디스커버리** Dolphin Discoverie
Web www.dolphindiscoveries.com

**알로하 카약** Aloha Kayak
Web www.alohakayak.com

**시퀘스트 하와이** Sea Quest Hwaii
Web www.seaquesthawaii.com

**페어 윈드** Fair Wind
Web www.fair-wind.com/
index.php/reservations/fair-
wind-am-snorkel-bbq-cruise

---

**Tip** 카약 대여소 코나 보이즈
**Kona Boys**

**Data** Map 406C
**Access** 마마라호아 하이웨이에 위치.
케알라케쿠아 베이 주립공원에서 차로 8분
**Add** 79-7539 Hawaii Belt Rd,
Kealakekua
**Tel** 808-328-1234
**Cost** 카약 대여 1시간 19달러, 1일 54달러
**Web** www.konaboys.com

하와이의 신성한 피난처
## 푸우호누아 오 호나우나우 국립 역사공원
### Pu'uhonua O Hanaunau National Historical Park

하와이 왕조의 땅이었던 곳으로 과거에는 성지였다. 하와이 카푸 제도는 고대 하와이안의 중요한 계율로, 여성이 바나나를 먹거나 추장의 그림자를 밟는 행위, 남녀가 함께 식사하는 것은 금기시되었다. 카푸 제도를 위반한 사람이 유일하게 살아남을 수 있는 방법이 이곳으로 도망쳐서 면죄 의식을 올리는 것뿐이었다.

7,400평에 달하는 큰 면적이었지만, 현재는 일부만 복원되어 역사공원으로 운영 중이다. 공원 내에는 당시 원주민의 문화와 생활을 엿볼 수 있는 유물들이 전시 중이다. 농사를 짓던 농기구, 하와이 바둑 전통 놀이 코나네Konane 놀이기구, 물고기를 잡는 그물을 만들던 공동 작업장, 그물로 잡은 고기를 보관하였던 연못, 추장들의 뼈가 보관중인 신전 등이 있다.

공원 내 원형 극장에서는 매일 오전 10시 30분과 오후 2시 30분 카푸 제도의 개념, 하와이 고대 종교적인 법, 공원의 역사 등에 대해서 자세한 설명을 들을 수 있다.

**Data** Map 406E
**Access** 16Q 하이웨이160 Hwy를 따라가다가 국립 역사공원 표지판을 따라서 진입
**Add** Pu'uhonua o Honaunau National Historical Park, Honaunau
**Open** 입장 07:00~일몰, 비지터 센터 08:30~16:30 **Cost** 입장료 차량 1대당 15달러, 개인 7달러(7일간 유효)
**Web** www.nps.gov/puho


### 강한 색감의 벽화가 있는
## 페인티드 교회 The Painted Church

글을 모르는 하와이 원주민들에게 복음을 전달하기 위해 그려진 알록달록한 벽화로 유명하다. 정식 명칭인 세인트 베네딕트 교회St. Benedict's Church보다 페인티드 교회로 더 유명하다. 벽화는 1899년부터 이곳에 있었던 벨기에 출신 신부, 존 벨게John Velghe에 의해서 그려졌다.

미사는 토요일 오후 2시, 4시, 일요일 7시 15분이니 참고하자. 주변 경관도 상당히 아름다우니 종교가 없더라도 잠시 들러서 산책을 해도 좋겠다.

**Data** Map 405G
**Access** 미들 케이 로드Meddle Keei Rd로 가다가 페인티드 처치 드라이브 진입. 코나 국제공항에서 45분
**Add** 84-5140 Painted Church Rd, Captain Cook
**Tel** 808-328-2227
**Open** 매일 **Cost** 무료
**Web** www.thepaintedchurch.org

💬 |Theme|
## 커다란 가오리와 함께 수영을
## 만타 레이 야간 투어 Manta Ray Night Tour

만타 레이는 가오리 중 가장 크기가 크고 뼈대가 없는 어류이다. 이빨은 없고, 플랑크톤을 주식으로 삼는다. 모양은 마름모꼴이며 지느러미를 너풀거리며 헤엄을 친다. 쉐라톤 코나 리조트&스파 엣 케아우호우 베이|Sheraton kona Resort&Spa at Keauhou Bay 앞 바다에서는 야생 만타 레이를 코앞에서 볼 수 있는 특별한 야간 투어가 진행된다. 밤에 반짝이는 플랑크톤을 먹기 위하여 만타 레이 떼가 모여드는 광경을 스노클링 또는 다이빙으로 즐기는 야간 투어다. 다이빙 자격증이 없다면 스노클링을 하면 된다.

해당 스폿에 도착한 배들이 조명을 쏜 후 플랑크톤을 뿌리면 입수를 한다. 배에 연결된 줄을 잡고 한자리에 떠서 구경한다. 보통 3~5m, 최대 8m 크기의 거대한 만타 레이의 자태를 감상하는 시간을 가질 수 있다. 만타 레이의 배에는 점들이 찍혀 있다. 만타 레이 하나하나에 이름을 붙인 후 그 점의 모양을 보고 구별을 한다고. 만타 레이는 멸종위기종으로, 절대 만져서는 안 된다.

인기 있는 투어이므로 예약을 해야 한다. 또 업체마다 출발 시간과 위치가 다르므로 예약 시 체크할 것.

© Renee V

### [만타 레이 스노클링 투어 추천 업체]

기본적으로 스노클링 장비, 웨트 수트, 스낵 등이 제공된다. 투어 시간은 2시간부터 4시간까지 업체마다 다르다. 만타 레이 투어 전에 일몰 일정이 추가되는 업체도 있다. 투어 내용은 각 투어 회사 홈페이지를 통해 비교해보자. 투어 가격은 성인 105달러, 5세~12세 어린이 83달러 정도이다. 홈페이지에서 미리 예약 시 할인 혜택이 있다.

**페어 윈드** Fair Wind
Web www.fair-wind.com/index.php/reservations/manta-night-snorkel-dive

**블루 시 크루즈** Blue Sea Cruise
Web www.blueseacruisesinc.com/manta-ray-snorkel.php

**시 파라다이스** Sea Paradise
Web www.seaparadise.com

**만타 레이 하와이** Manta Ray Hawaii
Web www.mantarayshawaii.com

### [만타 레이 나이트 다이빙 추천 업체]

오픈 워터 이상의 다이빙 자격증 소지 시 참여 가능한 투어이다. 기본 다이빙 장비, 음식, 음료 등이 포함되어 있다. 스노클링 투어에 비해 자유롭게 다니면서 만타 레이를 감상할 수 있다. 투어 가격은 119~140달러로 업체마다 다르다. 홈페이지에서 미리 예약 시 할인 혜택이 있다.

**코나호누 다이버** Kona Honu Diver
Web www.konahonudivers.com

**빅아일랜드 다이버** Big Island Divers
Web www.bigislanddivers.com

**코나 다이빙 컴퍼니** Kona Diving Company
Web www.konadivingcompany.com

# EAT

## | 카일루아 코나 Kailua-Kona |

#### 풍미 좋은 커피를 즐기는
### 코나 팜 디렉트 커피 Kona Farm Direct Coffee

100% 코나 커피를 마실 수 있는 카페로 어떤 커피를 마셔도 맛있다. 코나 커피 농장에서 운영하므로 품질 좋은 원두 커피를 구매할 수 있다. 비교적 가격대가 저렴한 콜드 커피만 마셔봐도 풍부한 향미를 느낄 수 있다. 부드러운 아이스 라테, 달콤함이 강한 아이스 모카도 인기 제품이다.
커피뿐만 아니라 아이스크림도 추천할 만하다. 마카다미아너트 아이스크림 위에 뜨거운 에스프레소를 넣어 만든 아포가토Affogatto도 상당히 만족스럽다.

**Data** Map 410A
**Access** 카일루아 피어 건너편
**Add** 75-5663 Palani Rd,
Kailua-Kona **Tel** 808-443-2646
**Open** 월·화 06:00~21:00 수·일
06:00~17:00, 목~토 06:00~22:00
**Cost** 콜드 커피 3.25달러,
아이스 모카 5.50달러,
100% 코나 커피 원두 18~30달러 정도
**Web** www.konafarmdirect.com

**Writer's Pick!** 입안에 착착 붙는 맛의 포케 맛
### 다 포케 쉑 Da Poke Shack

생 참치로 만드는 신선한 포케를 맛볼 수 있다. 냉동 참치와는 차원이 다른 신선함이 이 집의 인기 비결! 비교적 가격대도 저렴하며, 런치 플레이트 형식으로 판매를 한다. 먼저 원하는 양의 사이즈를 선택한다. 볼Bowl은 1인분 정도, 플레이트Plate는 2인분 정도로 생각하면 된다.
시식한 후 고를 수 있다. 밥의 종류는 백미, 현미, 퀴노아(50센트 추가)가 있다. 반찬처럼 먹는 사이드 메뉴에는 김치도 있으니 참고하자. 음료는 냉장고에서 꺼내 먹은 후 총 금액을 계산한다. 해변에 갈 때 도시락으로 준비해서 가면 상당히 유용하다. 스페셜 포케가 가장 인기 있는 메뉴이며, 포케 외에도 치킨, 돼지고기 요리도 주문 가능하다.

**Data** Map 406C
**Access** 코나 발리 카이 호텔 1층 **Add** 76-6246 Alii Dr, Kailua-Kona **Tel** 808-329-7653 **Open** 10:00~18:00
**Cost** 치킨, 돼지고기 플레이트 9.50달러, 포케는 시가에 따라 적용
**Web** www.dapokeshack.com

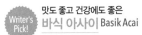

**Writer's Pick!**

맛도 좋고 건강에도 좋은

**바식 아사이 Basik Acai**

슈퍼 푸드로 알려진 아사이 베리Acai Berry로 만든, 스무디와 아사이 볼을 맛볼 수 있는 곳이다. 아사이 볼은 얼린 아사이 베리를 갈아 넣고, 딸기, 견과류, 바나나, 파인애플, 블루베리, 꿀, 코코넛 가루, 그래놀라 등의 다양한 재료가 가득 들어가는데, 새콤 달콤 고소한 맛이 일품이다.

메뉴판을 보고 본인이 원하는 재료가 가장 많이 들어간 메뉴를 고르자. 서퍼들이 서핑 전에 가벼운 아침 식사로 먹기 시작하면서 인기를 얻은 아사이 볼은 하와이 스타일의 아침 식사 또는 디저트로 불리며 사랑받는 음식이다.

**Data** Map 410E
**Access** 로열 코나 리조트 옆 주차장 건물 2층
**Add** 75-5831 Kahakai Rd, Kailua-Kona
**Tel** 808- 238-0184
**Open** 월~토 08:00~15:00, 일 09:00~15:00
**Cost** 푸나 볼Puna Bowl 스몰 9.50달러,
워터맨The Waterman 스몰 9.50달러
**Web** www.basikacai.com

**Writer's Pick!**

석양과 함께 맛있는 추억을

**허고스 Huggo's**

아름다운 일몰을 즐기며 식사 또는 칵테일을 즐길 수 있는 전망

좋은 시푸드 레스토랑. 매일 잡은 신선한 생선으로 만드는 생선 그릴 요리와 스테이크 등을 즐길 수 있다. 직접 재배한 신선한 재료로 요리를 한다고 하니 믿고 먹을 수 있다. 추천 메뉴는 흰살생선인 마히 마히를 구운 후 호박 리소토와 랍스터 꼬리, 조개, 신선한 생선, 토마토, 샤프란 향료 등을 넣어 만든 해산물 스튜 카일루아 베이 치오피노Kailua Bay Cioppino 등이다. 생선 요리가 싫다면 데리야키 스테이크Teriyaki Stake를 선택해보자.

음식과 서비스가 좋아서 현지인들은 데이트 장소로도 즐겨 찾는 곳으로, 예약하는 것을 추천한다. 좀 더 신나는 분위기를 원한다면 바로 옆의 자매 레스토랑 허고스 온 더 록Huggo's on the Rocks에서 칵테일을 한잔해도 좋다. 매일 저녁 6~7시 라이브 공연이 열리며, 오후 3시에서 5시는 해피 아워다.

**Data** Map 410E **Access** 바식 아사이 건너편 **Add** 75-5828 Kahakai Rd, Kaiua-Kona
**Tel** 808-329-1493 **Open** 레스토랑 일~목 17:00~21:00, 금 · 토 17:00~22:00, 칵테일 라운지 16:00~22:00
**Cost** 데리야키 스테이크 29달러, 파스타류 22~27달러 **Web** www.huggos.com

편안하게 즐기는 카페
## 아일랜드 라바 자바 Island Lava Java

달콤하고 쫄깃해서 맛있는 시나몬 롤, 직접 볶은 코나 커피, 여러 종류의 샌드위치, 버거류를 즐길 수 있는 베이커리 카페이다. 실외 좌석은 바다를 보며 식사를 즐길 수 있어서 인기 있다. 점심 식사를 만끽하기에 아주 좋은 선택이 될 것이다. 단, 현지인들도 즐겨 찾는 곳이라 줄이 길 때가 많다. 가능하면 일찍 가는 것이 긴 줄을 피하는 방법. 빵과 음료를 제외하고는 음식이 나오는 데에도 시간이 좀 걸리는 편이다.

**Data** Map 410E
**Access** 알리 드라이브에 위치
**Add** 75-5799 Alii Dr,
Kailua Kona
**Tel** 808-327-2161
**Open** 06:30~21:30
**Cost** 브런치 메뉴 10~18달러,
저녁 식사 단품 요리 18~25달러
정도
**Web** www.islandlava-java.com

현지인들도 즐겨 찾는 맛집 일식
## 스시 시오노 Sushi Shiono

신선한 재료로 만든 일식 요리를 즐길 수 있는 레스토랑. 현지인도 많이 찾는 곳이므로 가능하면 예약 후 방문하는 것이 좋다. 매콤한 맛의 하와이안 볼케이노 롤Hawaiian Volcano Roll, 여러 가지 캘리포니아 롤이 나오는 레인보우 롤Rainbow Roll 등이 인기 메뉴이다.
다채로운 맛을 즐기고 싶다면 탱글탱글한 면발의 덴푸라 우동Tempura Udon, 그날그날 좋은 재료로 만들어지는 8개의 초밥, 10개의 캘리포니아롤, 미소 수프, 샐러드가 곁들여서 나오는 스시 콤비네이션Sushi Combination을 추천한다. 내부는 입구에 들어서면 주방이 바로 보이는 오픈 키친이다. 초밥류를 주문하면 즉석에서 만들어주므로 신선한 초밥을 맛볼 수 있다.

**Data** Map 410E
**Access** 알리 드라이브에 위치
**Add** 75-5799 Alii Dr,
Kailua-Kona
**Tel** 808-326-1696
**Open** 월~목 11:30~14:00,
17:30~21:00, 금·토
11:30~14:00, 17:30~22:00,
일 17:00~21:00 **Cost** 덴푸라
우동 19.50달러, 사시미&스시
37달러, 스시 콤비네이션 35달러
**Web** www.sushishiono.com

#### 저렴한 점심 도시락으로 인기 있는
## 우메케스 Umeke's

런치 플레이트 형식으로 음식을 판매한다. 메인 메뉴와 사
이드 메뉴를 골라서 주문하면 된다. 단연 인기 제품은 포
케Poke다. 현지인들이 즐겨 찾는 레스토랑으로, 규모는 작
지만 비교적 음식들이 깔끔하게 나온다.
어떤 맛을 먹어야 할 지 고민된다면 담당 직원에게 시식을
요청하자. 맛을 본 후 원하는 메뉴를 고를 수 있다. 그외
에도 구운 생선, 새우 요리 등도 있다. 사이드 메뉴로 밥을
선택하면 한 끼 식사로 든든하다. 가게 밖에도 테이블이
진열되어 있다.

**Data** Map 410B
**Access** 알리 드라이브Alii Dr에서 후알라라이 로드로 진입해 왼편
**Add** 75-143 Hualalai Rd, Ste 104, Kailua-Kona
**Tel** 808-329-3050
**Open** 월~토 10:00~20:00 **Close** 일요일 **Cost** 단품 9~11달러
**Web** www.umekespoke808.com

#### 맥주 애호가를 위한 펍
## 코나 브루잉 컴퍼니
### Kona Brewing Company

평소 맥주를 자주 즐기는 당신이라면 이곳을 놓치지 말자.
하와이의 천혜 자연을 고스란히 담고 있는 특별한 맥주를
맛볼 수 있다. 슈퍼마켓보다 훨씬 다양한 맛의 맥주를 즐길
수 있다. 피자가 맛있기로 워낙 유명한 곳이라 식사 시간대
에는 사람들로 늘 북적인다. 치킨 윙이나 샐러드도 괜찮다.
어떤 맥주를 마실지 모르겠다면 담당 서버에게 도움을 구한
다음 네 가지 맛을 선택해서 맛볼 수 있는 비어 샘플러Beer
Sampler를 주문하자.
맥주 공장 투어는 매일 오전 10시 30분과 오후 3시에 시
작된다. 투어는 1시간 정도 소요된다. 인원이 한정된 관계
로 홈페이지에서 예약하는 것이 좋다. 오아후(**Add** 7192
Kalanianaole Hwy, Honolulu)에도 분점이 있다.

**Data** Map 410A **Access** 쿠아키니 하이웨이에서 카이위 스트리트
진입 후 파와이 플레이스로 길 끝
**Add** 74-5612 Pawai Pl, Kailua-Kona
**Tel** 808-334-2739
**Open** 일~목 11:00~21:00, 금·토 11:00~22:00
**Cost** 샐러드류 9~13달러, 피자 12~27달러,
샌드위치류 13~15달러, 맥주 340ml 4.50달러, 비어 샘플러 9달러,
맥주 공장 투어 1인당 5달러(15세 이상만 참여 가능)
**Web** www.konabrewingco.com

© Anthony Crider

# | 케알라케쿠아 Kealakekua |

### 건강한 식재료로 만든
### 애니스 아일랜드 프레시 버거 Annie's Island Fresh Burgers

간편하지만 든든한 한 끼 식사로 부족함이 없는 버거 맛집. 2011년부터 3회 연속 베스트 하와이로 뽑힌 버거 전문점으로 유기농 로컬 재료만을 사용한다. 직원들의 친절한 서비스도 이 집의 인기 비결! 아보카도, 체더 치즈와 특제 바비큐 소스로 요리한 사우스 포인트 버거 South Point Burger, 두툼한 패티 위에 페퍼 잭 치즈와 할라피뇨를 얹은 파이어 크래커 버거 The Fire Cracker Burger가 맛있다. 버거뿐 아니라 샌드위치, 타코류도 판매한다. 버거나 샌드위치를 주문할 때 사이드 메뉴를 갈릭 바질 프라이 Garlic Basil Fries나 어니언링으로 업그레이드(1.95달러 추가)해도 좋다. 해피 아워로 운영되는 오후 3시에서 5시까지는 더욱 더 저렴하게 즐길 수 있다.

**Data** Map 406C
**Access** 하와이 벨트 로드에 위치
**Add** 79-7460 Hawaii Belt Rd,
Kealakekua **Tel** 808-324-6000
**Open** 11:00~20:00 **Cost** 사우스
포인트 버거 14.05달러, 프레시
캐치 와사비 샌드위치 19.50달러
**Web** www.anniesisland
freshburgers.com

# | 호나우나우 Hōnaunau |

**Writer's Pick!**

### 풍경이 좋아서 더 사랑스러운
### 더 커피 쉑 The Coffee Shack

코나 지역이 한눈에 내려다보이는 산 중턱에 위치한 가정집을 개조해 만든 레스토랑이다. 아름다운 경치를 감상하며 식사를 즐길 수 있어 인기 있는 곳. 샌드위치, 햄버거, 피자 등 가격 대비 무난한 맛의 음식들을 맛볼 수 있다.
코나 지역의 커피 농장을 방문할 때 잠시 들러 식사나 휴식을 취하기에도 좋다. 마카다미아너트 파이 Macadamia Nut Pie, 릴리코이 치즈케이크 Lilikoi Cheesecake 등이 인기 디저트 메뉴이다.

**Data** Map 406E
**Access** 마마라호아 하이웨이에 위치
**Add** 83-5799 Mamalahoa Hwy,
Hōnaunau
**Tel** 808-328-9555
**Open** 07:30~15:00
**Cost** 샌드위치류 12달러~,
피자류 12달러~, 파이류 6.50달러
**Web** www.coffeeshack.com

# | 카일루아 코나 Kailua-Kona |

### 산책하듯 가볍게 둘러볼 만한
## 코나 인 쇼핑 빌리지 Kona Inn Shopping Village

하와이 특유의 트로피컬 한 디자인의 알로하셔츠, 가벼운 선물용으로 좋은 냉장고 자석, 열쇠고리, 하와이안 소금으로 만들어진 배스 솔트Bath Salt 등 다양한 제품을 판매하는 숍들이 위치하고 있다. 아기자기한 제품이 많아서 가볍게 둘러볼 만하다.

숍 외에도 코나 커피를 판매하는 카페부터 레스토랑도 있다. 30년 전통을 자랑하는 코나 인 레스토랑Kona Inn Restaurant, 미국 전역에 위치한 체인 레스토랑 부바 검프Bubba Gump도 식사 장소로 추천한다.

**Data** Map 410A
**Access** 코나 부바 검프 레스토랑 옆
**Add** 75-5744 Alii Dr, Kailua-Kona
**Tel** 808-329-6573 **Open** 09:00~21:00

### 한번쯤 들러보고 싶은 시장
## 카일루아 코나 파머스 마켓 Kailua Kona Farmer's Market

파머스 마켓이지만 액세서리, 트로피컬한 스카프, 천연 오일을 함유한 비누, 플루메리아 꽃이 달려 있는 헤어핀 등과 같은 작은 기념품도 판매한다. 숙소에서 취사를 할 수 있다면 이곳에서 농산물을 구입해서 직접 요리를 해먹어도 좋겠다.

애플 바나나, 하와이안 파파야와 같은 열대 과일을 구입한 후 해변에서 간식으로 즐겨도 좋다. 빵이나 쿠키 등도 판매한다.

**Data** Map 410B
**Access** 코나 부바 검프 레스토랑 건너편 **Add** 75-5769 Alii Dr, Kailua-Kona **Open** 수~일 07:00~16:00 **Web** www.konafarmersmarket.com

# 노스 빅 아일랜드
## North Big Island(와이메아 부근)

빅 아일랜드의 북쪽 지역이다. 이 지역의 하이라이트는 마우나 케아산 정상에 오르는 것! 붉게 타오르는 일몰과 쏟아질 듯 총총 떠 있는 별들을 감상할 수 있다. 그림같이 펼쳐지는 해안 절벽의 풍경을 즐기는 와이피오 밸리 전망대, 폴로루 밸리 전망대, 광대한 초원이 펼쳐지는 파커 랜치 히스토릭 홈도 놓치지 말자.

## North Big Island
# PREVIEW

한 폭의 그림 같은 전망을 즐길 수 있는 폴로루 밸리 전망대와 와이피오 밸리 전망대에
잠시 들러 풍경을 바라보자. 카우보이의 마을에 온 듯한 느낌의 광활한 농장, 파커 랜치
히스토릭 홈을 방문하거나 영화에 나왔던 호노카아 마을에서 식사를 해도 좋다. 마우나
케아에서 쏟아지는 별들을 관찰하면 두근거리는 경험을 할 수 있는 지역이다.

**SEE**

시원스러운 전망이 인상적인 폴로루 밸리 전망대와 와이피오 밸리 전망대는 꼭
들러보자. 여행의 하이라이트는 4,200m의 마우나 케아산 정상에서 일몰을 본 후
비지터 인포메이션에서 진행하는 천체 관측 프로그램에 참여하는 것이다.
광활한 농장에 위치한 파커 랜치 히스토릭 홈을 가거나 여유 넘치는 호노카아 마을을
산책하는 것도 좋겠다. 선물용으로 좋은 마카다미아너트 제품을 구매할 수 있는
하마쿠아 마카다미아너트 컴퍼니도 둘러볼 만하다.

**ENJOY**

화이트 비치로로 유명한 하푸나 비치 스테이트 파크와 잔잔한 파도로 어린아이들
동반한 가족 단위 현지인들에게도 인기 있는 사무엘 M 스펜서 비치 파크 등에서
풍광과 파도를 즐기는 시간을 가져보자. 킹스 트레일에서는 고대 하와이안이 남긴
암각화를 감상할 수 있다.

**EAT**

와이콜로아 지역에는 로마노스 마카로니 그릴, 라바라바 비치 클럽과 같이 깔끔한
분위기의 레스토랑이 많다. 현지인들이 즐겨 찾는 곳을 원한다면 하와이안 스타일
카페, 스시 록 등의 레스토랑을 추천한다. 호노카아 마을에도 가격 대비 푸짐하고
맛있는 메뉴를 제공하는 레스토랑들이 자리하고 있다. 카페 일 몬도, 호노카아
피플스 시어터, 심플리 내추럴을 눈여겨보자. 텍스 드라이브 인에서는
하와이안 스타일의 도넛인 말라사다를 간식으로 먹어보자.

**SLEEP**

코나 국제공항 북쪽 방면의 와이콜로아 지역에는 날씨가 좋은 덕분에 고급 리조트
단지가 조성되어 있다. 현지인들이 집을 빌리는 형태인 에어비앤비 숙소와 같이
저렴한 가격대의 숙소는 와이메아 지역에 더 많다.

North Big Island
# ONE FINE DAY

모든 스폿을 섭렵하기보다는 자신의 취향을 고려해서 일정을 계획하는 것을 추천한다.
화이트 비치를 경험하는 하푸나 비치 스테이트 파크와 마우나 케아 비치는 아름답기로
소문이 난 해변이다. 고대 하와이안의 삶을 느껴보는 푸우코홀라 헤이아우 국립
역사 지역, 라파카히 주립 역사공원도 역사에 관심이 있다면 추천한다.

**09:00**
하마쿠아 마카다미아너트
컴퍼니에서 무료 시식 즐기기

자동차 25분

**10:00**
오리지널 킹 카메하메하
동상과 기념사진 촬영하기

자동차 12분

**10:30**
수채화같은 풍경이 펼쳐지는
폴로루 밸리 전망대 감상하기

자동차 80분

자동차
1시간 15분

**16:30**
마우나 케아 비지터
인포메이션에서 휴식 취하기

**13:30**
호노카아 마을 구경 후
호노카아 피플스 시어터에서
점심 식사하기

자동차 13분

**12:30**
와이피오 밸리 전망대에서
풍경 감상하기

자동차 30분
(사륜구동만 추천)

**18:00**
마우나 케아 정상에서
일몰 구경하기

자동차 30분

**19:00**
비지터 인포메이션에서
진행하는 천체 관측
프로그램에 참여하기

0 500m

카와이하에 항구
Kawaihae Harbor ●

푸우코홀라 헤이아우 국립 역사 지역
Pu'ukohola Heiau National Historic Site

사무엘 M 스펜서 비치 파크
Samuel M Spencer Beach Park

힐튼 와이콜로아 빌리지
Hilton Waikoloa Village

와이콜로아 비치 드라이브
Waikoloa Beach Dr

마우나 케아 비치 호텔 H
Mauna Kea Beach Hotel

하푸나
골프 코스
Hapuna
Golf Course

애스톤 쇼어스 엣 와이콜로아 H
Aston Shores at Waikoloa

마우나 케아 비치
Mauna Kea Beach

코레아 엣 와이콜로아
비치 리조트
Kolea at Waikoloa  Beach Resort

마우나 케아 골프 코스
Mauna Kea Golf Course

하푸나 비치
프린스 호텔
Hapuna Beach
Prince Hotel

메이시스
Macy's

하푸나 비치 스테이트 파크
Hapuna Beach State Park

와이콜로아 비치
메리어트 리조트&스파
Waikoloa Beach
Marriott Resort&Spa

로이스  Roy's

하푸나 비치 로드
Hapuna Beach Rd

아나에호말루 비치
Anaeho'omalu Beach

퀸스 마켓플레이스
Queens Marketplace

올드 푸아코 로드
Ola Puako Rd

라바라바 비치 클럽
Lava Lava Beach Club

산세이 시푸드
Sansei Seafood

킹스 숍스
King's Shops

로마노스 마카로니 그릴
Romano's Macaroni Grill

푸아코비치 비치 드라이브 Puako Beach Dr

킹스 트레일
King's Trail

아일랜드 구르메 마켓
Island Gourmet Market

후하나 스트리트 Hoohana St

피어몬트 오키드 H
Fairmont Orchid

마우나 라니 리조트
Mauna Lani Resort

사우스 카니쿠 드라이브
South Kaniku Dr

퀸 카아후마누 하이웨이 Queen Ka'ahumanu Hwy

와이콜로아 로드 Waikoloa Rd

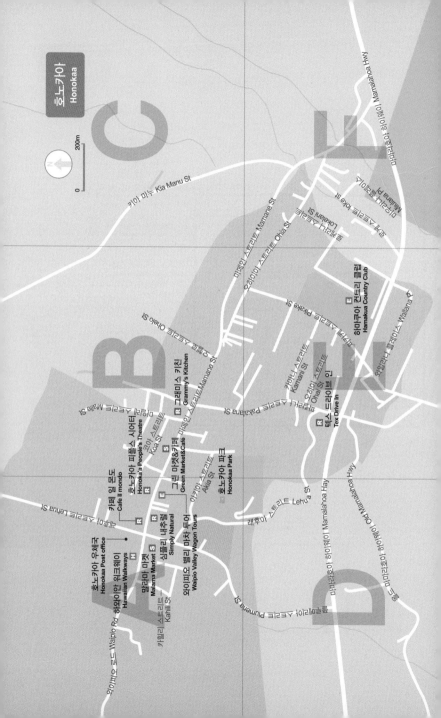

혼노카아
Honokaa

0 — 200m

카이아 마누 Kia Manu St

마말라호아 하이웨이 Mamalahoa Hwy

미할라나 플레이스 Milnalana Pl

마말라 스트리트 Mamane St
오하이 스트리트 Ohai St
로케라니 스트리트 Lokelani St

하마쿠아 컨트리 클럽
Hamakua Country Club

와일리나 플레이스 Wailiana

피카케 스트리트 Pikake St

오헬로 스트리트 Ohelo St

그래미스 키친
Grammy's Kitchen

마마네 스트리트 Mamane St

파카라나 스트리트 Pakalana St

카마니 스트리트
Kamani St

오하이 스트리트 Ohai St

텍스 드라이브 인
Tex Drive In

마일레 스트리트 Maile St

키아 스트리트 Kia St

혼노카아 피플스 시어터
Honoka'a People's Theatre

카페 일 몬도
Cafe Il mondo

그린 마켓&카페
Green Market&Café

아키아 스트리트 Akia St

혼노카아 파크
Honokaa Park

레후아 스트리트 Lehua St

마말라호아 하이웨이 Old Mamalahoa Hwy 올드 마말라호아 하이웨이

옛 마말라호아 하이웨이 Old Mamalahoa Hwy

와이피오 로드 Waipio Rd
혼노카아 우체국
Honokaa Post office

하와이안 워크웨이
Hawaiian Walkways

말라마 마켓
Malama Market

심플리 내추럴
Simply Natural

와이피오 밸리 왜건 투어
Waipio Valley Wagon Tours

카힐리 스트리트 Kahili St

플루메리아 스트리트 Plumeria St

카울리 스트리트 Lehua St

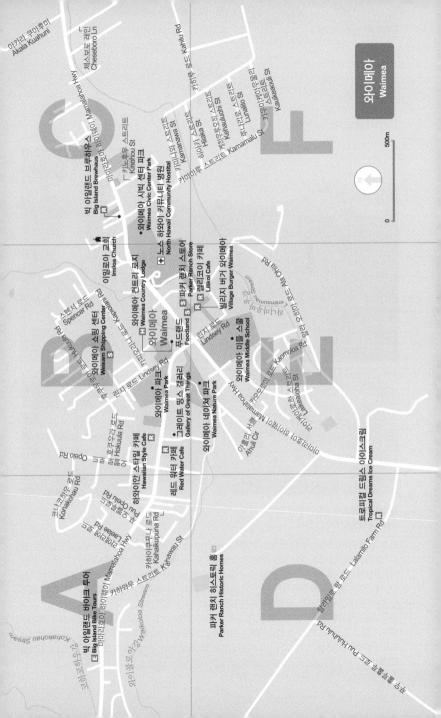

와이메아
Waimea

0 500m

아카라 쿠아후미
Akala Kuahuni

체스보로 레인
Cheseboro Ln

마말라호아 하이웨이 Mamalahoa Hwy

빅 아일랜드 브루하우스
Big Island Brewhaus

구 키노후우 스트리트
Kinohou St

와이메아 시빅 센터 파크
Waimea Civic Center Park

카마나와 스트리트
Kamanawa St

카마이루 하이얼라 스트리트
카마이루 스트리트 Kamamalu

노스 하와이 커뮤니티 병원
North Hawaii Community Hostital

카우나오아 스트리트

히아카 스트리트
Hiiaka St

케하울로치 스트리트
Kehaullochi St

카후루 로드 Kahilu Rd

카우케아올리 스트리트
Kaukeaooli St

루나릴로 스트리트
Lunalilo St

이밀로아 교회
Imiloa Church

와이메아 컨트리 로지
Waimea Country Lodge

노스 하와이 커뮤니티 스토어

파커 랜치 스토어
Parker Ranch Store

릴리코이 카페
Lilikoi Cafe

빌리지 버거 와이메아
Village Burger Waimea

스펜서 로드
Spencer Rd

카와우누이 스트리트 Kapoloa Rd

와이메아 쇼핑 센터
Weieam Shipping Center

와이메아
Waimea

푸드랜드
Foodland

와이메아 파크
Waimea Park

린지 로드
Lindsey Rd

와이메아 미들 스쿨
Waimea Middle School

카오모로아 로드 Kaomoloa Rd

코나코하우 로드
Konakohau Rd

푸 호쿠울라 로드
Puu Hokuula Rd

레슬리 로드
Leslee Rd

마말라호아 하이웨이 Mamalahoa Hwy

카하이쿠푸나 로드
Kahaikupuna Rd

카하와우 스트리트 Kahawai St

오펠로 로드
Opelo Rd

하와이언 스타일 카페
Hawaiian Style Cafe

레드 워터 카페
Red Water Cafe

그레이트 띵스 갤러리
Gallery of Great Things

와이메아 네이처 파크
Waimea Nature Park

아훌리 서클 Mamalahoa Hwy
Ahuli Cir

마말라호아 하이웨이 Mamalahoa Hwy

메알로하 스트리트
Mealoha St

빅 아일랜드 바이크 투어
Big Island Bike Tours

마말라호아 하이웨이 Mamalahoa Hwy

와이콜로아 스트림 Waikoloa Stream

파커 랜치 히스토릭 홈
Parker Ranch Historic Homes

트로피컬 드림스 아이스크림
Tropical Dreams Ice Cream

코하코하우 스트림 Kohakohau Stream

라라밀로 팜 로드 Lalamilo Farm Rd

푸 후울루후 로드 Puu Huluhuu Rd

# | 와이콜로아 Waikoloa |

**암각화를 감상하는**
### 킹스 트레일 King's Trail

킹스 트레일은 1836년에서 1855년 사이에 만들어진, 카일루아Kailua와 코나Kona 지역을 연결하는 길이 52km 정도의 트레일이다. 당시에는 말을 타고 가던 길이었다고 한다. 현재는 수천 년 전, 고대 하와이안들이 남긴 3만여 점의 암각화를 볼 수 있는 곳으로 알려져 많은 사람들이 찾는 관광 명소이다. 카누, 개, 거북, 해 등을 표현한 다채로운 암각화를 볼 수 있다. 암각화마다 다양한 의미를 가지고 있지만, 무병장수를 기원하거나 당시의 생활상 등을 표현한 그림들이 대부분이다.

바닥이 울퉁불퉁한 편이니 운동화를 신자. 암각화 들은 쉽게 손상될 수 있어서 암면 조각 위를 걷거나 만져서는 절대 안 된다. 또한, 트레일 내에는 그늘이 없으므로 선크림을 꼼꼼하게 바르고 모자와 긴소매 옷을 준비하는 것이 좋다. 매점이나 식수대도 없다. 생수와 간식도 준비하도록 하자.

**Data** Map 433C **Access** 킹스 숍스에서 도보 2분 **Add** 69-250 Waikoloa Beach Dr, Waikoloa **Cost** 무료

## | 와이메아 Waimea |

**황금빛 고운 모래가 있는**
### 마우나 케아 비치 Mauna Kea Beach

카오나오아 비치Kaunaoa Beach로도 불린다. 황금빛의 고운 모래가 있는 해변은 넓고 한적해서 휴식을 즐기기에 좋다. 화장실, 샤워 시설 등이 잘 갖춰져 있다. 적절한 높이의 파도는 부기 보드, 수영을 즐기기에도 좋다. 물살이 잔잔한 날씨에는 스노클링도 즐길 수 있다. 마우나 케아 호텔 바로 앞에 위치하고 있으며, 투숙객이 아니더라도 누구나 이용이 가능하다. 주차는 호텔 내에서 제공하는 해변 방문자 전용 주차장을 이용하면 된다. 주차 공간이 넉넉하지 않은 편이므로 일찍 방문하는 것을 추천한다.

**Data** Map 433D
**Access** 퀸 카아후마누 하이웨이 Queen Ka'ahumanu Hwy를 타고 가다가 마우나 케아 비치 드라이브 진입 후 길 끝 **Add** 62-100 Mauna Kea Beach Dr, Waimea **Web** www.best-big-island-hawaii.com/mauna-kea-beach.html

**Writer's Pick!**

**화이트 비치를 경험하는**
### 하푸나 비치 스테이트 파크 Hapuna Beach State Park

현재도 활동중인 뜨끈뜨끈한 용암을 품고 있는 빅 아일랜드 대부분의 해변은 검은 현무암으로 뒤덮인 경우가 많다. 그래서 자연적으로 만들어진 천연 백사장은 더욱 더 특별하게 느껴진다. 세계적으로 유명한 비치로 약 1km의 기다란 모래사장을 자랑한다. 파도가 센 편이라 스노클링보다는 부기 보드를 이용한 파도 타기에 적합하다. 주차 공간이 넉넉하고, 화장실, 샤워 시설 등이 잘 되어 있다.

**Data** Map 433D
**Access** 퀸 카하우마누 하이웨이 Queen Ka'ahumanu Hwy에서 하푸나 비치 로드로 진입, 올드 푸아코 로드에서 좌회전후 100m 직진 **Add** Old Puako Rd, Waimea **Open** 07:00~20:00

### 황홀한 일몰을 감상하는
## 사무엘 M 스펜서 비치 파크 Samuel M Spencer Beach Park

어린 자녀를 동반한 방문자에게 추천하고 싶은 해변이다. 물살이 잔잔하고 깊지 않아서 물놀이와 스노클링을 즐기기에 좋다.

화장실, 샤워 시설, 바비큐 시설 등이 잘 갖춰져 있으며, 캠핑할 수 있다. 단, 캠핑을 하려면 해당 홈페이지(Web hawaiicounty. ehawaii.gov)에서 예약비를 내고 허가증을 발급받아야 한다. 서쪽 해안 지역에 위치하고 있어서 아름다운 일몰을 감상할 수 있다.

**Data** Map 433B
**Access** 퀸 카하우마누 하이웨이 Queen Ka'ahumanu Hwy를 타고 가다가 카와이하에 로드 Kawaihae Rd로 진입 후 이정표를 따라 진입 **Add** Samuel M Spencer Beach Park, Waimea **Web** www.to-hawaii.com/big-island/beaches/spencerbeachpark.php

### 고래 언덕 위의 신전
## 푸우코홀라 헤이아우 국립 역사 지역 Pu'ukohola Heiau National Historic Site

카메하메하 1세가 하와이 제도 통일을 염원하여 제사 지내기 위해 세운 신전이 있는 곳이다. 그의 간절한 염원 덕분인지 실제로 그는 1810년 하와이 제국을 통일하였다. 현재 하와이에서 복원된 신전 중에서 가장 규모가 크다. 이 신전 건축을 위해 사용된 용암돌은 32km 정도 떨어진 폴로루 계곡Pololu Valley에서 가져왔다고 추정한다. 신전이 위치한 언덕의 이름은 고래 언덕. 이름답게 매년 10월에서 5월 사이에는 먼 바다에서 혹등고래나 돌고래가 지나다니는 모습을 볼 수 있다.

화산 활동으로 신전은 훼손되었으나 1928년 지금의 모습으로 복원되었고, 1972년 8월 17일 국립 사적지로 지정되었다. 공원 직원인 파크레인저가 진행하는 투어가 상시 진행 중이다. 포장된 트레일을 따라서 걸으며 하와이의 옛 유적지를 감상해보자.

**Data** Map 433B
**Access** 사무엘 M 스펜서 비치 파크에서 도보 3분 **Add** 62-3601 Kawaihae Rd, Waimea **Tel** 808-882-7218 **Open** 07:45~16:45 **Cost** 무료입장, 파크레인저 투어 2달러 **Web** www.nps.gov/puhe/index.htm

기념품&선물용으로 추천!

## 하마쿠아 마카다미아너트 컴퍼니
### Hamakua Macadamia Nut Company

하와이 특산품 중 꼭 먹어봐야 하는 마카다미아너트를 시식하고, 제품 생산 과정을 견학할 수 있는 곳이다. 세계적으로 알려진 브랜드는 아니지만 지역 주민 사이에서는 품질이 좋기로 유명하다. 지역 농민이 수확한 신선한 재료로 제품을 만들어낸다.
와사비 맛, 커피 맛, 스팸 맛, 캐러멜 맛 등 다양한 맛의 마카다미아너트를 판매한다. 지인들에게 가볍게 돌릴 선물로도 좋다. 이 지역에서 생산한 여러 종류의 커피도 시음할 수 있다.

**Data** Map 404A
**Access** 아코니 푸레 하이웨이Akoni Pule Hwy를 타고 가가다 말루오칼라니 스트리트Maluokalani St로 우회전해서 올라가면 나온다. 사무엘 M 스펜서 비치 파크에서 차로 5분
**Add** 61-3251 Maluokalani St, Waimea **Tel** 888-643-6688
**Open** 09:00~17:30 **Cost** 무료입장, 마카다미아너트 캔 128g 4.75달러
**Web** www.hawnnut.com

### 광활한 목장 위에 세워진
## 파커 랜치 히스토릭 홈 Parker Ranch Historic Homes

세계에서 두 번째로 넓은 목장으로 광활한 녹초지가 인상적인 곳이다. 빅 아일랜드 10%의 땅이 이 농장의 소유다. 파커 랜치 히스토릭 홈은 150년 전, 존 파커 팔머John Palmer Parker라는 사람이 거주했던 곳을 보존한 곳이다. 당시 생활상을 엿볼 수 있는 가구, 소품 등이 있다. 20분짜리 영상을 보고 돌아보면 된다.
파커 랜치 스토어(**Add** 67-1185 Mamalahoa Hwy E126, Waimea)는 차로 6분 정도 거리에 위치한다. 다양한 숍, 갤러리, 슈퍼마켓, 레스토랑 등이 위치하고 있다. 식사할 장소를 찾고 있다면 이곳을 추천한다.

**Data** Map 435D
**Access** 마마라호아 하이웨이로 가다가 푸우 오프루 로드Pu'u Opulu Rd로 진입 **Add** 66-1304 Mamalahoa Hwy, Waimea
**Tel** 808-885-7311
**Open** 월~금 08:00~16:00
**Cost** 무료입장
**Web** www.parkerranch.com

## | 코할라 코스트 Kohala Coast |

#### 14세기 모습을 상상하는
### 라파카히 주립 역사공원 Lapakahi State Historical Park

고대 하와이안 낚시 마을이 있던 자리에 세워진 역사공원. 1.6km 의 트레일을 따라 걸으면 복원된 카누 저장고, 가옥, 소금 제조 시설, 하와이 전통 게임 코나네 기구 등을 구경할 수 있으며, 과거 하와이 원주민들이 어떠한 삶을 살았는지 느껴볼 수 있다.

트레일을 따라 둘러보면 1시간 정도 소요된다. 그늘이 많지 않은 지역이므로 한낮보다는 이른 아침이나 오후 시간에 방문하면 좋다. 이 공원이 끼고 있는 바다는 라파카히 해양 생물 보호 구역으로 다양한 해양 생물이 서식하고 있다. 강한 조류가 있기 때문에 수영은 권하지 않는다.

**Data** Map 404A
**Access** 사무엘 M 스펜서 비치 파크에서 차로 14분. 북쪽 방면 으로 아코니 푸레 하이웨이(Akoni Pule Hwy)를 타고 가다 보면 왼편으로 이정표가 나온다 **Add** Hwy 270, Waimea **Tel** 808-587-0300 **Open** 08:00~16:00 **Close** 공휴일 **Cost** 무료입장 **Web** www.dlnr.hawaii.gov/ dsp/parks/hawaii/lapakahi-state-historical-park

## | 카파우 Kapaau |

(Writer's Pick!)
#### 하와이의 영웅
### 오리지널 킹 카메하메하 동상 Original King Kamehameha Statue

하와이를 여행하다 보면 1796년 하와이 제국을 통일한 왕인 카메하메하 동상을 자주 볼 수 있다. 이 동상은 가장 먼저 만들어져 오리지널이 붙여졌다. 이탈리아의 조각가 우너래 보스톤(Boston)에 의해 1880년 하와이 제도 발견 100주년 기념으로 만들어졌으나, 하와이로 운송 중에 바다에 빠졌다. 1912년 발견해 인양 후 카메하메하 왕이 태어난 코할라 코스트 인근 지역인 이곳으로 옮겨왔다.

매년 6월 11일은 카메하메하 데이로 지정되어 동상의 머리부터 발끝까지 열대 꽃으로 장식한다. 폴로루 밸리 전망대를 갈 때 잠시 들러서 보고가자.

**Data** Map 404A
**Access** 아코니 푸레 하이웨이를 타고 가다보면 오른편으로 이정표가 보인다. 라파카히 주립 역사공원에서 차로 14분 **Add** Akoni Pule Hwy, Kapaau **Web** www.gohawaii.com/en/big-island/regions-neighborhoods/north-kohala/kamehameha-statue-kapaau

### Writer's Pick!

감동스러운 풍경을 감상하는

## 폴로루 밸리 전망대 Pololu Valley Lookout

빅 아일랜드 북동부 지역 최고의 전망대로 알려져 있다. 시원스러운 바다와 층층이 겹쳐진 절벽의 해안선이 이루는 풍경이 한 폭의 그림 같다. 길가 풀숲에서 한가롭게 풀을 뜯고 있는 말들의 모습이 목가적인 풍경을 자아내 자연의 싱그러움이 한껏 느껴진다.

20분 정도 트레일을 따라 내려가면 블랙 샌드 비치|Black Sand Beach에 다다른다. 트레일이 평탄한 편은 아니니 운동화를 신고, 식수와 간식을 챙겨서 가자. 주차는 다른 차량을 따라 길가에 주차하면 된다.

**Data** Map 404A
**Access** 270번 하이웨이|270 Hwy 끝
**Add** 52-5088 Akoni Pule Hwy, Kapaau
**Web** www.gohawaii.com/en/big-island/regions-neighborhoods/north-kohala/pololu-valley-lookout

---

현지인들이 즐겨 찾는

## 케오케아 비치 파크 Keokea Beach Park

파도가 높고, 바위로 둘러싸인 해변이라 수영을 즐기기에는 적합하지 않다. 낚시를 즐기는 현지 주민들에게 인기 있는 해변이다.

시원스럽게 부서지는 파도, 기암괴석과 절벽이 어우러진 풍경이 인상적이다. 코할라 지역에 들렀을 때 잠시 풍경 감상 정도만 해도 된다. 단, 시간 여유가 없다면 지나쳐도 무방하다.

**Data** Map 404A
**Access** 아코니 푸레 하이웨이|Akoni Pule Hwy를 타고 가다가 케오케아 비치 로드로 진입 후 도로 끝 해변
**Add** 52-128 Keokea Beach Rd, Kapaau
**Tel** 808-974-4221 **Open** 07:00~21:00

---

시원스러운 전경을 감상하자

## 코할라 마운틴 로드 전망대

Kohala Mountain Rd Lookout

코할라 코스트의 해안선과 해발 4,169m의 마우나 로아|Mauna Loa산을 조망할 수 있는 전망대. 탁 트인 전경이 시원스럽다. 폴로루 밸리 전망대에서 와이메아 지역에 위치한 파커 랜치 히스토릭 홈, 호노카아 지역 등을 갈 때 이용하게 되는 250번 도로인 코할라 마운틴 로드 위에 위치한다. 길을 가다가 이곳에서 잠시 쉬어가며 풍경을 조망하는 시간을 가져보다오 좋겠다.

**Data** Map 404A
**Access** 코할라 마운틴 로드에 위치
**Add** Kohala Mountain Rd, Waimea

## | 호노카아 Honokaa |

### 여유가 가득한 마을
### 호노카아 Honokaa

잔잔한 분위기로 여운을 주는 매력이 있는 일본 영화 〈하와이안 레시피〉의 배경이 되었던 작은 마을이다. 여유로운 감성과 소박하고 빈티지스러운 분위기를 느낄 수 있다. 영화를 감명 깊게 본 사람이라면 한 번쯤 들르기를 추천한다. 영화 속 그대로의 모습을 간직하고 있어 더욱 감동적인 곳으로, 마을 중심의 주요 도로인 마메인 스트리트Mamane Street를 따라가면 영화에 나왔던 주요 배경들을 볼 수 있다. 산책하듯 한 바퀴 걸어보자.

맛집이 많이 들어서 있어서 식사를 하기에도 안성맞춤이다. 추천하는 곳으로는 호노카아 피플스 시어터Honoka'a People's Theatre나 카페 일 몬도Cafe Il Mondo가 있다. 현지인들도 레스토랑을 이용하기 위해 자주 찾는 마을이다.

영화에서 소개하는 간식 하와이안 스타일 도넛 말라사다를 맛보고 싶다면 텍스 드라이브 인Tex Dr In(차로 5분)으로 가보자. 와이피오 밸리 전망대까지 차로 13분 거리에 위치하고 있다. 전망대에 갈 때에 잠시 들러서 분위기도 느껴볼 겸 식사나 커피 한잔하기에 좋은 마을이다.

**Data** Map 404B
**Access** 와이피오 밸리 전망대에서 차로 13분. 마메인 스트리트에 위치 **Add** 45-3626 Mamane St, Honokaa

해안 절벽과 바다의 풍경이 아름다운

## 와이피오 밸리 전망대 Waipio Valley Lookout

하와이에서 가장 큰 계곡인 와이피오 밸리와 바다의
풍경을 조망할 수 있는 전망대이다. 높이 600m, 길이 9km, 폭
1.6km의 거대한 계곡과 바다를 한눈에 볼 수 있다. 와이피오
밸리는 왕들의 무덤이 있는 곳으로, 신성하게 여기던 곳이다. 과
거 원주민들은 왕들의 보호 덕분에 이 지역에 자연재해가 없다고
생각했다고. 과거에는 4만 명이 살며, 구아바, 바나나, 타로 등
을 재배하던 곳이지만, 현재는 단 50여 명이 거주한다.
와이피오 계곡 안으로 가려면 사륜구동 차량이 필요하다. 내려
가는 길이 경사가 심하고 험하기 때문이다. 비포장도로라 렌터
카 보험 적용이 안 되는 구간이기도 하다. 와이피오 계곡은 보통
투어 상품을 이용해 둘러본다.

**Data** Map 404B
**Access** 240번 하이웨이240 Hwy
끝까지 가면 주차장이 있다. 주차 후
이정표를 따라 전망대 쪽으로 내려간다
**Add** End of Waipio Valley Rd,
Honokaa
**Web** www.gohawaii.com/
en/big-island/regions-
neighborhoods/hamakua-coast/
waipio-valley-lookout

## Tip 와이피오 계곡 투어!

### ❶ 와이피오 밸리 마차 투어 Waipio Valley Wagon Tours

노새 마차를 타고 계곡을 돌아본다. 소요 시간은 1시간 30분
정도. 인기가 많은 투어이므로 예약해야 한다. 전화 또는 홈
페이지에서 예약할 수 있다. 투어 출발 15분 전까지는 출발
지점에 도착해야 한다.

**Data** Add 48-5300 Kuikuihaele Rd, Honokaa
Tel 808-775-9518
Open 투어 10:30, 12:30, 14:30
Cost 어른 60달러, 3~11세 30달러, 2세 이하 무료
Web www.waipiovalleywagontours.com

© Les Williams

### ❷ 와이피오 밸리 셔틀 Waipio Valley Shuttle

15~20인승 차량을 타고 가파른 길과 개울물을 질주하며 계곡
을 돌아보는 투어이다. 2시간 정도 소요된다.

**Data** Add 48-5416 Kukuihaele Rd, Kukuihaele
Open 투어 월~토 09:00, 11:00, 13:00, 15:00
Cost 어른 59달러, 11세 이하 32달러
Web www.waipiovalleyshuttle.com

# | 마우나 케아 Mauna Kea |

Writer's Pick!

감동적인 일몰을 감상하는
## 마우나 케아 정상 Mauna Kea Summit

약 3,500년 동안 폭발하지 않은 해발 4,200m의 휴화산 마우나 케아. 바닷속 시작점부터 측정하면 총 1만m 정도로 세계에서 가장 높은 산이 된다. 늘 따뜻한 하와이지만 마우나 케아 정상은 고도가 높아서 2~3월에 눈이 내리기도 한다. 정상에서 감상하는 일몰이 특히 아름다워 일몰 시간에 맞춰서 오르는 사람들이 많다. 고산병을 방지하기 위해 비지터 인포메이션Visitor Information에서 30분 이상 휴식을 취하고 수분을 충분히 섭취한 후 올라가야 한다. 정상까지 가는 길은 비포장 도로여서 렌터카 보험 적용이 안된다. 문제가 생기면 스스로 책임져야 한다는 점을 꼭 알아두자. 자가운전이 부담스럽다면 투어를 이용해서 갈수도 있다.

**Data** Map 404E
**Access** 새들 로드를 타고 가다가 마우나 케아 액세스 로드 진입후, 10분 정도 올라가면 위치한 비지터 인포메이션에서 30분. 코나 지역에서 비지터 인포메이션까지 1시간 10분, 힐로 지역에서는 차로 50분
**Web** www.ifa.hawaii.edu/info/vis/visiting-mauna-kea/visiting-the-summit.html

4~11월이 좋은 시기. 정상은 고도가 높으므로 겨울옷을 챙겨야 한다. 또한 산소가 급격하게 감소하기 때문에 임산부, 심장질환자, 호흡기 질환자, 만 16세 이하, 24시간 이내에 스쿠버다이빙을 한 사람, 건강에 이상이 있는 사람은 올라가서는 안 된다. 두통, 구토 등 증상이 있다면 바로 내려 올 것.

---

**Tip** 마우나 케아 정상까지 가는 투어 상품

소요 시간은 코나 지역에서는 1시간 10분, 힐로 지역에서 50분 정도 걸린다. 투어 요금은 160~210달러이다. 오후 3~4시 사이에 호텔로 픽업을 오고 밤 11시 정도에 투어가 종료된다.

[추천 투어 업체]
하와이 엑티비티 **Web** www.hawaiiactivities.com
아르노츠로지 **Web** www.arnottslodge.com
마우나케아 **Web** www.maunakea.com

💬 |Theme|
### 세계적인 천체 관측소를 방문하고 싶다면?

*마우나 케아는 그 어떤 빛의 방해도 받지 않고, 쏟아져 내리는 듯한 별을 관측하기에*
*좋은 곳이다. 세계적인 천체 관측지로 알려져 있으며, 11개국의 천체 관측소가*
*자리 잡고 있다. 일반인이 방문할 수 있는 방법은 아래 세 곳이 있다.*

© Ed Dunens

### 마우나 케아 천문대 Mauna Kea Observatories

하와이 대학교가 관리하며, 11개국의 13개 망원경이 있는 천문대이다. 매주 토·일요일 오후 1시에 비지터 인포메이션에서 출발하는 에스코트 서밋 투어Escorted Summit Tour에 참여하면 된다. 참여자 개인의 차량에 탑승한 후 담당자의 차량을 따라 30분 정도 정상까지 올라가면 된다. 올라가는 길이 비포장 도로이므로 사륜구동 차량만 출입할 수 있다. 즉 사륜구동 개인 차량이 없으면 투어에 참여할 수 없다. 투어는 오후 4시 30분 정도에 종료된다. 개인적인 방문은 불가능하다.

### 켁 천문대 Keck Observatory

세계 최대 구경인 10m의 켁 쌍둥이 망원경Keck Telescopes이 있는 곳이다. 매주 월요일부터 금요일까지, 오전 10시에서 오후 2시까지 투어를 진행한다. 개별적인 방문은 홈페이지에서 신청한다.
Web www.keckobservatory.org/education/arranging_your_visit

### 수바루 천체 관측소 Subaru Telescope

세계에서 가장 큰 반사 망원경인 켁 쌍둥이 망원경Keck Telescopes이 있는 곳이다. 매주 화·수·목요일 10:30, 11:30, 13:30에 진행하는 투어(약 40분 소요)에 참여할 수 있다. 홈페이지에서 투어 문의를 하고 예약하는 것을 추천한다.
Web www.naoj.org/Information/Tour/Summit/index.html

### Writer's Pick!
천체 관측 프로그램을 진행하는
## 비지터 인포메이션 Visitor Information

마우나 케아 정상까지 오를 예정이라면 고산병 예방을 위하여 이곳에서 충분히 수분을 섭취하고 휴식을 취하자. 마우나 케아의 역사와 천문학에 대한 설명을 들을 수 있는 관광 안내소의 역할을 하는 곳이다. 센터 한쪽에서는 빅 아일랜드의 탄생 관련 영상도 감상할 수 있다. 방한용 점퍼, 트레이닝복, 티셔츠도 구입할 수 있다.

매일 저녁 6시부터 10시까지 별 관찰 Stargazing 프로그램이 진행된다. 밤하늘을 향해 레이저 포인트를 쏘면서 별자리, 은하수, 북극성 등의 별 이야기를 들을 수 있다. 천체 관측에 방해가 되므로 저녁 6시 이후에는 이 근처에서 자동차 헤드라이트를 켜지 않는 것이 매너이다. 따뜻한 물이 늘 준비되어 있어 코코아, 컵라면 등을 먹을 수 있다. 컵라면을 준비해 가도 된다.

**Data** Map 404E **Access** 새들 로드 Saddle Rd를 타고 가다가 마우나 케아 액세스 로드 진입 후 10분 정도 올라간다 **Add** Mauna Kea Access Rd, Hilo **Tel** 808-961-2180 **Open** 09:00~22:00 **Web** www.ifa.hawaii.edu/info/vis/visiting-mauna-kea/visitor-information-station.html

# EAT

## | 와이콜로아 Waikoloa |

환상적인 풍경을 즐기며
## 라바라바 비치 클럽 Lava Lava Beach Club

아름다운 비치를 코앞에 두고 칵테일을 마시며 로맨틱한 시간을 보낼 수 있다. 빅 아일랜드의 많은 해변이 검은 현무암으로 쌓여있지만, 이곳은 고운 모래사장이 쫙 깔려 있는 해변을 자랑한다. 날씨 좋은 날, 해 질 녘에 숨 막히게 아름다운 일몰을 감상할 수 있다.

버거류, 샌드위치류 등 간단한 메뉴도 즐길 수 있다. 오후 3시부터 5시까지는 해피 아워다.

**Data** Map 433C **Access** 와이콜로아 비치 리조트 단지 내 **Add** 69-1081 Ku'uali'i Place, Waikoloa Village **Tel** 808-769-5282 **Open** 11:00~21:00/바 11:00~23:00/해피 아워 15:00~17:00 **Cost** 피시앤칩스 17달러, 버거 14~16달러, 해피 아워 마이타이 칵테일 6달러 **Web** www.lavalavabeachclub.com

가족, 연인들에게 추천하는

# 로마노스 마카로니 그릴
## Romano's Macaroni Grill

아메리칸 스타일의 이탈리아 레스토랑. 미국 전역에 체인점을 갖고 있는 곳으로 맛과 서비스, 분위기가 보장되는 곳이다. 빅 아일랜드에서 가격 대비 고급스러운 식사를 하고 싶을 때 추천한다. 식전빵은 무제한으로 제공된다. 바삭하게 한치를 튀겨 레몬즙을 곁들이는 칼라마리 튀김Calamari Fritti, 튀긴 가지에 페퍼 소스를 곁들인 주키니 튀김Zucchini Fritti은 맥주와 찰떡궁합이다. 홍합, 새우, 가리비 등의 신선한 해산물이 듬뿍 들어있는 파스타 디 마레Pasta di Mare, 크리미한 소스와 제공되는 랍스터 라비올리Lobster Ravioli, 쇠고기 토마토 소스와 이탈리안 소시지, 리코타 치즈 등이 들어간 라자냐 볼로네제Lasagna Bolognese도 맛있다. 달콤한 디저트류도 꼭 즐겨보자. 럼과 마스카라포네 치즈, 코코아 등으로 만든 티라미수Tiramisu, 뉴욕 스타일 치즈케이크New York Style Cheesecake 등이 맛있다.

**Data** Map 433C
**Access** 퀸스 마켓플레이스 내 위치. 퀸 카아후마누 하이웨이Queen Ka'ahumanu Hwy를 타고 가다가 와이콜로아 비치 드라이브로 진입
**Add** 201 Waikoloa Beach Dr, Suite 1010, Waikoloa
**Tel** 808-443-5515
**Open** 11:00~22:00
**Cost** 칼라마리 튀김 12달러, 파스타 디 마레 22달러
**Web** www.macaronigrill.com

## | 하위 Hawi |

### 신선한 해산물로 만든
### 스시 록 Sushi Rock

가격 대비 맛과 품질이 좋은 롤과 초밥을 맛볼 수 있어서 현지 주민에게도 사랑받는 맛집이다. 오픈 시간에 맞춰 방문하는 것을 추천한다.

웬만한 메뉴는 다 맛있다. 인기 메뉴는 매콤하게 양념한 생 참치가 들어간 스파이시 아히 롤Spicy Ahi Roll, 훈제 생선과 오이, 날치알 등이 들어간 선 플라워 사무라이 롤Sunflower Samurai Roll 등이 있다.

**Data** Map 404A
**Access** 아코니 푸레 하이웨이를 타고 가다가 왼편
**Add** 55-3435 Akoni Pule Hwy., Hawi
**Tel** 808-889-5900 **Open** 12:00~15:00,
17:30~20:00 **Cost** 스파이시 아히 롤 7달러, 선플라워
사무라이 롤 14달러, 세비체 14달러
**Web** www.shirockrestaurant.net

## | 카파우 Kapaau |

### 잠시 들러 휴식을 취할 수 있는
### 킹스 뷰 카페 King's View Cafe

오리지널 킹 카메하메하 동상 앞에 위치한 캐주얼한 카페. 화덕에 구운 피자가 주메뉴다. 추천 메뉴는 올리브, 버섯, 토마토, 붉은 양파, 피망 등의 채소를 얹은 베지 피자Viggie Pizza와 담백하고 고소한 치즈를 얹은 치즈 피자Cheese Pizza 등이 있다. 다양한 종류의 샌드위치도 판매하는데, 맛도 보통 이상이다.

아이스커피, 스무디 등의 음료도 있어서 잠시 휴식을 취하거나 간단한 식사를 즐기기에 좋은 곳이다. 직원들도 친절하다.

**Data** Map 404A
**Access** 아코니 푸레 하이웨이를 타고
가다보면 왼편
**Add** 54-3897 Akoni Pule Hwy.,
Kapaau
**Tel** 808-889-0099
**Open** 07:00~20:30
**Cost** 피자 스몰 9달러,
참치 샌드위치 스몰 11달러
**Web** www.kingsviewcafe.com

## | 와이메아 Waimea |

현지인이 즐겨 찾는
### 하와이안 스타일 카페 Hawaiian Style Cafe

지역 주민들에게 브런치 레스토랑으로 인기 있는 곳이다. 가격 대비 양이 많다는 점이 장점! 로코 모코 Loco Moco, 하우피아 팬케이크 Haupia Pancake, 바나나 너트 팬케이크 Banana Nut Pancakes, 칼루아 해시 Kalua Hash 등이 추천 메뉴이다. 한국식 갈비와 비슷한 갈비 립 Kalbi Ribs 메뉴도 판매한다. 전체적으로 양념 맛이 진하다는 의견이 있으니 참고하자.

**Data** Map 435B
**Access** 파커 랜치 히스토릭 홈에서 차로 5분 **Add** 65-1290 Kawaihae Rd, Waimea
**Tel** 808-885-4295
**Open** 월~토 07:00~13:30, 일 07:00~12:00 **Cost** 단품 메뉴 10~15달러 **Web** www.hawaiianstylecafe.com

© Blake Handley

## | 호노카아 Honokaa |

**Writer's Pick!**

도우의 식감이 남다른
### 카페 일 몬도 Cafe Il Mondo

이탈리안 스타일의 피자 맛집이다. 아기자기하고 개성 있게 꾸며진 핑크빛의 내부가 인상적이다. 메뉴로는 신선한 재료를 토핑한 피자와 밀가루 반죽 사이에 고기, 채소, 치즈 등을 넣고 만두처럼 만든 요리인 칼조네 Calzone와 샐러드 등이 있다.
피자는 셰프가 직접 반죽하여 만든 도로 구워내기 때문에 부드러우면서도 쫄깃한 식감이 일품이다. 현금만 지불 가능.

**Data** Map 434A
**Access** 호노카아 마을 내 위치. 와이피오 밸리 전망대에서 차로 13분
**Add** 45-3626 A Mamane St, Honokaa
**Tel** 808-775-7711
**Open** 월~토 11:00~20:00
**Cost** 피자 12~20달러, 칼조네 12~20달러
**Web** www.cafeilmondo.com

### Writer's Pick!
영화 속 바로 그 장소!
## 호노카아 피플스 시어터
Honoka'a People's Theatre

빅 아일랜드에서 가장 큰 규모의 극장이다. 파스텔 톤의 색감으로 칠해진 건물 외관과 고풍스러운 분위기의 내부가 인상적이다. 영화 〈하와이안 레시피〉의 배경으로도 나왔던 장소이다.

극장 내에 위치한 작은 규모의 베이커리 레스토랑에서는 간단하게 먹을 수 있는 샌드위치, 파니니, 베이글, 커피를 판매한다. 아기자기하고 앤티크한 느낌의 소품들로 꾸며져 있어서 잠시 들러서 휴식을 취하기에도 좋은 곳.

**Data** Map 434B **Access** 호노카아 마을 내
**Add** Honoka'a People's Theatres, Honokaa
**Tel** 808-775-0000
**Open** 09:00~18:00 **Cost** 파니니 6~8달러, 아메리카노 2.50달러
**Web** honokaapeople.com


### 건강한 느낌의 간단한 식사
## 심플리 내추럴 Simply Natural

규모가 작고 소박한 분위기의 레스토랑이다. 신선한 재료로 만드는 간편한 메뉴가 많다. 인기 메뉴로는 아침 식사로 제격인 타로 팬케이크Taro Pancake, 스파이시 투나 멜트Spicy Tuna Melt, 하와이식 국수인 사이민Saimin 등이 있다. 스무디를 곁들여도 좋겠다.

주인장의 유쾌한 에너지가 더 기분 좋은 곳이다. 빠르고 간편한 식사 장소를 찾고 있다면 추천할 만하다.

**Data** Map 434A **Access** 호노카아 마을 내
**Add** 45-3625 Mamane St # A, Honokaa
**Tel** 808-775-0119
**Open** 월~토 09:00~15:00, 일 11:00~15:00
**Cost** 단품 메뉴 8~15달러


### 따끈따끈 말라사다를 맛보는
## 텍스 드라이브 인 Tex Drive In

호노카아에서 유명한 말라사다 도넛 판매집이다. 따끈따끈한 말라사다를 즐길 수 있다. 사과 맛, 바나나 크림 맛, 라즈베리 맛 등 원하는 속 재료를 넣어 주문할 수도 있다. 65센트 정도 추가된다.

그 외에도 버거, 샐러드, 핫도그, 코나 커피, 코코아 등의 간단한 식사와 음료도 판매한다.

**Data** Map 434E **Access** 호노카아 마을 내
**Add** 45-690 Pakalana St #19, Honokaa
**Tel** 808-775-0598 **Open** 06:00~20:00 **Close** 12/25
**Cost** 말라사다 1.10달러, 더블 치즈버거 7.15달러, 비프 핫도그 3.95달러
**Web** www.texdriveinhawaii.com

**BUY**

## | 와이콜로아 Waikoloa |

### 다양한 브랜드가 있는
### 킹스 숍스 King's Shops

와이콜로아 리조트 단지 내에 위치해 있는 쇼핑 빌리지. 규모
는 작지만 티파니&코, 코치, 립 컬, 마이클 코어스, 록시땅 등
다양한 브랜드가 입점되어 있다. 매주 수요일에는 파머스 마
켓(08:00~14:00)도 열린다.
우쿨렐레와 훌라 공연, 레이 만들기, 암각화 무료 투어 등 다
채로운 이벤트가 진행되고 있다. 와이콜로아 빌리지 내의 호텔
에서 셔틀버스(2달러)로 다닐 수 있다.

**Data** Map 433C
**Access** 퀸 카아후마누 하이웨이Queen Ka'ahumanu Hwy를 타고
가가다 와이콜로아 비치 드라이브로 진입
**Add** 69-250 Waikoloa Beach Dr, Waikoloa Village
**Tel** 808-886-8811 **Open** 09:30~21:30(상점마다 다름)
**Web** www.kingsshops.com

### 필요한 제품들을 쉽게 구입하는
### 퀸스 마켓플레이스 Queens Marketplace

퀵실버, 볼컴, 하와이안 퀼트 컬렉션 등 인기 있는 캐주얼 브랜
드가 많이 입점되어 있다. 간단한 간식거리나 생필품이 필요하
다면 아일랜드 고메 마켓Island Gourmet Markets을 이용하면 된
다. 간단한 식사로 즐길 만한 샌드위치, 도시락, 손질되어 포
장된 과일, 쿠키류 등도 판매한다. 맥주나 와인과 같은 주류,
간단한 스킨케어 제품까지 다양하게 구비되어 있다.
로마노스 마카로니 그릴Romano's Macaroni Grill, 산세이 시푸드
Sansei Seafood 등 맛집으로 알려진 레스토랑도 자리하고 있다.
퀼트 강습, 폴리네시안 댄스 배우기 등 다양한 프로그램 진행
하고 있으니 참여해보자.

**Data** Map 433C
**Access** 킹스 숍스에서 도보 2분
**Add** 69-201 Waikoloa Beach Dr,
Waikoloa
**Tel** 808-886-8822
**Open** 09:30~21:00(상점마다 다름)
**Web** www.queensmarketplace.net

# 사우스 빅 아일랜드
## SOUTH BIG ISLAND (하와이 볼케이노 국립공원 부근)

광활한 빅 아일랜드 남쪽 지역, 화산 지형으로 되어 있는 이곳의 하이라이트
하와이 볼케이노 국립공원이다. 1987년 세계문화유산으로 지정되었으며,
살아있는 활화산을 경험할 수 있는 곳이다. 분화구에서 몽글몽글 피어오르는
연기, 붉은 마그마의 섬광, 까만 화산암 사이를 비집고 자라고 있는 식물들의
생명력이 놀랍다. 화산 활동으로 생긴 해변, 해수 온천 등을 경험할 수 있다.

© Eli Duke

South Big Island
# PREVIEW

고대 하와이안은 이 지역에 불의 여신 펠레Pele가 살았다고 생각했다. 수시로 터지는 화산 활동과
용암의 흐름으로 지금도 땅의 면적을 수시로 넓혀가고 있다. 화산의 영향으로 만들어진 이색적인
컬러의 해변과 용암 수형, 따뜻한 해수 온천까지 볼 수 있다. 신비한 대자연을 즐겨보자.

**SEE**

시원스러운 전망이 펼쳐지는 카 라에, 녹색 모래가 특별한 파파콜레아 그린 샌드
비치, 검은 모래사장의 푸날루우 블랙 샌드 비치 파크를 들러보자. 빅 아일랜드의
하이라이트 하와이 볼케이노 국립공원에서는 마치 탐험가가 된 듯한 느낌으로 화산
지형을 감상할 수 있다. 크레이터 림 드라이브, 체인 오브 크레이터 로드 구역으로
나눠서 돌아보면 된다. 기이한 모양의 용암 수형이 있는 라바 트리 주립공원도 가보자.

**ENJOY**

시간 여유가 있다면 하와이 볼케이노 국립공원 내 트레일을 걸어보자. 추천 트레일은
분화구 위를 직접 걸어보는 킬라우에아 이키 트레일이다. 따뜻한 해수 온천에서
수영을 즐길 수 있는 아할라누이 비치 파크, 해양 생물을 보며 스노클링을 즐기는
카포호 타이드 풀스에서 여유로운 시간을 보내보자. 볼케이노 와이너리에서
새로운 맛의 와인을 즐겨도 좋겠다.

**EAT**

파파콜레아 그린 샌드 비치와 푸날루우 블랙 샌드 비치 파크 사이에는 푸날루우
베이크 숍이 위치하고 있다. 휴식을 취하면서 간단한 간식을 즐기기 좋다.
하와이 볼케이노 국립공원 근처에는 볼케이노스 라바 록 카페, 카페 오노,
킬라우에아 로지 앤 레스토랑 등이 위치하고 있다. 국립공원 내에서 식사를
원한다면, 하와이 볼케이노 하우스 호텔에 위치하는 레스토랑인 림을 이용하면 된다.

**SLEEP**

국립공원 내에서 숙박이 가능한 하와이 볼케이노 하우스 호텔이 가장 인기가 많다.
국립공원에서 차로 10분 거리에 위치한 나마카니파이오 캠프그라운드, 캠프
사이트 캐빈이 위치하고 있어서 캠핑도 가능하다. 그 외에도 국립공원에서 차로
5분 거리에 위치한 볼케이노 빌리지 내에도 현지인들이 운영하는 숙소가 있다.

## South Big Island
# TWO FINE DAYS

**1Day**

**09:00**
미국의 최남단 지역인
카 라에에서 바다
전경 감상하기

자동차 6분 →

**09:30**
파파콜레아 그린
샌드 비치에서
물놀이 즐기기

자동차 40분 →

**13:00**
푸날루우 블랙
샌드 비치 파크에서
바다거북 만나기

자동차 50분

**17:00**
홀레이 씨 아치 도로
끝까지 걸어가기

자동차 15분

**16:00**
케알라코모에서 시원한
태평양과 용암으로
뒤덮인 풍경 감상하기

자동차 15분

**15:00**
하와이 볼케이노 국립
공원 킬라우에아 비지터
센터에서 정보 얻기

자동차 40분

**19:30**
하와이 볼케이노 하우스
호텔 내 림에서 저녁 식사하기

자동차 12분 →

**21:00**
재거 뮤지엄&오버룩에서
붉은 마그마 자태 보기

하와이 볼케이노 국립공원을 도착 지점으로 삼고, 가는 여정에서 지나갈 수 있는 스폿을 둘러보는 식으로 일정을 계획하는 것이 좋다. 트레일도 걸으며 국립공원을 제대로 돌아보려면 1박 2일은 잡아야 한다. 국립공원 가는 길에 위치한 특별한 해변 푸날루우 블랙 샌드 비치 파크, 파파콜레아 그린 샌드 비치는 이색적인 해변들이다. 화산의 열기로 만들어진 아할라누이 비치 파크, 최고의 스노클링을 즐길 수 있는 카포호 타이드 풀스에서 여유 있는 시간을 보내도 좋겠다.

**2 Day**

자동차 10분 →

자동차 5분 →

**09:00**
하와이 볼케이노 국립공원
킬라우에아 비지터
센터에서 날씨 및
안전 관련 정보 얻기

**10:00**
킬라우에아
이키 트레일
돌아보기

**13:00**
서스톤 라바 튜브에서
천연 용암 동굴
걸어보기

자동차 55분 ↓

자동차 15분 ←

자동차 15분 ←

**16:30**
카포호 타이드 풀스에서
스노클링 만끽하기

**15:00**
아할라누이 비치
파크에서 수영하기

**14:30**
라바 트리 주립공원의
용암 수형이 있는
트레일 걷기

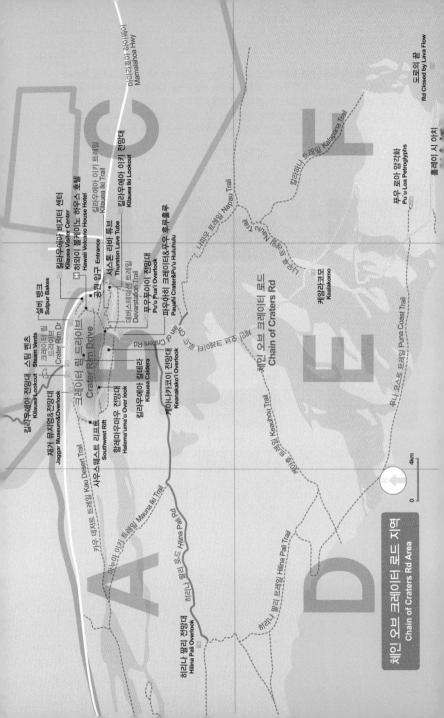

마말라호아 하이웨이
Mamalahoa Hwy

도로의 끝
Rd Closed by Lava Flow

킬라우에아 이키 트레일
Kilauea Iki Trail

킬라우에아 이키 전망대
Kilauea Iki Lookout

하와이 볼케이노 하우스 호텔
Hawaii Volcano House Hotel

킬라우에아 비지터 센터
Kilauea Visitor Center

공원 입구
Park Entrance

하와이 볼케이노 입구
Entrance

서스톤 라바 튜브
Thurston Lava Tube

설퍼 뱅크
Sulpur Bakes

디버스테이션 트레일
Devarstation Trail

푸우푸아이 전망대
Pu'u Pua'i Overlook

파우아히 크레이터&푸우 후루후루
Pauahi Crater&Pu'u Huluhulu

나우우 트레일 Nauu Trail

킬라파나 트레일 Kalapana Trail

킬라우에아 무지엄&전망대
Jaggar Museum&Overlook

스팀 벤츠
Steam Vents

크레이터 림 드라이브
Crater Rim Drive

크레이터 림 드라이브
Crater Rim Dr

푸우 로아 암각화
Pu'u Loa Petroglyphs

홀레이 시 아치
Holei Sea Arch

킬라우에아 전망대
Kilauea Lookout

케알라코모
Kealakomo

킬라우에아 칼데라
Kilauea Caldera

할레마우마우 리프트
Halema'uma'u Over look

케아나카코이 전망대
Keanakako'i Overlook

체인 오브 크레이터스 로드
Chain of Craters Rd

체인 오브 크레이터스 로드
Chain of Craters Rd

사우스웨스트 리프트
Southwest Rift

카우 데저트 트레일 Kau Desert Trail

마우나 이키 트레일 Mauna Iki Trail

케아우호우 트레일 Keauhou Trail

푸나 코스트 트레일 Puna Coast Trail

힐리나 팔리 로드 Hilina Pali Rd

힐리나 팔리 트레일 Hilina Pali Trail

힐리나 팔리 전망대
Hilina Pali Overlook

N

0        4km

체인 오브 크레이터 로드 지역
Chain of Craters Rd Area

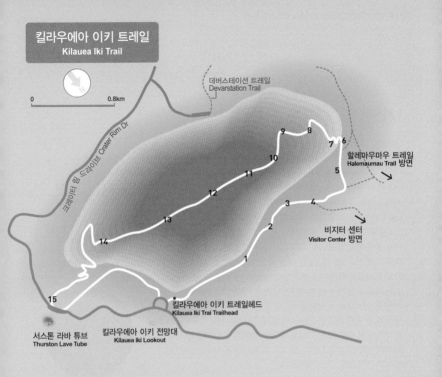

## 킬라우에아 이키 트레일
### Kilauea Iki Trail

0       0.8km

크레이터 림 드라이브 Crater Rim Dr

데버스테이션 트레일
Devarstation Trail

9   8
10   7   6
11     5
12
13
14

3   4
2
1

할레마우마우 트레일
Halemaumau Trail 방면

비지터 센터
Visitor Center 방면

15

킬라우에아 이키 트레일헤드
Kilauea Iki Trai Trailhead

서스톤 라바 튜브
Thurston Lave Tube

킬라우에아 이키 전망대
Kilauea Iki Lookout

**Tip** 킬라우에야 이키 트레일은 뜨거운 용암을 분출했던 킬라우에야 이키 분화구를 직접 걸어볼 수 있는 트레일이다. 6.4km 루프 형태로 되어 있다. 트레일 내에는 1~15번까지의 스폿이 표시 되어있다. 각 스폿에 대한 자세한 설명이 되어있는 브로슈어는 비지터 센터에서 받을 수 있다.

## SEE

## | 카우 Kau |

**Writer's Pick!**

초록빛 모래가 인상적인
### 파파콜레아 그린 샌드 비치
**Papakolea Green Sand Beach**

이곳은 '마하나 비치Mahana Beach'라고도 불린다. 4만 9천 년 전 남서쪽의 마우나 로아 화산이 폭발하였을 때 만들어진 분석구인 푸우 마하나Pu'u Mahana로 둘러싸여 있는 해변이다. 이 분석구는 철, 마그네슘을 다량 함유한 감람석이라는 광물로 이루어져 있다. 감람석은 황록색의 암석으로 유리 같은 광택이 있어서 '하와이안 다이아몬드'라고도 불린다. 오랜 세월 풍화되어 작은 모래알처럼 된 감람석 결정들이 해변가에 쌓여 있다. 감람석은 다른 광물보다 무거워서 파도가 칠 때에 잘 쓸려나가지 않고 해안가에 남는다.

그 결과 신비로운 녹색빛의 해변이 만들어지게 된 것! 해변의 모래는 70%는 감람석이 풍화된 녹색 모래, 30%는 현무암 조각, 산호 조각 등으로 이뤄졌다. 특별한 컬러의 해변에서 수영을 즐기기 위해 현지인과 관광객이 많이 찾는다. 주변에 편의 시설이 없으므로, 식수와 간식 등을 미리 준비해가자.

**Data** Map 405K
**Access** 사우스포인트 로드 길의 끝까지 가면 주차장이 위치, 도보 1시간
**Add** South Point Rd, Ka Lae
**Web** www.to-hawaii.com/big-island/beaches/papakoleagreensandbeach.php

© Thomas

**Tip** 그린 샌드 비치로 어떻게 가나요?

그린 샌드 비치는 쉽게 자신의 자태를 보여주지 않는다. 주차장에 차를 주차한 후 도보로 1시간 정도 태양이 내리쬐는 길을 따라 걸어가야 한다. 해변까지 가는 길이 험한 비포장도로이기 때문에 일반 승용차는 통행이 금지되고, 사륜구동 차량으로만 갈 수 있다. 대부분의 렌터카 업체는 이곳을 통행금지 지역으로 제한하고 있다. 주차장 근처에서 현지인들이 트럭이나, 낡은 SUV 차량, 캠핑카 등을 이용해 관광객을 해변까지 태워다 준다. 편도 15~20달러.

시원스럽게 펼쳐진 바다
## 카 라에 Ka Lae

빅 아일랜드뿐만 아니라 미국에서도 최남단에 속하는 지역이다. 탁 트인 바다가 있는 해안 절벽이 있다. 풍경이 멋있어서 잠시 들러볼 만하다. 현지인들이 즐겨 찾는 다이빙 장소로도 유명하다. 망설임 없이 몸을 내던져 바닷속으로 다이빙을 하는 모습이 아찔하다.
코나 지역에서 출발 기준으로 하와이 볼케이노 국립공원, 푸날루우 블랙 샌드 비치 파크 가는 길에 들러볼 수 있다.

**Data** Map 405J
**Access** 사우스 포인트 로드를 따라가다가 이정표를 따라서 들어가면 된다.
**Add** South Point Rd, Ka Lae

**Writer's Pick!** 검정 모래로 이루어진
## 푸날루우 블랙 샌드 비치 파크 Punalu'u Black Sand Beach Park

하와이에서 가장 반짝반짝 빛나는 흑빛 모래를 볼 수 있는 해변이다. 바다로 흘러간 용암의 파편들이 물과 바람에 의해 깎이고 부서져서 검은색 모래가 되었다. 까만 해변과 하얀 물거품의 이채로운 광경이 아름답다. 이곳은 하와이의 섬 중에서 거북을 쉽게 볼 수 있는 곳 중 하나이다. 단, 일광욕을 하러 해변으로 나온 푸른 바다거북은 만지거나 너무 가까이 가서는 절대 안 된다. 검은색 모래도 가져가서는 안 된다는 점을 꼭 유의하자.
바닷속에 바위가 많은 편이다. 파도가 높을 때에는 수영을 삼가하는 것이 좋다. 화장실과 피크닉 테이블이 잘 되어 있어서 아름다운 경관을 바라보며 해변에서 휴식을 취하거나 도시락을 먹는 것도 좋다.

**Data** Map 405K
**Access** 하와이 볼케이노 국립공원과 카 라에Ka Lae 중간에 위치, 마마라호아 하이웨이 Mamalahoa Hwy를 따라가다가 푸나루우 로드Punaluu Rd 진입해 길 끝
**Add** Ninole Loop Rd, Pahala
**Web** www.to-hawaii.com/ big-island/beaches/ punaluublacksandbeach.php

# | 볼케이노Volcano |

빅 아일랜드의 하이라이트
### 하와이 볼케이노 국립공원
Hawaii Volcanoes National Park

1,260m의 킬라우에아Kilauea 화산이 있는 지역이다. 살아 있는 화산을 경험하는 곳으로, 빅 아일랜드의 하이라이트로 손꼽힌다. 1987년 유네스코 세계문화유산으로 지정되었다. 1969년부터 1974년까지 흘러나온 용암이 굳어 생긴 길이 있으며, 1995년 화산 폭발로 인해 분출된 용암이 바다 쪽으로 흐르는 모습이 2011년까지 관찰되었던 곳이다. 국립공원 입구에 들어가면 먼저 비지터 센터에 들러서 정보를 얻자.

그후 크레이터 림 드라이브Crater Rim Drive 지역을 둘러보고, 편도 30km 정도의 체인 오브 크레이터 로드Chain of Craters Rd를 돌아보는 식으로 계획하면 된다. 단, 시기에 따라 유황 가스가 위험 수준 이상으로 나오는 경우에는 길의 상당 부분이 폐쇄되기도 한다. 시간 여유가 있다면 곳곳에 위치한 트레일도 걸어보자.

**Data** Map 405H
**Access** 마마라호아 하이웨이 Mamalahoa Hwy를 따라 가다가 하와이 볼케이노 국립공원 이정표를 따라서 크레이터 림 드라이브Crater Rim Drive로 진입
**Add** Hawaii Volcanoes National Park, Hawaii National Park
**Tel** 808-985-6000
**Open** 국립공원 24시간/ 비지터 센터 07:45~17:00
**Cost** 차량 1대당 25달러, 도보 입장 시 1인당 12달러(7일간 유효)
**Web** www.nps.gov/havo/index.htm

**Tip 유니크한 생물체를 볼 수 있는 곳!**
이 지역에는 천적이 없는 탓에 생물이 원래 가지고 있었던 방어 방법이 필요 없어진 생명체가 있다. 민트향이 없는 민트, 날지 못하는 새, 단단한 껍질이 없는 벌레 등이 그 예다. 그 결과 다른 지역에서 볼 수 없는 생물들을 볼 수 있다. 울창한 열대 우림 지역을 걸을 때는 청명한 소리로 지저귀는 새소리에 귀를 기울이고, 다양한 수풀의 모양을 관찰하자.

|Theme|

# 하와이 볼케이노 국립공원 돌아보기

하와이 볼케이노 국립공원은 크게 2개의 지역으로 나뉜다. 킬라우에아 칼데라
주변으로 18km의 드라이브 코스가 이어지는 크레이터 림 드라이브Crater Rim Drive와 편도
30km 정도로 해안 지역까지 길이 이어지는 체인 오브 크레이터 로드Chain of Craters Rd이다.
하루 온종일을 오롯하게 보내도 좋을 만큼 다채로운 볼거리가 있다.

## 크레이터 림 드라이브 Crater Rim Drive

18km의 드라이브 코스로 킬라우에아 화산이 폭발했을 때 생긴 거대한 분지인 킬라우에아 칼데라
Kilauea Caldera 주변의 명소를 돌아본다. 수증기가 기체로 변해서 연기처럼 솟아오르거나 밤에 용암의
붉은 섬광이 보이는 등 지금도 활동 중인 킬라우에아 화산 지형의 여러 특징을 볼 수 있다. 유해 기체가
새어 나오는 곳이니 심장, 호흡기 질환이 있거나 임산부, 어린이는 오랫동안 머물지 않는 것이 좋다.
주차할 곳이 스폿마다 마련되어 있어서 편리하다.

**Writer's Pick!**

### 정보를 얻기 위해 꼭 들르자
### 킬라우에아 비지터 센터 Kilauea Visitor Center

변화 무쌍한 날씨와 관련된 정보, 용암의 유출 현황, 안전에 대
한 정보 등을 얻을 수 있다. 활발한 화산 활동으로 인해 통행금지가 되는 경
우도 있으니 미리 체크하자. 한국어 지도와 코스도 추천해준다.
비지터 센터에 위치한 극장에서는 〈불의 탄생, 바다의 탄생〉이라는 하와이
볼케이노 국립공원 관련 25분짜리 다큐멘터리를 상영한다. 오전 9시부터
오후 4시까지 매시 정각에 시작된다.

**Data** Map 456B
**Access** 하와이 볼케이노 국립공원 입구에서 우회전하면 오른편
**Add** Kilauea Visitor Center, Volcano **Tel** 808-985-6000
**Open** 07:45~17:00 **Web** www.nps.gov/havo/planyourvisit/kvc.htm

**Writer's Pick!**

킬라우에아 분화구를 조망하는
### 하와이 볼케이노 하우스 호텔 Hawaii Volcano House Hotel

국립공원 내에 위치한 유일한 숙소로, 시설이 깔끔하다. 객실 수가 많지 않아서 예약은 필수다. 호텔 로비 쪽에서는 대형 통유리 창을 통해 킬라우에아 분화구가 보인다. 숙박객이 아니어도 전망을 즐길 수 있다. 호텔 내 레스토랑 림The Rim에서도 전망을 바라보며 식사할 수 있다.

**Data** Map 456B
**Access** 하와이 볼케이노 국립공원
입구에서 우회전 후 이정표를 따라 좌회전
**Add** 1 Crater Rim Drive, Volcano
**Tel** 808-756-9625, 866-536-7972
**Web** ww.hawaiivolcanohouse.com

**Writer's Pick!**

할레마우마우 분화구를 감상하는
### 재거 뮤지엄&전망대 Jaggar Museum&Overlook

하와이 화산에 대한 자료가 전시되어 있는 박물관. 빅 아일랜드의 탄생, 지질의 변화 등에 대한 이해를 돕는다. 불의 여신 펠레의 벽화도 있다. 박물관 앞에는 1924년 화산이 폭발하면서 생긴 할레마우마우Halema'uma'u 분화구를 볼 수 있는 전망대가 있다. 낮에는 연기만 보이지만 밤에는 용암의 붉은 빛을 볼 수 있다.

**Data** Map 456B **Access** 국립공원
입구에서 우회전 후 직진
**Open** 08:30~17:00 **Cost** 무료
**Web** www.volcanogallery.com/
Jaggar.htm

황량한 모습이 이색적인 풍경
### 데버스테이션 트레일 Devarstation Trail

길이 800m 정도의 트레일. 킬라우에아 화산 분출 때 크게 손상을 받은 지역이다. 하와이 주의 새인 하와이 토종 거위 네네Nene가 서식하는 모습을 볼 수 있다. 네네는 멸종 위기의 동물이라서 먹이를 주면 안 된다. 계속 걷다보면 킬라우에아 이키 분화구를 조망하는 푸우푸아이 전망대Pu'u Pua'i Overlook가 나온다.

**Data** Map 456B
**Access** 국립공원 입구에서 좌회전 후 직진

---

**Tip** 현재도 살아 숨 쉬는 화산 공원의 출입 금지 지역

사우스웨스트 리프트Southwest Rift, 할레마우마우 전망대Halema'uma'u Over look, 케아나카코이 전망대Keanakako'i Overlook는 현재 출입 금지 지역. 2008년의 화산 활동으로 인하여 유독 가스의 분출 등 안전상의 이유로 출입이 불가한 전망대이다. 방문 시기의 화산 활동에 따라 출입 가능 여부가 달라진다. 킬라우에아 비지터 센터에서 자세한 정보를 얻을 수 있다.

**Writer's Pick!**

용암 동굴을 직접 탐험하자
## 서스톤 라바 튜브 Thurston Lave Tube

울창한 열대 우림으로 둘러싸인 트레일을 따라 걸으면 동굴 입구까지 다다르게 된다. 이 동굴은 용암이 대량 분출되어서 만들어진 대표적인 용암 동굴이다. 물이 떨어지는 구간이 많으니 조심하자. 동굴을 빠져나온 후 길을 따라 트레일을 걸으면 출발했던 트레일 입구로 갈 수 있다. 소요 시간은 40분 정도. 트레일을 걷는 내내 하와이의 희귀한 새들의 소리가 들리니 귀 기울여 감상해보자.

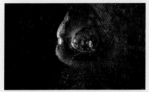

**Data** Map 456B Access 국립공원 입구에서 좌회전 후 직진

**Tip** 동굴이 끝나기 직전 왼쪽 편에 용암 동굴을 계속 탐험할 수 있는 공간이 있다. 안전상의 이유로 닫는 경우가 많으나, 천연 그대로의 동굴을 걸어볼 수 있는 곳이다. 단, 전등 등의 조명 시설이 전혀 없어서 손전등은 필수이다.

**Writer's Pick!**

분화구를 직접 걸어보는
## 킬라우에아 이키 트레일 Kilauea Iki Trail

1959년 뜨거운 용암을 분출했던 킬라우에아 이키 분화구를 직접 걸어볼 수 있는 6.4km 루프 형태의 트레일이다. 트레일은 킬라우에아 이키 전망대에 위치하고 있는 킬라우에아 이키 트레일 헤드 또는 서브톤 라바 튜브에서 시작할 수 있다. 킬라우에아 이키 트레일 헤드에서 출발하여 서브톤 라바 튜브 쪽으로 올라오는 식으로 걷는 것을 추천한다. 분화구 내에 1~15번까지 포인트가 표시되어 있다. 홈페이지에서(Web www.nps.gov/havo/planyourvisit/upload/Kilauea-Iki-Trail-Guide-2013.pdf) 각 스폿에 대한 자세한 설명서를 PDF로 다운받을 수 있다. 총 소요 시간은 2~3시간.

시간적 여유가 없다면 킬라우에아 이키 트레일 헤드에서 서브톤 라바 튜브까지 800m 정도 되는 짧은 트레일만 걸어봐도 좋다.

**Data** Map 456B Access 국립공원 입구에서 좌회전 후 직진하면 킬라우에아 이키 전망대가 나온다. 이곳에 위치하고 있는 킬라우에아 이키 트레일헤드에서 이정표를 따라 분화구로 내려가면 된다

모락모락 연기가 피어오르는
## 스팀 벤츠 Steam Vents

뜨거운 화산 열기로 인하여 땅속으로 스며들어 간 물이 수증기가 되어 올라오는 곳이다. 연기 같은 흰색 기체가 곳곳에서 피어오른다. 주로 빗물이 기체가 되어 올라오는 것이다. 연기 근처로 갈수록 사라지는 녹지대 풍경이 이색적이다.

**Data** Map 456B
Access 국립공원 입구에서 우회전 후 직진

## 체인 오브 크레이터 로드 Chain of Craters Rd 지역

남동쪽으로 뻗은 국립공원 내 도로이다. 작은 분화구가 위치하고 있으며, 1969년 마우나 울루Mauna Ulu 화산 폭발로 이뤄진 까만 용암석이 인상적이다. 도로 끝까지 가면 용암이 흘러나와 길을 뒤덮은 모습을 볼 수 있다. 편도 30km 정도. 체인 오브 크레이터 로드에는 주유소가 없으므로 미리 자동차에 주유를 하고 출발해야 한다. 이 지역을 돌아보는 데에는 대략 3~4시간 걸린다.

### 분화구를 보며 트레일을 걷는
### 파우아히 크레이터&푸우 훌루훌루
Pauahi Crater & Pu'u Huluhulu

파우아히는 하와이어로 '불에 의해 황폐해진'이라는 뜻이다. 길이 610m, 넓이 300m, 깊이 90m의 분화구를 볼 수 있다. 푸우 훌루훌루 지역에는 용암으로 만들어진 길을 걸을 수 있는 트레일이 있다. 다른 지역에 비해 볼거리가 많은 곳은 아니다.

**Data** Map 456B
**Access** 국립공원 입구에서 좌회전 후 직진해 체인 오브 크레이터 로드로 진입하여 가다가 보면 오른편에 위치

### 추상화를 보는 듯한 느낌
### 푸우 로아 암각화 Pu`u Loa Petroglyphs

돌에 새겨진 하와이의 고대 그림을 감상할 수 있는 곳. 나무 블록이 깔려 있는 1.1km 정도 되는 트레일을 걸으면 발견할 수 있다. 트레일은 비교적 평탄하다. 사람들의 장수와 안녕을 비는 소원을 새긴 암각화가 많다. 하와이에서 가장 많은 암각화를 볼 수 있다. 소요 시간은 왕복 40분 정도.

**Data** Map 456F
**Access** 국립공원 입구에서 좌회전 후 직진해 체인 오브 크레이터 로드로 진입하여 가다가 왼편에 위치

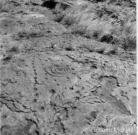

6

### 탁 트인 전망이 인상적인
**Writer's Pick!** 케알라코모 Kealakomo

체인 오브 크레이터 로드를 달리다가 잠시 쉬어가기 좋은 전망대이다. 610m 절벽 위에 위치한다. 태평양 바다가 파노라마로 내려다보이는 이곳은 피크닉 테이블이 있어서 전망을 감상하며 도시락을 즐기기에도 좋다. 단, 바람이 많이 부는 날에는 전망만 조망하자.

**Data** Map 456E
Access 국립공원 입구에서 좌회전 후 직진해 체인 오브 크레이터 로드로 진입하여 가다가 보면 왼편에 위치

### 코끼리의 코를 닮은 특이한
**Writer's Pick!** 홀레이 시 아치 Holei Sea Arch

흘러내린 용암이 굳어서 생긴 바위에 거센 파도가 치면서 27.4m 높이의 거대한 아치 모양이 만들어졌다. 고고학자들은 100여 년 전에 아치가 만들어졌다고 추정하며, 시간이 지나갈수록 침식되어 언젠가는 무너질 것이라고 전망한다.
550년 전 분출되어 흐른 용암이 굳어 만들어진 바위들이 파도와 바람에 의한 침식으로 만들어진 해안선이 인상적이다. 2011년 3월까지는 용암이 바다로 흘러 들어가는 모습을 감상할 수 있었으나 현재는 볼 수 없다.

**Data** Map 456F
Access 국립공원 입구에서 좌회전 후 직진해 체인 오브 크레이터 로드로 진입하여 길이 끝나는 곳. 스낵 판매대 건너편 바다에 위치

### 용암으로 뒤덮힌 길
**Writer's Pick!** 도로의 끝 Rd Closed by Lava Flow

홀레이 시 아치 주차장에서 걸어서 1.1km 정도 들어가면 용암이 뒤덮여 도로가 끊어진 모습을 볼 수 있다. 1983년 용암 분출로 인해 길이 끝나버린 곳이다. 주변 산에서부터 흘러내려온 용암이 굳은 흔적이 당시 상황을 짐작하게 한다. 용암으로 만들어진 지반은 용암의 농도에 의해 약한 지반으로 된 경우도 많으니 안전에 유의하도록 하자.

**Data** Map 456F
Access 홀레이 시 아치 주차장에서 도보 15분

화산 지대에서 만들어진 이색 와인
### 볼케이노 와이너리 Volcano Winery

검은 화산암으로 만들어진 토양에서 자란 포도로 만든 와인을 즐길 수 있다. 마카다미아너트, 릴리코이, 꿀 등을 넣은 하와이안 스타일의 퓨전 와인이 인상적이다. 다른 재료를 섞지 않고 전통적인 방법으로 양조한 피노 누아 Pinot Noir와 볼케이노 레드 Volcano Red 와인이 인기 있다.
와인을 좋아하는 사람이라면 한 번쯤 들러볼 만하다. 테이스팅을 통해 맛을 음미해볼 수 있다. 와인을 구매할 수 있다.

**Data** Map 405H
**Access** 볼케이노 로드를 달리다가 볼케이노 골프장 앞에서 좌회전 하면 도착. 하와이 볼케이노 국립공원에서 차로 5분 **Add** 35 Piimauna Drive, Volcano
**Tel** 808-967-7772 **Open** 10:00~17:30
**Cost** 스탠더드 테이스팅(7가지 시음) 5달러/ 프리미엄 테이스팅(7가지 시음+특별 와인) 8달러
**Web** www.volcanowinery.com

## | 푸나 Puna |

**Writer's Pick!** 특별한 조각 공원의 느낌!
### 라바 트리 주립공원 Lave Tree State Park

파호아 타운 남동쪽 푸나 지역에 위치한 주립공원이다. 1790년에 분출된 용암이 이곳을 휩쓸고 지나가면서 오히아 나무 Ohia Tree에게 용암이 굳은 모습을 볼 수 있다. 자연 현상으로 만들어진 용암수형을 볼 수 있다는 점이 특별하다. 용암이 굳어 만들어진 나무줄기 모습이 마치 자연이 만들어낸 조각 공원 같다.
1.1km 루프형 트레일로 남녀노소 누구나 쉽게 산책을 즐기듯 돌아볼 수 있다. 30분 정도 소요된다. 마실 물은 충분히 가져 가자. 공원 입구 쪽에 화장실이 있다.

**Data** Map 405I
**Access** 11번 하이웨이11 Hwy를 달리다가 케아우 파호아 로드로 진입, 카포호 로드를 타고 직진하면 도착. 하와이 볼케이노 국립공원에서 차로 48분 **Add** Pahoa Pohoiki Rd, Pahoa **Tel** 808-974-6200
**Open** 해뜰 때부터 해질 때까지
**Cost** 무료 **Web** www.gohawaii. com/en/big-island/regions-neighborhoods/puna/lava-tree-state-park

**Writer's Pick!**

온천물에서 수영을
## 아할라누이 비치 파크
### Ahalanui Beach Park

융단처럼 깔린 잔디밭 위에 야자수들이 세워져 있고, 한켠에는 수영을 즐길 수 있는 웅덩이가 있다. 웅덩이 내 돌이 쌓인 쪽에는 화산 작용으로 인하여 데워진 따뜻한 온천물이 나오고, 반대쪽에는 바다쪽에서 파도가 치면서 차가운 바닷물이 들어온다. 미지근한 물에서 해수 온천 수영을 즐길 수 있다. 인명 구조원도 상주하고 있다.
물고기가 많지 않지만 스노클링도 즐길 수 있다. 몸에 상처가 있다면 박테리아의 감염 우려가 있으니 물속에 들어가서는 안 된다. 바다 쪽으로 용암바위들이 천연 방파제를 이루고 있어서 늘 잔잔하다.

**Data** Map 405I
**Access** 칼라파나 카포호 로드Kalapana Kapoho Rd에 위치. 라바 트리 주립공원에서 차로 13분
**Add** Ahalanui Beach Park, Pahoa
**Tel** 808-961-8311 **Web** www.to-hawaii.com/big-island/beaches/ahalanuipark.php

**Writer's Pick!**

스노클링을 즐기는
## 카포호 타이드 풀스 Kapoho Tide Pools

조수 간만의 차가 큰 지역이다. 만조 때 들어왔던 물이 썰물 때 빠져나가지 않고 남으면서 웅덩이 안에 다양한 생물들이 서식하게 되었다. 물이 맑아 산호와 열대어를 관찰하기에 적합하므로, 스노클링을 하기에 최적의 장소다. 해양 생물 보호 구역이기 때문에 낚시나 물고기에게 먹이를 주어서는 안 된다. 화장실이 없고, 그늘이 없어서 편의 시설은 불편한 편이다.
현지인들은 선탠을 즐기거나 스노클링을 하기 위해서 자주 찾는다. 개인 사유지이므로 주차비는 기부 형식으로 낸다. 주차장에서는 도보 10분 정도 걸린다.

**Data** Map 405I
**Access** 137 하이웨이Hwy 137을 따라가다가 카포호 카이 스트리트 Kapoho Kai St를 따라 들어가면 주차장이 나온다. 아할라누이 비치 파크에서 차로 8분
**Add** 14-5134 Alapai Point Rd, Kapoho **Open** 07:00~19:00
**Cost** 주차 3달러
**Web** www.to-hawaii.com/big-island/beaches/kapohotidepools.php

# EAT

## | 카우 Kau |

**Writer's Pick!**

간식거리로 추천!
### 푸날루우 베이크 숍 Punalu'u Bake Shop

미국 최남단 지역에 위치한 베이커리다. 현지인과 관광객 모두에게 인기 있다. 공장이 바로 옆에 있어서 운이 좋으면 갓 구운 신선한 빵을 먹을 수 있다. 커피와 아이스크림, 기념품도 판매한다. 특히 하와이안 도넛으로 알려진 말라사다가 맛있기로 유명하다. 릴리코이, 타로, 사과 등 다양한 재료를 넣어 만든 말라사다는 따뜻할 때 먹어야 제맛이니 구입 후 바로 먹도록 하자. 가게 앞에 테이블이 잘 되어 있어서 휴식을 취하기에도 최적이다.

**Data** Map 405K
**Access** 파파콜레아 그린 샌드 비치에서 차로 27분. 파파콜레아 그린 샌드 비치와 푸날루우 블랙 샌드 비치 파크 사이에 위치 **Add** 5642 Mamalahoa Hwy(Route 11), Naalehu **Tel** 866-366-3501
**Open** 09:00~17:00
**Cost** 말라사다 1.10달러
**Web** www.bakeshophawaii.com

## | 볼케이노 Volcano |

따뜻한 분위기에서 즐기는 요리
### 킬라우에아 로지&레스토랑 Kilauea Lodge&Restaurant

아늑한 분위기의 레스토랑. 분위기와 음식 맛이 좋아서 현지인 사이에서도 인기가 많다. 추천 메뉴는 쇠고기 햄버거 패티 위에 밥과 소스, 달걀프라이를 곁들여 제공되는 로코 모코Locamoca, 햄, 소시지, 피망, 레드 양파, 치즈 등을 가득 넣은 이스트 리프트 오믈렛East Rift Omelet, 베리 소스를 뿌린 폭신한 식감의 바나나 팬케이크Banana Pancake, 최고급 앙구스 쇠고기를 최적의 온도에서 구워낸 뉴욕 스테이크New York Steak, 페퍼, 마늘, 오렌지를 섞어서 구운 오리 요리인 덕 오렌지Duck L'orange 등이 있다.
홈페이지를 통해 예약 후 방문하는 것을 추천한다. 저녁 식사 메뉴 가격대가 높은 편이다. 아침 식사와 브런치를 즐겨보는 것도 좋다.

**Data** Map 405H
**Access** 하와이 볼케이노 국립공원에서 차로 4분 **Add** 19-3948 Old Volcano Rd, Volcano
**Tel** 808-967-7366
**Open** 07:30~14:00, 15:00~21:00
**Cost** 아침 식사 메뉴 10~11달러 저녁 식사 메뉴 23~38달러
**Web** www.kilauealodge.com

**Writer's Pick!**

아늑하고 개성 강한
### 카페 오노 Cafe Ono

간단한 요리와 디저트, 커피, 티를 즐길 수 있는 아담한 규모의 카페이다. 주인장이 곳곳에서 모은 예술가들의 작품과 크고 작은 예쁜 식물들로 아기자기하게 꾸민 정원, 실내 인테리어가 인상적이다. 모든 재료는 주변 농가에서 기른 오가닉 재료를 사용한다.

달걀 샐러드와 수프 또는 샐러드가 곁들여서 나오는 카페 오노 샌드위치 콤보Cafe Ono Sandwich Combo, 그린 샐러드 또는 갈릭 브래드와 수프를 곁들여서 제공되는 홈 스타일 베이크드 라자냐Home Style Baked Lasagna, 네 가지 치즈와 시금치를 넣어 만든 키시 콤보Quiche Combo 등의 메뉴를 제공한다. 디저트인 오가닉 비건 당근 케이크Organic Vegan Carrot Cake는 달콤하면서도 부드럽다. 매장 한쪽에서는 하와이 아티스트들의 작품과 수공예품, 액세서리 등을 구입할 수 있는 볼케이노 가든 아트Volcano Garden Arts도 운영 중이다.

**Data** Map 405H
**Access** 하와이 볼케이노 국립공원에서 차로 4분
**Add** 19-3834 Old Volcano Rd, Volcano
**Tel** 808-985-8979
**Open** 화~일 카페 11:00~15:00, 볼케이노 가든 아트 10:00~16:00
**Cost** 오가닉 당근 케이크 7달러, 아메리카노 2.50달러, 카페 오노 샌드위치 콤보 15달러
**Web** www.volcanogarden-arts.com/cafeono.html

편안한 분위기의 레스토랑
### 볼케이노스 라바 록 카페 Volcano's Lava Rock Cafe

메뉴가 다양하고 가격대가 부담스럽지 않아 현지 주민 사이에서도 인기가 많은 레스토랑이다. 추천 메뉴는 하와이 로컬 음식 로코 모코Loco Moco, 참치를 구운 아히 스테이크Ahi Steak, 브런치로 제격인 스위트 브레드 프렌치 토스트Sweet Bread French Toast, 코코넛 케이크Coconut Cake, 치즈케이크Cheesecake 등이다. 샌드위치, 버거도 맛있다.

저녁 시간에는 예약을 하지 않으면 자리 잡기가 힘들다. 식사 시간대를 살짝 피해서 가면 더욱 쾌적하게 이용할 수 있다.

**Data** Map 405H
**Access** 하와이 볼케이노 국립공원에서 차로 4분
**Add** 19-3972 Old Volcano Rd, Volcano
**Tel** 808-967-8526
**Open** 월 07:30~17:00, 화~토 07:30~21:00, 일 07:30~16:00
**Cost** 단품 메뉴 10~15달러
**Web** www.volcanoslava-rockcafe.com

# 이스트 빅 아일랜드
## EAST BIG ISLAND (힐로 부근)

빅 아일랜드 동쪽 해안에 위치한 지역이다. 빅 아일랜드에서 가장 강수량이 많고,
비옥한 땅을 자랑한다. 힐로 국제공항도 위치하고 있다. 초승달 모양의 만
힐로 베이를 따라 자리한 힐로 다운타운에는 로컬 브랜드, 레스토랑이
즐비하다. 힐로 북부 지역에는 키가 크고 울창한 열대 나무, 색색의 열대 꽃,
다양한 모습으로 쏟아지는 폭포를 볼 수 있다. 풍요로운 자연에 취해보자.

## East Big Island
# PREVIEW

*빅 아일랜드에서 가장 비가 많이 오는 힐로 지역. 촉촉함을 머금은 공기가 상쾌하게 느껴진다.*
*운치 있는 목조 건물이 있는 힐로 다운타운에는 숍, 레스토랑이 산책하듯 돌아보기에 좋다.*
*울창한 열대 자연의 풍요로움을 만끽할 수 있는 노스 힐로 지역도 가보자.*
*자연의 싱그러움과 친절한 미소를 가진 빅 아일랜드 사람들을 만날 수 있다.*

**SEE**

힐로 북부 지역의 아카카 폭포 주립공원, 와일루쿠 리버 레인 보우 폭포 주립공원, 페에페에 폭포&보일링 팟 등은 꼭 들러보아야 하는 지역이다. 고풍스러운 분위기의 유서 깊은 건물이 위치하고 있는 힐로 다운타운을 걸어보자. 수요일, 토요일에 열리는 힐로 파머스 마켓은 인기 장소이다. 고즈넉한 분위기의 릴리우오칼라니 파크에서의 산책도 추천한다. 마우나 로아 공장&비지터 센터도 들러볼 만하다.

**ENJOY**

하와이 식물을 좋아한다면, 2천여 종의 다양한 식물들이 있는 하와이 트로피컬 보태니컬 가든의 트레일을 걸어보자. 칼스미스 비치 파크는 현지인들이 즐겨 찾는 스노클링 포인트이다. 특별한 액티비티를 경험하고 싶다면, 보태니컬 월드 어드벤처에서 집라인, 세그웨이를 만끽해보아도 좋겠다.

**EAT**

힐로 다운타운 지역에 카페 페스토, 파파아 파라오아 베이커리 등 다양한 메뉴를 맛볼 수 있는 레스토랑과 베이커리가 있다. 힐로 파머스 마켓에서 도시락을 구입해도 된다. 합리적인 가격대에 로코 모코를 즐길 수 있는 카페 100과 24시간 식사할 수 있는 켄즈 하우스 오브 팬케이크, 맛있는 타이 레스토랑인 쏨밧, 프레스 타이 퀴진 등은 현지인들에게도 인기 있는 맛집이다. 힐로 북부 지역에는 레스토랑이 많지 않으므로 미리 도시락과 간식을 준비하는 것이 좋다.

**SLEEP**

다양한 가격과 등급의 호텔이 위치하고 있다. B&B, 현지인의 집을 빌리는 에어비앤비 등 다양한 숙소가 있다. 웨스트 빅 아일랜드에 비해서 고급 숙소가 적다.

East Big Island
# ONE FINE DAY

오전에는 힐로 파머스 마켓과 힐로 다운타운을 산책하듯 즐긴 후 북부 지역으로 출발하자. 와일루쿠 리버 레인 보우 폭포 주립공원, 아카카 폭포 주립공원 등을 돌아보며 울창한 열대 우림의 매력을 만끽한 후 다시 힐로 다운타운으로 돌아와서 저녁 식사 등을 계획하면 좋다. 시간 여유가 있다면 보태니컬 월드 어드벤처에서 짚라인, 세그웨이 투어에 참여하거나 칼스미스 비치 파크에서 스노클링을 즐겨도 좋다.

 자동차 7분 →  자동차 5분 →

**09:00**
로컬들의 삶을 엿볼 수 있는
힐로 파머스 마켓
돌아보기

**10:30**
와일루쿠 리버 레인
보우 폭포 주립공원의
웅장한 폭포 구경하기

**11:15**
페에페에 폭포&
보일링 팟에서
물보라 감상하기

자동차 20분

 자동차 30분 ←  자동차 20분 ←

**14:30**
운치 있는 릴리우오칼라니
파크&가든에서 산책하기

**13:00**
아카카 폭포 주립공원에서
쏟아지는 거대한 폭포수
둘러보기

**12:00**
열대 우림의 근사한 풍경을
볼 수 있는 오노메아
베이 관광하기

자동차 15분

 자동차 15분 →

**16:00**
마우나 로아 공장&비지터
센터에서 기념품 구매
및 공장 견학하기

**18:00**
힐로 다운타운 쏨밧
프레스 타이 퀴진에서
저녁 식사하기

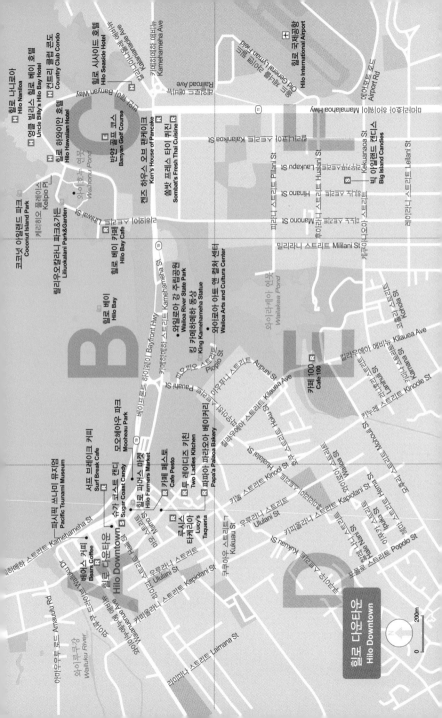

힐로 다운타운
Hilo Downtown

아우푸히 스트리트 Auapuhi St

마마라호아 하이웨이 Mamahahoa Hwy

보태니컬 월드 어드벤처
**Botanical World Adventures**

**A**

**B**

(19)

친 척 로드 Chin Chuck Rd

올드 마마라호아 하이웨이 Old Mamahahoa Hwy

콜레콜레 비치 카운티 파크
**Kolekole Beach Park**

카이위키 홈스테드 로드 Kaiwiki Homestead Rd

올드 마마라호아 하이웨이
Old Mamahahoa Hwy

(220)

우드숍 갤러리 커피
**Woodshop Gallery Cafe**

우체국 Post Office

에드스 베이커리
**Ed's Bakery**

아카카 폭포 주립공원
**Akaka Falls State Park**

**C**

220 하이웨이 220 Hwy

**D**

(19)

마마라호아 하이웨이 Mamahahoa Hwy

올드 레일로드 웨이 Old Railroad Way

비치 로드 Beach Rd

**E**

로 델리&프루트 샐러드
**Low Deli&Fruit Salad**

쿠라이마노 로드
Kulaimano Rd

펄 엣 카와이누이
**The Falls at Kawainui**

카와이누이 스트림
Kawainui Stream

라라히와 스트리트 Lalahiwa St

올드마마라호아
하이웨이
Old Mamahahoa Hwy

오노메아 로드 Onomea Rd

**F**

오노히 루프 Onohi Loop

하와이 트로피컬 보태니컬 가든
**Hawaii Tropical Botanical Garden**

(19)

오노메아 베이
**Onomea Bay**

노스 힐로
**North Hilo**

N

0          500m

4 마일 시닉 드라이브 루트
4 Mile Scenic Drive Route

## SEE
📷

| 힐로 Hilo |

**하와이의 느낌이 물씬**
Writer's Pick!
**힐로 다운타운** Hilo Downtown

오래된 건축물이 많은 유서 깊은 지역으로, 빅 아일랜드 내에서 규모가 가장 큰 타운이다. 다운타운에는 갤러리, 상점, 레스토랑 등이 옹기종기 모여 있어 구경할 맛이 난다. 메인 스트리트인 카메하메하 스트리트를 따라 걸으며 산책을 즐기듯 돌아볼 만하다. 또한, 맛집이 많아 식사를 즐기기에도 제격이다.

1946년과 1960년의 쓰나미로 인하여 상당 부분 망가졌으나 복원에 성공하여 빅 아일랜드의 주요 명소로 자리 잡았다. 백년이 넘는 세월을 견뎌온 목조 건축물 상당수는 국가 사적지로 지정되었다. 힐로의 역사가 궁금하다면 퍼시픽 쓰나미 박물관Pacific Tsunami Museum을 방문하는 것도 좋다.

**Data** **Map** 473A **Access** 카메하메하 스트리트Kamehameha St에 위치 **Add** 329 Kamehameha Ave, Hilo **Web** www.downtownhilo.com

**Tip** 힐로 지역에서는 대개 오전 8시부터 오후 4시까지 2시간 동안 무료로 길거리 주차를 할 수 있다. 일요일과 공휴일은 제한 없이 무료 주차 가능. 주차 가능 지역과 불가능한 지역은 주차장마다 위치하고 있는 팻말을 참고하자. 파머스 마켓 건너편 모오헤아우 파크Mooheau Park 쪽에 주차 공간이 많다.

### 아름다운 뷰를 보며 피크닉을 즐기자
## 릴리우오칼라니 파크&가든 Liliuokalani Park&Garden

1979년 첫 번째 일본계 이민자를 기념해 만든 정원. 원래는 하와이 마지막 여왕인 릴리우오칼라니 여왕 소유의 땅이었다. 일본의 정취가 물씬 풍기는 정자, 석등, 조경 등이 인상적이다. 푸른 잔디밭이 잘 깔려 있어서 피크닉을 즐기기 좋다. 가족 단위의 현지인들이 많이 찾는다. 주변으로 힐로 베이, 코코넛 아일랜드 파크가 보인다.

**Data** Map 473C
**Access** 반얀 드라이브Banyan Dr와 리히와이 스트리트 사이에 위치
**Add** 191 Lihiwai St, Hilo **Cost** 무료
**Web** www.to-hawaii.com/big-island/gardens/liliuokalanigardens.php

**Writer's Pick!**
### 복작복작 현지인들이 즐겨 찾는 장터
## 힐로 파머스 마켓 Hilo Farmers Market

여행지에서 시장을 둘러보는 것은 현지인들의 삶을 경험할 수 있는 좋은 방법이다. 신선한 과일과 채소 같은 식재료는 물론, 음료, 도시락 등을 저렴하게 구입할 수 있다. 요일에 따라 다르지만 50~200개의 노점상에서 다양한 제품을 판매한다. 수공예품, 액세서리, 의류 등도 판매한다. 망고스틴, 애플 바나나, 파파야 등의 과일을 사서 간식으로 즐겨도 좋다.
파머스 마켓 건너편 모오헤아 파크Mooheau Park 쪽 길거리에 2~4시간 무료 주차가 가능한 공간이 있다. 일주일 내내 시장이 열리지만 수요일과 토요일이 규모가 가장 크다.

**Data** Map 473A
**Access** 카메하메하 스트리트와 마모 스트리트가 만나는 곳에 위치
**Add** Kamehameha Ave&Mamo St, Hilo
**Tel** 808-933-1000
**Open** 월·화·목 07:00~16:00, 수·토 06:00~16:00, 일 07:00~16:00
**Cost** 애플 바나나 1송이 1달러, 도시락 3~5달러
**Web** www.hilofarmersmarket.com

#### 하와이를 통일한 왕
## 킹 카메하메하 동상 King Kamehameha Statue

하와이를 통일한 카메하메하 대왕 1세 동상이 있는 곳이다. 4.3m의 크기이다. 와일로아강 주립공원Wailoa River State Park에 있다.
1963년에 만들어진 후 카우아이의 프린스빌 리조트 지역에 세워질 예정이었으나 카우아이 사람들은 '우리 섬은 카메하메하 대왕에게 정복당한 적이 없었다'는 이유로 거부했다. 그후 1997년 힐로 지역에 기부되어 현재의 위치에 자리 잡게 되었다. 동상의 높이는 4.3m로 하와이 곳곳에서 볼 수 있는 카메하메하 동상 중 가장 크다.

**Data** Map 473B Access 피오피오 스트리트 초입에 위치
Web www.to-hawaii.com/
big-island/attractions/kingkamehamehastatue.php

#### 스노클링을 즐기기 좋은
## 칼스미스 비치 파크 Carlsmith Beach Park

현지인들이 즐겨 찾는 조용한 분위기의 해변이다. 파도가 잔잔한 편이라 스노클링과 수영을 즐기기에 좋다. 바닷속에는 상당히 고운 모래가 깔려 있으며, 운이 좋으면 바다거북도 만날 수 있다.
화장실, 샤워 시설 등이 잘 되어 있다. 그늘이 많아서 휴식을 취하기에도 적합하다. 해안 쪽은 용암석으로 되어 있다. 발의 보호를 위해 아쿠아슈즈나 오리발을 신을 것을 권한다.

**Data** Map 404F
Access 힐로 타운에서 차로 5분
Add 1815 Kalanianaole Ave, Hilo
Web www.to-hawaii.com/big-island/beaches/carlsmithbeachpark.php

#### 치료의 섬으로 불리던
## 코코넛 아일랜드 파크 Coconut Island Park

초승달 모양으로 형성된 힐로 베이에 위치한 작은 섬이다. 릴리우오칼라니 가든&파크에서 다리로 연결된다. 하와이어로는 '치료의 섬'이라는 뜻의 '모쿠 올라Moku Ola'로 불린다. 고대 하와이안에게는 몸이 아픈 사람이 이곳의 바위 주변에서 수영을 하면 병이 낫는다고 믿었기 때문이라고. 현재는 수영, 다이빙, 낚시터 지역으로 애용되고 있다. 스노클링은 적합하지 않다. 화장실 옆에 샤워장과 탈의실이 있다.

**Data** Map 473C
Access 릴리우오칼라니 파크에서 도보 5분
Add 77 Keliipio Pl, Hilo
Web www.to-hawaii.com/big-island/ancientsites/coconutisland.php

**Writer's Pick!**

선물용, 기념품으로 인기 만점!
## 마우나 로아 공장&비지터 센터
Mauna Loa Factory&Visitor Center

공정 과정을 구경하고, 제품 구입도 할 수 있는 마카다미아너트 공장이다. 마카다미아너트의 원산지는 오스트레일리아지만 현재 최대 생산지는 하와이다. 뜨거운 하와이 태양빛을 받고 자란 마카다미아너트는 단백질, 철분, 칼슘, 불포화 지방산 등이 풍부하게 함유되어 있다. 맛도 좋고, 건강에도 좋아 영양 간식으로 인기 있다.

셀프로 공장 투어가 가능하며, 각 공정 과정마다 해당 오디오 서비스를 통하여 한국어 설명도 들을 수 있다. 비지터 센터 내에는 제품 시식 후 구입이 가능한 매장이 있다.

**Data** Map 404F
**Access** 마마라호아 하이웨이 Mamalahoa Hwy를 타고 가다가 마카다미아너트 로드Macadamia Nut Rd 진입해서 길 끝에 위치
**Add** 16-701 Macadamia Nut Rd, Keaau
**Tel** 888-628-6256
**Open** 월~토 08:30~17:00
**Close** 공휴일
**Cost** 무료입장
**Web** www.maunaloa.com

천문학에 관심 많은 어린이에게 강추!
## 이밀로아 천문 관측 센터 Imiloa Astronomy Center

천문학과 관련하여 하와이의 문화 및 역사를 알 수 있는 센터이다. 이밀로아Imiloa는 '찾다, 학문이 경지에 이른 사람' 등을 뜻한다. 태양계와 행성, 별, 블랙홀 등 천문학 관련 내용으로 교육적이면서도 흥미롭게 구성한 전시관이 많아서 어린이들이 좋아한다.

우주선 조종, 항해술 등을 시뮬레이션 기계를 이용해 간접 체험을 해볼 수 있다. 하와이 열대 우림 지역, 우주비행사 체험, 마우나 케아산 이야기 등 다양한 주제로 3D 영상도 상영한다. 영상은 매시간 정시마다 시작된다. 시간별로 상영되는 영상이 다르니 입장 시 인포메이션 센터에 들러 안내를 받자. 천문 관측 센터 건물은 티타늄 원뿔 모양으로 된 세 개의 지붕이 인상적이다. 빅 아일랜드에서 가장 큰 산인 마우나 케아Mauna Kea, 마우나 로아Mauna Loa, 후아라레이Hualālai를 상징한다.

**Data** Map 404F
**Access** 코모하나 스트리트 Komohana St를 타고 가다가 노웰로 스트리트Nowelo St에서 이밀로이 플레이스 진입
**Add** 600 Imiloa Pl, Hilo
**Tel** 808-969-9700
**Open** 화~일 09:00~17:00
**Close** 추수감사절, 12/25, 1/1
**Cost** 13세 이상 17.50달러, 5~12세 9.50달러, 4세 이하 무료
**Web** www.imiloahawaii.org

'Imiloa Astronomy Center of Hawai'i
University of Hawai'i at Hilo

## | 노스 힐로 North Hilo |

**Writer's Pick!**

힘차게 떨어지는 물줄기가 장관인
### 와일루쿠 리버 레인 보우 폭포 주립공원 Wailuku River Rainbow Falls State Park

와일루쿠강Wailuku River의 물줄기가 떨어지면서 만들어진 25m 폭포가 있는 곳이다. 두 갈래의 커다란 물줄기가 하나로 합쳐지면서 힘차게 떨어지는 모습이 멋지다. 맑은 날에는 무지개를 자주 볼 수 있어서 '레인 보우 폭포'라는 이름이 붙여졌다. 현지인들이 수영을 즐기지만 안전한 곳은 아니므로 권하지 않는다.

전망대에서 폭포를 바라보는 방향으로 왼편에 계단이 위치하고 있다. 계단을 올라가면 폭포가 떨어지는 시작 지점에서 폭포를 내려다볼 수 있다. 하와이에서 가장 비가 많이 오는 지역답게 우거진 열대 우림이 인상적인 곳이다.

**Data** Map 404F
**Access** 힐로 지역에서 와이아누에누에 애비뉴를 따라 서쪽으로 가다가 오른쪽 레인보우 드라이브로 진입
**Add** Off Waianuenue Ave, Hilo **Cost** 무료입장
**Web** www.gohawaii.com/en/big-island/regions-neighborhoods/hilo/wailuku-state-park

**Writer's Pick!**

보글보글 냄비에 물이 담겨진 듯한 느낌
### 페에페에 폭포&보일링 팟 Pe'epe'e Falls&Boiling Pots

와일루쿠강Wailuku River의 상류 지역에 위치한다. 용암이 천천히 식어서 울퉁불퉁하게 계단식으로 생긴 거친 화산형 지형을 따라 물이 흐른다. 그 모습이 냄비에 물이 끓고 있는 모습 같다고 하여 보일링 팟으로 불린다. 비가 많이 온 다음 날에는 물의 양이 많아서 더욱 멋진 모습을 볼 수 있다. 강의 상류 쪽을 바라보면 24m 높이에서 떨어지는 페에페에 폭포가 보인다.

와일루쿠 리버 레인 보우 폭포 주립공원을 방문했다면 차로 5분 거리에 위치한 이곳도 잠시 들러 신비로운 자연 경관을 감상해보자. 무료 주차장은 오후 6시까지 이용할 수 있다.

**Data** Map 404F
**Access** 와일루쿠 리버 레인 보우 폭포 주립공원에서 서쪽으로 1.6km 정도 떨어져 있다. 와이아누에누에 애비뉴 Waianuenue Ave를 따라 가다가 페에페에 펄 로드Peepee Falls Rd로 우회전
**Add** Peepee Falls St, Hilo
**Cost** 무료 **Web** www.hawaii-guide.com/big_island_of_hawaii/sights/peepee_falls

### Writer's Pick!

시원하고 웅장하게
## 아카카 폭포 주립공원 Akaka Falls State Park

힐로 북쪽 지역에 방문했다면 꼭 들러야 하는 폭포가 있는 공원. 우거진 밀림 숲이 조성되어 있는 루프형 트레일이다. 트레일을 한 바퀴 돌면 2개의 폭포를 모두 보고 출발했던 장소로 되돌아온다. 트레일 입구 기준으로 오른쪽 길로 가면 카후나 폭포, 왼쪽 길로 가면 135m의 낙차가 있는 아카카 폭포를 볼 수 있다. 트레일을 한 바퀴 도는데 30~40분 정도 걸린다.

길이 잘 포장되어 있어서 어린아이들도 무리가 없다. 주차 티켓은 트레일 입구에 있는 기계에서 발급받는다.

**Data** Map 475C
**Access** 힐로 지역 북부에 위치.
힐로 국제공항에서 32분
**Add** End of Akaka Falls Rd,
Honomu **Tel** 808-974-6200
**Open** 08:30~18:00
**Cost** 차량 1대당 5달러, 도보 입장 시
1인당 1달러 **Web** www.dlnr.hawaii.
gov/dsp/parks/hawaii/akaka-
falls-state-park

강물과 바닷물이 만나는
## 콜레콜레 비치 카운티 파크 Kolekole Beach Park

30m 높이의 고속도로 아래에 위치한 해변. 푸른 잔디밭이 융단처럼 깔려 있고, 피크닉 테이블, 화장실 등의 시설이 잘 되어 있다. 현지인의 소풍 장소로도 애용되는 곳이다. 아카카 폭포에서 내려온 강물과 바닷물이 만나는 지점이다. 바다 쪽은 상당히 거센 파도와 조류가 있어서 수영을 즐기기에는 위험하다. 하지만 강물 쪽은 비교적 잔잔해서 수영을 즐기는 사람들이 많다.

© Robert Linsdell

**Data** Map 475B
**Access** 마마라호아 하이웨이Mama-
lahoa Hwy를 타고 가다가 올드 마마라
호아 하이웨이Old Mamalahoa Hwy로
진입 후 첫 번째 갈림길에서 우회전
**Add** Kolekole Beach Park,
Makawao
**Web** www.to-hawaii.com/
big-island/beaches/
olekolebeachpark.php

은밀한 분위기의 천연 동굴
## 카우마나 동굴 Kaumana Cave

1881년 화산 활동으로 만들어진 천연 동굴이다. 자연의 상태를
보존하고 있는 천연 동굴로, 모험을 즐기는 사람에게 추천한다.
동굴 안은 서늘한 편이니 긴팔 재킷을 입고, 손전등을 반드시 준
비하자. 동굴 안에는 조명이나 도보 시설이 없다. 바닥이 미끄러
우니 운동화 착용이 필수다. 깊이를 가늠할 수 없기 때문에 너무
깊이까지 동굴을 탐험하는 것은 피하도록 하자.

**Data** Map 404F
**Access** 카우마나 드라이브에 위치.
페에페에 폭포&보일링 팟에서 차로 6분
**Add** 1490 Kaumana Dr, Hilo
**Cost** 무료 **Web** www.hawaiiweb.
com/blog/big-island/kaumana-
cave-hawaii-the-big-island

빼어난 전망을 즐기는
## 오노메아 베이 Onomea Bay

힐로 지역에서 북쪽으로 올라가면 열대 우림의 경치를 즐기며 드
라이브를 만끽할 수 있는 4마일 시닉 드라이브 루트4 Mile Scenic
Drive Route가 나온다. 이정표를 참고해서 가면 된다.
이 길의 중간쯤에 오노메아 베이가 있다. 푸른 바다와 파도, 이국
적인 열대 나무가 있는 아름다운 만의 풍경을 조망할 수 있다. 시
간 여유가 있다면 해안까지 내려갈 수 있는 트레일을 따라 걸어보
자. 주차 공간은 협소한 편이다.

**Data** Map 475F
**Access** 마마라호아 하이웨이에 위치
**Add** Mamalahoa Hwy, Papaikou
**Web** www.to-hawaii.com/
big-island/beaches/
onomeabay.php

### 열대 우림 기후 속의 다양한 식물
## 하와이 트로피컬 보태니컬 가든 Hawaii Tropical Botanical Garden

울창한 열대 우림 속 2,000여 종의 다양한 식물들을 만날 수 있는 정원이다. 숲과 식물, 산책을 좋아한다면 추천할 만하다. 산림욕을 즐기면서 트레일을 걸어 내려가다 보면 여인이 누워 있는 듯한 형상의 오노메아 베이의 모습과 바다도 볼 수 있다. 가든을 돌아보는 시간은 2~4시간 정도 소요된다.

비가 자주 내리는 지역이라 모기가 많으니, 출발 전 모기 퇴치제를 꼼꼼하게 뿌리는 것이 좋다. 입장권 구입 시 모기 퇴치제 티슈Insect Repelent Towelette를 구입할 수 있다. 입장권은 주차장 앞에 위치한 기념품 숍에서 구입하면 된다. 식물원 지도도 받을 수 있다.

**Data** Map 475F **Access** 힐로 지역에서 북쪽 방향으로 차로 15분
**Add** 27-717 Old Mamalahoa Hwy, Papaikou
**Tel** 808-964-5233 **Open** 09:00~16:00 **Cost** 성인 20달러,
6~16세 5달러, 5세 이하 무료 **Web** www.htbg.com

### 다양한 모험을 경험하는
## 보태니컬 월드 어드벤처 Botanical World Adventures

열대 우림 지역의 다양한 식물들을 관찰하고, 액티비티도 즐길 수 있는 규모가 큰 식물원이다. 안전하고 다양하게 즐길 수 있는 시설이 잘 되어 있다. 튼튼한 와이어에 매달려 내려가는 짜릿한 스릴이 있는 짚라인Zip Line을 타거나 1인용 전동 스쿠터의 일종인 세그웨이Sagway를 타고 식물원 투어를 즐길 수도 있다.

레인포레스트 워크Rainforest Walk는 어린이를 동반한 가족 단위 방문자들에게 인기 있는 트레일이다. 아름다운 카메에 폭포Kamae'e Fall와 다양한 꽃, 나무들을 감상할 수도 있는 트레일도 있다. 가이드 투어를 하거나 자유롭게 돌아볼 수 있다.

**Data** Map 475A **Access** 아카카 폭포에서 차로 13분
**Add** 31-240 Old Mamalahoa Hwy, Hakalau **Tel** 808-963-5427
**Open** 09:00~17:30 **Close** 12/25 **Cost** 식물원 입장 성인 15달러,
13~17세 7달러, 5~12세 3달러, 4세 이하 무료/세그웨이 30분 투어
57달러/짚라인 167달러 **Web** www.worldbotanicalgardens.com

# EAT

## | 힐로 Hilo |

**한번쯤 먹어 보고 싶은 로코 모코**
### 카페 100 Cafe 100

60년이 넘도록 영업 중인 이곳은 가성비 좋은 로코 모코 전문점이다. 로코 모코는 하얀 쌀밥 위에 스팸, 햄버거 패티, 달걀프라이 등을 얹고, 소스를 끼얹은 요리로 힐로에서 시작되었다. 로코 모코 외에도 일본식 벤토, 프라이드 치킨 등 메뉴가 다양하다.

카운터에 가서 직원에게 원하는 요리를 주문한 후 계산을 하면 작은 주문표를 받게 된다. 마음에 드는 테이블에 착석을 하고 기다리다가 음식이 나오면 가져오면 된다.

가장 무난한 메뉴는 슈퍼 로코 모코Super LocoMoco이다. 탄산음료와 찰떡궁합일 정도로 살짝 느끼한 편이다. 로코 모코가 입맛에 잘 맞는다면 하와이 볼케이노 국립공원, 마우나 케아 등을 갈 때 도시락으로도 가져가도 좋겠다.

**Data** Map 473E
**Access** 칼라우에아 애비뉴Kilauea Ave에 위치
**Add** 969 Kilauea Ave, Hilo
**Tel** 808-935-8683
**Open** 월~목 06:15~20:30, 금 06:15~21:00, 토 06:15~19:30
**Cost** 로코 모코 3.50달러, 슈퍼 로코 모코 6.75달러, 비프 데리야키 스테이크 8.25달러
**Web** www.cafe100.com

인기 메뉴 로코 모코

**특별한 모치를 만나는**
### 투 레이디즈 키친 Two Ladies Kitchen

쫀득쫀득 입안에 감칠맛이 가득한 특별한 모치를 맛볼 수 있다. 팥, 초콜릿, 포도 등 다양한 재료로 속을 채워 입맛대로 골라 먹는 재미가 있다. 가장 맛있는 메뉴는 스트로베리 모치Strawberry Mochi. 관광객보다 현지 주민들에게 더 인기 있는 곳이다. 입이 심심할 때 간식으로도 제격이다.

**Data** Map 473A
**Access** 칼라우에아 애비뉴에 위치. 힐로 파머스 마켓에서 도보 5분
**Add** 274 Kilauea Ave, Hilo **Tel** 808-961-4766 **Open** 수~토 10:00~17:00 **Cost** 스트로베리 모치 1개당 2.75달러, 6개 16.50달러

### 건강한 빵을 즐기는
## 파파아 파라오아 베이커리 Papa'a Palaoa Bakery

힐로 다운타운에 위치한 작은 규모의 빵집. 주로 현지에서 구한 재료를 이용하여 최대한 건강하게 만든다. 빵의 퀄리티가 좋으면서도 가격대가 비싸지 않아서 현지인들에게 사랑받고 있다. 잡곡이 가득 들어 있는 빵은 물론 새콤한 릴리코이와 고소한 코코넛을 넣은 빵 등 다양한 제품을 선보인다. 한쪽에는 유통기한이 얼마 남지 않은 제품을 20% 정도 할인해서 판매한다.

**Data** Map 473A
**Access** 킬라우에아 애비뉴에 위치. 힐로 파머스 마켓에서 도보 5분
**Add** 187 Kilauea Ave, Hilo
**Tel** 808-935-5700
**Open** 05:00~16:00
**Cost** 통밀 빵 5달러

**Writer's Pick!**

### 하와이에서 만난 타이 음식!
## 쏨밧 프레스 타이 퀴진
### Sombat's Fresh Thai Cuisine

현지인들에게 더 잘 알려진, 태국 요리를 맛볼 수 있는 레스토랑이다. 추천 메뉴는 그린 커리에 닭고기나 쇠고기, 가지, 바질을 넣은 캉 키우 얌Kang Kiew Warn, 새콤달콤하면서도 짭짤한 맛의 태국식 볶음 쌀국수 팟 타이Pad Thai, 파인애플 볶음밥Pineapple Fried Rice이다. 각 음식은 매운 강도를 선택할 수 있다. 디저트로 타이 트로피카Thai Tapioca 또는 홈메이드 아이스크림이 맛있다.

평일 점심에 제공되는 런치 스페셜은 7~8달러 대의 합리적인 가격으로 제공된다. 런치 스페셜은 오전 10시 30분부터 오후 2시까지 주문 가능하며, 레스토랑에서 정한 네 가지 요리 중에서 선택하면 된다. 요리는 그린 커리, 팟타이 두부&달걀, 레드 커리 등을 선보인다. 이 중 한 가지 선택 시 7달러, 두 가지 선택 시 8달러, 세 가지 선택 시 9달러의 가격으로 측정된다. 밥은 기본적으로 제공되며, 자스민 쌀과 현미 중 고를 수 있다.

**Data** Map 473C
**Access** 카메하메하 애비뉴와 마마라호아 하이웨이 교차점에 위치 **Add** 88 Kanoelehua Ave #111, Hilo
**Tel** 808-969-9336 **Open** 월~금 10:30~14:00, 17:00~21:00, 토 17:00~20:00
**Cost** 커리 13.95달러, 팟 타이 12.95달러, 파인애플 볶음밥 18.95달러, 타이 트로피카 2달러,
홈메이드 아이스크림 4달러 **Web** www.sombats.com

### 하와이에서 만나는 이탈리안 요리
**Writer's Pick!**
### 카페 페스토 Cafe Pesto

바삭하게 구워진 수제 도로 만든 화덕 피자와 신선한 재료로 만든 파스타, 스테이크가 맛있다. 직원들이 친절하고, 인테리어가 깔끔해 현지인들의 데이트 장소로도 사랑받는 곳이다. 인기 메뉴는 칠리 그릴드 슈림프 피자Chili Grilled Shirimp, 샐몬 알프레도Salmon Alfredo, 그릴드 치킨 리소토Grilled Chicken Risotto 등이 있다. 릴리코이 치즈케이크Lilikoi Cheesecake도 추천한다. 매일 바뀌는 런치 스페셜 메뉴도 추천한다.

**Data** Map 473A
**Access** 힐로 다운타운 내
**Add** 308 Kamehameha Ave #101, Hilo **Tel** 808-969-6640
**Open** 일~목 11:00~21:00, 금·토 11:00~22:00
**Cost** 피자류 10~21달러(크기, 종류에 따라 다름), 단품 요리 20~30달러 정도, 디저트 2~6달러
**Web** www.cafepesto.com

### 24시간 영업으로 더 편리한
**Writer's Pick!**
### 켄즈 하우스 오브 팬케이크 Ken's House of Pancake

소박한 패밀리 레스토랑으로 1971년부터 운영해온 맛집이다. 메뉴가 풍부해 골라먹는 재미가 있다. 추천 음식은 마카다미아너트 팬케이크. 양도 많고, 다양한 홈메이드 시럽이 같이 나온다. 커피 맛도 좋은 편. 그외에 에그 베네딕트, 로코 모코, 오믈렛, 버거 등의 요리를 무난하게 즐길 수 있다.
24시간 운영되어 편리하다. 매장은 넓은 편이지만 아침 식사 시간에는 현지인과 관광객들로 늘 북적인다. 오후 3시부터 8시까지 화요일에는 타코 뷔페, 수요일에는 프라임 립, 목요일은 하와이안 스타일 요리, 금요일 소꼬리 수프, 일요일에는 스파게티 뷔페 등의 이벤트가 열린다.

**Data** Map 473C
**Access** 카메하메하 애비뉴와 마마라호아 하이웨이 Mamahahoa Hwy 교차점에 위치
**Add** 1730 Kamehameha Ave, Hilo
**Tel** 808-935-8711
**Open** 24시간
**Cost** 마카다미아너트 팬케이크 9.65달러, 로코 모코 8.35달러
**Web** www.kenshouseof-pancakes.com

## 풍경과 분위기가 좋은
### 스카이 가든 레스토랑 Sky Garden Restaurant

이밀로아 천문 관측 센터 내에 있는 레스토랑이다. 통유리창 너머로 검은 용암석과 열대 나무들이 들어서 있는 풍경이 아름답다. 점심, 저녁으로 제공되는 뷔페 메뉴를 선택하면 샐러드, 샌드위치, 버거, 하와이안 스타일 요리, 누들 수프 등 다채로운 음식을 마음껏 즐길 수 있다. 오믈렛, 로코 모코 등을 단품 요리로만 주문할 수도 있다.

**Data** Map 404F
**Access** 코모하나 스트리트 Komohana St를 타고 가다가 노웰로 스트리트Nowelo St에서 이밀로이 플레이스로 진입 후 도착
**Add** 600 Imiloa Pl, Hilo
**Tel** 808-969-9753
**Open** 화~일 07:00~16:00, 17:00~20:30 **Cost** 뷔페 1인당 30달러 정도, 단품 요리 11~25달러
**Web** www.imiloahawaii.org/22 /sky-garden-restaurant

## | 노스 힐로 North Hilo |

#### 규모는 작지만 맛있다!
### 에드스 베이커리 Ed's Bakery

아카카 폭포를 간다면 보통 호누무 마을을 지나가게 된다. 알록달록한 상점들이 있는 길을 지나게 되는데, 그때 만날 수 있는 베이커리이다. 다소 투박한 느낌의 이곳은 상당히 많은 종류의 빵이 있다. 벽 한쪽을 채우고 있는 잼은 이 집의 명물! 기념품으로도 제격이다. 140여 개의 다양한 맛의 잼이 있다. 시식을 요청하면 맛볼 수 있다.

**Data** Map 475D
**Access** 호노무 마을 내 위치
**Add** 28-1672 Old Mamalahoa Hwy, Honomu **Tel** 808-963-5000
**Open** 월~토 06:00~18:00, 일 09:00~16:00
**Cost** 잼 8~9달러, 빵 2~4달러

# BUY

## | 힐로 Hilo |

달콤한 향이 가득
### 빅 아일랜드 캔디스 Big Island Candies

빅 아일랜드의 유명한 쿠키, 초콜릿, 브라우니 등의 제품을 만드는
곳이다. 하와이에서 재배되는 코나 커피, 마카다미아너트 등 좋은
재료를 엄선하여 사용한다. 유리창을 통해 제품 제조 과정을 볼 수
있다. 제조 과정을 보려면 오후 3시 45분 이전에 방문해야 한다.
숍에 들어가면 시식용 커피, 달달한 초콜릿, 쿠키를 준다. 원두도
구매할 수 있다. 인기 제품은 진한 달콤함을 느낄 수 있는 초콜릿
커버드 마카다미아너트 브라우니Chocolate Covered Macadamia Nut
Brownies, 100% 코나 커피 빈에 초콜릿을 씌운 코나 커피 프리미엄
Kona Coffee Premium, 입안에서 바삭하고 고소하게 향이 퍼지는 마
카다미아너트 쇼드브래드 쿠키Macadamia Nut Shortbread Cookies 등
이 있다. 오아후의 알라 모아나 센터에도 매장이 있다.

**Data** Map 473F
**Access** 힐로 다운타운 내 위치. 카메하메하 애비뉴Kamehameha
Ave에 위치 **Add** 585 Hinano St, Hilo **Tel** 808-935-8890
**Open** 08:30~17:00 **Cost** 마카다미아너트 초콜릿 4.75~10.75달러
**Web** www.bigislandcandies.com/BIC

달콤함이 가득 느껴지는 가게
### 슈가 코스트 캔디 Sugar Coast Candy

색색의 캔디들이 즐비한 곳. 아기자기한 분위기의 캔디 전문 숍이
다. 기분까지 달콤해지는 사탕을 맛보면 어느덧 힘이 솟는다.
특히 커다란 오크통 가득 채워져 진열되어 있는 말랑말랑한 캐러
멜 스타일의 캔디인 태피Taffy는 이 집의 대표 상품. 각종 과일 향과
소금물을 넣어 만들었다. 수박 맛, 오렌지 크림 맛, 체리 맛 등 다
양한 맛을 선보인다.

**Data** Map 473A
**Access** 힐로 다운타운 내 위치.
**Add** 274 Kamehameha Ave, Hilo
**Tel** 808-935-6960
**Open** 월 10:00~17:00, 화~토
09:00~19:00, 일 10:00~17:00
**Cost** 453g 당 10~15달러 정도

# SLEEP

## 빅 아일랜드 숙박

## | 카일루아 코나 Kailua Kona |

*건조하고 맑은 날씨가 많기로 유명한 코나 해변 지역에 위치한 숙소이다. 카일루아 코나 다운타운, 코나 커피 농장 등을 돌아볼 예정이라면 최고의 선택이다.*

### 품격 있는 럭셔리 호텔
### 포 시즌 리조트 후알랄라이
Four Seasons Resort Hualalai

최고급 럭셔리 5성급 리조트형 호텔. 모든 객실에는 하와이식 발코니 라나이가 있어서 아름다운 바다와 정원 등의 풍경을 조망할 수 있다. 하와이 예술품으로 꾸며진 객실에는 42인치 평면 TV, 헤어드라이어, 금고, 커피 메이커 등의 시설이 잘 갖춰져 있다.

4개의 수영장, 피트니스 센터, 8개의 테니스 코트장, 5개의 바와 레스토랑이 있다. 정교하게 설계된 18홀의 잭 니클라우스 시그니처 골프 코스 Jack Nicklaus Signature Golf Course는 해변 뷰가 인상적이다.

**Data** Map 406A Access 코나 국제공항에서 차로 13분 Add 72-100 Kaupulehu Dr, Kailua Kona Tel 808-325-8000 Cost 더블베드 740달러~ Web www.fourseasons.com/hualalai

### 내 집처럼 편안한
### 애스톤 코나 바이 더 시 리조트
Aston Kona by the Sea Resort

넓은 객실과 바다가 보이는 전경이 인상적인 3성급 콘도미니엄 형식의 리조트이다. 총 4층 건물에 86개의 객실이 있다.

전 객실 모두 주방과 세탁기가 있어서 가족 여행자에게 인기가 많다. 무선 인터넷과 주차장을 무료로 사용할 수 있으며, 편의 시설이 잘 되어 있다. 카일루아 비치에 위치하고 있다. 모든 객실에서는 금연이며, 발코니가 있다. 카일루아 코나 타운과도 가깝다.

**Data** Map 406C Access 코나 국제공항에서 차로 20분 Add 75-6106 Alii Dr, Kailua-Kona Tel 808-327-2300 Cost 1베드 1베스 룸 224달러~ Web www.astonkonabythe-searesort.com

아름다운 해안을 감상하는
## 로열 코나 리조트 Royal Kona Resort

반달 모양으로 된 낮은 용암 언덕에 위치한 리조트다. 카일루아 코나 타
운에 위치해 주변 관광 스폿을 도보로 다니기에도 편리하다. 모든 객실
은 금연이며, 발코니가 딸려 있어서 바다를 조망하기에 좋다. 에어컨, 헤
어드라이어, 커피 메이커, 미니 냉장고, 케이블 TV 등의 시설이 잘 갖춰
져 있다. 인터넷 사용은 별도의 금액을 지불하면 이용할 수 있다.
매주 월·화·수·금 오후 5시에는 호텔에서 하와이 전통 음식과 음악과
춤, 노래를 즐기는 루아우 쇼(Web www.konaluau.com)가 진행된다.
호텔 내에는 바다가 한눈에 내려다보이는 멋진 전망을 가진 돈 더 비치콤
버Don the Beachcomber 레스토랑이 있어서 편의를 더한다.

**Data** Map 410E
**Access** 코나 국제공항에서 차로
18분 **Add** 75-5852 Alii Dr,
Kailua-Kona
**Tel** 800-222-5642,
808-329-3111
**Cost** 더블베드 129달러~
**Web** www.royalkona.com

실속파를 위한 합리적인 호텔
## 코나 시사이드 호텔 Kona Seaside Hotel

225개의 객실을 운영하고 있는 2성급 호텔. 시설은 낮은 편이지만 합
리적인 가격대의 숙소를 찾는 사람들에게 인기 있다. 모든 객실에서는
금연이며, 에어컨, 책상, 발코니, TV, 전화기 등의 시설이 갖추어져
있어 편리하다. 무선 인터넷은 로비에서 사용할 수 있다. 객실에서 인
터넷을 사용하고 싶다면 하루 9달러의 요금을 추가해야 된다.
카일루아 코나 타운 내에 위치해 모쿠아이카우아 교회, 코나 코스트
쇼핑센터 등을 도보로 갈 수 있다. 호텔 내에는 야외 수영장과 동전을
넣고 이용 가능한 세탁 시설이 갖추어져 있으며, 비지니스 센터에서 컴
퓨터를 무료로 사용할 수 있다.

**Data** Map 410A
**Access** 코나 국제공항에서 차로
14분 **Add** 75-5646 Palani Rd,
Kailua-Kona
**Tel** 808-329-2455
**Cost** 더블베드 100달러~
**Web** www.konaseaside-
hotel.com

유적지 앞 깔끔한 호텔
## 코트야드 킹 카메하메하스 코나 비치 호텔
Courtyard King Kamehameha's Kona Beach Hotel

카일루아 코나 다운타운에 위치한 3성급 호텔이다. 1810년 하와이를 통일한 카메하마하 1세가 말년을 보낸 것으로 알려진 아후에나 헤이아우Ahuena Heiau 유적지 앞에 자리 잡고 있다. 하와이 섬과 자연을 소재로 트로피컬 한 분위기를 가진 객실이 인상적이다. 전반적으로 깔끔하다는 평이 많다.
전 객실에는 TV 및 발코니, 미니 냉장고, 커피 메이커 및 코나 커피가 구비되어 있다. 무료 무선 인터넷 사용이 가능하다. 한국인 직원이 있어서 편하게 도움을 요청할 수 있고, 바로 옆에 ABC 마트가 있다. 주차증은 차 대시보드 위에 두고 다니면 된다. 호텔이 끼고 있는 해변도 아름다워서 휴식을 취하기에 좋다. 야외 수영장과 피트니스 센터도 있다. 매주 화·목·일요일 밤에는 하와이 전통 노래와 춤, 음악을 즐기는 루아우 쇼가 야외무대에서 진행된다. 루아루 쇼는 호텔 로비 또는 홈페이지에서 예약하면 된다.

**Data** Map 410A
**Access** 코나 국제공항에서 차로 14분 **Add** 75-5660 Palani Rd, Kailua-Kona **Tel** 808-329-2911
**Cost** 더블베드 161달러~ **Web** www.konabeachhotel.com

갖출 것은 다 갖춘 경제적인 숙소
## 엉클 빌리스 코나 베이 호텔 Uncle Billy's Kona Bay Hotel

합리적인 가격대의 숙소를 찾는 여행자에게 추천하는 2성급 호텔이다. 카일루아 코나 타운 중심에 위치하고 있으며, 훌리헤 팰리스, 모쿠아이카우아 교회 등이 도보 3분 거리에 있다.
전 객실은 에어컨, 냉장고, 발코니, 헤어드라이어, 텔레비전, 선풍기, 전화기 등을 구비하고 있다. 무료 무선 인터넷 사용이 가능하다. 단, 시설은 낡은 편. 호텔 내 야외 수영장과 유료 세탁기가 있다.

**Data** Map 410B
**Access** 코나 국제공항에서 차로 16분
**Add** 75-5739 Alii Dr, Kailua-Kona
**Tel** 888-205-7322
**Cost** 킹사이즈 베드 룸 95달러~,
디럭스룸 115달러~
**Web** www.unclebilly.com

## | 사우스 코나 South Kona |

캡틴 쿡 모뉴먼트 근처에서 즐기는 스노클링, 만타 레이 야간 투어를 즐길 예정이라면 이 지역을 추천한다. 해양 액티비티를 즐길 만한 스폿이 많은 지역이다.

해양 액티비티를 즐길 수 있는
### 쉐라톤 코나 리조트&스파 엣 케아우호우 베이
Sheraton Kona Resort&Spa at Keauhou Bay

사우스 코나에서 가장 고급스러운 호텔. 검은색 용암 바위로 되어 있는 해변을 끼고 있어서 아름다운 풍경을 조망할 수 있다. 객실에는 평면 TV, 미니 냉장고 등의 편의 시설이 잘 되어 있다. 무선 인터넷은 유료로 이용할 수 있다.

호텔 내 레스토랑 레이스 온 더 베이Rays on the Bay는 대형 가오리인 만타 레이를 볼 수 있는 곳으로 유명하다. 오후 7시에서 10시까지 레스토랑 앞에 위치한 바다 쪽으로 대형 가오리들이 몰려와 유유히 수영을 한다. 전망 좋은 자리로 예약하는 것이 좋다. 호텔 내에서는 만타 레이에 관한 정보를 제공하는 만타 톡스Manta Talks 프로그램을 진행하고 있다.

호텔에는 60m의 워터 슬라이드, 자쿠지, 어린이 놀이 시설 등이 잘 되어 있어서 가족 단위 여행자들에게도 인기가 많다. 스킨 케어나 마사지 등을 받을 수 있는 훌라 스파 Hoola Spa도 있다. 하루당 32달러 정도의 리조트 피가 추가된다.

**Data** Map 406C
**Access** 코나 국제공항에서 남쪽 방면으로 차로 약 30분, 카일루아 피어에서 차로 15분
**Add** 78-128 Ehukai St, Kailua-Kona
**Tel** 808-930-4900
**Cost** 더블베드 176달러~
**Web** www.sheratonkona.com

### 아늑한 분위기의 콘도형 호텔
## 훌루아 리조트 Holua Resort

주방 시설을 잘 갖춘 3성급 콘도형 호텔이다. 객실마다 주인이 따로 있어서 인테리어, 가전제품 등의 스타일이 조금씩 다르다. 주인이 이용하지 않을 때에 해당 업체에서 총괄 관리하며 렌털해주는 식으로 운영된다. 객실에는 식기세척기, 토스트기, 냉장고, 커피 메이커, 오븐, 전자레인지 등이 잘 갖춰져 있다. 세탁기, 건조기도 대부분 설치되어 있다. 무선 인터넷은 무료로 사용 가능하다. 객실 내 발코니에서는 정원이나 골프장의 풍경을 볼 수 있다.

6개의 야외수영장이 있으며, 자쿠지도 있어서 여행 중 피로를 풀기에 좋다. 주차는 무료로 할 수 있다. 최소 2일 이상 예약을 해야 이용이 가능하다.

**Data** Map 406C
**Access** 코나 국제공항에서 차로 26분
**Add** 78-7190 Kaleiopapa St, Kailua Kona
**Tel** 866-323-3087 **Cost** 더블베드 144달러~
**Web** www.shellhospitality.com

### 별장 같은 분위기의
## 코나 코스트 리조트 Kona Coast Resort

야자수와 열대 식물이 있는 정원이 인상적인 3성급 콘도형 호텔이다. 객실에는 취사가 가능하도록 오븐, 가스레인지, 전자레인지, 냉장고 등 주방 시설이 완비되어 있다. 세탁기, 건조기도 있다. 객실마다 주인이 따로 있고, 관리인이 청소를 하는 식으로 운영된다. 무선 인터넷 사용이 가능하다. 퇴실 시 객실마다 청소 비용이 1회 추가되는 경우가 많으니 이를 반드시 체크하자.

최소 2일 이상 예약해야 하며, 숙박하는 기간이 길수록 할인율이 높아진다. 리조트에는 2개의 야외 수영장, 3개의 자쿠지, 사우나, 어린이 놀이터, 테니스 코트, 피트니스 센터 등의 시설을 갖추고 있어서 편의를 더한다.

**Data** Map 406C **Access** 코나 국제공항에서 차로 25분
**Add** 78-6842 Alii Dr, Kailua-Kona
**Tel** 808-324-1721 **Cost** 1베드룸 129달러~
**Web** www.shellhospitality.com/kona-coast-resort

# | 와이콜로아 Waikoloa |

**빅 아일랜드의 북서쪽 지역으로 취사가 가능한 콘도형 숙소와 고급스러운 호텔들이 많다.**

다양한 체험 활동이 있는
### 힐튼 와이콜로아 빌리지 Hilton Waikoloa Village

아이가 있는 가족 여행자에게 추천하는 리조트형 4성급 호텔이다. 수시로 운영되는 보트와 트램으로 편리하게 이동할 수 있다. 인공 해변, 워터 슬라이드, 돌고래 체험을 할 수 있는 돌핀 퀘스트 등의 시설도 있다. 스노클링, 무동력 스포츠 등 다양한 해양 액티비티를 즐길 수 있다는 점도 매력적이다.
호텔에는 일식 요리점 이마리Imari 레스토랑부터 햄버거나 샌드위치 등을 판매하는 라군 그릴Lagoon Grill 등 레스토랑, 바, 커피숍과 스킨 케어나 마사지 등을 받을 수 있는 코할라 스파Kahala Spa가 있다.

**Data** Map 433C
**Access** 코나 국제공항에서 차로 26분 **Add** 69-425 Waikoloa Beach Dr., Waikoloa **Tel** 808-886-1234
**Cost** 더블베드 199달러~ **Web** www.hiltonwaikoloavillage.com

© Hilton Waikoloa Village

내 집처럼 안락하게
### 애스톤 쇼어스 엣 와이콜로아 Aston Shores at Waikoloa

120개의 콘도형 객실을 운영하고 있다. 모든 객실에는 세탁기, 건조기, 에어컨, 베란다, 조리 도구, 스토브, 냉장고, 전자레인지, 식기세척기 등이 구비되어 있다. 간단한 요리를 만들 수 있어서 가족 단위 여행자에게 인기 있다. 무선 인터넷은 유료, 셀프 주차는 무료다.
객실의 형태는 1베드룸, 2베드룸 등으로 방 개수에 따라 고를 수 있다. 머무는 일정이 길어질수록 할인율이 적용된다. 피트니스 센터, 수영장, 테니스 코트, 야외 바비큐 등의 시설도 잘 갖춰져 있다.

**Data** Map 433C
**Access** 코나 국제공항에서 차로 25분 **Add** 69-1035 Keana Pl., Waikoloa **Tel** 808-886-5001
**Cost** 1베드 1베스룸 183.60달러~, 2베드 2베스룸 206달러~ **Web** www.astonshoresatwaikoloa.com

아름다운 자연경관을 즐기는
## 와이콜로아 비치 메리어트 리조트&스파 Waikoloa Beach Marriott Resort&Spa

아마에호오마루 베이Anaeho'omalu Bay가 내려다보이는 코할라 해안 Kohala Coast에 위치하고 있다. 규모가 상당히 큰 리조트형 4성급 호텔이다. 모든 객실에는 에어컨, TV, 헤어드라이어, 미니 냉장고, 커피 메이커 등의 시설이 잘 갖춰져 있어 편의를 돕는다.

야외 인피니티 풀, 피트니스 센터, 어린이 수영장, 온수 욕조까지 있어서 여행자의 휴식을 돕는다. 투어 데스크 쪽에서 수상 스포츠 장비도 대여해준다. 무선 인터넷은 유료. 오션 타워 쪽이 시설이 오래되었다는 리뷰가 많으니 예약 시 참고하자. 하루당 32달러 정도의 리조트 요금이 추가로 붙는다.

**Data** Map 433C
**Access** 코나 국제공항에서 차로 21분 **Add** 69-275 Waikoloa Beach Dr, Waikoloa **Tel** 808-886-6789 **Cost** 더블베드 189달러~ **Web** www.marriott.com/ hotels/travel/koamc-waikoloa-beach-marriott-resort-and-spa

하푸나 비치를 만끽하는
## 하푸나 비치 프린스 호텔 Hapuna Beach Prince Hotel

빅 아일랜드에서 손꼽히는 명품 해변 하푸나 비치를 끼고 있는 4성급 호텔이다. 모래가 가늘고 고운 화이트 해변으로 유명한 하푸나 비치를 호텔 곳곳에서 조망할 수 있다. 전 객실에 발코니가 있으며, 커피 메이커, 소형 냉장고 등의 시설을 잘 갖추고 있다. 무선 인터넷은 유료로 이용 가능하다.

부대 시설로는 어린이 놀이 프로그램, 스파 트리트먼트, 피트니스 센터, 부티크 상점이 마련되어 있다. 호텔 내에 위치한 6개의 레스토랑에서 세계 각국의 요리를 맛볼 수 있다.

**Data** Map 433D
**Access** 코나 국제공항에서 차로 33분 **Add** 62-100 Kauna' Oa Dr, Waimea **Tel** 888-977-4623 **Cost** 더블베드 211달러~ **Web** www.princeresorts-hawaii.com/hapuna-beach-prince-hotel/index.php

## | 코할라 코스트 Kohala Coast |

**북부 해안 지역에 위치하고 있는 숙소이다. 빅 아일랜드에서 손꼽히는 아름다운 해변을 끼고 있는 고급 숙소가 많다.**

천혜의 자연을 감상하는
## 마우나 케아 비치 호텔 Mauna Kea Beach Hotel

에메랄드빛 바다로 유명한 마우나 케아 비치를 끼고 있어 휴식을 만끽할 수 있는 4성급 호텔이다. 252개의 객실은 메인 타워, 플루메리아 비치 타워로 나뉜다. 객실은 타입별로 객실 넓이와 전망, 비용 차이가 있다. 전 객실에는 에어컨, 냉장고, 커피 메이커, 헤어드라이어, 케이블 TV 등의 시설이 갖춰져 있다. 18개의 홀을 갖춘 마우나 케아 골프 코스Mauna Kea Golf Course도 인기 스폿이다. 또한, 호텔에서는 어린이 케어 액티비티, 하와이 문화 경험, 요가 클래스 등의 프로그램을 운영한다. 하와이안 전통 음식인 라우라우, 로미 샐먼, 칼루아 피크 등을 먹으며 전통 춤과 노래, 음악을 즐기는 루아우 쇼도 화요일과 금요일 오후 6시에서 8시 30분까지 진행된다. 프런트 데스크에 문의하면 자세한 요금 및 시간 안내를 받을 수 있다. 피트니스 센터가 있으며, 마우나 케아 스파Mauna Kea Spa에서는 하와이안 스타일의 피부 마사지, 아로마 테라피 등을 받을 수 있다. 호텔에는 6개의 레스토랑과 바가 있어서 편의를 돕는다.

**Data** Map 433D
**Access** 코나 국제공항에서 차로 32분 **Add** 62-100 Mauna Kea Beach Dr, Kohala Coast **Tel** 808-882-7222
**Cost** 더블베드 325달러~ **Web** www.princeresortshawaii.com/mauna-kea-beach-hotel

로맨틱한 분위기를 책임지는
## 페어몬트 오키드 The Fairmont Orchid

세계적으로 유명한 체인 호텔로 540개의 객실을 보유하고 있는 5성
급 럭셔리 호텔이다. 고급스러운 객실과 서비스, 다양한 부대 시설을
제공한다. 특히 호텔 내 스파 시설이 잘 갖춰져 있다. 살랑이는 바람
을 만끽할 수 있고, 야자수와 바나나 나무로 둘러싸인 야외 스파를 추
천한다. 36홀의 프란시스 에이치아이 브라운 골프 코스는 아름다운
풍경을 만끽하며 즐기는 골프 코스로 유명하다.
객실에는 아이팟 어댑터, 42인치 평면 TV, 커피 메이커, 미니 냉장고
등이 잘 갖춰져 있다. 객실 타입마다 정원 뷰, 오션 뷰 등 전망이 다르
다. 무료로 주차장과 무선 인터넷 사용이 가능하다.

**Data** Map 433E
**Access** 코나 국제공항에서 차로
30분
**Add** 1 North Kaniku
Dr, Kohala Coast
**Tel** 808-885-2000,
800-257-7544
**Cost** 더블베드 250달러~
**Web** www.fairmont.com/
orchid-hawaii

편안한 휴식이 보장되는
## 마우나 라니 베이 호텔&방갈로 The Mauna Lani Bay Hotel&Bungalows

343개의 객실을 보유하고 있는 4성급 호텔이다. 깔끔하게 정돈된 객
실에는 평면 TV, 넓은 전용 테라스를 갖추고 있으며 커피 메이커 등
이 잘 구비되어 있다. 어린이 골프 아카데미, 훌라 레슨, 우쿨렐레 레
슨 등 다양한 액티비티도 운영하고 있다.
특히, 차별화된 스파 시설로 유명하다. 킬라우에아의 용암을 이용한
스파 프로그램 라바 플로 보디 트리트먼트 Lava Flow Body Treatment, 해
수에 몸을 담그는 아쿠아 리플렉솔로지 Aquatic Reflexology를 추천한다.
하루 25달러의 리조트 요금이 추가된다.

**Data** Map 404D
**Access** 코나 국제공항에서 차로
30분
**Add** 68-1400 Mauna
Lani Dr, Kohala Coast
**Tel** 808-885-6622
**Cost** 더블베드 250달러~
**Web** www.maunalani.com

## | 하와이 볼케이노 국립공원 Hawaii Volcanoes National Park |

*빅 아일랜드의 하이라이트인 국립공원에서 머무는 하룻밤은 특별하다. 단 예약은 필수다.*

국립공원에서 보내는 특별한 밤
### 하와이 볼케이노 하우스 호텔
Hawaii Volcano House Hotel

하와이 볼케이노 국립공원 내에 위치하고 있는 유일한 숙소이다. 킬라우에아의 할레마우마우 분화구 가장자리에 있다. 통유리로 된 로비와 객실에서 킬라우에아 화산 분화구를 볼 수 있다.

객실 상태는 깔끔한 편이지만 TV가 없다. 대신 프런트 데스크에 문의를 하면 아이패드를 무료로 빌려준다. 무료 무선 인터넷 사용이 가능하다. 쌀쌀한 지역답게 난방 설비가 잘 되어 있다. 호텔에는 창밖으로 분화구가 보이는 레스토랑 림The Rim, 기프트 숍, 스낵바 등이 있어서 편의를 돕는다.

**Data**  Map 456B
**Access** 하와이 볼케이노 국립공원 내
**Add** 1 Crater Rim Dr, Hawaii Volcanoes National Park
**Tel** 808-756-9625 **Cost** 더블베드 280달러~
**Web** www.aquaresorts.com/hotels/volcano-house

## | 볼케이노 Volcano |

*하와이 볼케이노 국립공원에서 차로 10분 정도 떨어진 지역의 숙소이다. 국립공원 내 위치하고 있는 하와이 볼케이노 하우스 호텔에 비해 가격대가 저렴하다.*

정겨운 분위기의 숙소
### 볼케이노 인 Volcano Inn

소박한 가정집 분위기의 숙소로, 내부가 청결하다. 마치 정글 한 가운데 있는 것 같이 잘 가꿔진 정원이 아름답다.

각 객실에는 퀸 베드가 있으며, 케이블 TV, 전화기, 미니 냉장고, 전자레인지 등의 시설이 갖춰져 있다. 조식과 커피 등의 음료도 제공된다. 무료로 무선 인터넷 사용이 가능하다. 머무는 날짜 수가 많아질수록 하루당 지불하는 가격이 저렴해진다.

**Data** Map 405H
**Access** 하와이 볼케이노 국립공원에서 차로 5분 **Add** 19-3820 Old Volcano Rd, Volcano
**Tel** 800-628-3876
**Cost** 퀸 베드 119달러
**Web** www.volcanoinnhawaii.com

### 간편하게 즐기는 캠핑
## 캠프사이트 캐빈 Campsite Cabin

캠핑을 하고 싶지만 캠핑 장비를 준비하기가 어렵다면 캐빈을 이용하는 것이 좋은 대안이 될 수 있다. 작은 통나무집 안에 1개의 더블베드, 2개의 트윈베드가 있어서 4명까지 이용할 수 있다. 타월과 침대 시트가 제공되지만, 콘센트는 없다. 바비큐 그릴은 자유롭게 사용하면 된다. 샤워장과 화장실은 공용 지역에서 사용할 수 있다. 해당 홈페이지를 통해 예약하면 된다.

**Data** Map 405H
**Access** 하와이 볼케이노 국립공원에서 차로 6분 **Add** Namakanipaio Campground, Volcano
**Tel** 866-536-7972
**Cost** 4인용 캐빈 80달러
**Web** www.hawaiivolcanohouse.com

### 자연의 품에서의 하룻밤
## 나마카니파이오 캠프그라운드 Namakanipaio Campground

예약이 불가능하며 선착순으로 도착하여 원하는 곳에 자리를 잡으면 된다. 캠핑 자리마다 번호가 매겨져 있다. 화장실 앞에 위치한 종이봉투에 본인이 정한 캠핑 자리 번호를 쓰고, 차량 번호, 이름 등 인적사항을 적은 후 요금에 맞게 현금을 넣어 우편함처럼 생긴 함에 넣으면 된다.
요금은 자리에 따라 다르다. 게시판에 이용 방법이 안내되어 있다. 사용할 캠핑 장비를 직접 준비해야 한다.

**Data** Map 405H
**Access** 하와이 볼케이노 국립공원에서 차로 6분
**Add** Namakanipaio Campground, Volcano
**Cost** 1박에 10달러 또는 15달러 (자리에 따라 다름)

## | 힐로 Hilo |

*럭셔리한 호텔보다는 소박한 스타일의 숙소가 많다. 힐로 다운타운이 있어 식사와 쇼핑 등이 편리하다.*

#### 가격 대비 평이 좋은
### 힐로 하와이안 호텔 Hilo Hawaiian Hotel

고즈넉한 분위기의 힐로 베이에서 규모가 크고 가격대도 괜찮다는 평을 듣는 3성급 호텔이다. 넓고 모던한 객실을 보유하고 있다. 오션 뷰 객실을 선택하면 발코니를 통해 그림같이 아름다운 풍경을 감상할 수 있다. 객실 내에는 에어컨, 커피 메이커, 미니 냉장고 등이 갖춰져 있으며, 헤어드라이어, 다리미 등은 필요하면 호텔 측에 요청하면 된다. 도보 2분 거리에 위치한 릴리우오칼라니 파크&가든Liliuokalani Park& Garden에서 여유로운 산책을 즐겨보자. 레스토랑, 숍 등이 즐비한 힐로 다운타운 지역과 차로 5분 거리에 있다. 로비에서 무료로 무선 인터넷을 이용할 수 있다.

**Data** Map 473C
**Access** 힐로 파머스 마켓에서 차로 5분. 힐로 국제공항에서 차로 6분
**Add** 71 Banyan Dr, Hilo
**Tel** 808-935-9361
**Cost** 더블베드 136달러~
**Web** www.castleresorts.com/ Home/accommodations/ hilo-hawaiian-hotel

### 저렴하고 깔끔한 시설
## 힐로 시사이드 호텔 Hilo Seaside Hotel

소박하지만 가격대가 저렴하고 깔끔해서 잠잘 곳만 찾는 여행자들 사이에서 인기 있다. 발코니에서 바라보는 바깥 풍경이 아름답다는 평이 많다.

각 객실에는 TV, 에어컨, 선풍기, 냉장고, 헤어드라이어 등의 시설이 갖춰져 있다. 동전을 넣어 이용 가능한 세탁기가 있다. 무료 주차장과 무선 인터넷 사용이 가능하다.

**Data** Map 473C
**Access** 힐로 파머스 마켓에서 차로 6분. 힐로 국제공항에서 차로 6분 **Add** 126 Banyan Way, Hilo **Tel** 808-935-0821 **Cost** 더블베드 74달러~ **Web** www.hiloseaside-hotel.com

### 아담한 분위기의
## 엉클 빌리스 힐로 베이 호텔 Uncle Billy's Hilo Bay Hotel

깔끔하고 편안한 분위기의 3성급 호텔이다. 레스토랑, 숍 등이 즐비한 힐로 다운타운과 차로 5분 거리에 위치하고 있어서 편리하다. 객실과 욕실 등 내부의 청소 상태가 만족스럽다는 평이 많다. 단, 주차 공간이 협소한 탓에 도로에 주차를 해야 하는 경우도 있다.

전 객실에는 정원 또는 바다를 조망할 수 있는 발코니가 딸려 있다. 간단한 조식도 제공하고 있어서 편의를 더한다. 호텔 전 구역에서 무료 무선 인터넷 사용이 가능하다.

**Data** Map 473C
**Access** 힐로 국제공항에서 차로 10분
**Add** 87 Banyan Dr, Hilo
**Tel** 808-935-0861 **Cost** 더블베드 74달러~ **Web** unclebilly.com/hilo-bay-hotel

# 여행 준비 컨설팅

두근두근! 생각만 해도 설레는 하와이 여행이 결정되었다면 이제 구체적으로 준비를 시작해보자. 날짜에 맞춰서 여행 준비를 하다 보면 어느덧 떠날 시간! 하와이 여행이 성큼 다가올 것이다. 미리미리 꼼꼼하게 준비하면 그만큼 알찬 여행이 된다. 여행을 준비하는 바로 그날부터 하와이 여행이 시작된다.

# D-80
## MISSION 1 여행 일정을 계획하자

### 1. 출발 일을 결정하자

일 년 내내 온화한 기후로 유명한 하와이! 언제 떠나도 날씨는 보장되는 편이다. 5~10월은 건기, 11~4월은 우기로 나누어진다. 우기에는 보슬보슬 뿌리는 스타일의 비가 오는 편이다. 한낮에도 습기가 적어서 더위가 크게 느껴지지 않고, 일 년 내내 평균 25~29℃의 여름 날씨이다.

단, 5월은 하와이를 방문하는 일본인들이 많아서 호텔 등의 숙박 시설의 요금이 높아지는 편이니 참고하자.

### 2. 여행의 형태를 결정하자

본인의 여행 스타일을 파악하는 것은 생각보다 훨씬 중요하다. 정해진 일정대로 단체로 움직이는 것이 편하다면 패키지 여행이 제격! 전문 가이드만 따라다니면 된다는 게 장점. 다만 시간 분배에 있어서 자유롭지 못하고, 다녀온 후에 지명도 제대로 기억나지 않는 경우가 많다는 단점이 있

다. 가격 역시 옵션 등이 추가되면 결국에는 자유 여행과 비슷해지는 경향이 있다.

자유 여행을 결심했다면 항공권에서 숙소까지 결정해야 할 것들이 앞으로 태산이다. 하지만 내 맘대로 일정을 정해서 자유롭게 돌아다닐 수 있다는 장점이 있다. 항공권과 숙소가 묶인 에어텔도 고려해볼 만하다.

### 3. 여행 일정 정하기

정답은 없다! 결국 자신의 상황에 맞게 여행 일정을 정하고, 그에 맞는 여행지를 정하는 것이 가장 현명하다. 단기간 떠나는 일정이라면 오아후에서 2박 3일 또는 3박 4일, 이웃 섬에서 2박 3일~6박 7일 일정으로 계획하는 것이 좋다.

우리나라 인천 국제공항과 직항으로 연결되는 곳은 오아후의 호놀룰루 국제공항이다. 이웃 섬으로 가더라도 무조건 호놀룰루 국제공항을 거쳐가게 된다는 점을 참고하자.

# D-75

## MISSION 2 여권을 확인하자

### 1. 어디에서 만들까?

여권은 외교통상부에서 주관하는 업무이지만 서울에서는 외교통상부를 포함한 대부분의 구청에서, 광역시를 비롯한 지방에서는 도청이나 시구청에 배치되어 있는 여권과에서 발급받을 수 있다. 인터넷 포털 사이트에서 〈여권 발급 기관〉을 검색하면 서울 및 각 지방 여권과에 대해 자세한 안내받을 수 있으니 가까운 곳으로 방문하자.

### 2. 어떻게 만들까?

전자 여권은 타인이나 여행사의 발급 대행이 불가능하기 때문에 본인이 신분증을 지참하고 직접 신청해야 한다.

**전자 여권 발급 신청 준비물**
• 여권 발급 신청서(해당 기관에 구비되어 있음)
• 촬영한지 6개월 이내인 여권용 사진 1매
  (가로 3.5cm×세로 4.5cm)
• 신분증(주민등록증이나 운전면허증)
• 발급수수료 전자여권(10년, 48면) 53,000원

**여권 발급 순서**
여권 종류에 따른 필요 서류와 여권 사진 지참→거주지에서 가까운 관청의 여권과 방문→발급 신청서 작성→수입인지 부착→접수 후 접수증 수령→3~7일 후 신분증 들고 여권 수령

### 3. 여권을 잃어버렸거나 기간 만료라면?

재발급 신청은 여권 발급 때와 비슷하지만 재발급 사유를 적는 신청서가 더 추가된다. 분실했을 경우 분실 신고서를 구비해야 한다.
25세 이상의 군 미필자는 병무청 홈페이지에서 신청서를 작성하면 신청 2일 후 국외여행 허가서와 국외여행 허가 증명서를 출력할 수 있다. 국외

여행 허가 증명서는 여권 발급 신청 시 제출하고, 국외여행 허가 증명서는 출국할 때 공항에 있는 병무신고센터에 제출한 후 출국 신고를 하면 된다. 만 18세 미만의 미성년자는 부모의 동의하에 여권을 만들 수 있다. 일반인 제출서류에 가족관계증명서를 지참해 부모나 친권자, 후견인 등이 신청할 수 있다.

### 4. 전자여행 허가제ESTA는 뭘까?

2008년 11월부터 실행된 미국 비자 면제 프로그램Visa Waiver Program 덕분에 관광 목적이라면 최대 90일간 비자 없이 방문이 가능해졌다.
단, 유효 기간이 6개월 이상 남은 전자 여권을 소지하고 있어야 하며 전자여행 허가제를 신청한 후 승인을 받아야 한다.

**비자 면제 프로그램 이용하는 순서**
❶ 전자 여권 발급받기. 개인 정보가 전자 칩 형태로 내장되어 있는 여권이다. 대리 신청이 불가능하므로 직접 신분증을 가지고 가까운 여권 신청 기관에서 발급 받을 수 있다. 유효 기간이 6개월 이상 남은 전자 여권을 소지하고 있다면 이 단계는 생략하자.
❷ 전자여행 허가제 웹사이트(https://esta.cbp.dhs.gov) 접속 후 절차에 따라 전자여행 허가 승인 신청하기. 1인당 10달러, ESTA 신청서 처리 수수료 4달러가 필요하다.
❸ 입국 승인 받기. 입국승인 허가서는 2년 동안 유효하다. 만약 미국 입국 거부, 추방 당한 적이 있거나 비자가 거절된 적이 있는 여행자는 비자 면제 프로그램을 이용할 수 없다. 주한 미국대사관에서 비자를 직접 받아야 한다.
Web www.korean.seoul.usembassy.gov
❹ 신청 번호 확인 및 해당 내용 프린트하기.

## MISSION 3 항공권을 확보하자

### 1. 어떻게 살까?

같은 항공권이라도 항공사나 여행사마다 판매 가격이 다르므로, 항공사와 여행사 사이트 등을 두루 살피는 것이 한 푼이라도 아끼는 방법이다.

여러 여행사에서 내놓은 항공권 가격을 한꺼번에 비교할 수 있는 사이트도 있다. 대기자 명단에 들어간다면 2~3개의 항공사에 이름을 올려놓고 확약이 되기를 기다리는 것이 좋다.

단, 예약하는 여행사가 다르더라도 동일 항공사에 이중으로 예약을 하면 사전 경고 없이 예약 모두가 취소될 수 있으니 주의하자.

### 2. 어떤 표를 살까?

가장 편리한 노선은 직항 편이다. 현재 인천 국제공항과 하와이의 주도인 오아후의 호놀룰루 국제공항을 바로 연결하는 직항편은 하와이안항공, 아시아나항공, 대한항공, 진에어 등이 있다.

경유 표를 이용하면 저렴한 가격대로 이용할 수 있다. 여름방학, 겨울방학 시즌과 같은 성수기와 비수기 때의 항공료 차이가 2배 이상 나기도 한다. 가능하면 비수기 시즌에 미리 구입하는 것이 저렴하게 표를 구매하는 방법이다.

### 3. 표를 살 때의 주의할 점은?

**❶ 티켓의 조건을 확인하자**

항공권의 유효 기간을 확인하고 출발, 귀국 일자 변경에 대한 조건을 확인하자. 저렴하게 나온 항공권일수록 출발과 귀국일 변경이 불가능하거나 많은 수수료를 요구하는 경우가 많다.

**❷ 공항세TAX를 확인하자**

항공사와 경유지에 따라서 공항세의 차이가 많이 난다. 액면가는 저렴하지만 공항세까지 합하고 나면 오히려 비싸지는 경우도 많다.

**❸ 경유지에서의 체류 시간을 확인하자**

항공사에 따라서는 당일 연결이 어려운 경우도 있다. 이때 경유지에서의 숙박비와 공항 이동 비용 등을 항공권 가격과 비교해보도록 하자. 배보다 배꼽이 더 큰 경우가 생길 수도 있다.

**❹ 발권일을 지키자**

아무리 예약을 해두었어도 발권하지 않았으면 내 표가 아니다. 특히 좌석이 넉넉하지 않은 성수기에는 발권을 미루다가 좌석 예약이 취소될 수도 있으니 주의하자.

**❺ 좌석 확약을 받았는지 확인하자**

좌석 확약이 안 된 상태로 출국하면 돌아오는 항공편을 구하기가 어려울 수 있다. 항공권의 'Status'란에 'OK'라고 적혀 있는지 확인하고, 미심쩍으면 해당 항공사에 직접 전화해 좌석 확약 여부를 확인하자.

**❻ 항공권의 이름을 확인하자**

항공권의 이름은 반드시 여권상의 이름과 일치하여야 한다. 만약 잘못 입력하였다면 반드시 해당 항공사에 연락을 하여 이름 변경을 요청하자.

**할인 항공권 취급 업체**

온라인 투어 www.onlinetour.co.kr
웹투어 www.webtour.com
에어몰 www.airmall.co.kr
투어익스프레스 www.tourexpress.com
인터파크 투어 tour.interpark.com
여행박사 www.tourbaksa.com

# D-60

## MISSION 4 여행 예산을 짜자

### 1. 숙박비는 얼마나 들까?

시설 좋은 리조트형 호텔은 가격이 상당히 높은 편이다. 해변과의 거리와 시설 퀄리티, 시즌에 따라 가격이 달라진다. 비성수기 기준으로 보통 3성급 호텔의 경우 80~100달러대에서 시작한다. 4성급은 120~250달러, 5성급 고급 호텔은 250~800달러대 정도를 예상하면 된다.

에어비앤비Airbnb, 윔두Wimdu, 브로Vrbo와 같은 사이트를 통하여 현지인의 집을 빌리는 여행자도 많다. 다양한 가격대의 집이 나와 있어서 예산에 따라 고르기에 좋다. 배낭 여행객이라면 민박이나 유스호스텔 등의 숙소를 고려볼 수 있다. 침대 1개를 빌리는 식으로 이용한다면 30달러 정도에 1박이 가능하다.

### 2. 식비는 얼마나 들까?

여행자의 취향에 따라 식사 가격은 천차만별이다. 슈퍼마켓에서 식료품을 구입하는 물가는 저렴한 편인데 레스토랑에서 식사를 하면 음식값에 세금과 팁까지 내야 하므로, 비용이 상당하다.

간단한 패스트푸드, 우동, 런치 플레이트 등의 식사는 6~12달러 정도. 일반적인 레스토랑의 경우 30~50달러, 고급 레스토랑은 100~200달러 정도 예상하면 된다.

### 3. 교통비는 얼마나 들까?

오아후는 버스, 트롤리 등의 대중교통이 잘 발달한 편이다. 버스는 보통 성인 기준 1회 2.50달러 정도의 비용을 지불하면 된다. 마우이, 빅 아일랜드, 카우아이 섬에도 대중교통이 있으나 운영 노선이나 시간대가 상당히 불편하다.

이웃 섬 방문 시 렌터카 이용을 권한다. 렌터카 이용 시 렌트 비용과 보험, 주차비, 주유비 등을 고려해야 한다. 차종에 따라 다르며, 25세 이상 운전자의 경우 보통 일일 50~80달러 정도로 예상하면 된다. 단, 렌트 기간이 길어질수록 하루당 적용되는 요금이 더 저렴해진다.

### 4. 미술관, 박물관 등의 입장료는?

개인의 취향에 따라 다르겠지만 여러 가지 활동이나 문화 감상 등을 좋아한다면 고려해야 하는 비용이다. 박물관, 미술관, 수족관 등의 입장료는 12~15달러 정도 된다.

### 5. 비상금은 얼마나 필요할까?

여행을 하다 보면 예기치 않은 지출이 발생한다. 병원을 간다거나 도난을 당할 수도 있다. 비상금은 총경비의 10% 정도를 따로 챙겨두자.

또 만약을 위해 신용카드를 준비하자. 하와이 전역에 ATM 기계가 많이 설치되어 있어서 손쉽게 인출 가능하다. 일반적인 ATM 기계에서는 2~5달러 정도의 인출 수수료가 부과된다. 단, 기계에 따라 오류가 발생하기도 하므로 현금카드도 2개 이상 가져가는 것이 좋다.

### 6. 팁은 얼마나 들까?

하와이에서 돈을 쓸 때 항상 염두에 두어야 하는 비용이다. 레스토랑은 전체 금액의 15~20%, 택시 이용 시 15%, 짐이 있을 때에는 1달러 정도 추가해야 한다. 렌터카 셔틀버스 이용 시에도 짐 1개당 1달러 정도를 주면 된다. 호텔 룸에서는 2~5달러 정도를 하우스키퍼를 위해 팁을 남긴다. 발레파킹도 차량 1대 당 3~5달러를 준다.

단, 패스트푸드점에서는 팁을 줄 필요가 없다. 1달러짜리 지폐를 여러 장 준비해가면 팁을 줄 때 편리하다.

# D-50

## MISSION 5 숙소를 예약하자

### 1. 하와이에는 어떤 숙소가 있나?

#### 호텔 Hotel

신혼여행으로 하와이를 방문하는 여행객들이 가장 일반적으로 선택하는 숙소이다. 하와이의 호텔에는 시설과 서비스, 위치 등에 따라 별이 등급으로 매겨져 있다. 신혼부부나 출장자들은 1박에 250~500달러대의 별 5개 등급의 호텔을 주로 이용하고, 일반 싱글 여행자들은 별 3~4개의 80~250달러 대의 호텔을 많이 이용한다.

하와이의 많은 유명 호텔들은 리조트 피Resort Fee라는 명목으로 1박당 18~28달러를 추가되므로, 예약 시 꼭 확인하자.

#### 현지 주민의 집 빌리기

현지인이 된 것처럼 지내보고자 하는 사람들에게 인기 있는 숙박 형태이다. 호텔보다 가격이 저렴하고 취사가 가능하다는 것이 큰 장점이다.

현지인의 집을 빌릴 수 있도록 중간 역할을 해주는 사이트에서 예약한다. 검색창에 도시명을 입력하면 다양한 숙소가 소개된다.

#### 예약 사이트

- 윔두 www.wimdu.com
- 에어비앤비 www.airbnb.co.kr
- 브로 www.vrbo.com

#### 한인 민박

싱글룸, 더블룸, 가족룸, 도미토리룸 등으로 꾸며진 방을 빌리는 형태의 숙박이다. 주로 한국 사람들이 모이기 때문에 정보를 공유할 수 있고, 유사시에 도움을 요청하기가 편하다.

주도인 오아후에 여러 업체가 있다. 〈오아후 한인 게스트하우스〉, 〈오아후 한인 민박〉, 〈하와이 민박〉 등을 검색하면 찾을 수 있다. 와이키키 지역에서 버스 또는 차로 10~20분 정도 떨어져 있는 경우가 많다. 마우이, 빅 아일랜드, 카우아이에는 한인 민박이 별로 없다.

#### 한인 커뮤니티 사이트 이용하기

하와이에 거주하는 한인 커뮤니티 사이트. 서블렛(월세로 집을 얻은 후 다른 사람에게 방 또는 집을 일시적으로 세놓는 것) 형태의 집, 또는 가정집의 방 하나를 빌리는 형태가 많다. 퀄리티, 위치 대비 가격대가 저렴한 편이다.

- 하와이 사랑 cafe.daum.net/hawaiilove
- 하와이 교차로 www.hikyocharo.com

### 2. 호텔 어떻게 예약할까?

❶ 가격 비교 사이트, 호텔 가격 경매 사이트도 적극 활용하자. 좀 더 저렴하게 이용할 수 있다.

❷ 호텔 내 자체 프로모션을 항상 체크하자. 가끔씩 호텔 내의 프로모션이 더 나을 때가 있다.

❸ 영어와 흥정 실력이 된다면 호텔 세일즈 매니저와 직접 협상하기. 생각보다 만족스러운 형태로 흥정이 되는 경우가 있다.

#### 숙소 할인 예약 사이트

- 부킹닷컴 www.booking.com
- 호텔즈닷컴 www.hotels.com
- 익스피디아 www.expedia.com
- 아고다 www.agoda.com

#### 호텔 가격 경매 사이트 이용하기

구매자가 원하는 '호텔의 위치'와 '등급'을 정한 후 본인이 원하는 '가격'을 제시하여 입찰에 들어가는 형태이다. 등급과 가격대에 맞는 숙소가 있을 때 랜덤으로 숙소가 결정된다. 보통 호텔의 원래 가격보다 60~70% 정도 저렴한 가격으로 이용이 가능하다. 단, 경매 낙찰 후에는 취소가 어렵다.

- 프라이스라인 www.priceline.com
- 헛와이어 www.hotwire.com

# D-30

## MISSION 6 여행 정보를 수집하자

### 1. 책을 펴자

하와이 최신 정보를 담은 〈하와이 홀리데이〉를 펼쳐보자. 가이드북을 통해 하와이의 각 지역에 대한 기본 줄기를 잡고, 관심이 가는 부분은 추가로 다른 서적을 찾아보자.

### 2. 인터넷을 켜자

다수의 사람들이 실시간으로 쏟아내는 정보가 넘쳐나는 인터넷 공간. 본인들이 직접 체험한 생생한 경험을 전해 들을 수 있어서 도움이 된다. 단, 개인 블로그의 특성상 주관적인 경험이나 선입견에 기반을 둔 경우가 많다. 여행 정보를 얻을 수 있는 인터넷 카페에도 가입하자. 여행사들이 운영하는 홈페이지나 카페에도 좋은 정보들이 많다.

### 3. 사람을 만나자

그곳을 미리 체험한 이들의 조언도 무시할 수 없다. 책이나 인터넷으로 상상하는 것과는 또 다른 차원의 하와이 이야기를 들을 수 있다. 인생은 어떤 사람을 만나느냐에 따라 달라지는 법. 소소하게 놓치기 쉬운 준비 사항들부터 폭넓은 정보에 이르기까지 즐겁게 대화하면서 삶과 여행을 배워보자.

### 4. 영화를 보며 기대감을 높여보자

하와이 곳곳을 배경으로 한 영화를 여행 전에 미리 챙겨보자. 여행의 감동이 두 배가 될 것이다. 여행할 때 들을 음악도 선곡해서 스마트폰에 저장해두면 드라이브를 즐기거나 해변에서 시간을 보낼 때 유용하게 사용할 수 있다.

### 5. 스마트폰에 유용한 앱을 다운받자

**내비게이션 앱**

차로 여행 시 유용하게 사용할 수 있다.

- 구글 맵스 Google Maps
- 네브프리 Navfree
- 웨이즈 Waze

**구글 번역 앱**

완벽하지는 않아도 급하게 번역이 필요한 경우 유용하게 사용할 수 있다.

> **Tip** 차량 운전 시 렌터카를 빌릴 때 내비게이션을 옵션으로 추가할 수 있다. 만약 본인의 스마트폰을 내비게이션으로 이용할 예정이라면 스마트폰 차량용 거치대와 차량용 충전기를 한국에서 미리 구입해서 오는 것이 편리하다.

## MISSION 7  각종 증명서를 발급받자

### 1. 국제 학생증

국제학생증의 종류에는 ISIC, ISEC 두 가지가 있으며, 모두 세계 공통으로 사용된다. 미국 내에서는 ISEC이 좀 더 유용하다고 알려져 있다. 학생인 경우 박물관 등의 할인 혜택이 있을 수 있으므로 미리 준비하도록 하자. 온라인 신청 또는 대리점 방문을 통해 발급받을 수 있다.

- **필요 서류** 재학증명서 등의 학생증명 서류, 여권, 신분증, 증명사진
- **수수료** 1년짜리 17,500원, 2년짜리 30,500원
- **홈페이지** ISEC www.isecard.co.kr

### 2. 국제 운전면허증

여행 일정 중에 렌터카를 이용할 계획이라면 국제 운전면허증은 필수이다. 국제, 국내 운전면허증을 함께 가지고 다녀야 한다. 유효기간은 1년이다.

- **발급 장소** 운전면허 시험장 또는 지정된 경찰서에서 발급 가능
- **필요 서류** 신청서, 국내 운전면허증, 여권, 여권용 사진 또는 증명사진 1매, 수수료 8,500원

### 3. 여행자 보험

미국의 의료비는 매우 비싸다. 만약을 생각해 가입하는 것이 좋다. 여행 시에는 보험증서 사본을 지참하는 것이 좋다. 해외에서 질병, 또는 사고로 병원에서 치료를 받을 경우 진단서와 영수증 등을 귀국 후 보험회사에 제출해야 보험금 지급이 된다. 또한 휴대품 도난이나 파손 시 경찰서에서 작성한 확인서가 필요할 수 있다. 보험회사마다 규정이 다르니 꼭 체크하자.

**보상 내역을 꼼꼼하게 따져보자**

패키지여행 상품을 신청하면 보통 포함되는 것이 '1억원 여행자 보험'. 얼핏 대단해 보이지만 사망할 경우 1억원을 보상한다는 뜻일 뿐, 도난이나 상해 보상 금액이 1억원이라는 뜻은 아니다.

사실 여행자가 겪게 되는 일은 도난이나 상해가 대부분. 이 부분에 보장이 얼마나 잘 되어 있는가를 꼼꼼히 확인해보자. 보험비가 올라가는 핵심 요소는 바로 도난 보상 금액! 보상 금액의 상한선이 올라가면 내야 할 보험료도 비싸진다.

**보험 가입은 미리하자**

여행자 보험은 인터넷이나 여행사를 통해 신청할 수도 있고 출발 직전 공항에서 가입할 수도 있다. 공항에서 드는 보험이 가장 비싸다. 미리 여유 있게 가입해서 한 푼이라도 아끼자.

항공사 마일리지 적립 등 보험에 들면 혜택을 주는 상품도 많다. 보험사의 정책에 따라서 보험 혜택이 불가능한 항목(고위험 액티비티 등)도 있으니 미리 확인할 것.

**증빙 서류는 똑똑하게 챙기자**

보험증서와 비상연락처는 여행 가방 안에 잘 챙겨두자. 도난을 당하거나 사고로 다쳤을 경우에 경찰서나 병원에서 받은 증명서와 영수증 등은 잘 보관해두어야 한다.

도난을 당했다면 가장 먼저 경찰서에 가서 도난 증명서부터 받자. 서류가 미비하면 제대로 보상받기 힘들다.

**보상금 신청은 제대로 하자**

귀국 후에는 보험 회사로 연락해 제반 서류들을 보내고 보상금을 신청한다. 병원 치료를 받은 경우 병원 진단서와 병원비 영수증 등을 첨부한다.

도난을 당했을 경우 '분실Lost'이 아니라 '도난 Stolen'으로 기재된 도난 증명서를 제출해야 한다. 도난 물품의 가격을 증명할 수 있는 쇼핑 영수증도 첨부하면 좋다.

# D-5

## MISSION 8 알뜰하게 환전하자

### 현금 Cash

신분증을 확인하거나 수수료 붙는 일 없이 지갑에서 바로 꺼내 쓸 수 있어 가장 편리하다. 한국의 은행에서는 환율우대쿠폰을 적용할 수도 있다. 단, 분실이나 도난 등의 사고를 당하면 보상받을 길이 없으니 각별히 주의하자.

사용하기에는 100달러짜리의 고액 지폐보다는 10달러, 20달러 지폐가 편리하다. 호텔, 택시에서 팁으로 사용할 1달러 지폐로도 여러 장 준비하자.

### 신용카드 Credit Card

현금에 비해서 안전하고 부피도 작다. 상점에서 물건을 사는 것뿐만 아니라 ATM 기계에서 현금 서비스를 받을 수도 있다. 하지만 해외에서는 신용카드 복제의 위험에 노출되기 쉽다. 환율 하락 시기에는 내가 쓴 금액보다 적은 금액이 청구되기도 한다. 환율 상승 시기에는 내가 쓴 금액보다 더 많은 금액이 원화로 청구되며, 해외에서 사용한 금액에 비례해서 은행에서 정한 요금(보통 1~2.5%)로 수수료가 부과되니 미리 체크하자. 렌터카를 이용할 경우라면 반드시 필요하다.

신용카드 사용 시에는 금액이 제대로 찍혀있는지 확인한 후 영수증에 사인해야 한다. 영수증을 받아놓도록 하자. 해외에서 사용할 수 있는 카드(비자VISA, 마스터MASTER 등)로 준비하자. 만약 현지에서 도난, 분실한 경우에는 바로 해당 카드사에 신고해야 불상사를 막을 수 있다.

### 신용카드 관련 긴급번호

• 비자 Visa 카드
1-303-967-1096
• 마스터 Master 카드
1-800-627-8372
• 아메리칸 익스프레스 American Express
1-800-333-2639

### 현금카드 Debit Card

내 통장에 있는 현금을 ATM 기계에서 현지 화폐로 바로 인출할 수 있는 카드다. 해외에서 사용할 수 있는 비자VISA나 마스터MASTER 등의 마크가 찍힌 국제 현금카드를 준비하자. 카드 뒷면에 'PLUS, CIRRUS'가 있는지 확인하고, 해당 은행에 해외 인출 가능 여부를 한 번 더 문의하면 확실하다. 인출 ATM 기계에 따라서 1회당 2~5달러의 수수료가 붙는다. 1회 인출 가능 금액은 ATM 기계마다 다르지만 보통 1,500달러까지 가능하다.

마그네틱 선이 손상되거나 비밀번호 입력 오류로 정지될 수도 있으니 2장 이상의 카드를 분산 보관하는 것이 좋다. 인출 수수료를 아끼고 싶다면 EXK 서비스를 이용하면 좋다. 발급 가능한 은행, 현금 카드 정보는 홈페이지(www.exk.kr)에 자세하게 나와 있다. 금융결제원에서 제공하는 서비스로, MYCE 마크가 있는 ATM에서 인출하면 네트워크 수수료가 면제되어 수수료가 적은 편이다.

### 여행자수표 Traveler's Check

도둑맞거나 분실했을 때 재발급이 가능하다. 한국에서는 현찰보다 조금 더 좋은 환율로 환전할 수 있다. 여행자 수표에는 2개의 사인 공간이 있다. 한 곳은 수표를 구입하자마자 서명해두는 자리, 다른 한 곳Countersign은 환전하는 자리에서 서명하는 자리. 이 두 서명과 여권 서명이 일치해야 환전을 할 수 있다.

신분증 지참도 필수! 수표의 일련번호를 적어서 따로 보관하고 수표를 사용할 때마다 하나씩 지워가며 사용하면 된다.

## MISSION 9 완벽하게 짐 꾸리자

### 꼭 가져가야 하는 준비물

**여권** 없으면 출국부터 불가능. 사진 부분의 복사본을 2~3장 따로 보관해두고, 여권용 사진도 몇 장 챙기자. 자신의 이메일에 여권 스캔본을 보내놓으면 비상시에 유용하다.

**항공권** 전자티켓e-ticket이라도 예약확인서를 미리 출력해 두자. 공항으로 떠나기 전 여권과 함께 반드시 다시 확인!!

**여행 경비** 현금, 신용카드, 현금카드 등 빠짐없이 준비. 도착해서 바로 사용할 현금도 챙기자.

**각종 증명서** 국제 운전면허증, 한국 운전면허증, 국제 학생증, 여행자 보험 등.

**의류&신발** 햇빛이 강렬한 여름철에도 아침, 저녁의 바람은 꽤 쌀쌀하다. 반팔, 긴팔 골고루 준비하자. 가벼운 바람막이 점퍼나 카디건류의 겉옷도 챙기자.

**가방** 여권, 지갑, 책, 카메라 등을 넣어 다닐 수 있는 가벼운 가방도 준비하면 편하다.

**우산** 우기라면 3단으로 접는 가벼운 우산 필수.

**전대** 도미토리를 주로 이용할 배낭 여행자라면 필요하다.

**세면도구** 호텔에서 묵으면 샴푸, 보디 샤워젤, 비누 등을 기본적으로 제공한다. 세안젤, 칫솔, 치약만 챙겨도 된다.

**화장품** 꼭 필요한 만큼만 작은 용기에 담아서 가져가자.

**비상약품** 감기약, 소화제, 진통제, 지사제, 반창고, 연고 등 기본적인 약 준비하기.

**여성용품** 평소 자신이 사용하던 것을 발견하기가 쉽지 않다. 한국에서 미리 챙겨가자.

**카메라** 충전기를 빠뜨리기 쉬우니 다시 한 번 확인. 메모리 카드도 넉넉하게 준비하자.

**어댑터** 일명 '돼지코'. 미국에서 사용하는 플러그 모양이 우리나라와 다른 11자 모양이다.

110/220V 겸용인 노트북, 휴대전화 등을 충전하기 위해서는 별도의 변압기는 필요 없지만 '돼지코' 모양의 어댑터는 반드시 필요하다.

### 가져가면 편리한 준비물

**휴대전화** 로밍을 해가면 비상시에 편리하다. 알람 시계로 쓰기에도 좋다.

**모자&선글라스** 햇빛을 막는 데 유용하다.

**자외선 차단제** 햇빛이 강렬하기 때문에 날씨가 선선해도 피부가 쉽게 그을린다.

**수영복** 호텔 수영장, 바닷가에서 이용해보자.

**반짇고리** 단추가 떨어지거나 가방이 망가졌을 때 유용하다.

**소형 자물쇠** 소매치기 방지를 위해 가방의 지퍼 부분을 잠가두면 든든하다.

**지퍼백** 젖은 빨래거리나 남은 음식 보관 등 용도는 무궁무진하다.

**손톱깎기&면봉** 없으면 꽤나 아쉽다.

**물티슈** 작은 것으로 준비하면 급할 때 유용하다.

**소형 변압기** 프리볼트가 아닌 가전제품을 사용할 예정이라면 필요하다. 일부 헤어드라이어, 고데기, 카메라 충전기 등은 110/220V 겸용의 프리볼트가 아닌 경우가 많으니 미리 확인하자.

**핫팩** 마우이의 할레아칼라 국립공원, 빅 아일랜드의 마우나 케아 등 고산지대를 방문할 계획이라면 유용하다. 상상하는 것보다 훨씬 추운 지역이다.

**일회용 마스크팩** 뜨거운 자외선으로 지친 피부 회복을 위해 좋다.

**물놀이 장비** 스노클링 장비, 오리발, 돗자리, 비치타월 등(ABC 스토어, 월마트 등 하와이 내 마트에서 구매해도 된다).

# D-Day

## MISSION 10 인천 국제공항에서 출국하기

### 1. 항공사 카운터 확인

출발 3시간 전까지는 공항에 도착해 출국장으로 가야 한다. 운항 정보 안내 모니터를 보면 해당 항공사 체크인 카운터를 확인할 수 있다.

### 2. 탑승 수속

자신이 탈 예정인 항공사의 카운터로 가서 여권과 전자 항공권을 제출하고 보딩 패스Bording Pass를 받는다. 카운터는 이코노미 클래스와 비즈니스 클래스, 퍼스트 클래스 등으로 구분되어 있다. 원하는 좌석이 있다면 이때 요구할 것. 마일리지 적립도 확인하자.

### 3. 짐 부치기

미국으로 가는 일반적인 이코노미 클래스의 항공 수하물은 보통 19~23kg까지 허용한다. 항공기마다 다르니 미리 확인하자. 칼이나 송곳, 면도기, 발화물질, 100ml가 넘는 액체나 젤 등 기내에 들고 탈 수 없는 물건들은 미리 구분해서 항공 수하물 안에 집어넣자.

### 4. 보안 검색

여권과 보딩 패스가 있는 사람만 출국장 안으로 들어갈 수 있다. 보석이나 고가의 물건을 휴대하고 있다면 세관에 미리 신고할 것. 들고 있던 짐은 엑스레이를, 여행자는 문형 탐지기를 통과해야 한다.

### 5. 출국 수속

출국 심사대에 여권과 보딩 패스를 보여주면 심사 후 통과한다. 출국 심사를 받을 때는 모자와 선글라스 등을 벗어야 한다.

### 6. 탑승

탑승구에는 아무리 늦어도 출발 30분 전에는 도착해야 한다. 외국 항공사의 경우 모노레일을 타고 별도의 청사로 이동해야 하니 주의할 것. 모노레일은 5분 간격으로 운행되며 별도의 청사에도 면세점이 있다.

> **Tip 휴대물품 반출 신고&면세 범위**
>
> 고가의 물품을 소지한 경우 휴대물품 반출신고가 필수이다. 한국에서 고가의 물품(보통 600달러 이상)을 소지하고 출국할 때에는 반드시 세관에 휴대물품 반출 신고를 해야 한다. 보통 카메라, 모피 의류, 전자제품, 보석, 시계 등이 해당된다. 모델, 제조번호 등의 상세한 사항을 기재한 후 세관에 신고하면 입국 시 면세 통관이 가능하다.
>
> 면세점 구입은 1인당 3,000달러까지 가능하다. 하지만 귀국시의 면세 범위가 600달러라는 것을 기억하자. 이것은 면세점이나 외국에서 구입한 물건뿐만 아니라 외국에서 선물로 받은 물품까지도 포함한 금액이다. 면세 범위인 600달러 외에 술 1병(400달러, 1L 이하), 담배 200개비(1보루 이하), 향수 60ml까지는 추가 면세가 가능하다. 단, 술과 담배는 만 19세 이상 성인 여행자에게만 해당된다.

# MISSION 11 오아후 호놀룰루 국제공항으로 입국하기

## 1. 공항 도착

호놀룰루국제공항으로 비행기가 무사히 도착하면 짐을 챙겨서 내린다. 잊고 내리는 물건이 없는지 다시 한 번 확인하자.

## 2. 입국 심사

입국 심사를 하기 위해 줄을 설 때에는 방문자 Visitor와 미국시민권자US Citizenship 2개 줄로 구분되어 줄을 서게 된다. 우선 입국 심사대 여권을 제시한다. 여행의 목적, 머무는 기간 등에 관한 질문을 받을 수 있다. 이때 심사관이 출국 항공권을 보여 달라고 할 수도 있으니, 미리 프린트 해온 출국 항공권을 꺼내기 쉬운 곳에 보관하자.

질의문답이 끝나면 카메라로 사진을 찍는다. 지시에 따라 양쪽 검지를 하나씩 기계 위에 대고 지문을 채취한다. 여권에 입국 스탬프를 찍어준다. 심사 자체는 1~2분 정도 소요된다.

## 3. 수하물 찾기

해당 항공편이 표시된 레일로 이동해 짐을 찾는다. 수하물이 분실됐다면 배기지 클레임 태그 Baggage Claim Tag를 가지고 분실 신고를 한다. 만약 달러를 준비해 오지 않았다면 근처의 ATM에서 필요한 현금도 미리 뽑아두면 좋다.

## 4. 세관

신고할 것이 없으면 녹색 사인Nothing to Declare 쪽으로 나간다. 한국인 여행객들은 세관원들의 주요 타깃이므로 면세 금액을 초과하지 않도록 주의하자.

# 꼭 알아야 할 하와이 필수 정보

### 개요
하와이는 137개의 크고 작은 섬으로 이루어져 있으며, 주도는 오아후다. 현재 하와이 문화, 경제, 정치의 중심지이다. 1959년 미합중국의 50번째 주가 되었다.

### 시차
한국보다 19시간 늦다. 일광 절약 시간제 Daylight Saving Time를 시행하지 않기 때문에 서머타임은 따로 없다.

### 언어
영어와 하와이 토속어를 사용한다. 1959년을 기점으로 하와이 토속어를 쓰는 인구가 점점 감소하고 있다. 하와이어에서 나온 단어, 표현을 영어와 섞어서 많이 사용한다.

### 인구
미국은 약 3억1634만 명, 하와이는 약 136만 명 (2015년 기준).

### 기후
일 년 내내 온화하다. 보통 5~10월은 여름, 11~4월은 겨울로 여겨진다. 단, 겨울에는 바람이 많이 불어서 파도가 높고, 비가 오는 날이 많다. 여름 온도는 평균 31℃ 정도이고, 겨울철은 27~28℃ 정도이다. 비가 오는 날에는 평균보다 기온이 많이 떨어지는 편이다.

### 통화
미국 달러United States Dollar(USD)를 사용한다. 1달러는 약 1,137.00원(2018년 11월 기준).

### 비자
2008년 실행된 미국 비자 면제 프로그램Visa Waiver Program을 통해 최대 90일간 비자 없이 방문이 가능하다. 단, 유효 기간이 6개월 이상 남은 전자 여권을 소지해야 하며 전자 여행 허가제ESTA를 신청한 후 승인받아야 한다. (https://esta.cbp.dhs.gov/)

### 전압
110~120V. 플러그는 구멍이 2개인 것과 3개인 것이 있다. '돼지코'라고 불리는 어댑터는 필수이다. 노트북, 휴대전화 등은 보통 110/220V 겸용이므로 어댑터만 준비하면 되고, 220V 전용 전자기기 사용 시에는 변압기가 필요하다.

### 전화
로밍을 하거나 스마트폰의 경우 현지 유심을 사서 금액 충전 후 끼우면 바로 사용 가능하다.

### 긴급번호
구급차, 소방서, 경찰 모두 911.

### 영사관
주도인 오아후에 위치하고 있다. 다른 섬에는 없다. 여권을 분실한 경우 찾게 된다.

**주 호놀룰루 대한민국 총 영사관**
**Add** 2756 Pali Hwy, Honolulu
**Tel** 1-808-595-6109, 1-808-595-6274
**Web** usa-honolulu.mofa.go.kr

**외교통상부 영사 콜센터(24시간)**
**Tel** 011-800-2100-0404(무료)

**해외 안전 여행 사이트**
**Web** www.0404.go.kr

**외교통상부 홈페이지**
**Web** www.mafat.go.kr

# │ INDEX │

# | INDEX |

## *EAT*

# | INDEX |

내 생애 최고의 휴가
**H**oliday

" **당신의 여행 컬러는?** "

최고의 휴가는 **홀리데이 가이드북 시리즈**와 함께~

• M E M O •